国家出版基金项目
NATIONAL PUBLICATION FOUNDATION

Supported by Key Project for the Development of State Facilities and Information Infrastructure for Science and Technology: National Specimen Information Infrastructure (2005DKA21401)
The Thirteenth Five-Year Plan for National Important Books Publication Project
国家科技基础条件平台：标本资源共享平台建设项目（2005DKA21401）资助
“十三五”国家重点图书出版规划项目

Type Specimens in China National Herbarium (PE)

Volume 8

ANGIOSPERMAE(5)

中国国家植物标本馆（PE）模式标本集

第8卷

被子植物门（5）

Institute of Botany, Chinese Academy of Sciences Edit
The editors of this volume LIN Qi, YANG Zhirong and LIN Yun

中国科学院植物研究所 编
本卷主编 林 祁 杨志荣 林 云

河南科学技术出版社
Henan Science and Technology Press

图书在版编目（CIP）数据

中国国家植物标本馆（PE）模式标本集. 第8卷，被子植物门. 5：英汉对照/中国科学院植物研究所编；林祁，杨志荣，林云本卷主编. —郑州：河南科学技术出版社，2017.6

ISBN 978-7-5349-8157-9

Ⅰ. ①中… Ⅱ. ①中… ②林… ③杨… ④林 Ⅲ. ①植物—标本—中国—图集 Ⅳ. ①Q94-34

中国版本图书馆CIP数据核字（2017）第017880号

The editors of this volume LIN Qi, YANG Zhirong and LIN Yun

Edited by BAN Qin, CHEN Shurong, CHEN Yali, DU Yufen, FU Lianzhong, HE Shanshan, JING Xuan, LIN Qi, LIN Yun, LIU Wenqun, MA Xintang, WANG Mingqiong, WANG Zhongtao, WU Huibing, YANG Zhirong, YUN Yingxia

(Names are arranged in alphabetical order)

主　编　林　祁　杨志荣　林　云

编著者（以姓氏拼音为序）

班　勤　陈淑荣　陈雅丽　杜玉芬　傅连中　何珊珊　敬　璇　林　祁

林　云　刘文群　马欣堂　王明琼　王忠涛　吴慧冰　杨志荣　云映霞

生物中国总策划：周本庆

出版发行：河南科学技术出版社

地址：郑州市经五路66号　　邮编：450002

电话：（0371）65737028　　65788613

网址：www.hnstp.cn

策划编辑：周本庆　杨秀芳

责任编辑：李义坤

责任校对：崔春娟

整体设计：张　伟

责任印制：张艳芳

印　　刷：北京盛通印刷股份有限公司

经　　销：全国新华书店

幅面尺寸：240 mm × 345 mm　　印张：71　　字数：250千字

版　　次：2017年6月第1版　　2017年6月第1次印刷

定　　价：1 500.00元

Introduction

Predecessors of China National Herbarium (abbreviated code PE), Institute of Botany, Chinese Academy of Sciences are the Herbarium, Department of Botany, the Fan Memorial Institute of Biology, Peiping (1928), as well as the Herbarium, Institute of Botany, the National Academy of Peiping (1929). Now PE has developed into the largest herbarium in Asia. The current collections contain more than 2 650 000 specimens in the herbarium, including mosses, ferns, seed plants, seed collections and plant fossil samples. Among them, there are about 20 000 type specimens (holotype, isotype, lectotype, isolectotype, neotype, isoneotype, epitype, isoepitype, syntype, isosyntype, paratype, isoparatype).

Type specimens in this book were produced by selecting the most important type specimen deposited at PE under the same scientific name (species, subspecies, variety and form), and then they were also reviewed and scanned. After compilation, ***Type Specimens in China National Herbarium (PE)*** which consists of 14 volumes is completed.

Type Specimens in China National Herbarium (PE) includes 7 451 type specimens, comprising 4 356 holotypes, 2 203 isotypes, 319 lectotypes, 8 isolectotypes, 3 neotypes, 3 isoepitypes, 27 syntypes, 94 isosyntypes, 279 paratypes, 170 isoparatypes, and belonging to 194 families, 1 134 genera, 6 159 species, 66 subspecies, 1 114 varieties and 122 forms. The taxa are arranged by family according to the system of ***Flora Bryophytorum Sinicorum and Flora Reipublicae Popularis Sinicae.*** Infra-family taxa are alphabetized by genera, species, subspecies, varieties and forms. The explanation of each taxon is listed in the figure caption with Chinese name, scientific name, original publication, nature of specimen (holotype/ isotype/ lectotype/ isolectotype/ neotype/ isoneotype/ epitype/ isoepitype/ syntype/ isosyntype/ paratype/ isoparatype), type locality (country/ province/ county/ mountain if present), altitude, collection date, collector and collection number. The collector and type locality in this book follow ***Index Herbariorum Sinicorum*** (L. K. Fu, 1993) and ***Gazetteer of China—An Index to the Atlas of the People's Republic of China*** (Chinese Academy of Surveying & Mapping, 1997) respectively.

This book is a very important work for researching and identifying Chinese plants. It could also be used as a reference by plant taxonomists and people from botanic research institutions, educational institutions and production departments at home and abroad.

Volume 8 of ***Type Specimens in China National Herbarium (PE)*** includes 543 type specimens from Ranunculaceae, comprising 354 holotypes, 149 isotypes, 14 lectotypes, 1 neotype, 4 isosyntypes, 10 paratypes, 12 isoparatypes, and belonging to 21 genera, 380 species, 10 subspecies, 143 varieties and 10 forms.

Greatest thanks to Prof. Li Liangqing and Prof. Zhang Xianchun, curators of China National Herbarium (PE), for their support and help throughout the publication of the book.

LIN Qi

September 2015

前 言

中国科学院植物研究所国家植物标本馆（缩写代号 PE）的前身是 1928 年成立的北平静生生物调查所植物标本室和 1929 年成立的北平研究院植物研究所标本室，现已发展为亚洲最大的植物标本馆，目前馆藏植物标本 265 万余份，包括苔藓植物标本、蕨类植物标本、种子植物标本、种子标本和植物化石标本，其中模式标本近 2 万份（含主模式、等模式、后选模式、等后选模式、新模式、等新模式、附加模式、等附加模式、合模式、等合模式、副模式、等副模式）。

书中所收录的模式标本是在同一学名下（种、亚种、变种、变型）遴选出一份最重要的馆藏模式标本，经整理并扫描后编撰而成《中国国家植物标本馆（PE）模式标本集》（共 14 卷）。

全书共收有模式标本 7 451 份，含 4 356 份主模式、2 203 份等模式、319 份后选模式、8 份等后选模式、3 份新模式、3 份等附加模式、27 份合模式、94 份等合模式、279 份副模式、170 份等副模式，隶属于 194 科、1 134 属、6 159 种、66 亚种、1 114 变种和 122 变型。全书各科依据《中国苔藓志》及《中国植物志》系统排列，属、种、亚种、变种、变型的名称按字母顺序排列。每张扫描模式标本相片的图注解释均标注中名、学名、原始文献、模式类型（主模式、等模式、后选模式、等后选模式、新模式、等新模式、附加模式、等附加模式、合模式、等合模式、副模式、等副模式）、采集地点（国名、省名、县名、山名）、海拔、采集时间（年月日）、采集人和采集号。本书中的采集人根据《中国植物标本馆索引》（傅立国，1993）书写，采集地根据《中国地名录—中华人民共和国地图集地名索引》（国家测绘局地名研究所，1997）书写。

本书是一部研究与鉴定中国植物的重要著作，可供国内外植物分类学者及有关植物学科研、教学和生产部门人员参考。

第 8 卷包括被子植物门毛茛科的模式标本，共 543 份，含 354 份主模式、149 份等模式、14 份后选模式、1 份新模式、4 份等合模式、10 份副模式、12 份等副模式，隶属于 21 属、380 种、10 亚种、143 变种和 10 变型。

感谢中国国家植物标本馆（PE）馆长李良千研究员和张宪春研究员在本书编撰过程中给予的支持和帮助。

林 祁

2015 年 9 月

Contents
目 录

Ranunculaceae

毛茛科

maogenke

冷杉林乌头 ***Aconitum abietetorum*** W. T. Wang & L. Q. Li in Acta Phytotax. Sin. 25(1): 32, pl. 3: 3. 1987. **Holotype:** China. Sichuan: Muli, alt. 3 800 m, 1983-09-05, L. H. Liu & al. s. n.

展毛尖萼乌头 ***Aconitum acutiusculum*** Fletcher & Lauener var. ***aureopilosum*** W. T. Wang in Acta Phytotax. Sin., Addit. 1: 85. 1965. **Holotype:** China. Yunnan: Dêqên, alt. 4 100 m, 1937-08-20, T. T. Yu 9671.

聚叶乌头 ***Aconitum aggregatifolium*** Chang ex W. T. Wang in Acta Phytotax. Sin., Addit. 1: 60. 1965. **Holotype:** China. Sichuan: Qingchuan, alt. 2 200 m, 1930-09-01, F. T. Wang 22468.

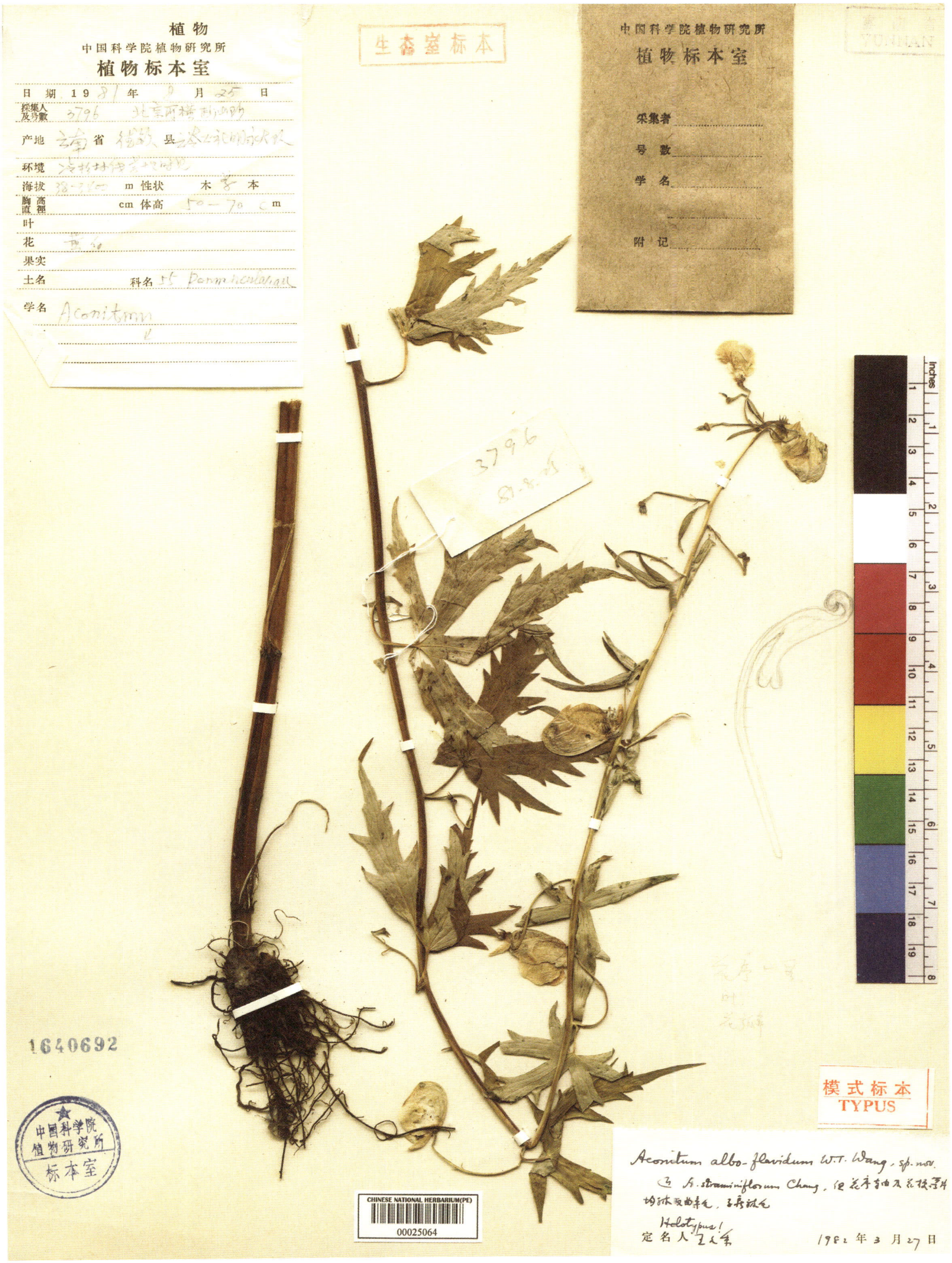

淡黄乌头 ***Aconitum alboflavidum*** W. T. Wang in Acta Bot. Yunnan. 5(2): 153, f. 1: 1-3. 1983. **Holotype:** China. Yunnan: Dêqên, alt. 3 400~3 800 m, 1981-08-25, K. Y. Lang & al 3796.

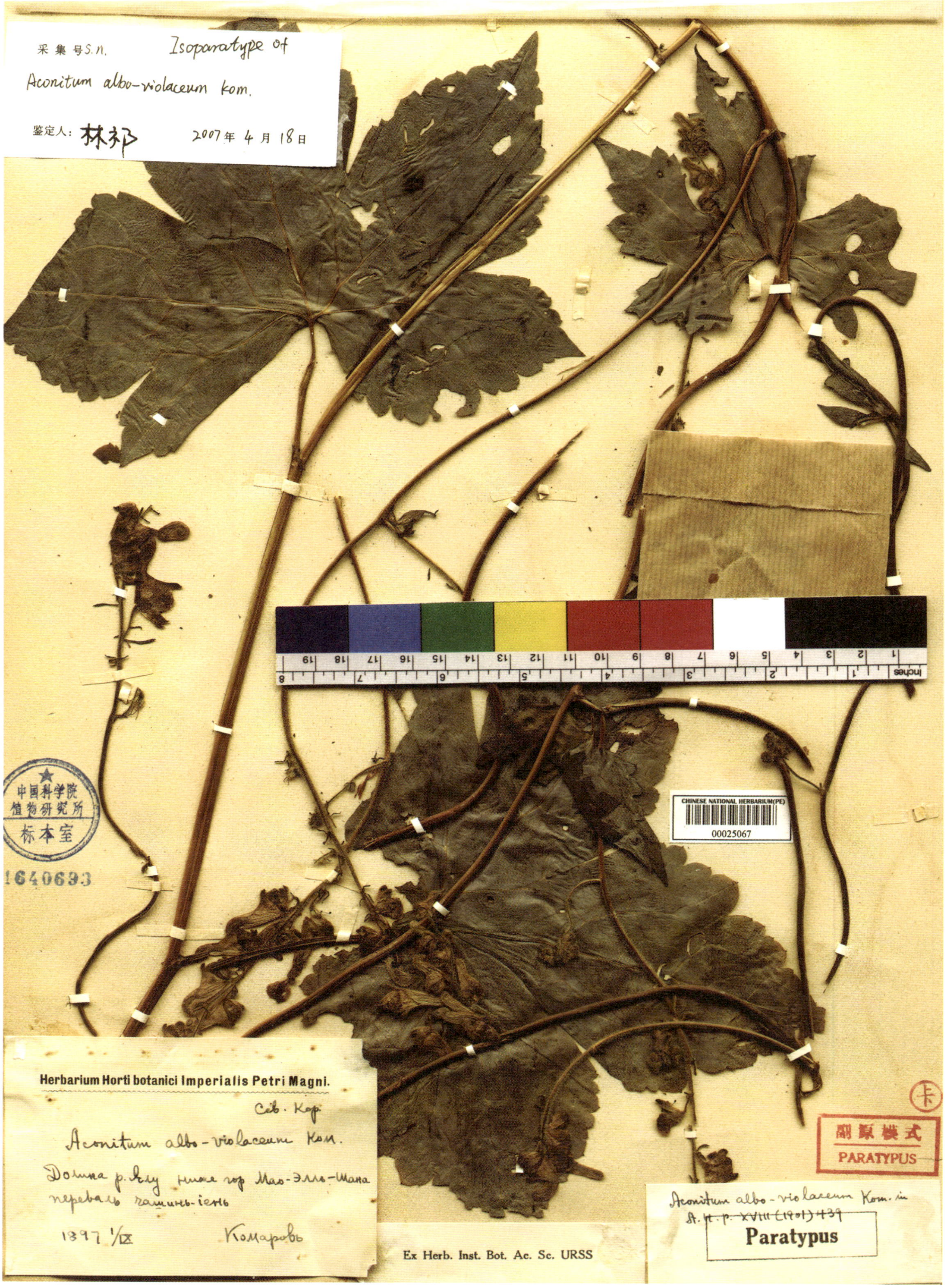

两色乌头 ***Aconitum alboviolaceum*** Kom. in Acta Hort. Petrop. 18(3): 439, t. 5. 1901. **Lectotype** (designated here**)**: Korea. Cza-schin-gan, 1897-09-01, Komapoez s. n.

缠绕白毛乌头 ***Aconitum amureuse*** Nakai in J. Jap. Bot. 18(11): 603. 1942, **Lectotype** (designated here)**:** China. Jilin: E Jilin, Precise locality not known, 1937-09-05, J. Sato 7778.

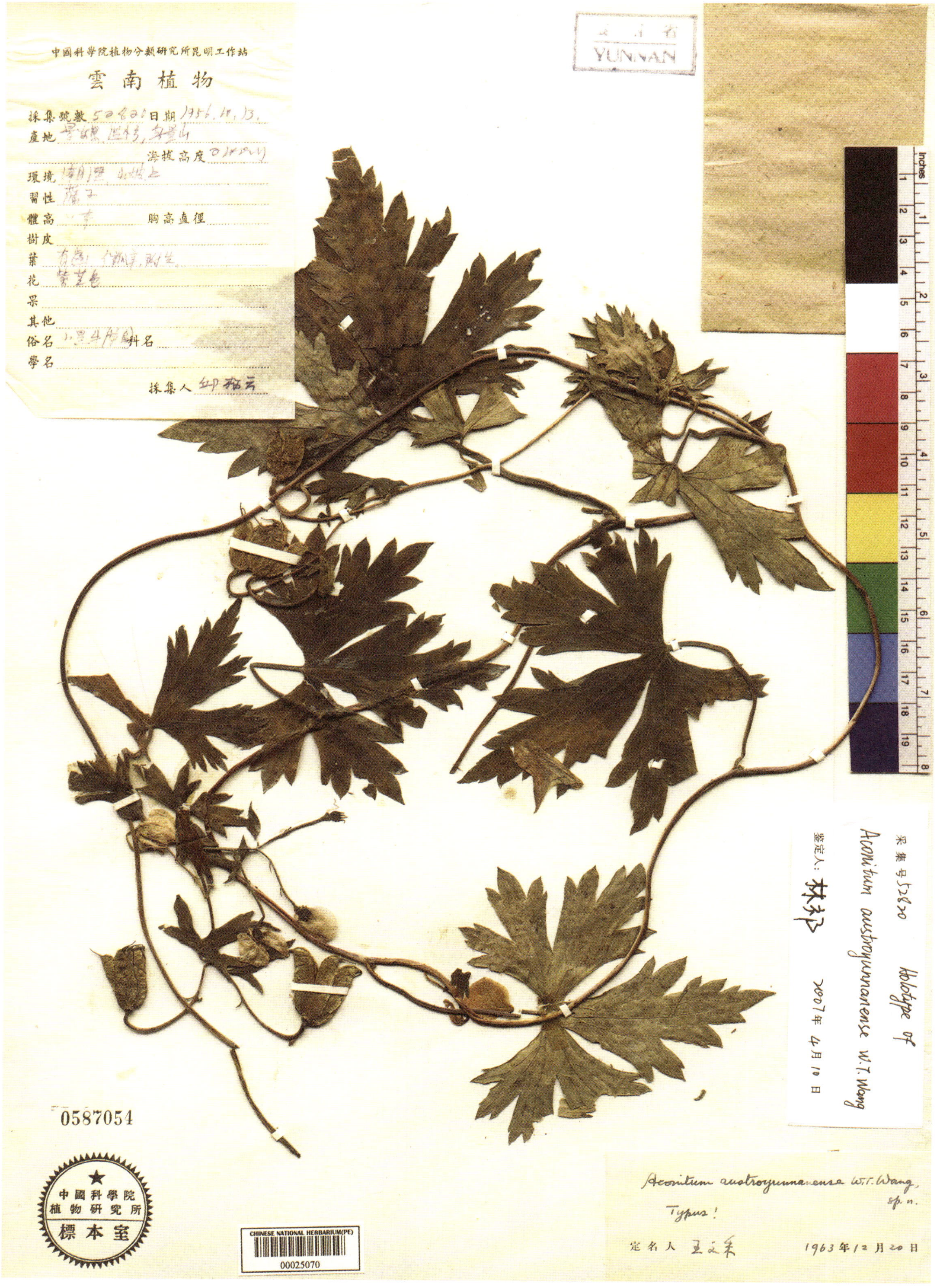

滇南乌头 ***Aconitum austroyunnanense*** W. T. Wang in Acta Phytotax. Sin., Addit. 1: 81, pl. 4, f. 15. 1965. **Holotype:** China. Yunnan: Jingdong, alt. 2 200 m, 1956-10-13, P. Y. Qiu 52820.

截基乌头 ***Aconitum basitruncatum*** W. T. Wang in Pl. Divers. Res. 36(3): 299, f. 2. 2014. **Holotype:** China. Xizang: Nyingchi, alt. 3 200 m, 1983-09-16, Xizang Inst. Biol. Exped. 4025.

卢森山乌头 ***Aconitum bavaricum*** Starm. subsp. ***lusenense*** Starm. in Ber. Bayer. Bot. Ges. 71: 106. 2001. **Isotype:** Germany. Bayern, Lusen, alt. 1 045 m, 2000-08-29, W. Starmuhler s. n.

曲毛短柄乌头 ***Aconitum brachypodum*** Diels. var. ***crispulum*** W. T. Wang in Acta Phytotax. Sin., Addit. 1: 97. 1965.
Holotype: China. Sichuan: Dajin, alt. 3 700 m, 1958-08-23, H. Li 78492.

显苞乌头 ***Aconitum bracteolosum*** W. T. Wang, Fl. Reip. Pop. Sin. 27: 305, 610. 1979. **Holotype:** China. Yunnan: Zhongdian (=Shangri-La), alt. 4 800 m, 1976-07-20, J. S. Yang 8119.

小花短距乌头 ***Aconitum brevicalcaratum*** (Finet & Gagnep.) Diels var. ***parviflorum*** Chen & Liu in Bull. Fan Mem. Inst. Biol., Bot. Ser. 11: 43. 1941. **Isotype:** China. Yunnan: Lijiang, alt. 2 800 m, 1937-08-01, T. T. Yu 15389.

短瓣乌头 ***Aconitum brevipetalum*** W. T. Wang in Acta Phytotax. Sin., Addit. 1: 88, pl. 5, f. 19. 1965. **Holotype:** China. Yunnan: Weixi, alt. 4 000 m, 1937-07-12, T. T. Yu 8940.

褐紫乌头 ***Aconitum brunneum*** Hand.-Mazz. in Acta Horti Gothob. 13(4): 103 1939. **Isotype:** China. Sichuan: Between Taining and Dawu, alt. 3 800 m, 1934-09-12, H. Smith 12104.

光果皱叶乌头 ***Aconitum bullatifolium*** Lévl. var. ***leiocarpum*** W. T. Wang in Acta Phytotax. Sin., Addit. 1: 93. 1965.
Holotype: China. Yunnan: Jingdong, alt. 2 500 m, 1939-10-22, M. K. Li 783.

弯喙乌头 ***Aconitum campylorrhynchum*** Hand.-Mazz. in Acta Horti Gothob. 13(4): 126. 1939. **Isotype:** China. Sichuan: Tshan-la-ying, alt. 3 200 m, 1922-08-18, H. Smith 3991.

展毛弯喙乌头 ***Aconitum campylorrhynchum*** Hand.-Mazz. var. ***patentipilum*** W. T. Wang in Acta Phytotax. Sin., Addit. 1: 83. 1965. **Holotype:** China. Sichuan: Precise locality not known, Shua-ching-sze, alt. 3 250 m, 1957-09-17, H. Li 74666.

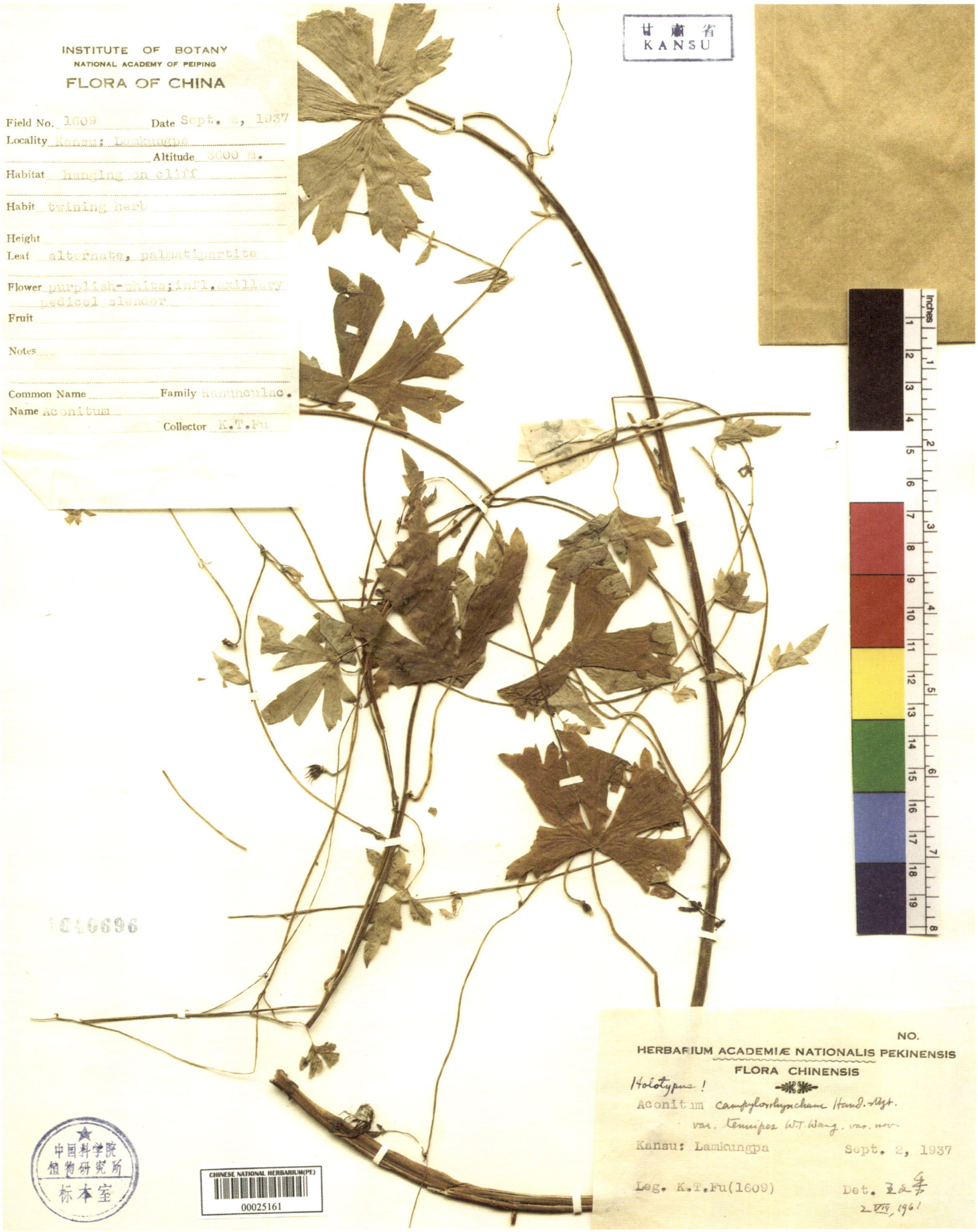

细梗弯喙乌头 ***Aconitum campylorrhynchum*** Hand.-Mazz. var. ***tenuipes*** W. T. Wang in Acta Phytotax. Sin., Addit. 1: 83. 1965. **Holotype:** China. Gansu: Precise locality not known, Lamkungpa, alt. 3 600 m, 1937-09-02, K. T. Fu 1609.

毛果丽江乌头 ***Aconitum carmichaeli*** Dexb. var. ***albovillosum*** Chen & Y. Liu in Bull. Fan Mem. Inst. Biol., Bot. Ser. 11: 47. 1941. **Isotype:** China. Sichuan: Muli, alt. 3 100 m, 1937-09-22, T. T. Yu 14343.

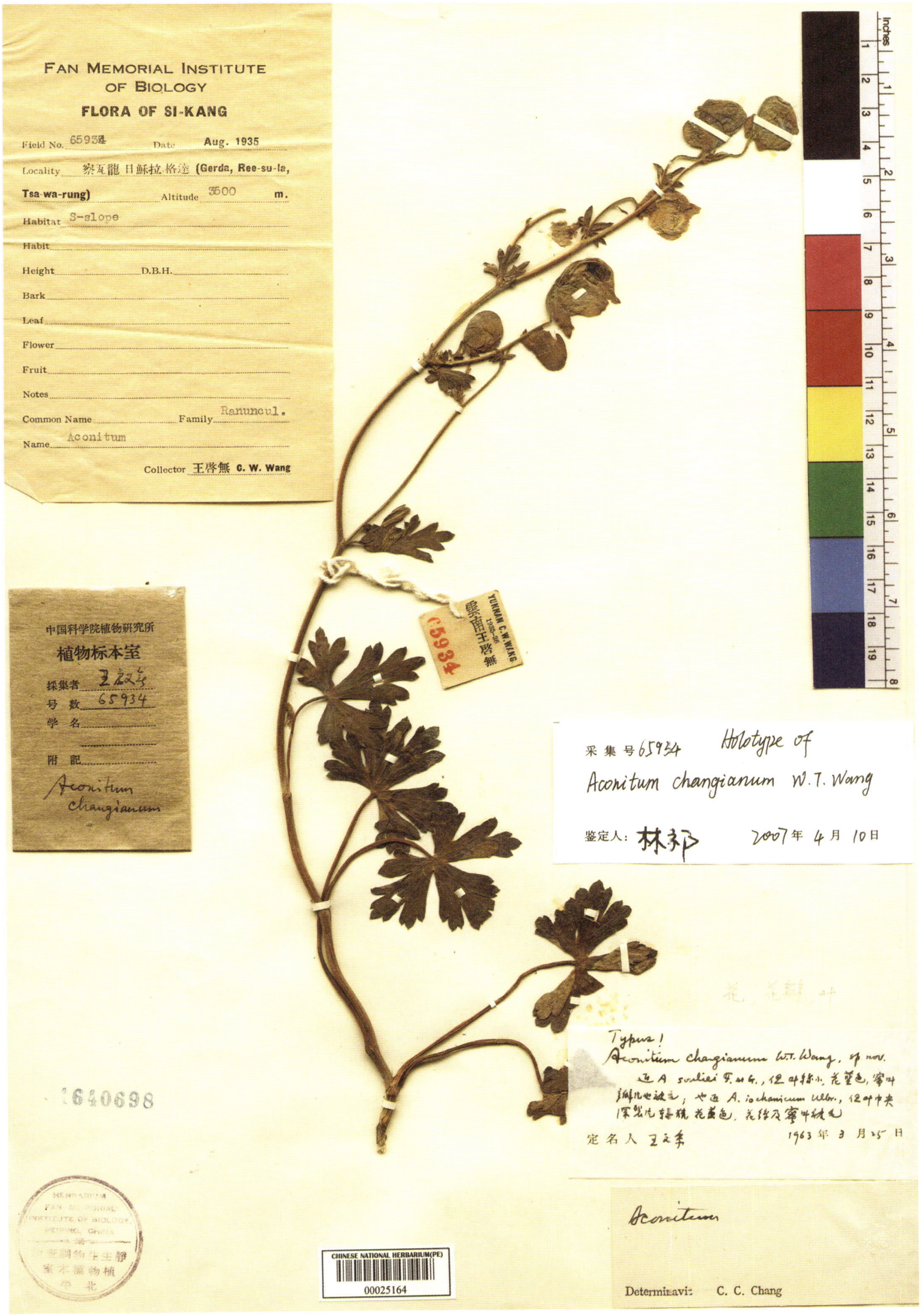

张氏乌头 ***Aconitum changianum*** W. T. Wang in Acta Phytotax. Sin., Addit. 1: 94. pl. 6, f. 3. 1965. **Holotype:** China. Xizang: Tsa-wa-rung, alt. 3 500 m, 1935-08-??, C. W. Wang 65934.

察隅乌头 ***Aconitum chayuense*** W. T. Wang in Acta Bot. Yunnan. 6(4): 363, f. 1: 7-8. 1984. **Holotype:** China. Xizang: Zayü, alt. 3 700 m, 1982-09-08, Qinghai-Xizang Exped. 10173.

陈氏乌头 ***Aconitum chenianum*** W. T. Wang in Acta Phytotax. Sin., Addit. 1: 89, pl. 6, f. 22. 1965. **Holotype:** China. Sichuan: Daocheng, alt. 3 800 m, 1937-08-21, T. T. Yu 12824.

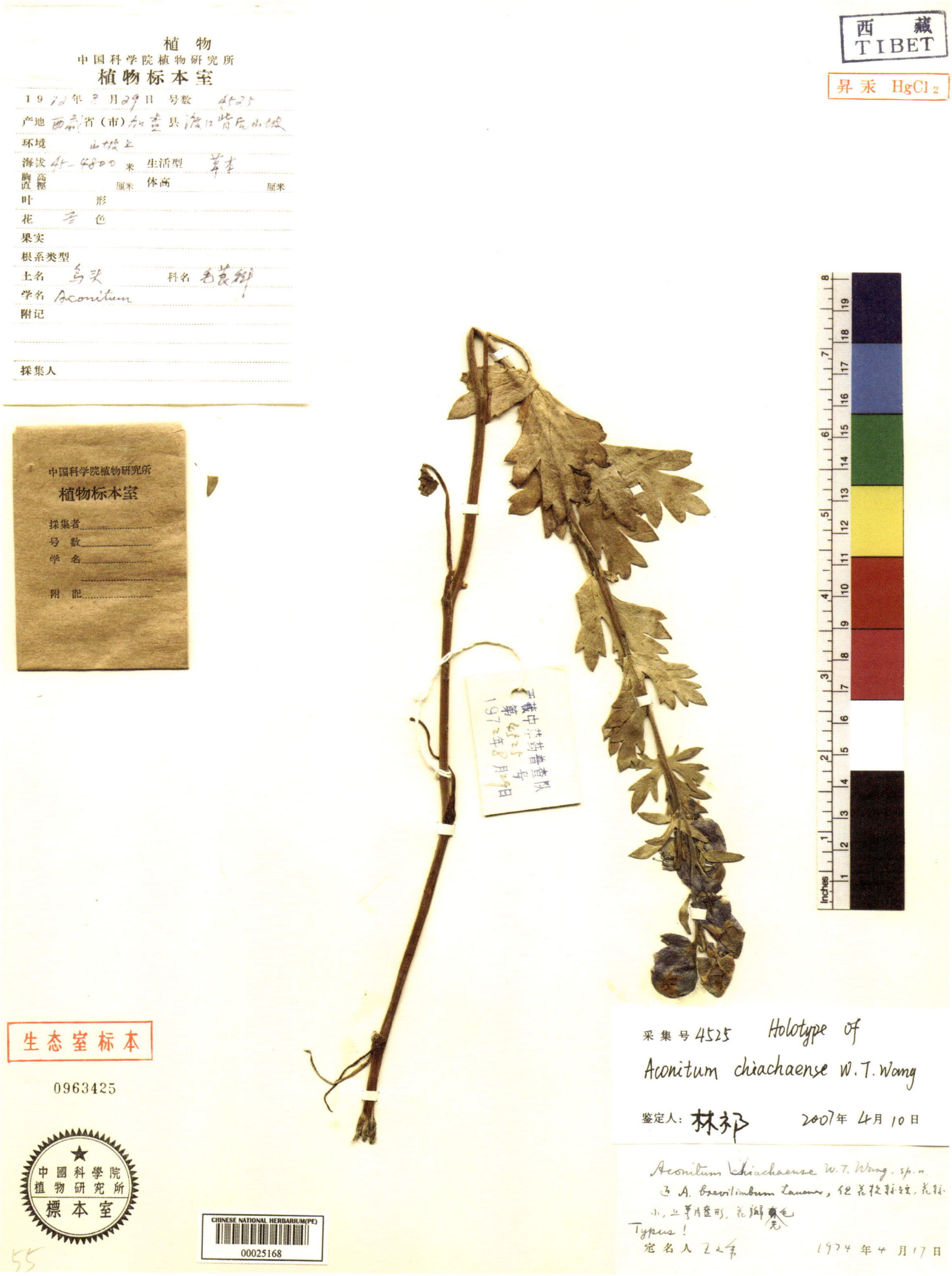

加查乌头 ***Aconitum chiachaense*** W. T. Wang, Fl. Reip. Pop. Sin. 27: 221, 606. 1979. **Holotype:** China. Xizang: Gyaca, alt. 4 500~4 800 m, 1972-08-29, Xizang Exped. 4525.

腺毛加查乌头 ***Aconitum chiachaense*** W. T. Wang var. ***glandulosum*** W. T. Wang, Fl. Reip. Pop. Sin. 27: 222, 606. 1979. **Holotype:** China. Xizang: Gyaca, alt. 4 400 m, 1976-09-18, Qinghai-Xizang Exped. 1955.

乾宁乌头 ***Aconitum chienningense*** W. T. Wang, Fl. Reip. Pop. Sin. 27: 285, 609, pl. 64, f. 1-5. 1979. **Holotype:** China. Sichuan: Qianning, alt. 3 900 m, 1974-08-07, Sichuan Exped. 5781.

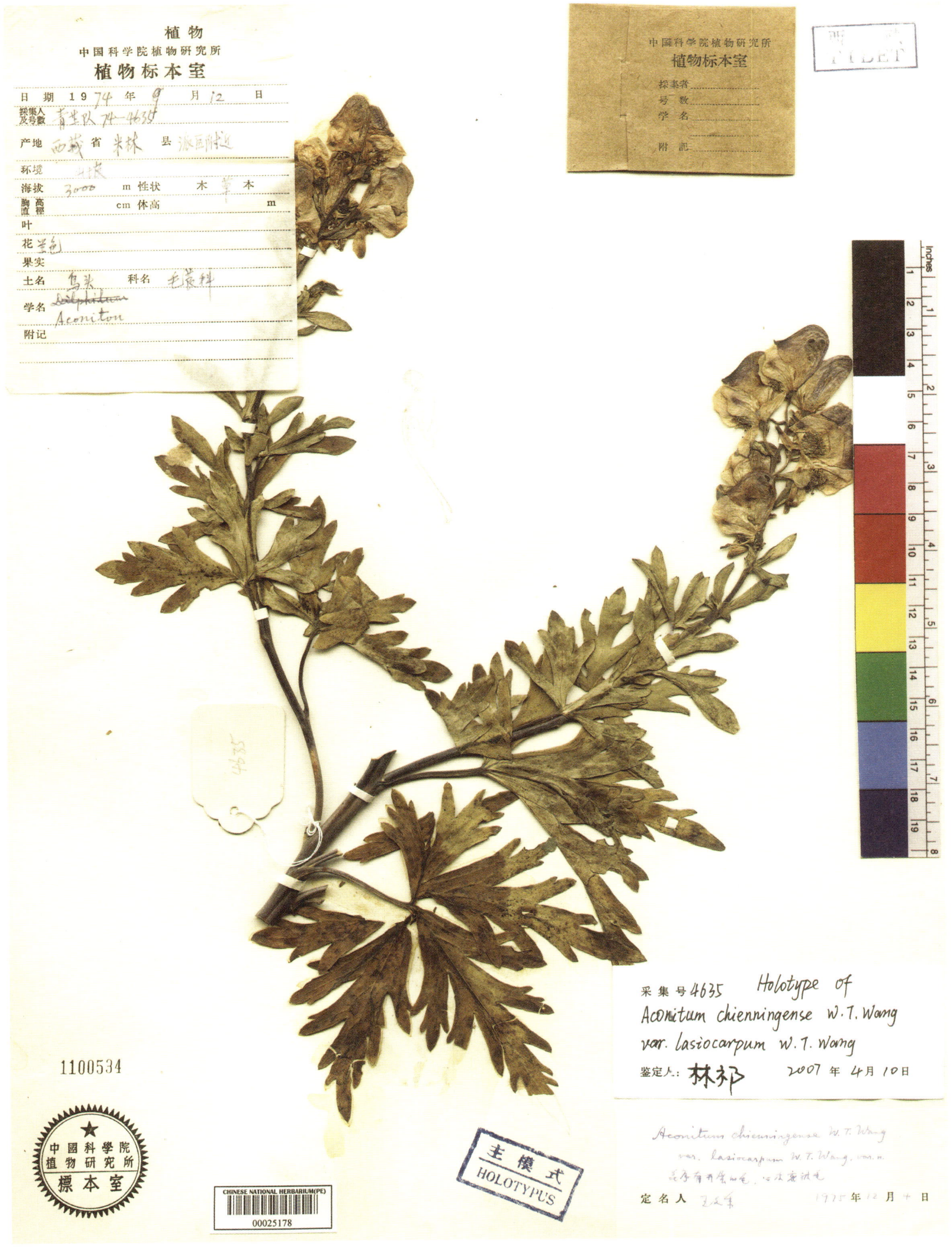

毛果乾宁乌头 ***Aconitum chienningense*** W. T. Wang var. ***lasiocarpum*** W. T. Wang, Fl. Reip. Pop. Sin. 27: 285, 609. 1979. **Holotype:** China. Xizang: Mainling, alt. 3 000 m, 1974-09-12, Qinghai-Xizang Exped. 74-4635.

祁连山乌头 ***Aconitum chilienshanicum*** W. T. Wang in Acta Phytotax. Sin. 12(2): 157. 1974. **Holotype:** China. Gansu: Sunan, alt. 3 500 m, 1967-08-22, Hexi Exped. 339.

黄山乌头 ***Aconitum chinense*** Paxt. var. ***hwangshanicum*** W. T. Wang & P. G. Xiao in Observ. Fl. Hwangshan. 113. 1965. **Paratype:** China. Zhejiang: Tianmushan, 1958-09-29, X. Y. He 31087.

景东乌头 ***Aconitum chingtungense*** W. T. Wang in Acta Phytotax. Sin., Addit. 1: 77. 1965. **Holotype:** China. Yunnan: Jingdong, alt. 3 100 m, 1956-11-18, B. Y. Qiu 53791.

黄毛乌头 ***Aconitum chrysotrichum*** W. T. Wang, Fl. Reip. Pop. Sin. 27: 156, 603, f. 24: 1-4. 1979. **Holotype:** China. Sichuan: Daocheng, alt. 4 300 m, 1973-08-12, Sichuan Exped. 3732.

朱氏乌头 ***Aconitum chuianum*** W. T. Wang in Acta Phytotax. Sin., Addit. 1: 80. 1965. **Holotype:** China. Yunnan: Zhongdian (=Shangri-La), alt. 3 800 m, 1962-08-25, Zhongdian Exped. 1335.

绰斯甲乌头 ***Aconitum chuosjiaense*** W. T. Wang, Fl. Reip. Pop. Sin. 27: 230, 607. 1979. **Holotype:** China. Sichuan: Precise locality not known, alt. 3 400 m, 1958-08-13, P. X. Li 10469.

革叶乌头 ***Aconitum coriaceifolium*** W. T. Wang in Acta Bot. Yunnan. 6(4): 367, f. 3: 1-3. 1984. **Isotype:** China. Sichuan: Jiulong, alt. 2 400 m, 1979-08-10, Q. Q. Wang 21462.

粗茎乌头 ***Aconitum crassicaule*** W. T. Wang, Fl. Reip. Pop. Sin. 27: 240, 607, pl. 48: 7-8. 1979. **Holotype:** China. Yunnan: Gongshan, alt. 2 800~3 000 m, 1940-09-08, K. M. Feng 7646.

大兴安岭乌头 ***Aconitum daxinganlinense*** Y. Z. Zhao in Acta Sci. Nat. Univ. Intramongol. 14(2): 233, pl. 3. 1983. **Isotype:** China. Heilongjiang: Daxinganling,alt. 980 m, 1981-08-05, S. J. Piao Xing-758.

瑞士乌头 ***Aconitum degenii*** Gayer subsp. ***lippertianum*** Starm. in Fritschiana 7: 11. 1996. **Isotype:** Schweiz. Kt. Graubunden, alt 1 325 m, 1995-08-14, W. Starmuhler s. n.

瑞提克山乌头 ***Aconitum degenii*** Gayer subsp. ***rhaeticum*** Starm. in Fritschiana 7: 2. 1996. **Isotype:** Schweiz. Kt. Graubunden, alt. 1 360~1 375 m, 1995-08-14, W. Starmuhler s. n.

长序乌头 ***Aconitum dolichostachyum*** W. T. Wang, Fl. Reip. Pop. Sin. 27: 287, 609. 1979. **Holotype:** China. Xizang: Jomda, alt. 3 500 m, 1974-08-10, Qinghai-Xizang Exped. 2114.

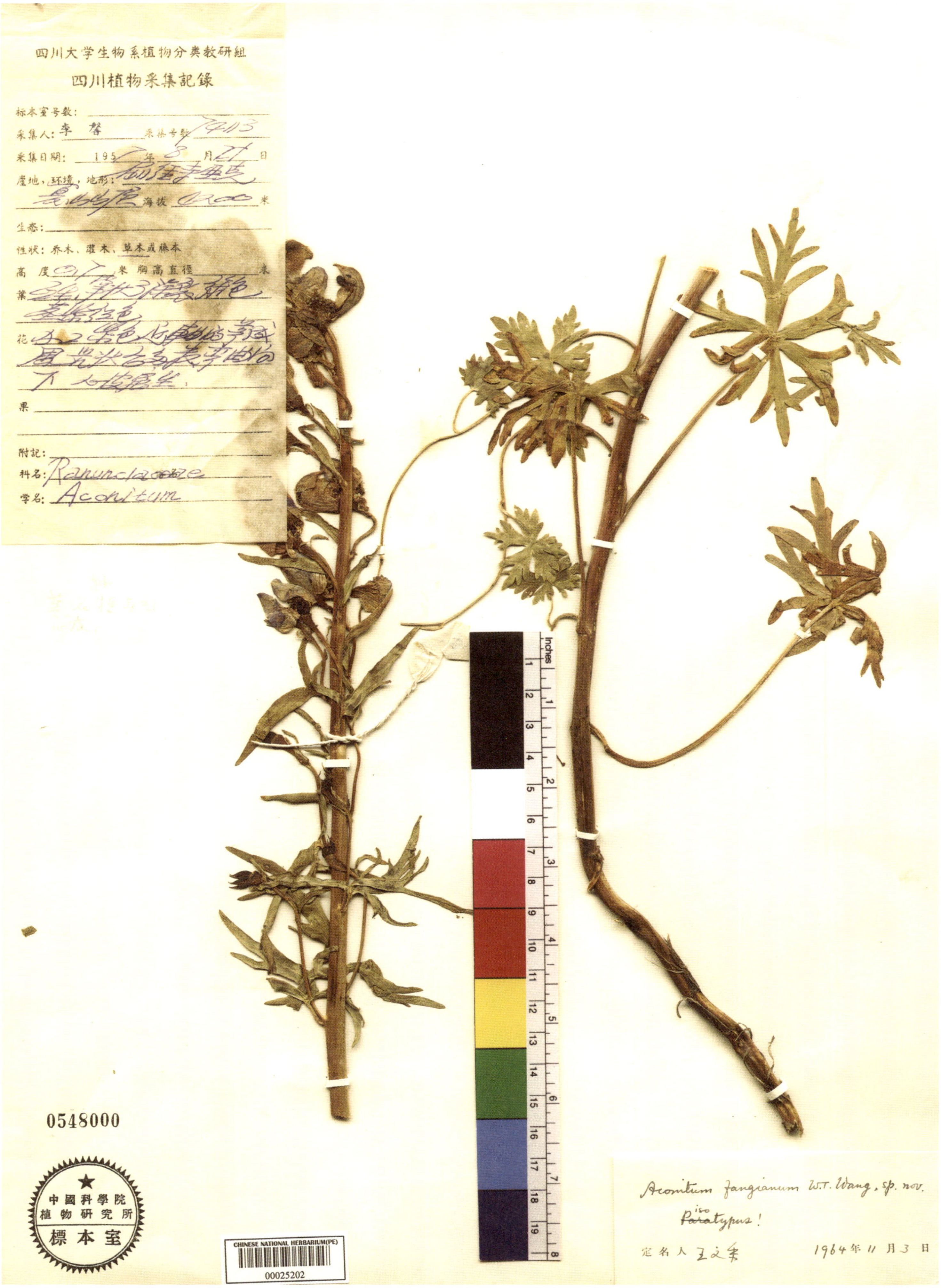

方氏乌头 ***Aconitum fangianum*** W. T. Wang in Acta Phytotax. Sin., Addit. 1: 88, pl. 5, f. 18. 1965. **Isotype:** China. Sichuan: Shuajingsi, alt. 4 200 m, 1957-08-27, H. Li 74113.

伏毛铁棒锤 ***Aconitum flavum*** Hand.-Mazz. in Acta Horti Gothob 13(4): 86. 1939. **Isoparatype:** China. Sichuan: Songpan, 1928-08-17, W. P. Fang 4272.

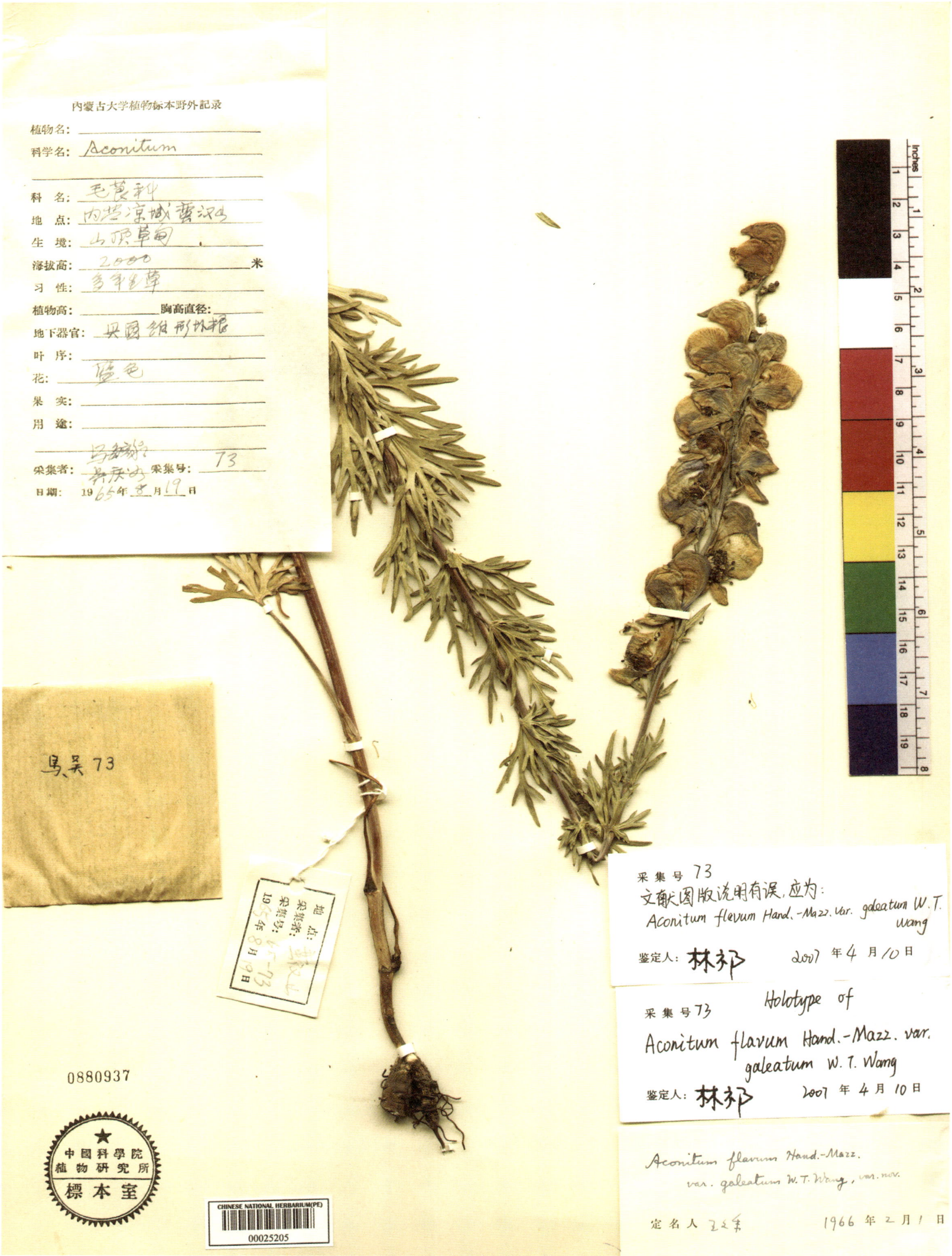

阴山乌头 ***Aconitum flavum*** Hand.-Mazz. var. ***galeatum*** W. T. Wang in Acta Phytotax. Sin. 12(2): 157. 1974. **Holotype:** China. Nei Mongol: Liangcheng, alt. 2 000 m, 1965-08-19, Y. C. Ma & C. J. Wu 73.

独花乌头 ***Aconitum fletcheranum*** G. Taylor in J. Roy. Hort. Soc. 77: 242. 1952. **Isoparatype:** Bhutan. Saga La, alt. 4 728 m, 1949-07-15, F. Ludlow, G. Sherriff & J. H. Hicks 16846.

低盔大渡乌头 ***Aconitum franchetii*** Finet & Gagnep. var. ***subnaviculare*** W. T. Wang in Acta Phytotax. Sin., Addit. 1: 67, pl. 5, f. 17. 1965. **Holotype:** China. Sichuan: Lushan, alt. 3 400 m, 1958-07-??, L. Liu 103.

低盔膝瓣乌头 ***Aconitum geniculatum*** Fletcher & Lauener var. ***humilius*** W. T. Wang in Acta Phytotax. Sin., Addit. 1: 73. 1965. **Holotype:** China. Sichuan: Puge, alt. 3 600 m, 1959-??-24, Sichuan Econ. Pl. Exped. 5476.

爪盔膝瓣乌头 ***Aconitum geniculatum*** Fletcher & Lauener var. ***unguiculatum*** W. T. Wang in Acta Phytotax. Sin., Addit. 1: 73. 1965. **Holotype:** China. Yunnan: Luquan, alt. 3 600 m, 1952-05-28, P. I Mao 1055.

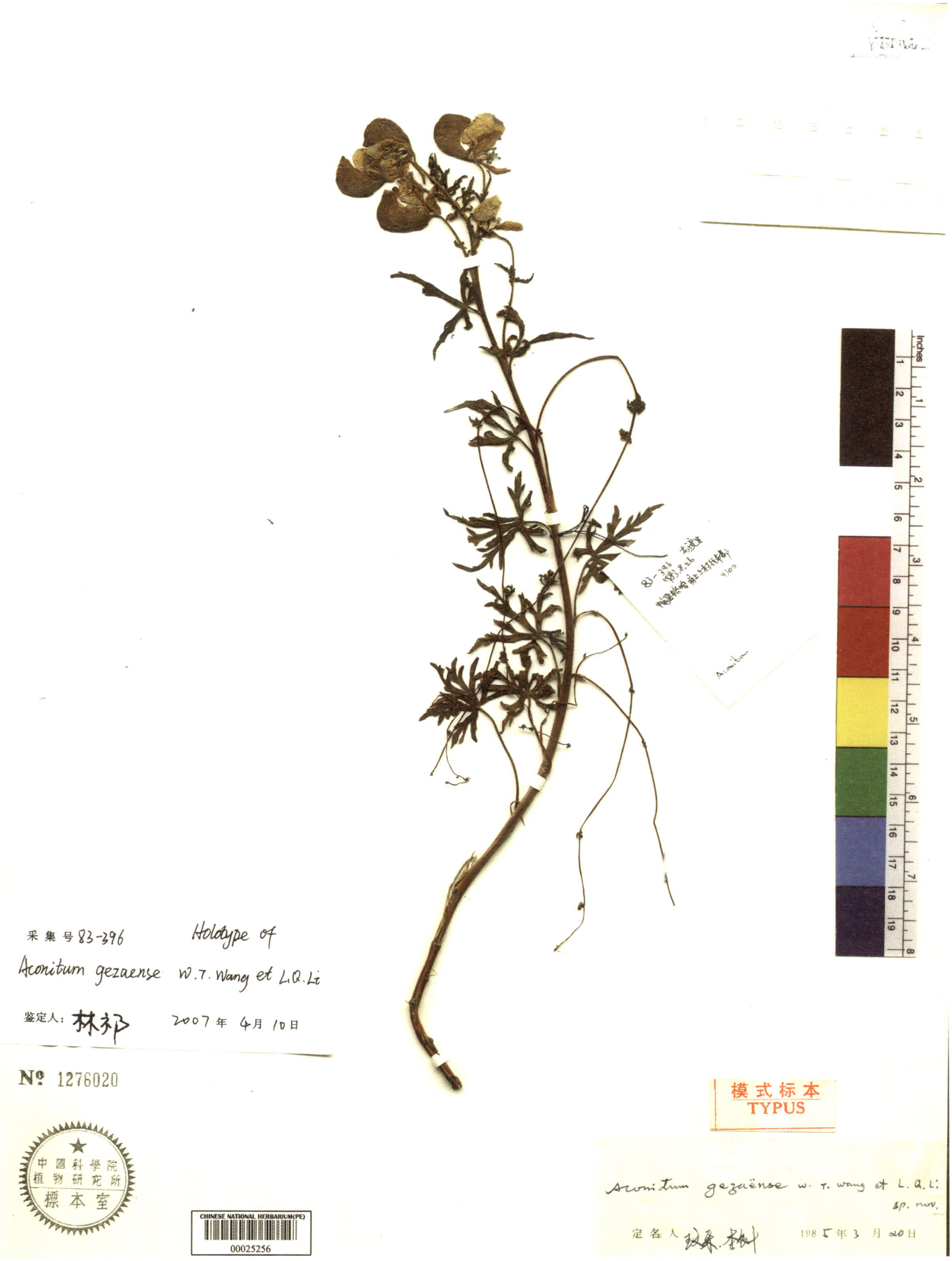

格咱乌头 ***Aconitum gezaense*** W. T. Wang & L. Q. Li in Acta Phytotax. Sin. 25: 31. 1987. **Holotype:** China. Yunnan: Zhongdian (=Shangri-La), alt. 4 300 m, 1983-08-26, J. S. Yang 83-396.

露蕊乌头 ***Aconitum gymnandrum*** Maxim. in Bull. Acad. Imp. Sci. St-Petersb. 23(2): 308. 1877. **Lectotype** (designated here)**:** China. Qinghai: Tangutorum, 1872-07-(03-15), N. M. Przewalski 233.

白花露蕊乌头 ***Aconitum gymnandrum*** Maxim. f. ***leucanthum*** W. T. Wang in Acta Phytotax. Sin., Addit. 1: 97. 1965. **Holotype:** China. Sichuan: Kangding, alt. 3 500 m, 1963-07-21, K. C. Kuan & W. T. Wang 869.

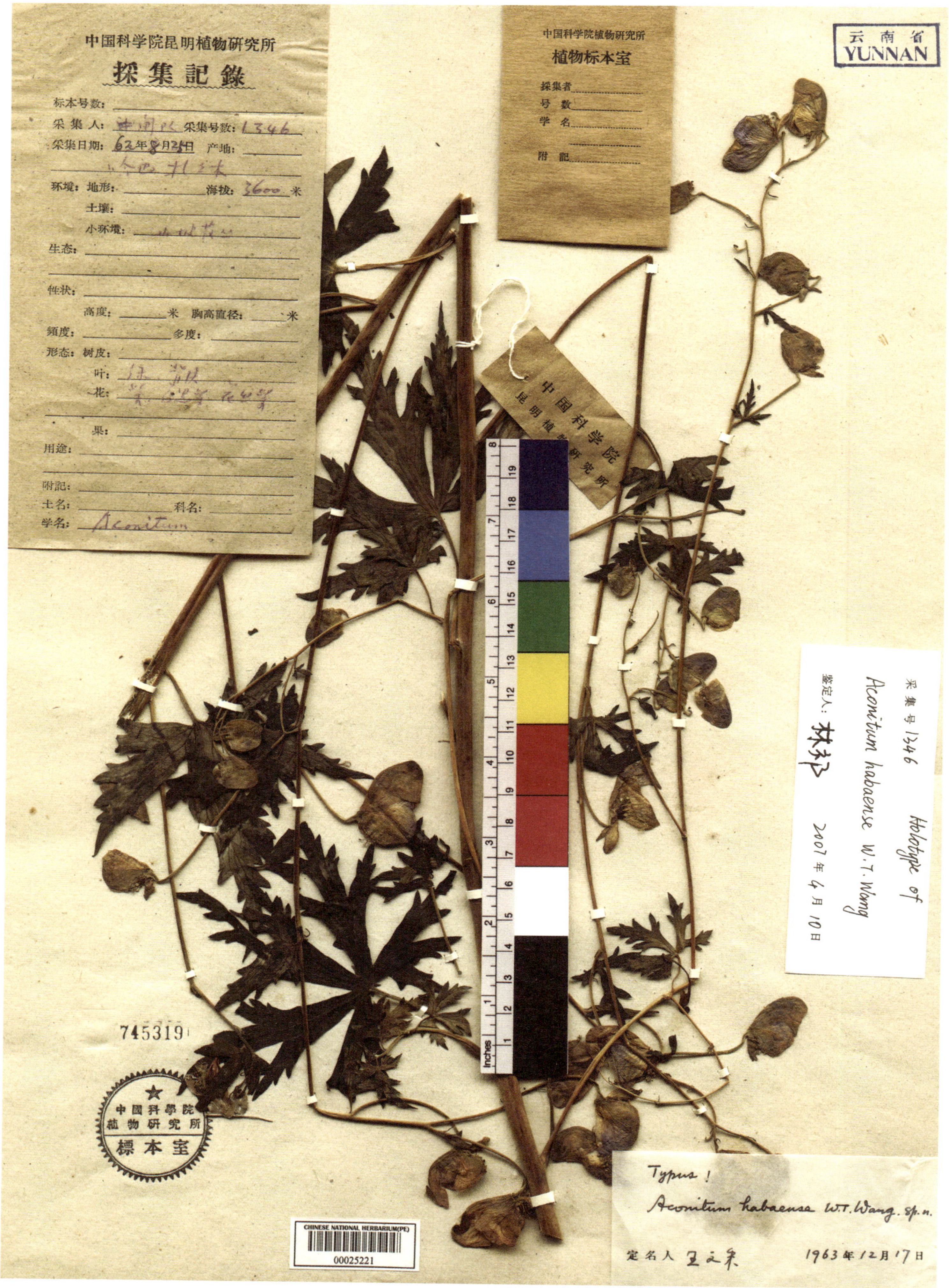

哈巴乌头 ***Aconitum habaense*** W. T. Wang in Acta Phytotax. Sin., Addit. 1: 80. 1965. **Holotype:** China. Yunnan: Zhongdian (= Shangri-La), alt. 3 600 m, 1962-08-25, Zhongdian Exped. 1346.

钩瓣乌头 ***Aconitum hamatipetalum*** W. T. Wang in Acta Phytotax. Sin., Addit. 1: 95. 1965. **Holotype:** China. Yunnan: Bijiang, alt. 4 000 m, 1934-09-14, H. T. Tsai 58599.

疏毛剑川乌头 ***Aconitum handelianum*** Comb. var. ***laxipilosum*** Hand.-Mazz in Acta Horti Gothob. 13(4): 93. 1939.
Isosyntype: China. Sichuan: Daofu, alt. 3 800 m, 1934-09-01, H. Smith 11804.

拳卷瓜叶乌头 ***Aconitum hemsleyanum*** Pritz. var. ***circinatum*** W. T. Wang in Acta Phytotax. Sin., Addit. 1: 76. 1965.
Holotype: China. Sichuan: Emei, Emeishan, alt. 2 500 m, 1957-08-06, G. H. Yang 56439.

长距瓜叶乌头 ***Aconitum hemsleyanum*** Pritz. var. ***elongatum*** W. T. Wang in Acta Phytotax. Sin., Addit. 1: 77. 1965.
Holotype: China. Sichuan: Tianquan, alt. 2 300 m, 1953-10-09, H. L. Tsiang 37985.

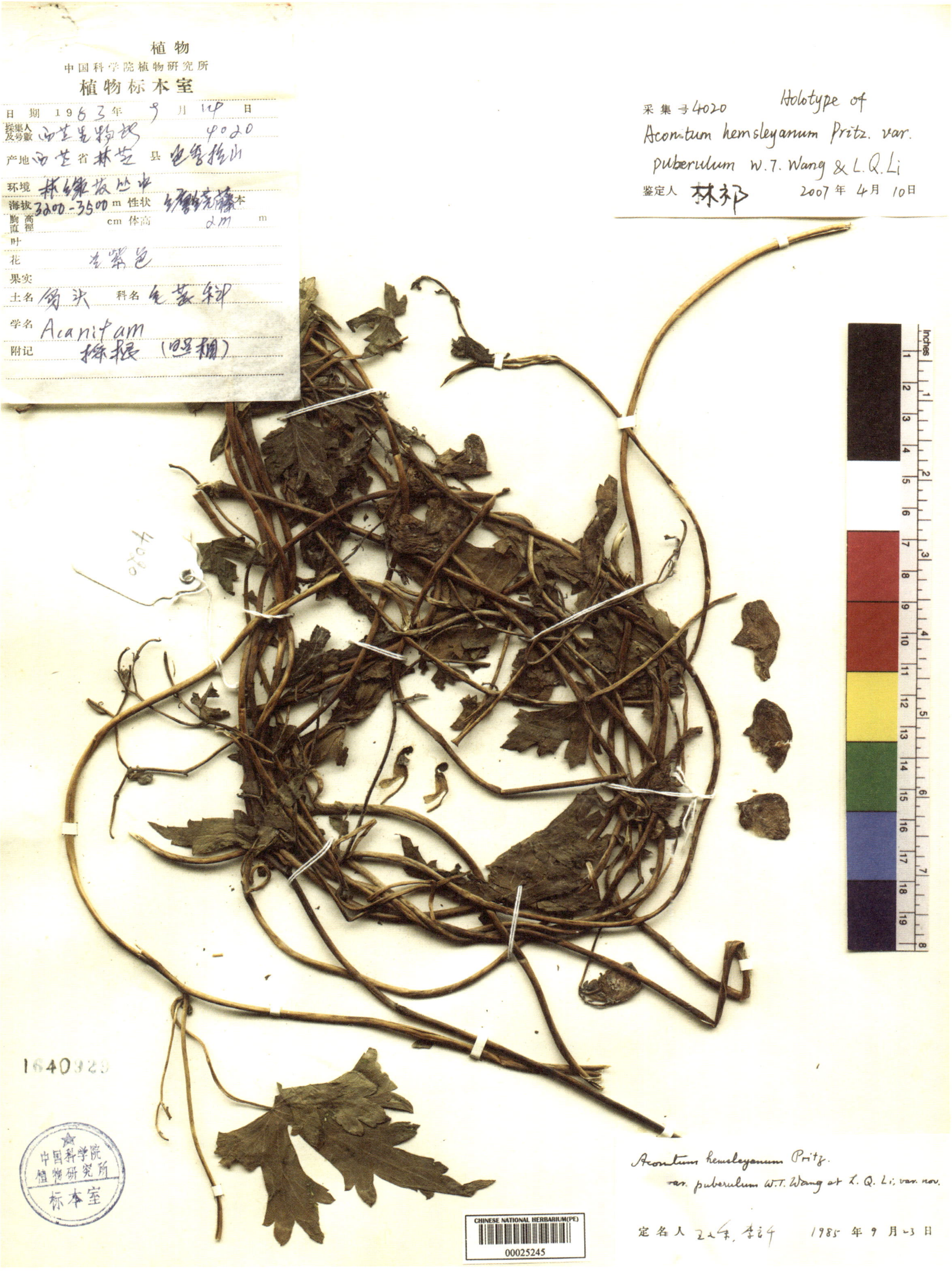

毛枝瓜叶乌头 ***Aconitum hemsleyanum*** Pritz. var. ***puberulum*** W. T. Wang & L. Q. Li in Acta Bot. Yunnan. 8(3): 260. 1986

Holotype: China. Xizang: Nyingchi, alt. 3 200~3 500 m, 1983-09-14, Inst. Biol. Xizang Exped. 4020.

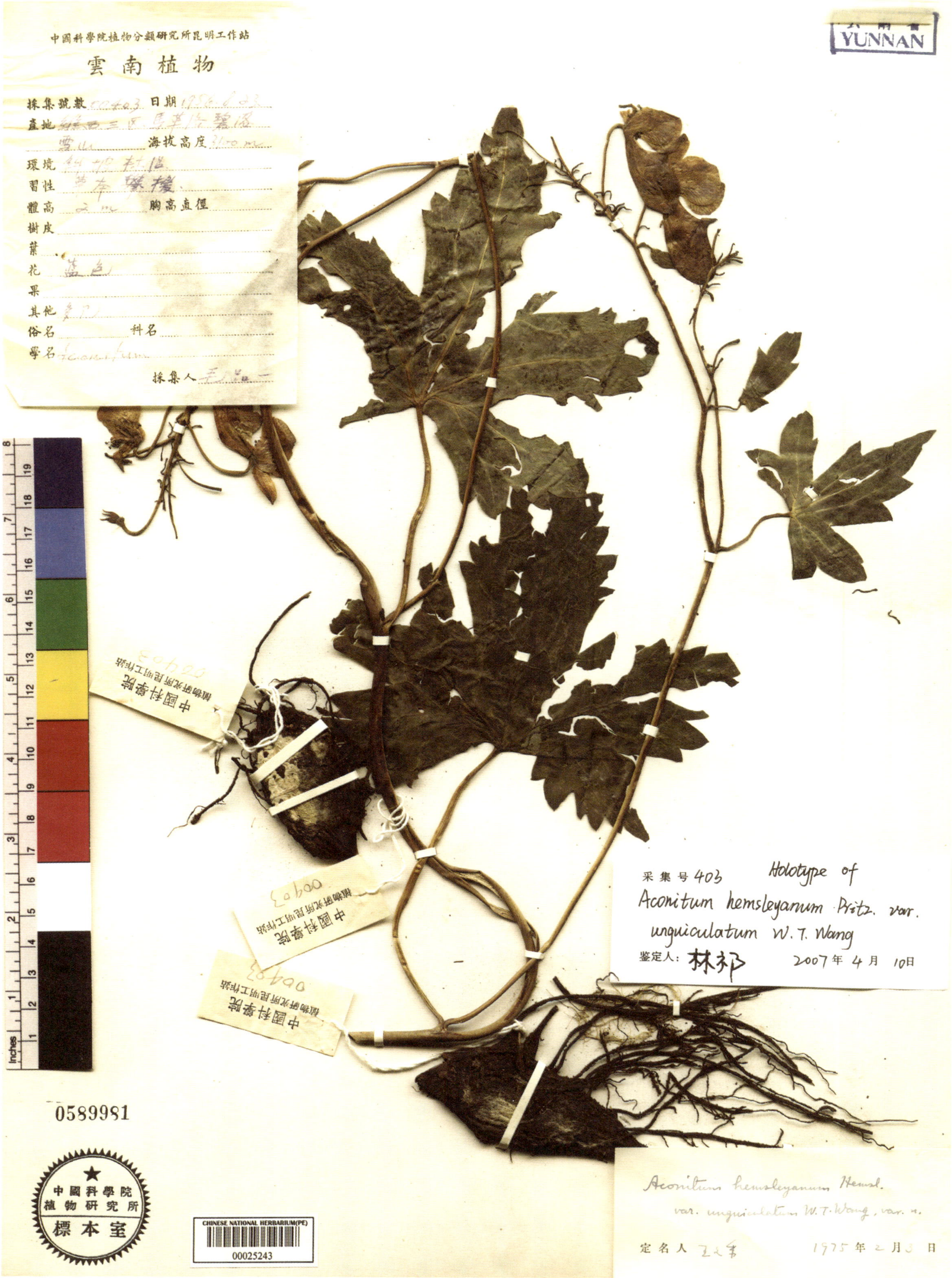

爪盔瓜叶乌头 ***Aconitum hemsleyanum*** Pritz. var. ***unguiculatum*** W. T. Wang, Fl. Reip. Pop. Sin. 27: 238, 607, pl. 51: 4. 1979. **Holotype:** China. Yunnan: Weixi, alt. 3 100 m, 1956-08-23, P. I Mao 00403.

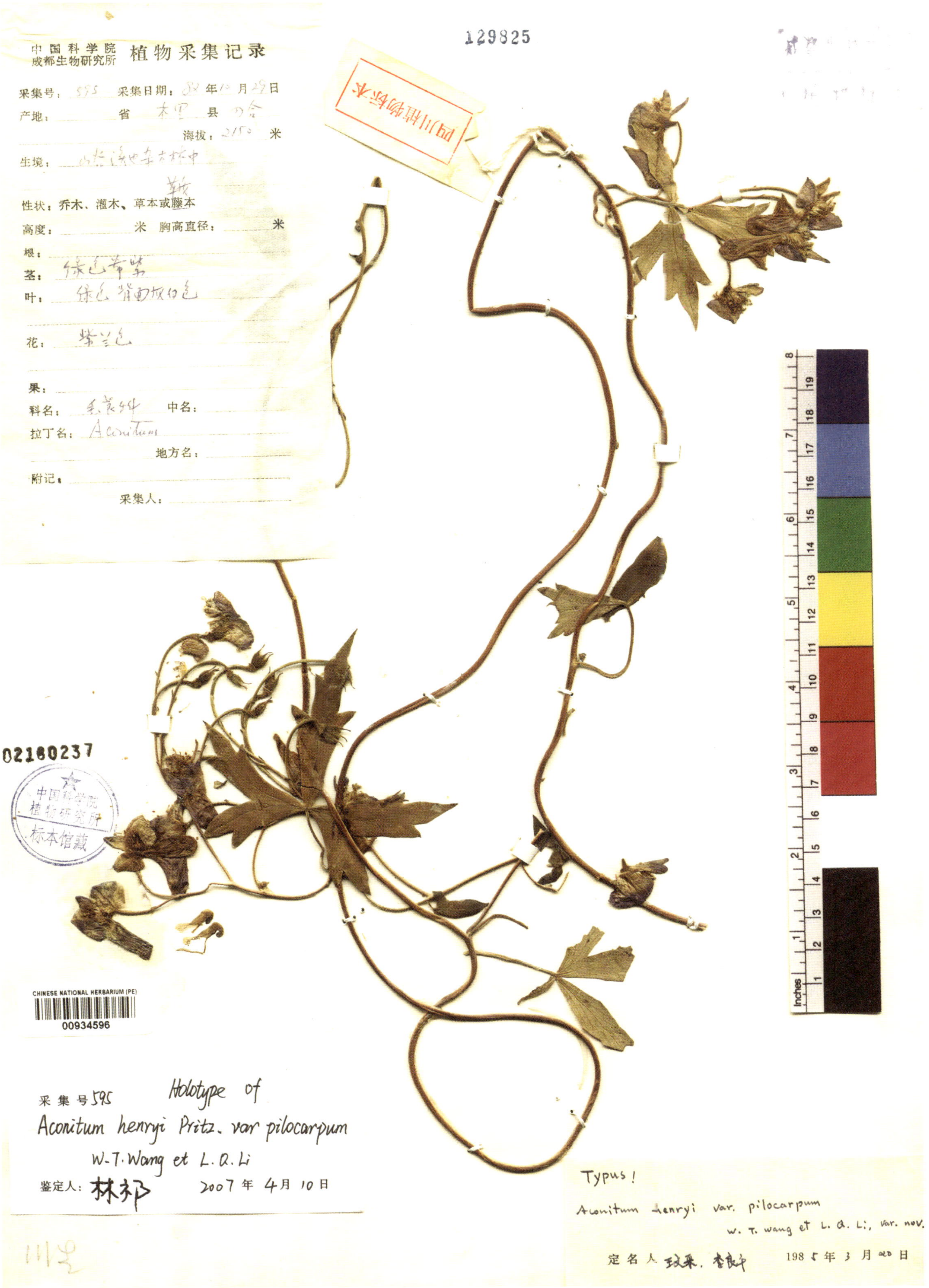

毛果川鄂乌头 ***Aconitum henryi*** Pritz. var. ***pilocarpum*** W. T. Wang & L. Q. Li in Acta Phytotax. Sin. 25(1): 29, pl. 2: 3. 1987. **Holotype:** China. Sichuan: Muli, alt. 2 150 m, 1982-10-29, Anonymous 595.

合作乌头 ***Aconitum hezuoense*** W. T. Wang in Bull. Bot. Res., Harbin 35(4): 481, f. 1: A-D. 2015. **Holotype:** China. Gansu: Hezuo, 2008-09-05, C. F. Zhang 1135.

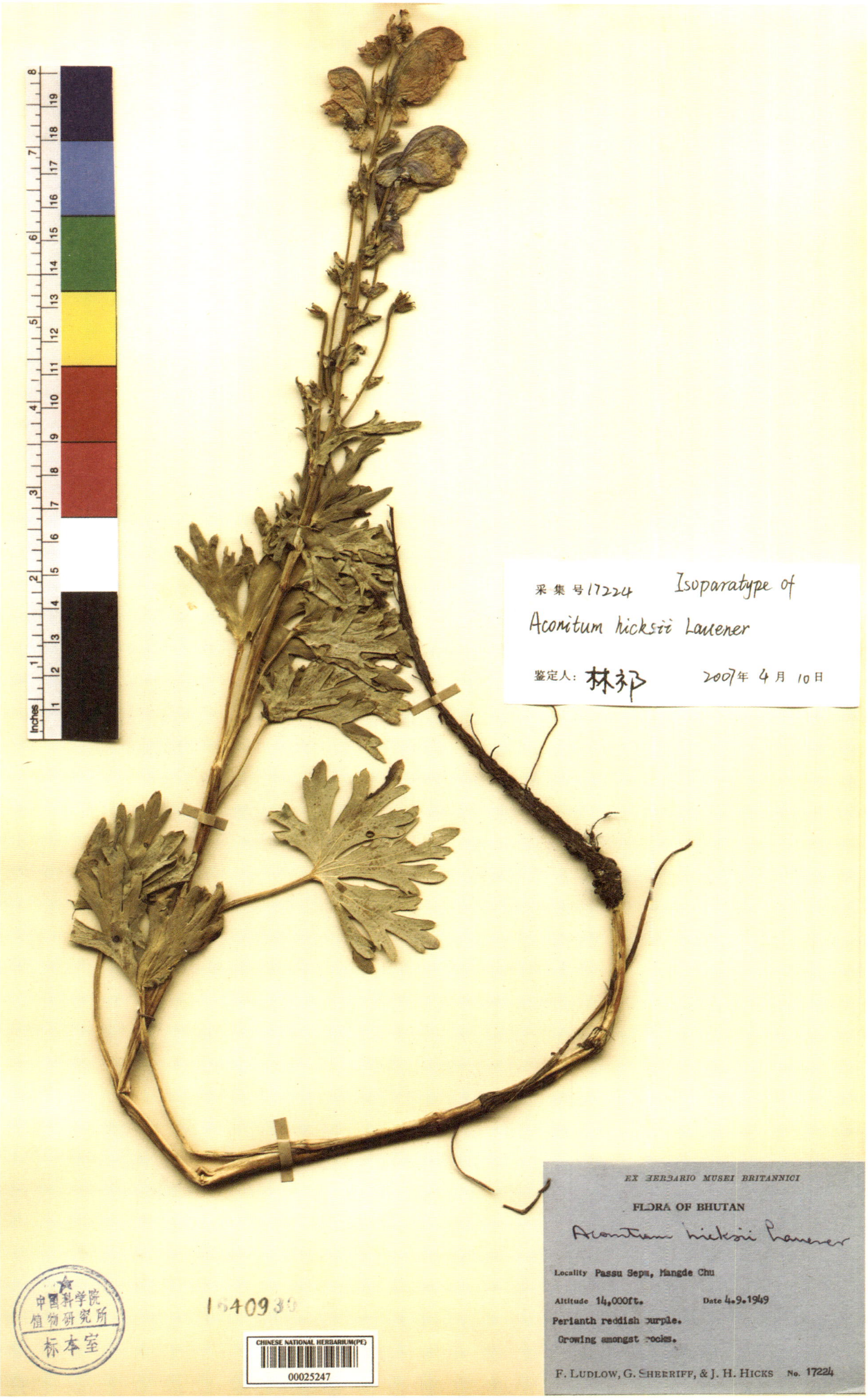

同戛乌头 ***Aconitum hicksii*** Lauener in Notes Roy. Bot. Gard. Edinburgh 25(1): 5-6, f. 1D, 2C. 1963. **Isoparatype**: Bhutan. Passu Sepu, Mangde Chu, alt. 4 270 m, 1949-04-09, F. Ludlow, G. Sherriff & J. H. Hicks 17224.

缺刻乌头 ***Aconitum incisofidum*** W. T. Wang in Acta Phytotax. Sin., Addit. 1: 87. 1965. **Holotype:** China. Sichuan: Gong-ke-ling, alt. 3 900 m, 1937-09-01, T. T. Yu 13127.

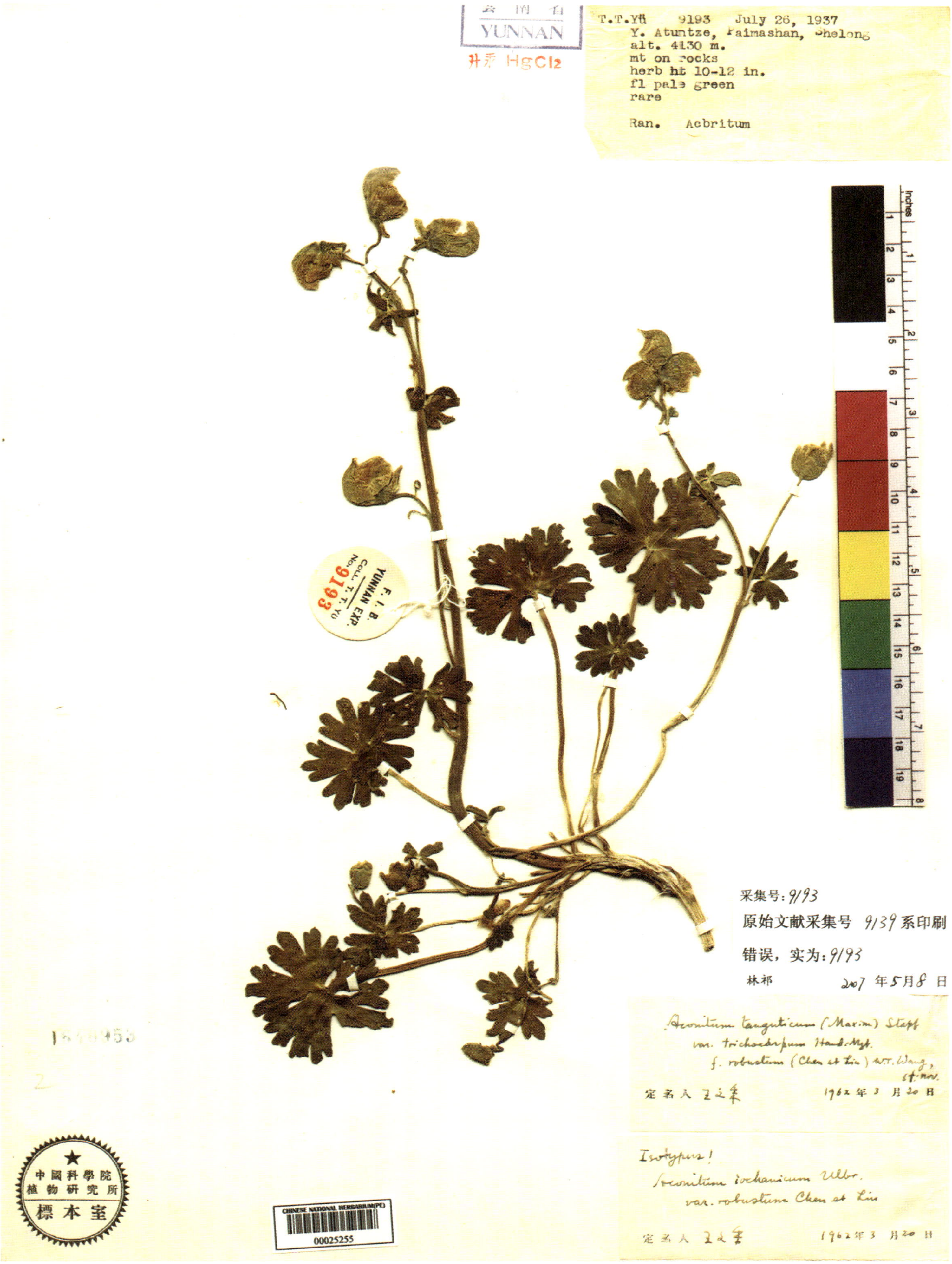

硬乌头 ***Aconitum iochanicum*** Ulbr. var. ***robustum*** Chen & Y. Liu in Bull. Fan Mem. Inst. Biol., Bot. Ser. 11: 46. 1941.
Isotype: China. Yunnan: Dêqên, alt. 4 130 m, 1937-07-26, T. T. Yu 9193.

吉隆乌头 ***Aconitum jilongense*** W. T. Wang & L. Q. Li in Acta Phytotax. Sin. 32(5): 469, f. 1: 4-6. 1994. **Holotype:** China. Xizang: Gyirong, alt. 3 800 m, 1990-09-04, B. S. Li, H. Li, & Y. Yang 13453.

金阳乌头 ***Aconitum jinyangense*** W. T. Wang in Bull. Bot. Lab. N.-E. Forest. Inst., Harbin 8: 18, f. 2:2, photo. 6. 1980. **Isotype:** China. Sichuan: Jinyang, 1978-08-20, C. S. Li s. n.

九龙乌头 ***Aconitum jiulongense*** W. T. Wang in Acta Bot. Yunnan. 6(4): 371, f. 2: 3-5. 1984. **Isotype:** China. Sichuan: Jiulong, alt. 2 500 m, 1979-07-08, Jiulong Exped. 200.

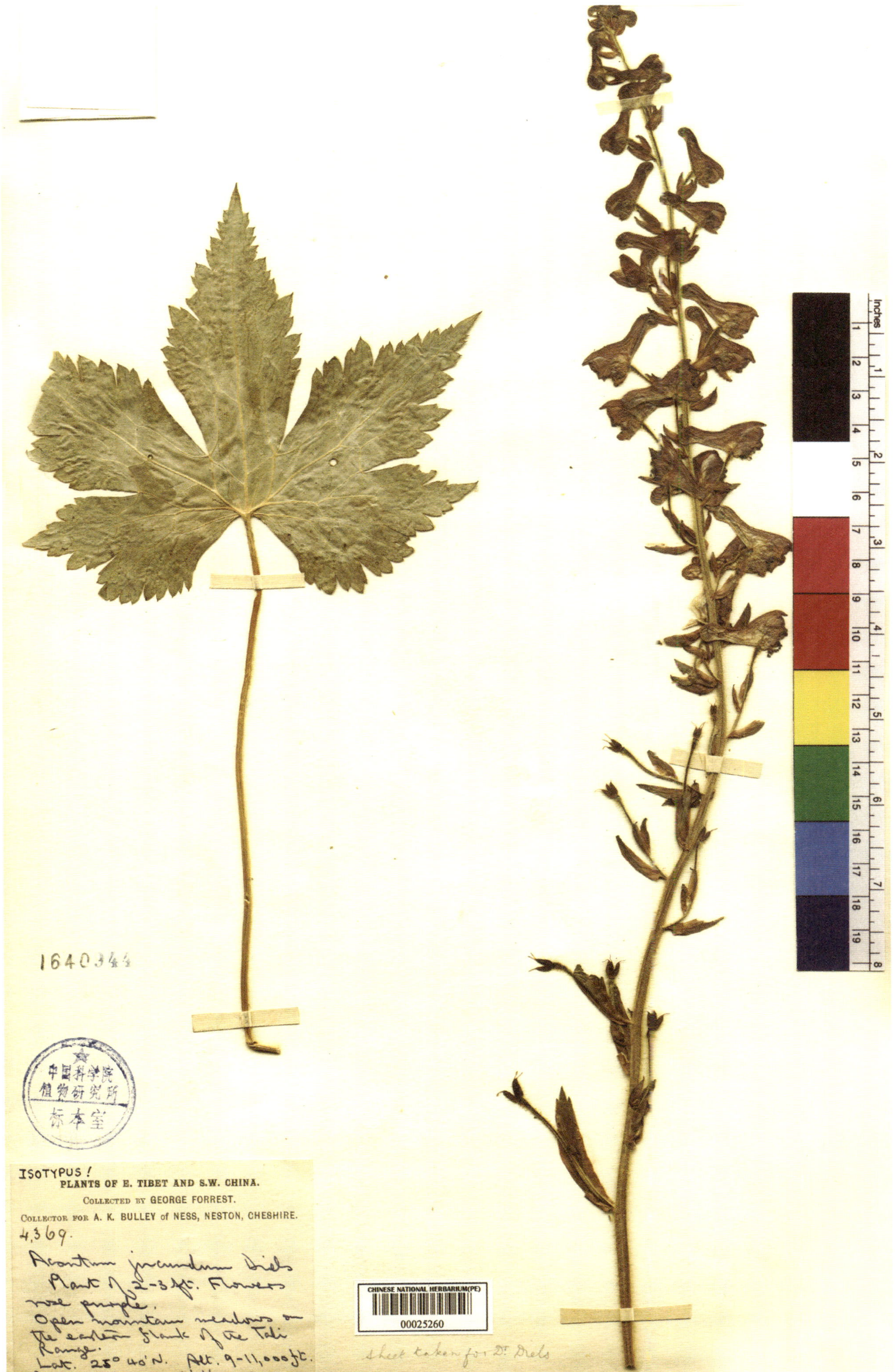

拟鞘状乌头 ***Aconitum jucundum*** Diels in Notes Roy. Bot. Gard. Edinburgh 5(25): 266. 1912. **Isotype:** China. Yunnan: Dali, alt. 2 745~3 355 m, 1906-08-??, G. Forrest 4369.

毛果吉林乌头 ***Aconitum kirinense*** Nakai var. ***australe*** W. T. Wang in Acta Phytotax. Sin., Addit. 1: 63. 1965. **Holotype:** China. Shaanxi: Shanyang, alt. 2 000 m, 1952-08-31, T. P. Wang 16377.

多果工布乌头 ***Aconitum kongboense*** Lauener var. ***polycarpum*** W. T. Wang & L. Q. Li in Acta Phytotax. Sin. 25(1): 33. pl. 3: 4. 1987. **Holotype:** China. Yunnan: Zhongdian (= Shangri-La), 1983-08-26, J. S. Yang 83-407.

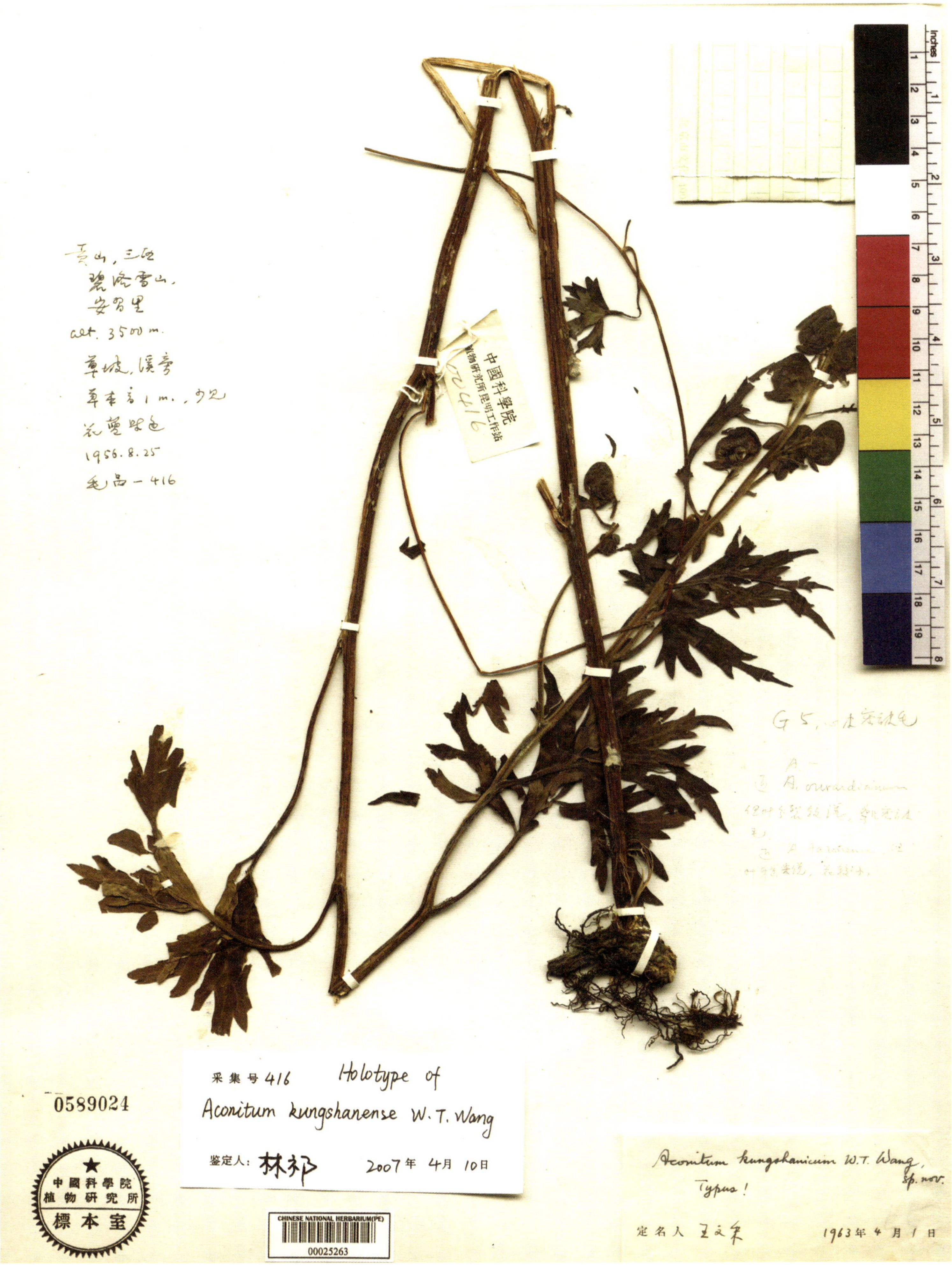

贡山乌头 ***Aconitum kungshanense*** W. T. Wang in Acta Phytotax. Sin., Addit. 1: 68. 1965. **Holotype:** China. Yunnan: Gongshan, alt. 3 500 m, 1956-08-25, P. I Mao 416.

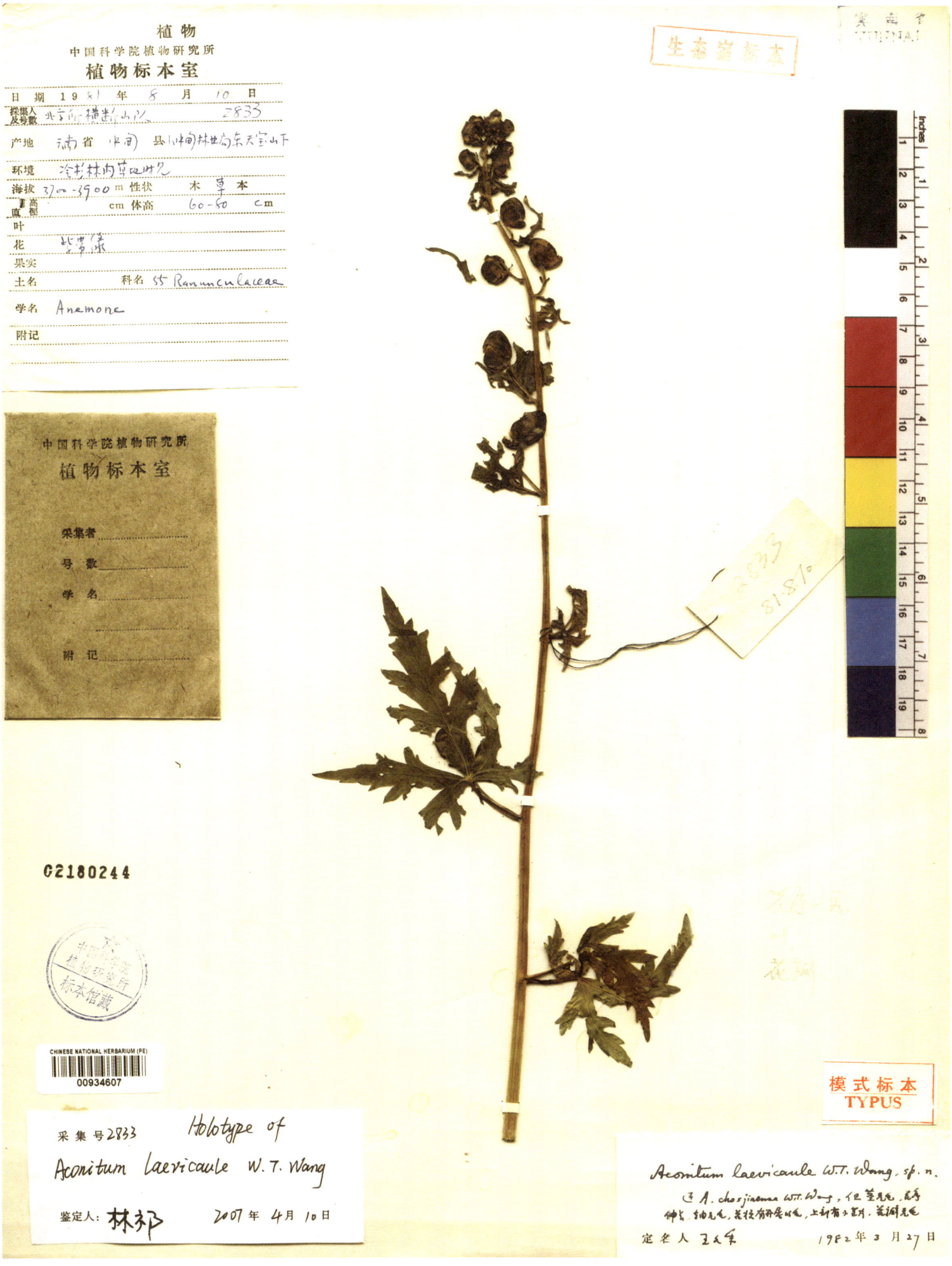

光茎乌头 ***Aconitum laevicaule*** W. T. Wang in Acta Bot. Yunnan. 5(2): 155, f. 1: 4-6. 1983. **Holotype:** China. Yunnan: Zhongdian (= Shangri-La), alt. 3 700~3 900 m, 1981-08-10, Beijing Hengduanshan Exped. 2833.

弯短距乌头 ***Aconitum lauenerianum*** Fletcher in Notes Roy. Bot. Gard. Edinburgh 20(100): 187. 1949. **Isotype:** China. Yunnan: Lijiang, 1910-??-??, G. Forrest 6559.

类乌齐乌头 ***Aconitum leiwuqiense*** W. T. Wang in Bull. Bot. Lab. N.-E. Forest. Inst., Harbin 8: 19, f. 2: 1, 5. 1980.
Holotype: China. Xizang: Riwoqê, alt. 4 500 m, 1977-08-17, J. L. Zhu 2904.

河北白喉乌头 ***Aconitum leucostomum*** Worosch. var. ***hopeiense*** W. T. Wang in Acta Phytotax. Sin., Addit. 1: 63. 1965.
Holotype: China. Hebei: Xinglong, Wulingshan, NKU Exped. 0004.

拉萨乌头 ***Aconitum lhasaense*** Lauener in Notes Roy. Bot. Gard. Edinburgh 25(1): 15, f. 1K, 2K. 1963. **Paratype:** Xizang. Lhasa, alt. 4 118 m, 1944-08-07, F. Ludlow & G. Sherriff 11109.

莲花山乌头 ***Aconitum lianhuashanicum*** W. T. Wang in Bull. Bot. Res., Harbin 35(4): 483, f. 1: E-I. 2015. **Holotype:** China. Gansu: Lianhuashan, alt. 2 100 m, 2008-09-08, C. F. Zhang 1226.

丽江乌头 ***Aconitum likiangense*** Chen & Liu in Bull. Fan Mem. Inst. Biol., Bot. Ser. 11: 46. 1941. **Isotype:** China. Yunnan: Lijiang, alt. 2 800 m, 1939-09-09, T. T. Yu 15546.

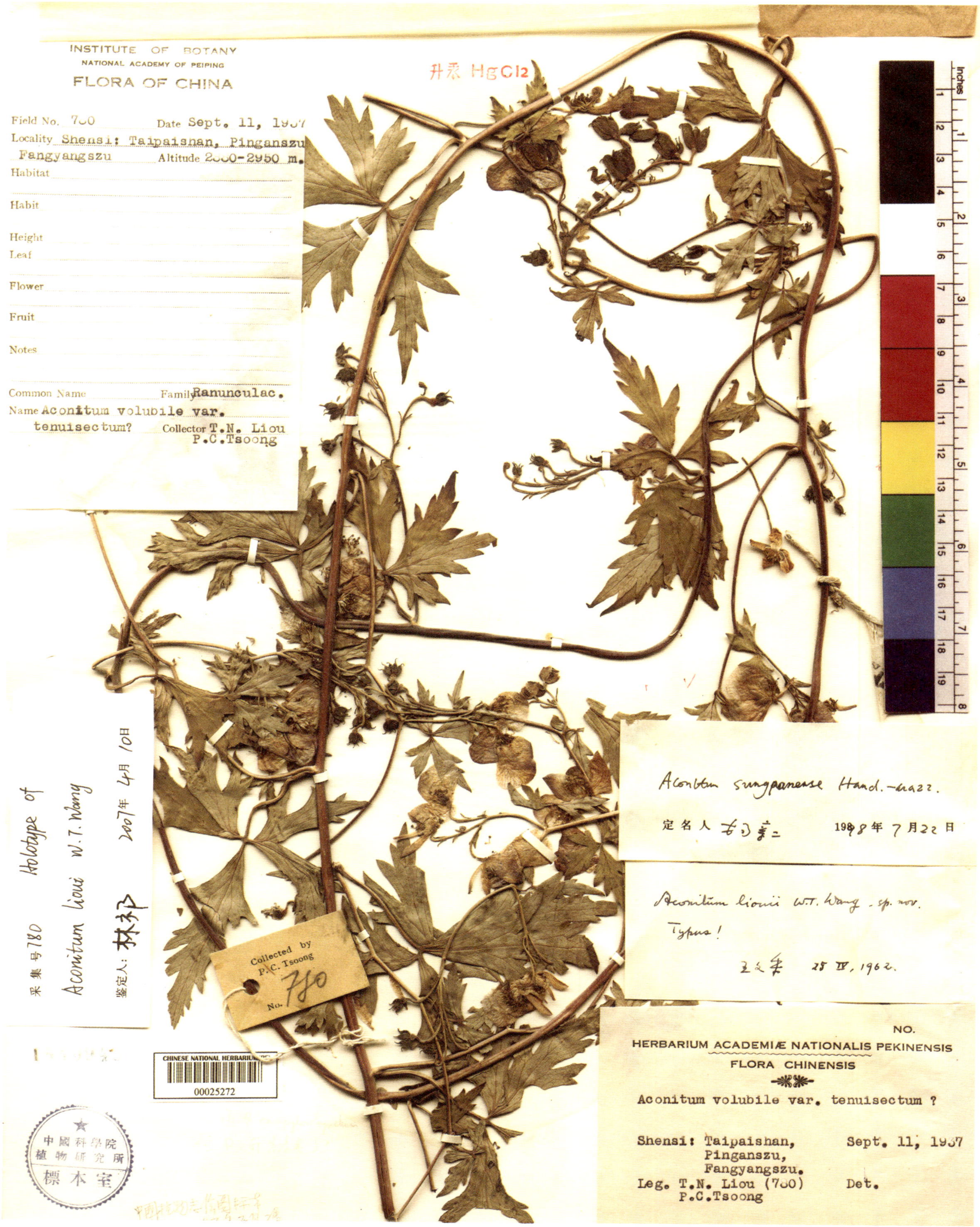

刘氏乌头 ***Aconitum liouii*** W. T. Wang in Acta Phytotax. Sin., Addit. 1: 83, pl. 4, f. 16. 1965. **Holotype:** China. Shaanxi: Taibai, Taibaishan, alt. 2 880~2 950 m, 1937-09-11, T. N. Liou & P. C. Tsoong 780.

浅裂乌头 ***Aconitum lobulatum*** W. T. Wang in Acta Bot. Yunnan. 6(4): 369, f. 3: 4-6. 1984. **Isotype:** China. Sichuan: Muli, 1978-09-16, Muli Exped. 710.

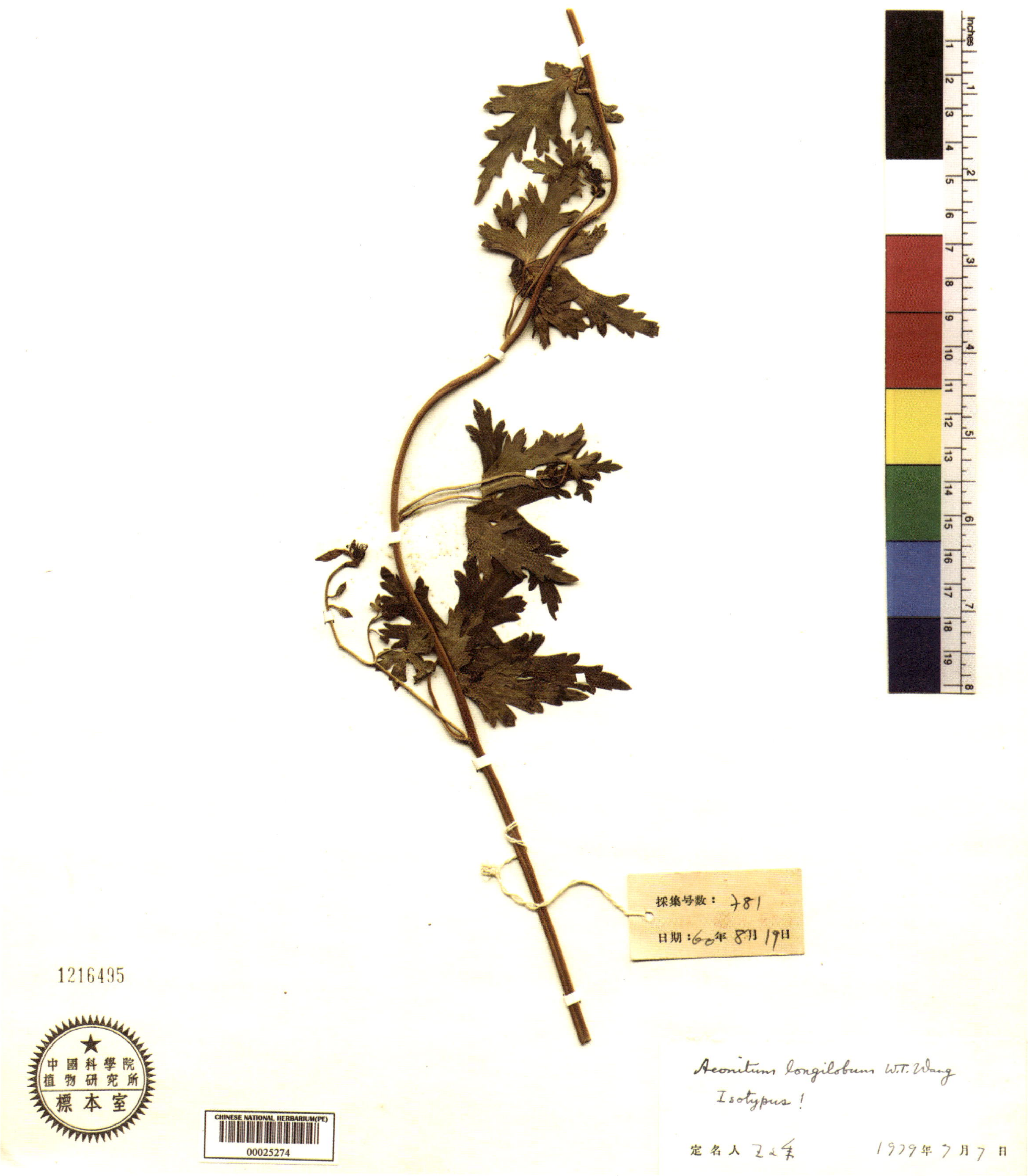

长裂乌头 ***Aconitum longilobum*** W. T. Wang in Acta Phytotax. Sin., Addit. 1: 81, pl. 3. f. 12. 1965. **Isotype:** China. Xizang: Nyingchi, 1960-08-19, G. C. Xia & T. K. Mi 781.

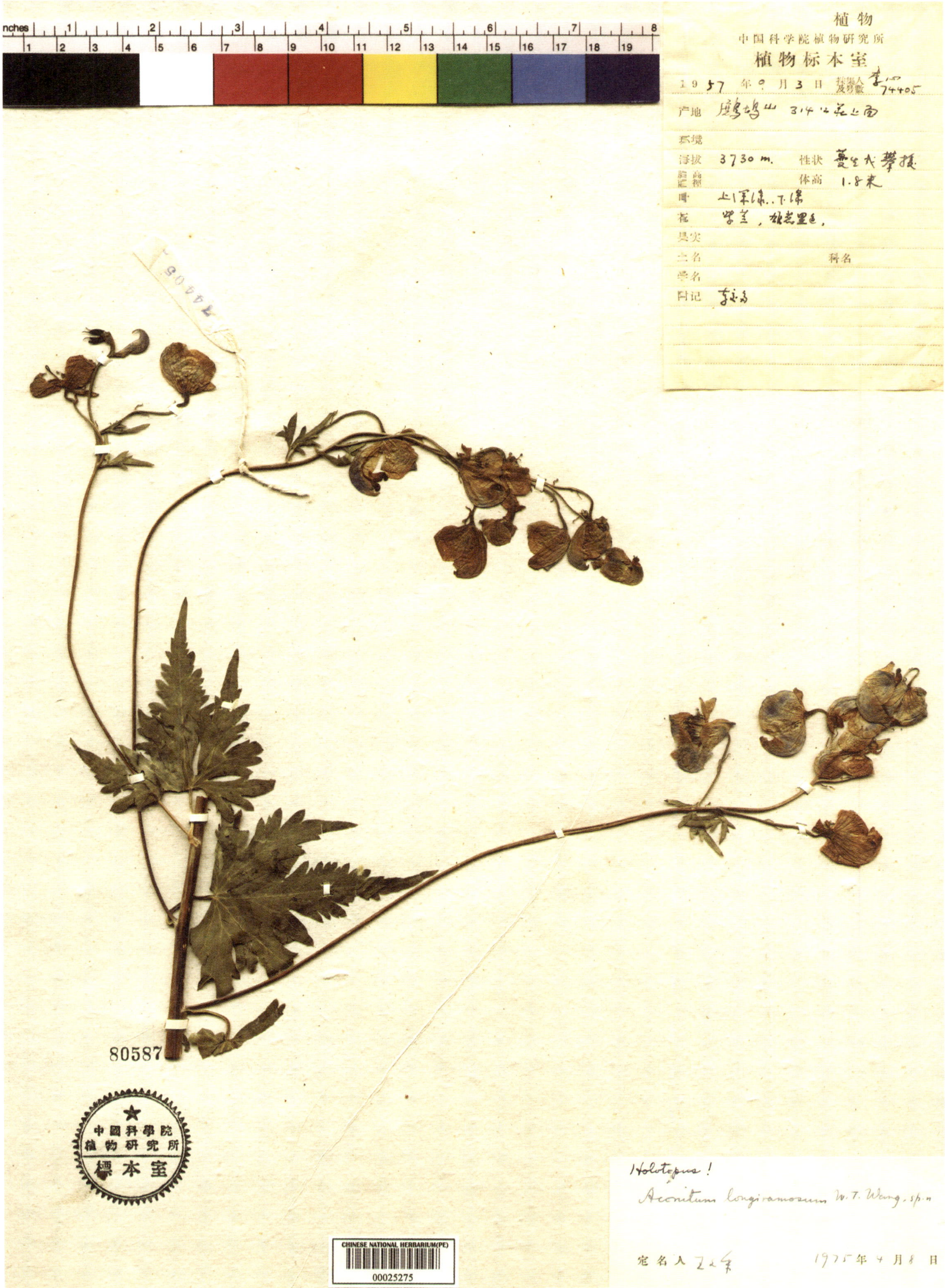

长枝乌头 ***Aconitum longiramosum*** W. T. Wang, Fl. Reip. Pop. Sin. 27: 232, 607, pl. 46 1-2. 1979. **Holotype:** China. Sichuan: Precise locality not known, Zhegushan, alt. 3 730 m, 1957-09-03, X. Li 74405.

栾川乌头 ***Aconitum luanchuanense*** W. T. Wang in Pl. Sci. J. 33(2): 141, f. 1: A-E. 2015. **Holotype:** China. Henan: Luanchuan, alt. 2 200 m, 2006-08-19, Q. Gao & Y. S. Chen 870.

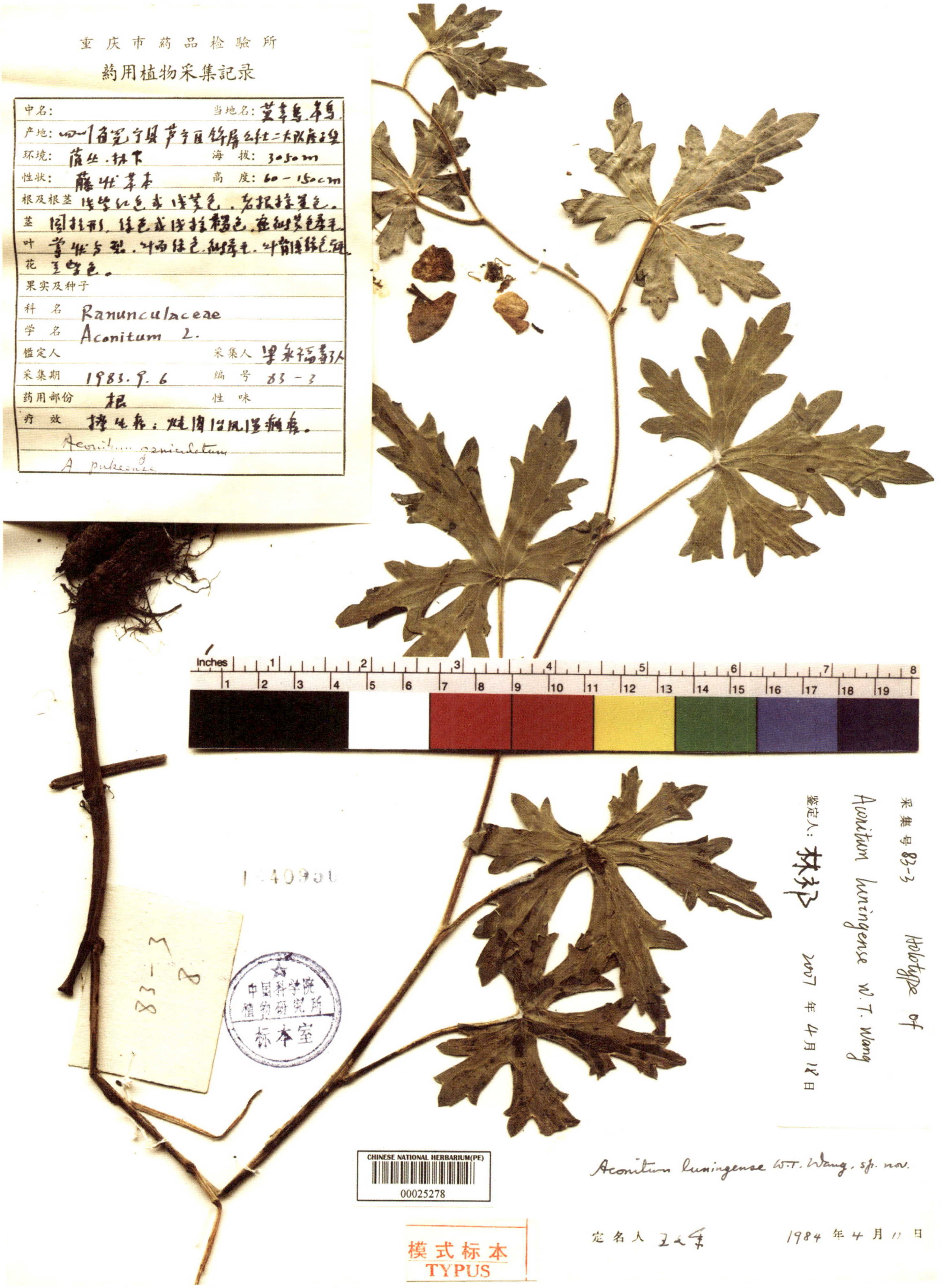

卢宁乌头 ***Aconitum luningense*** W. T. Wang in Acta Phytotax. Sin. 25(1): 24, pl. 1: 2. 1987. **Holotype:** China. Sichuan: Mianning, alt. 3 050 m, 1983-09-06, Y. F. Liang & al. 83-3.

牛扁叶乌头 ***Aconitum lycoctonifolium*** W. T. Wang & L. Q. Li in Acta Phytotax. Sin. 25(1): 27, pl. 2: 1. 1987. **Holotype:** China. Xizang: Mêdog, alt. 2 650 m, 1982-10-13, B. S. Li & S. Z. Cheng 01280.

短距乌头 ***Aconitum lycoctonum*** L. var. ***brevicalcaratum*** Finet & Gagnep in Bull. Soc. Bot. France 51: 502. 1904.
Isosyntype: Yunnan: Precise locality not known, Hee-chan-men, 1884-09-??, Delavay 975.

捷克乌头 ***Aconitum lycoctonum*** L. subsp. ***spetaianum*** Starmuhler in Ber. Bay. Bot. Gesell. 71: 116. 2001. **Isotype:** Czechoslovakia. Osterreich, alt. 1 375m, 1999-07-17, W. Starmuhler s. n.

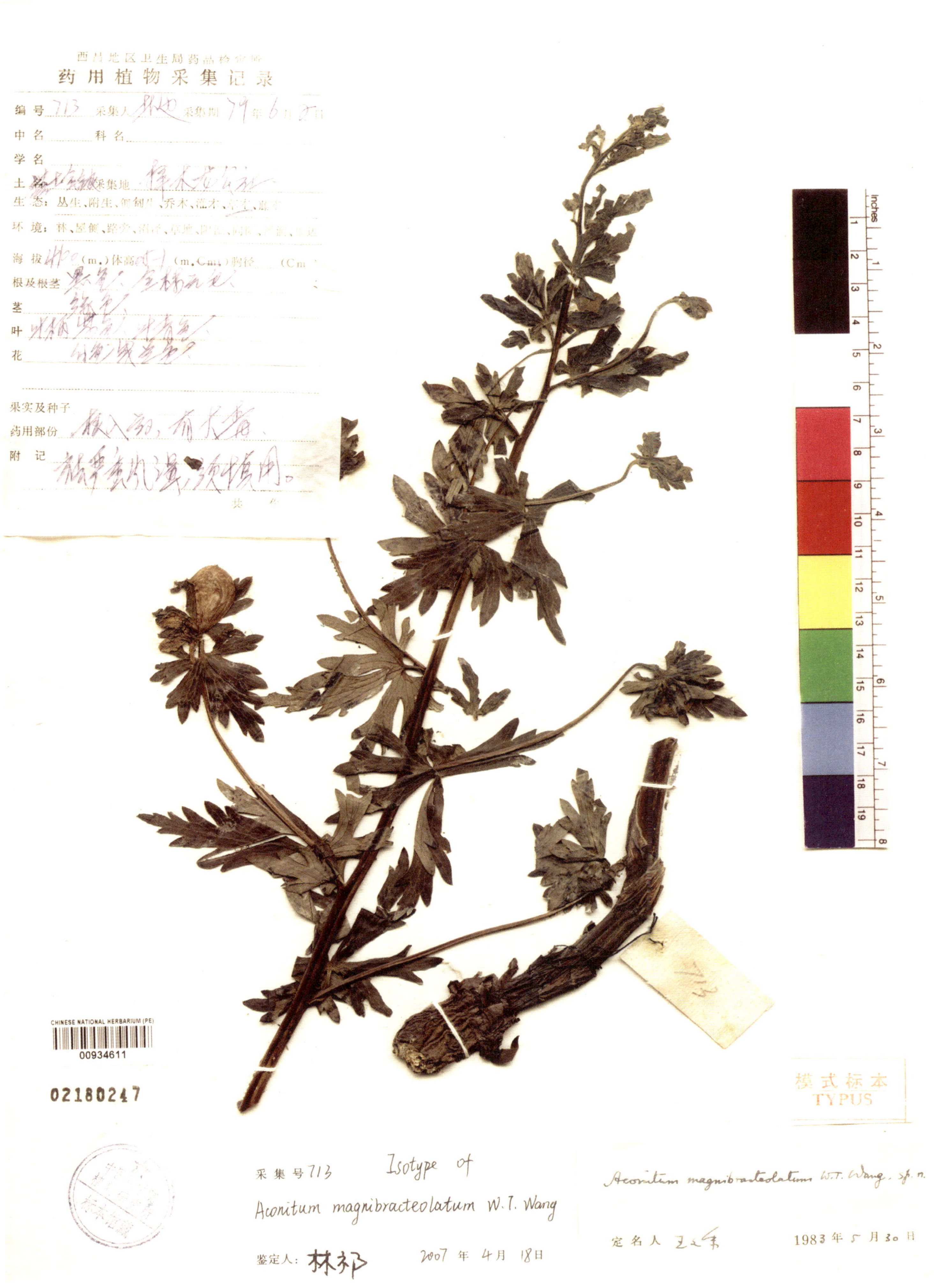

巨苞乌头 ***Aconitum magnibracteolatum*** W. T. Wang in Acta Bot. Yunnan. 6(4): 364, f. 1: 1-3. 1984. **Isotype:** China. Sichuan: Yanbian, alt. 4 100 m, 1979-06-02, Yanbian Exped. 713.

米林乌头 ***Aconitum milinense*** W. T. Wang in Acta Phytotax. Sin., Addit. 1: 74, pl. 3, f. 9. 1965. **Isotype:** China. Xizang: Mainling, alt. 3 950 m, 1960-08-28, G.C. Xia & T. K. Mi 810.

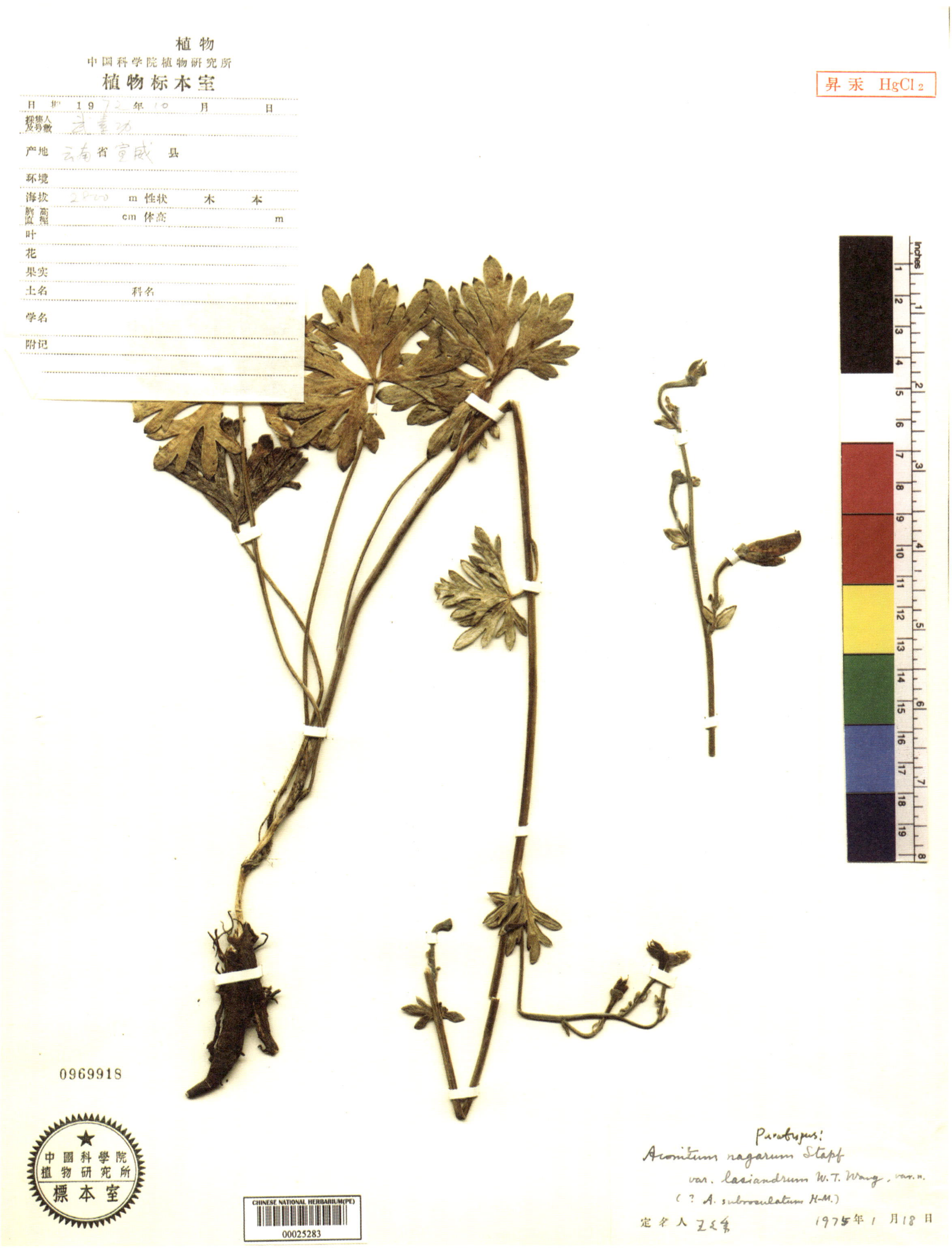

宣威乌头 ***Aconitum nagarum*** Stapf var. ***lasiandrum*** W. T. Wang, Fl. Reip. Pop. Sin. 27: 196, 605, pl. 35: 6-9. 1979.

Paratype: China. Yunnan: Xuanwei, alt. 2 800 m, 1972-10-??, S. K. Wu s. n.

聂拉木乌头 ***Aconitum nielamuense*** W. T. Wang, Fl. Reip. Pop. Sin. 27: 209, 605. 1979. **Holotype:** China. Xizang: Nyalam, alt. 3 400 m, 1972-08-27, Xizang Exped. 1546.

新腋花乌头 ***Aconitum novoaxillare*** W. T. Wang in Pl. Divers. Res. 36(3): 297, f. 1. 2014. **Holotype:** China. Xizang: Zayü, alt. 3 800 m, 1982-09-26, Qinghai-Xizang Exped. 10718.

垂花乌头 ***Aconitum nutantiflorum*** Chang ex W. T. Wang in Acta Phytotax. Sin., Addit. 1: 70, pl. 2, f. 6. 1965. **Holotype:** China. Xizang: Tsawarung, alt. 3 600 m, 1935-08-??, C. W. Wang 65498.

毛爪德钦乌头 ***Aconitum ouvrardianum*** Hand.-Mazz. var. ***pilopes*** W. T. Wang & L. Q. Li in Acta Phytotax. Sin. 25(1): 32, pl. 3: 2. 1987. **Holotype:** China. Yunnan: Zhongdian (= Shangri-La), alt. 3 900 m, 1984-08-13, J. S. Yang 84-913.

不丹乌头 ***Aconitum parabrachypodum*** Lauener in Notes Roy. Bot. Gard. Edinburgh 25(1): 7, f. 1E, 2E. 1963. **Isoparatype:** Bhutan. Pang La. alt. 3 813 m, 1949-09-21, F. Ludlow, G. Sherriff & J. H. Hicks 21460.

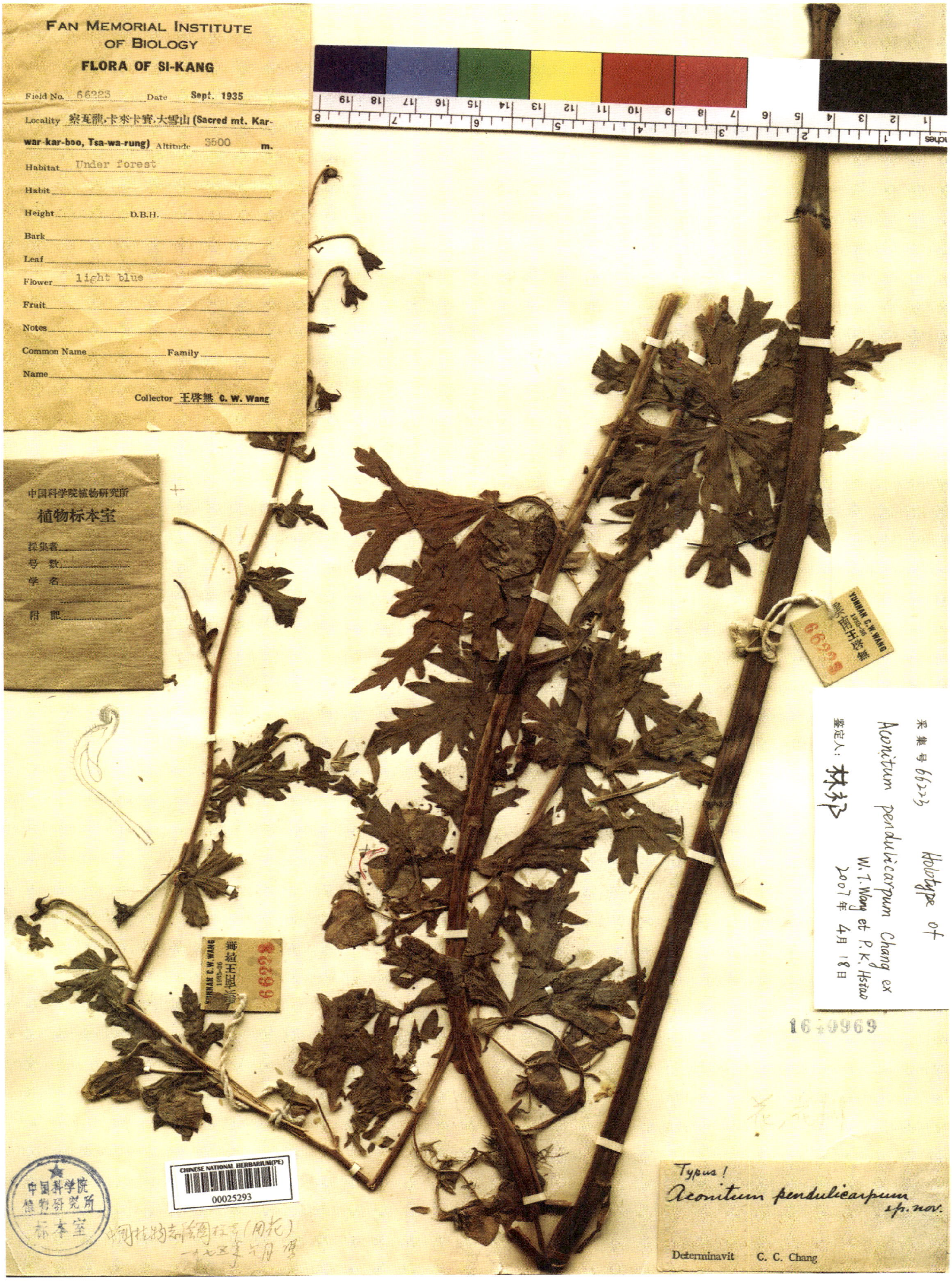

垂果乌头 ***Aconitum pendulicarpum*** Chang ex W. T. Wang & P. K. Hsiao in Acta Phytotax. Sin., Addit. 1: 69. 1965.
Holotype: China. Xizang: Tsawarung, alt. 3 500 m, 1935-09-??, C. W. Wang 66223.

长距垂果乌头 ***Aconitum pendulicarpum*** Chang ex W. T. Wang & P. K. Hsiao var. ***circinatum*** W. T. Wang in Acta Bot. Yunnan. 5(2): 155. 1983. **Holotype:** China. Yunnan: Dêqên, alt. 3 600~3 800 m, 1981-08-25, Beijing Hengduanshan Exped. 3751.

疏毛中甸乌头 ***Aconitum piepunense*** Hand.-Mazz. var. ***pilosum*** Comber in Notes Roy. Bot. Gard. Edinburgh 18(89): 225. 1934. **Isotype:** China. Yunnan: NW Yunnan, Precise locality not known, 1920-??-??, G. Forrest 28891.

毛萼多花乌头 ***Aconitum polyanthum*** (Finet & Gagnep.) Hand.-Mazz. var. ***puberulum*** W. T. Wang in Acta Phytotax. Sin., Addit. 1: 89. 1965. **Isotype:** China. Xizang: Qamdo, alt. 4 000 m, 1961-07-14, P. K. Hsiao & K. C. Hsia 1680.

多果乌头 ***Aconitum polycarpum*** Chang ex W. T. Wang & P. K. Hsiao in Acta Phytotax. Sin., Addit. 1: 64, pl. 1, f. 2. 1965. **Holotype:** China. Yunnan: Bijiang, alt. 4 000 m, 1933-09-14, H. T. Tsai 58606.

多裂乌头 ***Aconitum polyschistum*** Hand.-Mazz in Acta Horti Gothob. 13(4): 100, f. 3. 1939. **Isotype:** China. Sichuan: Barkam, alt. 3 200 m, 1922-09-25, H. Smith 4518.

波密乌头 ***Aconitum pomeense*** W. T. Wang in Acta Phytotax. Sin., Addit. 1: 67, pl. 2, f. 5. 1965. **Holotype:** China. Xizang: Bomi, alt. 4 000 m, 1960-08-11, K. C. Hsia 722A.

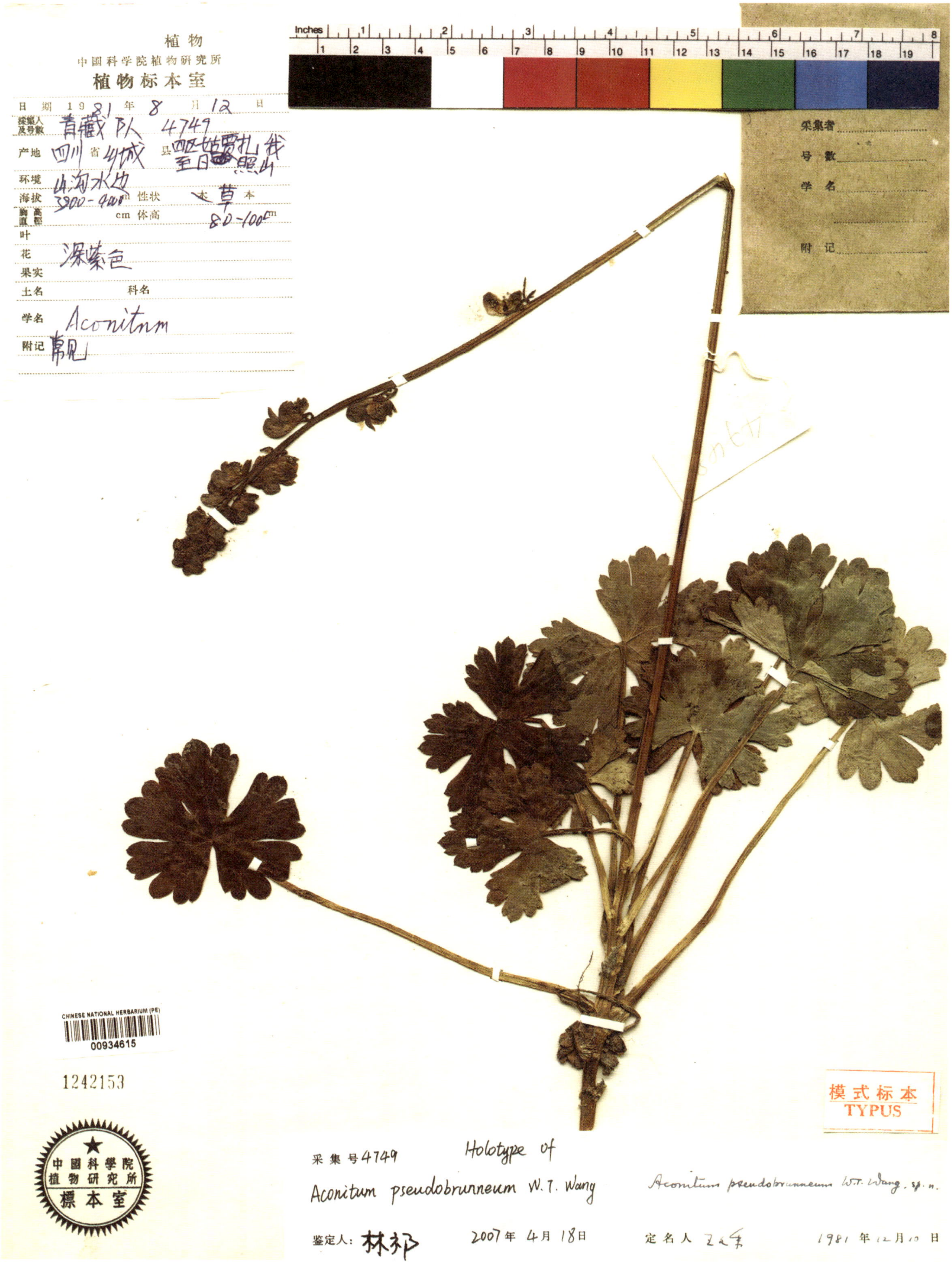

小花乌头 ***Aconitum pseudobrunneum*** W. T. Wang in Acta Bot. Yunnan. 4(2): 129, pl. 1: 5-8. 1982. **Holotype:** China. Sichuan: Xiangcheng, alt. 3 900~4 000 m, 1981-08-12, Qinghai-Xizang Exped. 4749.

拟展枝乌头 ***Aconitum pseudodivaricatum*** W. T. Wang in Acta Phytotax. Sin., Addit. 1: 72, pl. 2, f. 7. 1965. **Isotype:** China. Xizang: Bomi, alt. 3 200 m, 1960-08-18, K. C. Hsia & T. K. Mi 737.

拟膝瓣乌头 ***Aconitum pseudogeniculatum*** W. T. Wang, Fl. Reip. Pop. Sin. 27: 292, 610. 1979. **Holotype:** China. Sichuan: Precise locality not known, 1972-??-??, Chengdu Traditional Chinese Medicine Station s. n.

黄毛梗乌头 ***Aconitum pseudogeniculatum*** W. T. Wang var. ***pubipes*** W. T. Wang in Acta Bot. Yunnan. 6(4): 372. 1984.
Holotype: China. Sichuan: Meigu, alt. 2 700~3 500 m, 1979-07-17, B. S. Zeng & T. G Pan 14.

雷波乌头 ***Aconitum pseudohuiliense*** Chang ex W. T. Wang in Acta Phytotax. Sin., Addit. 1: 93. 1965. **Holotype:** China. Sichuan: Leibo, alt. 3 760 m, 1934-09-21, T. T. Yu 4013.

拟工布乌头 ***Aconitum pseudokongboense*** W. T. Wang & L. Q. Li in Acta Bot. Yunnan. 8(3): 260, f. 1: 4-7. 1986.
Holotype: China. Xizang: Gongbogyamda, alt. 3 500 m, 1960-10-11, G. X. Fu 670.

伏毛直序乌头 ***Aconitum pseudosessiliflorum*** Lauener in Notes Roy. Bot. Gard. Edinburgh 25(1): 4, f. 1B, 2B. 1963.
Isoparatype: China. Xizang: Lochen, Lochen La. alt. 4 575 m, 1947-06-08, F. Ludlow, G. Sherriff & J. H. Hicks 15569.

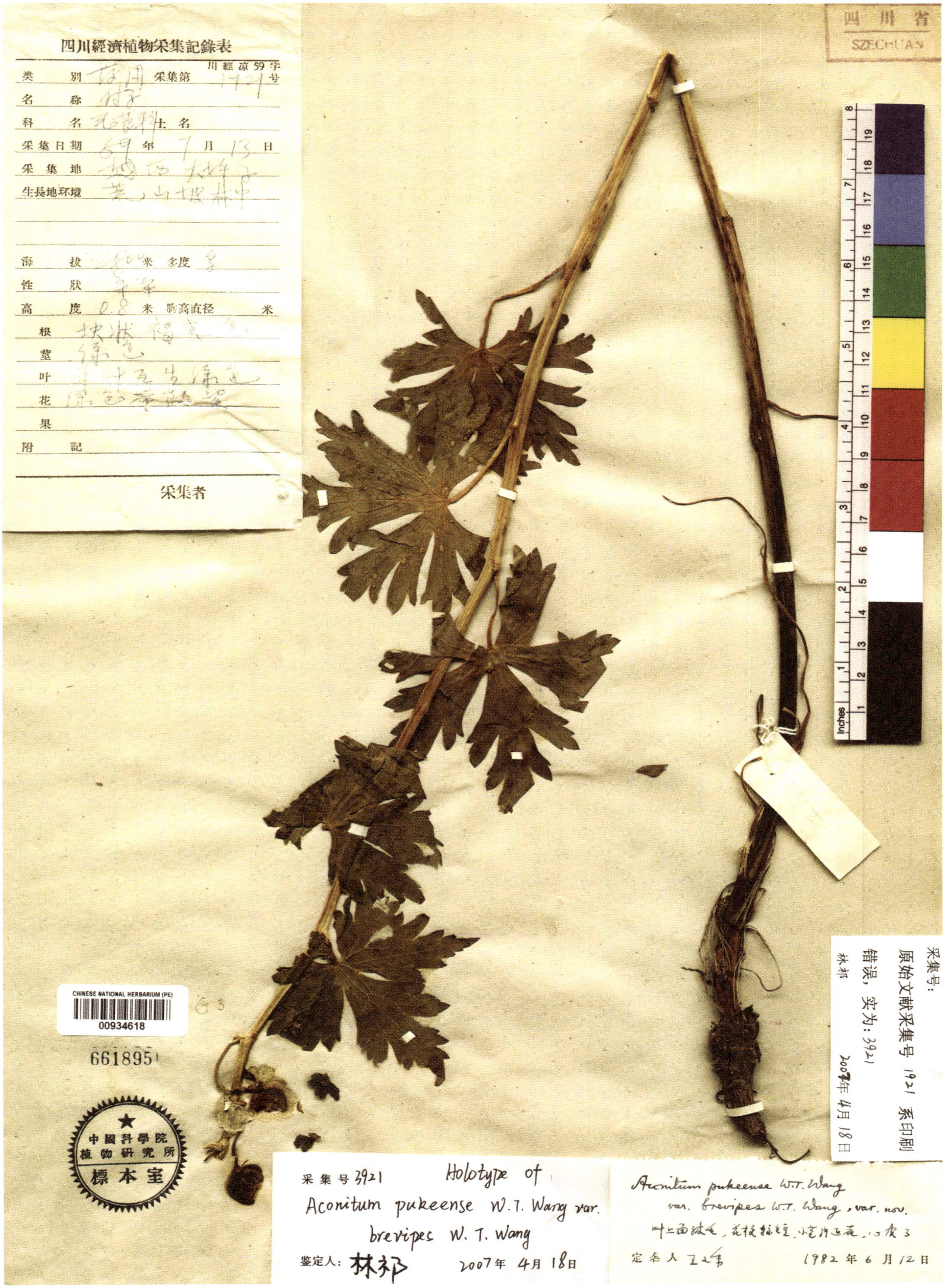

短梗普格乌头 ***Aconitum pukeense*** W. T. Wang var. ***brevipes*** W. T. Wang in Bull. Bot. Res., Harbin 3(1): 26. 1983.
Holotype: China. Sichuan: Yuexi, alt. 2 800 m, 1959-07-13, Sichuan Econ. Pl. Exped. 3921.

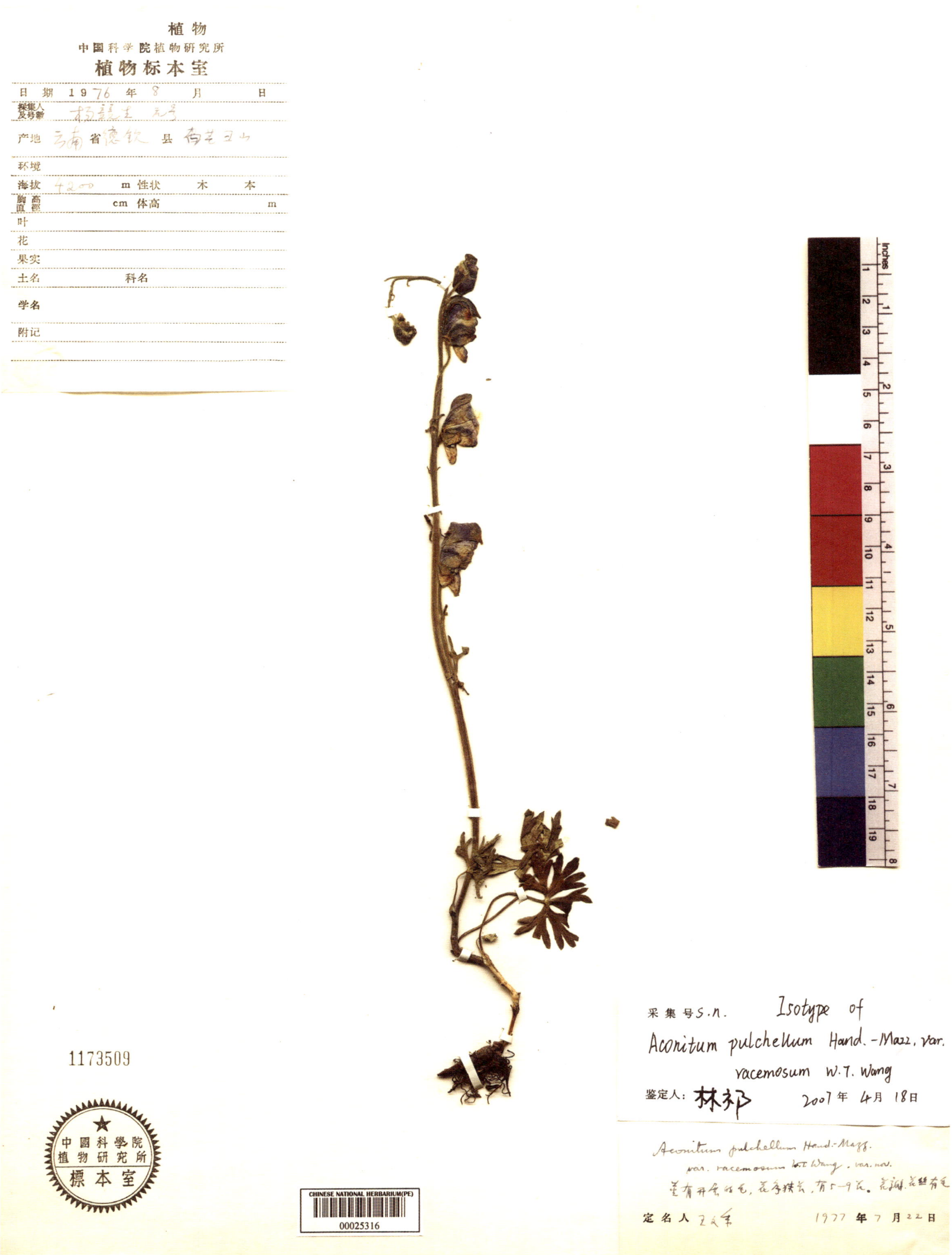

长序美丽乌头 ***Aconitum pulchellum*** Hand.-Mazz. var. ***racemosum*** W. T. Wang, Fl. Reip. Pop. Sin. 27: 192, 605. 1979.
Isotype: China. Yunnan: Dêqên, alt. 4 200 m, 1976-08-??, J. S. Yang s. n.

密序乌头 ***Aconitum pycnanthum*** W. T. Wang in Acta Bot. Yunnan. 6(4): 372, f. 4: 1-3. 1984. **Isotype:** China. Sichuan: Muli, alt. 3 950 m, 1978-09-09, C. S. Zhao, K. H. Mu & Y. B. Yang 8504.

巨苞岩乌头 ***Aconitum racemulosum*** Franch. var. ***grandibracteolatum*** W. T. Wang in Acta Phytotax. Sin., Addit. 1: 75. 1965.
Holotype: China. Sichuan: Emei, Emeishan, alt. 2 400 m, 1957-09-26, G. H. Yang 57410.

彭州岩乌头 ***Aconitum racemulosum*** Franch. var. ***pengzhouense*** W. J. Zhang & G. H. Chen in Acta Phytotax. Sin. 39: 87. 2001. **Holotype:** China. Sichuan: Pengzhou, 1998-09-23，X. D. Zhang & al. 98-9-3.

多枝乌头 ***Aconitum ramulosum*** W. T. Wang, Fl. Reip. Pop. Sin. 27: 283, 608. 1979. **Isotype:** China. Yunnan: Zhongdian (= Shangri-La), 1976-07-28, J. S. Yang 8200.

弯果乌头 ***Aconitum refracticarpum*** Chang ex W. T. Wang in Acta Phytotax. Sin., Addit. 1: 77, pl. 3, f. 10. 1965. **Holotype:** China. Yunnan: Bijiang, alt. 3 200 m, 1934-09-11, H. T. Tsai 58475.

光果菱叶乌头 ***Aconitum rhombifolium*** Chen var. ***leiocarpum*** W. T. Wang in Acta Phytotax. Sin., Addit. 1: 76. 1965.
Holotype: China. Sichuan: Tianquan, alt. 950 m, 1936-10-08, K. L. Chu 3981.

小金乌头 ***Aconitum rilongense*** Kadota in J. Jap. Bot. 74(5): 283, f.1a, 2, 3a. 1999. **Isotype:** China. Sichuan: Xiaojin, alt. 3 300 m, 1996-08-23, Y. Kadota 961004.

拟康定乌头 ***Aconitum rockii*** Fletcher & Lauener in Notes Roy. Bot. Gard. Edinburgh 20(100): 185. 1950. **Isoparatype:** Yunnan: Precise locality not known, Habashan, 1931-??-??, G. Forrest 30776.

多枝拟康定乌头 ***Aconitum rockii*** Fletcher & Lauener var. ***ramosum*** W. T. Wang in Acta Phytotax. Sin., Addit. 1: 72. 1965. **Holotype:** China. Yunnan: Zhongdian (= Shangri-La), alt. 3 900 m, 1962-09-16, Zhongdian Exped. 2081.

圆盔乌头 ***Aconitum rotundocassideum*** W. T. Wang in Pl. Sci. J. 31(6): 533, f. 1. 2013. **Holotype:** China. Shaanxi: Zhouzhi, alt. 2 700 m, 1999-09-10, Zhu, Chen, Xu & Wang 1992.

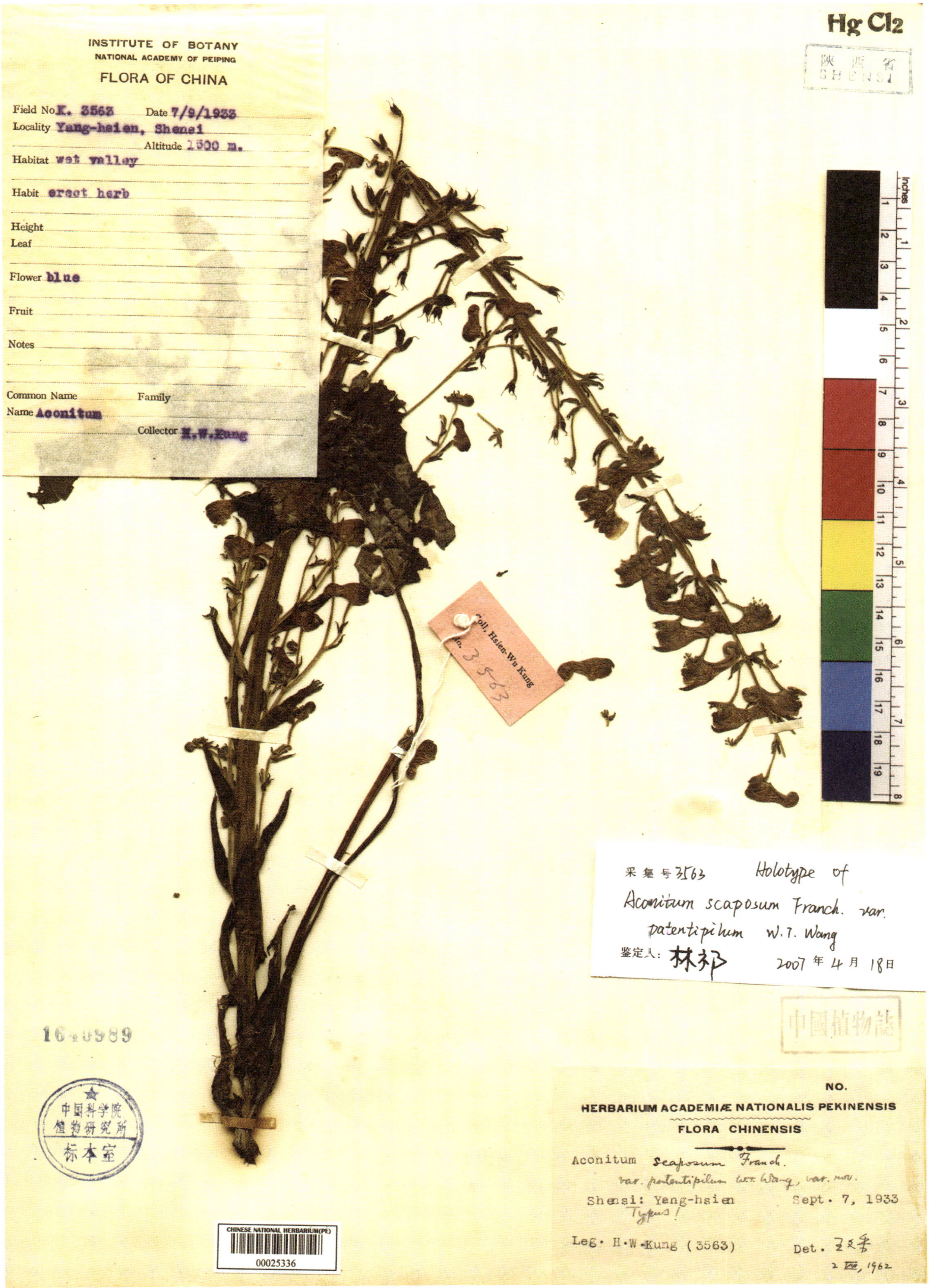

展毛花葶乌头 ***Aconitum scaposum*** Franch. var. ***patentipilum*** W. T. Wang in Acta Phytotax. Sin., Addit. 1: 60. 1965.
Holotype: China. Shaanxi: Yang Xian, alt. 1 500 m, 1933-09-07, H. W. Kung 3563

侧花乌头 ***Aconitum secundiflorum*** W. T. Wang in Bull. Bot. Res., Harbin 3(1): 24, f. 1: 9-10. 1983. **Holotype:** China. Sichuan: Maowen, alt. 2 850 m, 1975-08-16, Chengdu Inst. Biol. Exped. 11031.

神农架乌头 ***Aconitum shennongjiaense*** Q. Gao & Q. E. Yang in Bot. Stud. (Taipei) 50: 251, f. 1-3. 2009. **Holotype:** China. Hubei: Shennongjia, alt. 1 650 m, 2006-07-29, Q. Gao & Y. S. Chen 62.

石棉乌头 ***Aconitum shimianense*** W. T. Wang in Acta Bot. Yunnan. 6(4): 366, f. 2: 1-2. 1984. **Isotype:** China. Sichuan: Shimian, alt. 3 500~3 800 m, 1978-07-23, Shimian Exped. 78-818.

西康乌头 ***Aconitum sikangense*** Hand.-Mazz. in Acta Horti Gothob. 13(4): 105. 1939. **Isotype:** China. Sichuan: Daofu, alt. 3 700 m, 1934-09-01, H. Smith 11805.

新疆乌头 ***Aconitum sinchiangense*** W. T. Wang, Fl. Reip. Pop. Sin. 27: 192, 605. 1979. **Holotype:** China. Xinjiang: Heshuo, alt. 2 620 m, 1958-08-05, Xinjiang Exped. 7080.

狭盔穿心莲乌头 ***Aconitum sinomontanum*** Nakai var. ***angustius*** W. T. Wang in Observ. Fl. Hwangshan. 114. 1965.
Holotype: China. Jiangxi: Lushan, 1951-07-18, Y. G. Xiong 06741.

毛果穿心莲乌头 ***Aconitum sinomontanum*** Nakai var. ***pilocarpum*** W. T. Wang in Acta Phytotax. Sin., Addit. 1: 62. 1965. **Holotype:** China. Sichuan: Barkam, alt. 3 100 m, 1957-06-14, H. Li 71474.

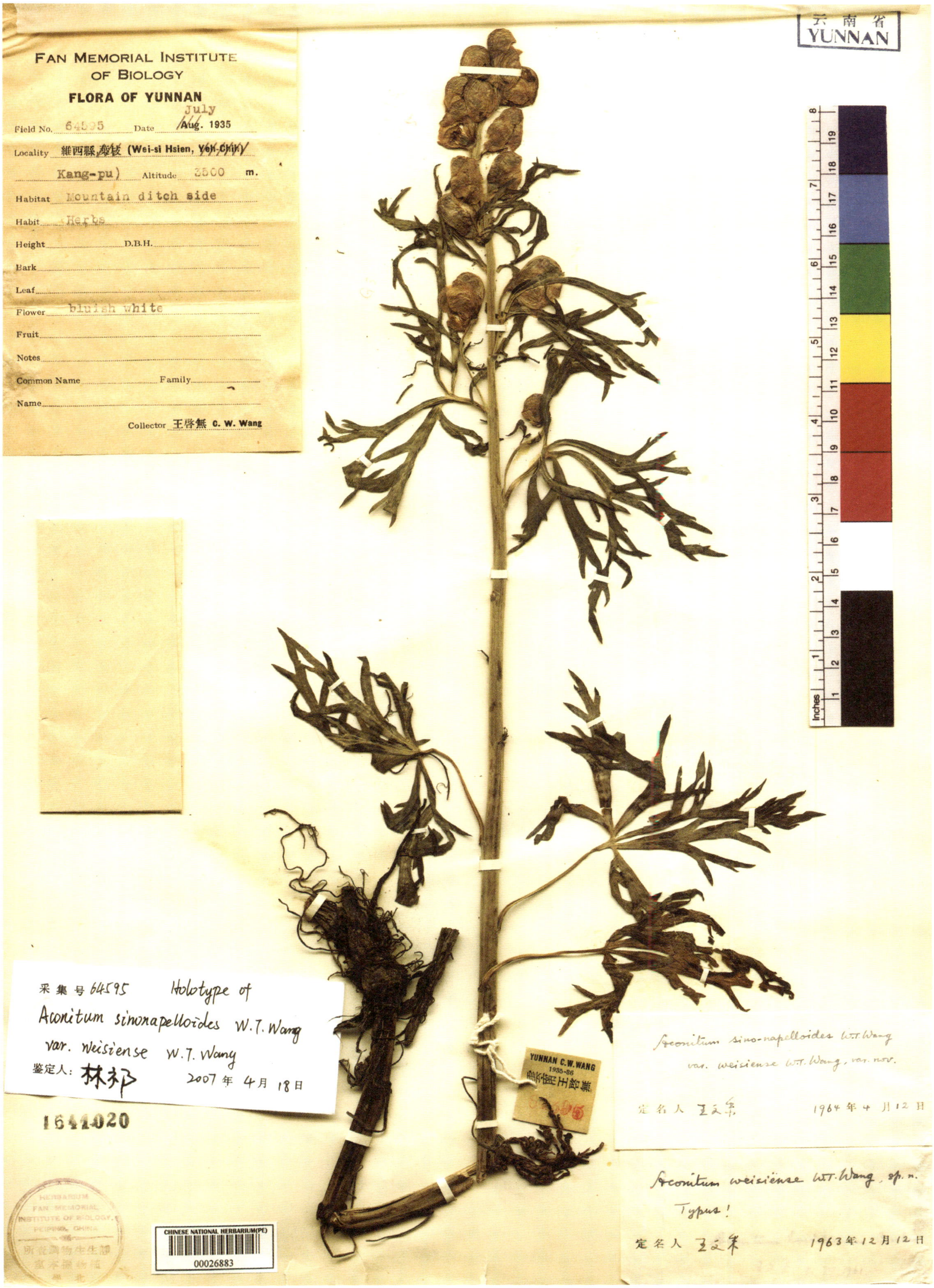

维西拟缺刻乌头 ***Aconitum sinonapelloides*** W. T. Wang var. ***weisiense*** W. T. Wang in Acta Phytotax. Sin., Addit. 1: 87. 1965. **Holotype:** China. Yunnan: Weixi, alt. 3 500 m, 1935-07-??, C. W. Wang 64595.

山西乌头 ***Aconitum smithii*** Ulbr. ex Hand.-Mazz. in Acta Horti Gothob. 13(4): 98. 1939. **Isotype:** China. Shanxi: Jiaocheng, alt. 2 300 m, 1924-08-24, H. Smith 7544.

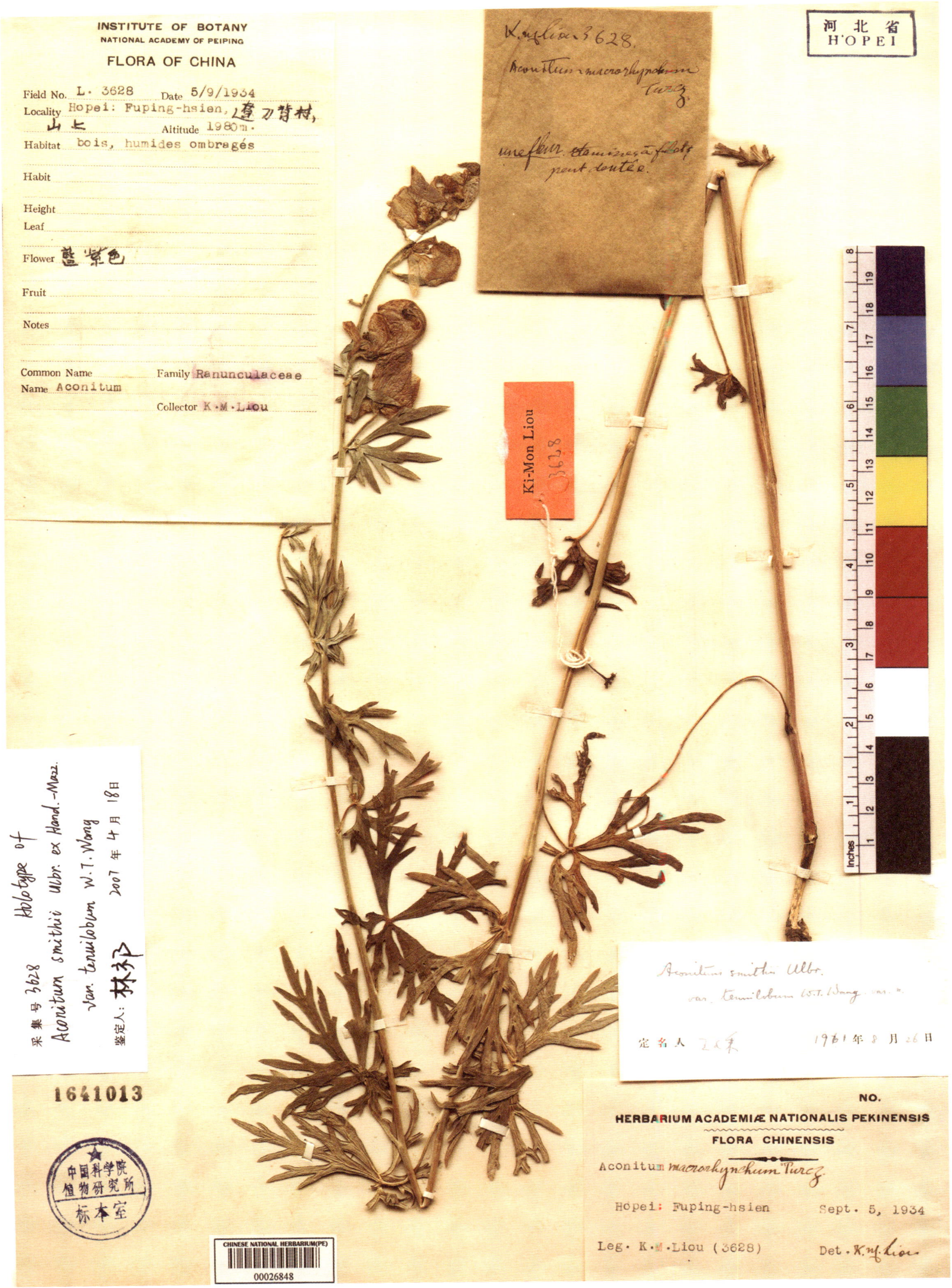

细裂山西乌头 ***Aconitum smithii*** Ulbr. ex Hand.-Mazz. var. ***tenuilobum*** W. T. Wang in Acta Phytotax. Sin., Addit. 1: 90. 1965. **Holotype:** China. Hebei: Fuping, alt. 1 980 m, 1934-09-05, K. M. Liou 3628.

狭裂准噶尔乌头 ***Aconitum soongaricum*** Stapf var. ***angustius*** W. T. Wang in Acta Phytotax. Sin., Addit. 1: 90. 1965.
Holotype: China. Shanxi: Hunyuan, 1950-08-11, Y. W. Tsui 2459.

匙形乌头 ***Aconitum spathulatum*** W. T. Wang in Acta Phytotax. Sin., Addit. 1: 65, pl. 1, f. 3. 1965. **Holotype:** China Yunnan: Heqing, alt. 3 700 m, 1939-09-02, R. C. Ching 24252.

螺瓣乌头 ***Aconitum spiripetalum*** Hand.-Mazz. in Acta Horti Gothob. 13(4): 91. 1939. **Isotype:** China. Sichuan: Daofu, alt. 4 200 m, 1934-08-31, H. Smith 11711.

草黄花乌头 ***Aconitum stramineiflorum*** Chang ex W. T. Wang & P. K. Hsiao in Acta Phytotax. Sin., Addit. 1: 70. 1965.
Holotype: China. Yunnan: Weixi, alt. 3 600 m, 1935-08-??, C. W. Wang 68601.

拟显柱乌头 ***Aconitum stylosoides*** W. T. Wang, Fl. Reip. Pop. Sin. 27: 214, 606. 1979. **Holotype:** China. Sichuan: Daocheng, alt. 3 500 m, 1973-08-20, Sichuan Exped. 2586.

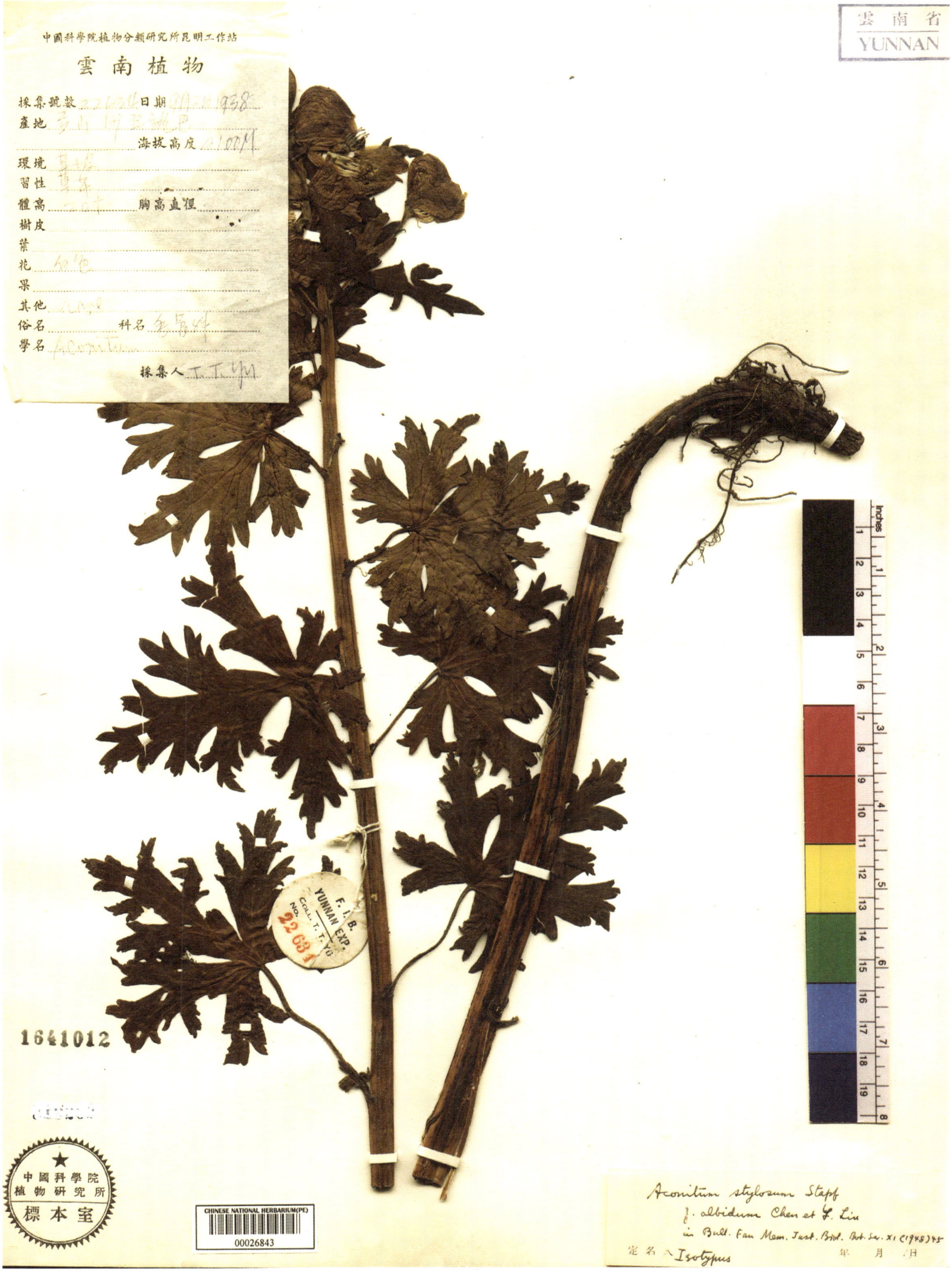

微白显柱乌头 ***Aconitum stylosum*** Stapf f. ***albidum*** Chen & Y. Liu in Bull. Fan Mem. Inst. Biol., Bot. Ser. 11: 45. 1941. **Isotype:** China. Yunnan: Gongshan, alt. 4 100 m, 1938-09-21, T. T. Yu 22634.

展毛松潘乌头 ***Aconitum sungpanense*** Hand.-Mazz.var. ***villosulum*** W. T. Wang in Bull. Bot. Res., Harbin 9(2): 5. 1989. **Holotype:** China. Hunan: Anhua, alt. 1 600 m, 1972-09-11, Y. J. Li & Z. D. Wen 56.

毛果甘青乌头 ***Aconitum tanguticum*** (Maxim.) Stapf var. ***trichocarpum*** Hand.-Mazz. in Acta Horti Gothob. 13(4): 91. 1939. **Isotype:** China. Sichuan: Songpan, alt. 4 300 m, 1922-07-20, H. Smith 3817.

细茎乌头 ***Aconitum tenuicaule*** W. T. Wang, Fl. Reip. Pop. Sin. 27: 294, 610. 1979. **Holotype:** China. Yunnan: Dêqên, alt. 4 000 m, 1976-08-16, J. S. Yang 8646.

直缘乌头 ***Aconitum transsectum*** Diels in Notes Roy. Bot. Gard. Edinburgh 5(25): 268. 1912. **Isotype:** China. Yunnan: Lijiang. alt. 3 355~3 660 m, 1906-(08-09)-??, G. Forrest 2868.

三裂乌头 ***Aconitum tripartitum*** Fletcher & Lauener in Notes Roy. Bot. Gard. Edinburgh 20(100): 195. 1950. **Isoparatype:** China. Yunnan: Dali, 1929-??-??, G. Forrest 28100.

蔡氏乌头 ***Aconitum tsaii*** W. T. Wang in Acta Phytotax. Sin., Addit. 1: 79, pl. 4, f. 13. 1965. **Holotype:** China. Yunnan: Bijiang , alt. 4 000 m, 1934-08-20, H. T. Tsai 58074.

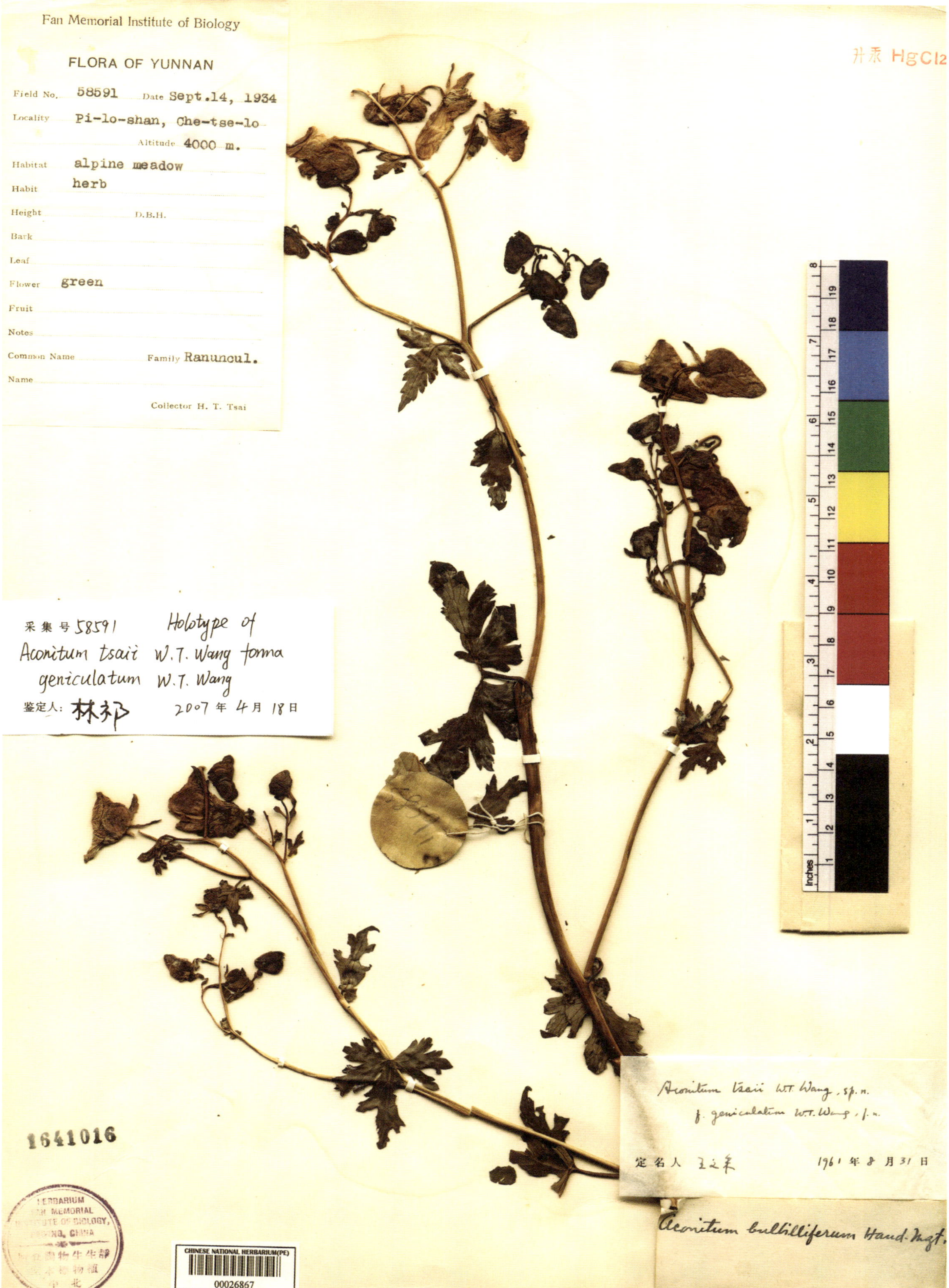

膝瓣蔡氏乌头 ***Aconitum tsaii*** W. T. Wang f. ***geniculatum*** W. T. Wang in Acta Phytotax. Sin., Addit. 1: 79, pl. 4, f. 13. 1965. **Holotype:** China. Yunnan: Bijiang, alt. 4 000 m, 1934-09-14, H. T. Tsai 58591.

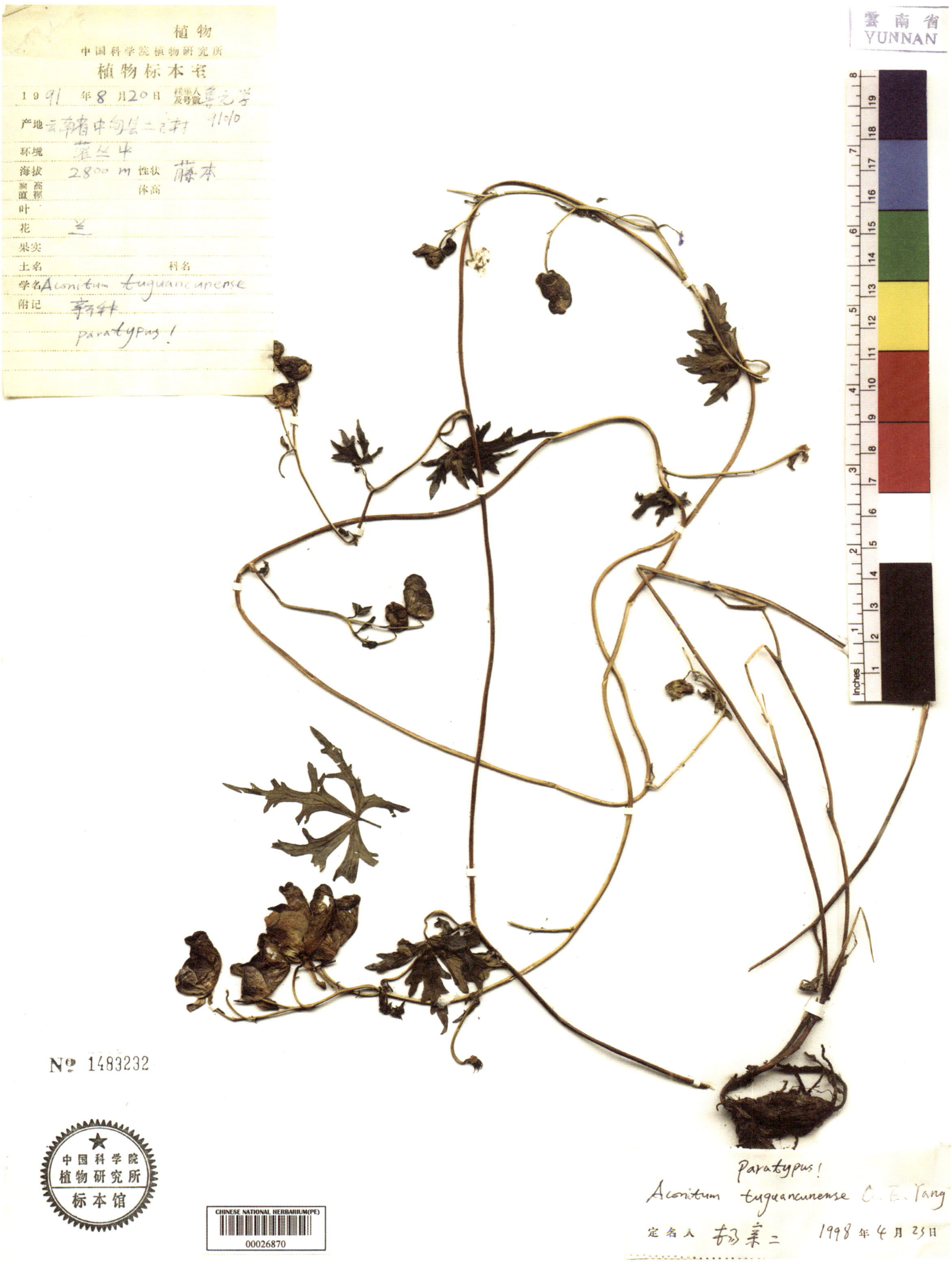

土官村乌头 ***Aconitum tuguancunense*** Q. E. Yang in Acta Phytotax. Sin. 33:572. 1995. **Paratype:** China. Yunnan: Zhongdian (= Shangri-La), alt. 2 800 m, 1991-08-20, Y. X. Lu 91010.

显脉乌头 ***Aconitum validinerve*** W. T. Wang in Acta Bot. Yunnan. 6(4): 369, f. 4: 4-6. 1984. **Isotype:** China. Sichuan: Muli, 1978-09-14, Muli Exped. 705.

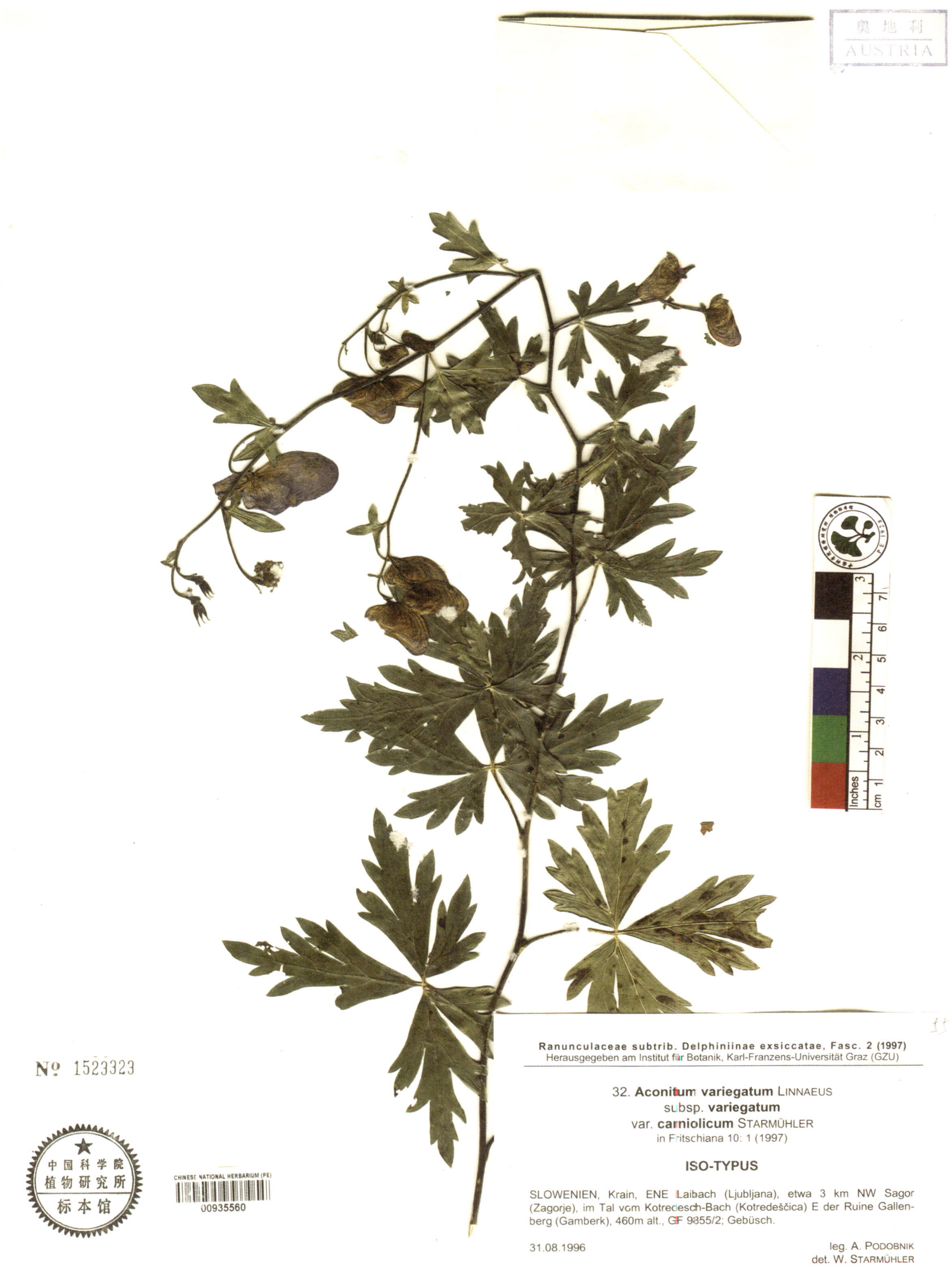

肉质乌头 ***Aconitum variegatum*** L. var. ***carniolicum*** Starm. in Fritschiana 10: 1. 1997. **Isotype:** Slowenien. Zagorje, alt. 460 m, 1996-08-31, A. Podobnik s. n.

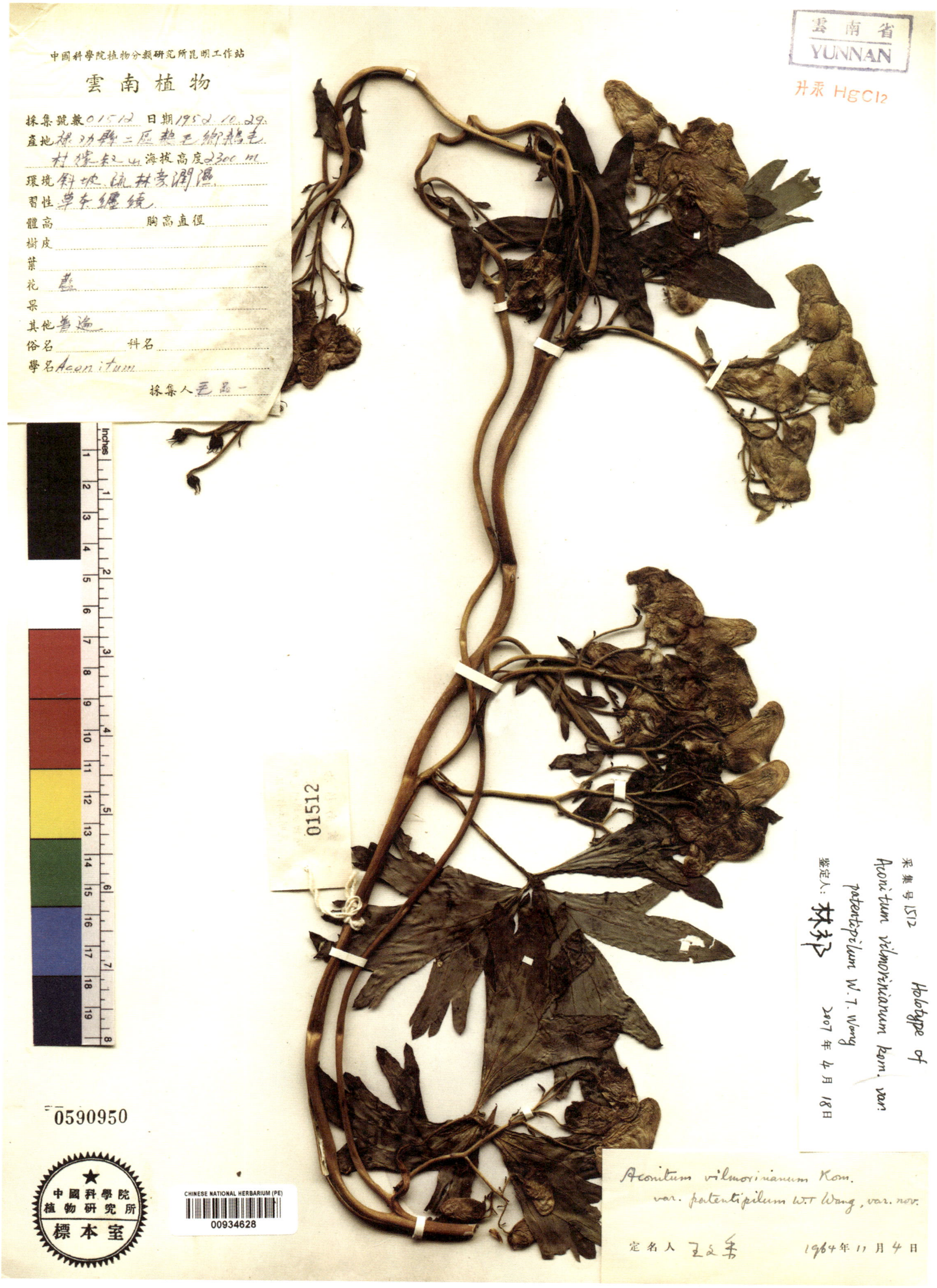

展毛黄乌头 ***Aconitum vilmorinianum*** Kom. var. ***patentipilum*** W. T. Wang in Acta Phytotax. Sin., Addit. 1: 82. 1965. **Holotype:** China. Yunnan: Luquan, alt. 2 300 m, 1952-10-29, P. I Mao 01512.

旺业甸乌头 ***Aconitum wangyedianense*** Y. Z. Zhao in Bull. Bot. Res., Harbin 3(1): 159, f. 1. 1983. **Isotype:** China. Nei Mongol: Zhaowudameng, Kalaqinqi, Wangyedian, alt. 1 400 m, 1981-07-15, X. T. Lei & W. S. Yang 089.

滇川乌头 *Aconitum wardii* Fletcher & Lauener in Notes Roy. Bot. Gard. Edinburgh 20(100): 188, pl. 266, f. 17. 1949.
Isoparatype: China. Yunnan: Precise locality not known, 1930-??-??, G. Forrest 28788.

全裂滇川乌头 ***Aconitum wardii*** Fletcher & Lauener var. ***trisectum*** W. T. Wang & L. Q. Li in Acta Phytotax. Sin. 25(1): 24, pl. 1: 1. 1987. **Holotype:** China. Sichuan: Yajiang, alt. 3 700~3 950 m, 1983-08-06, K. Y. Lang & al. 2866.

卧龙乌头 ***Aconitum wolongense*** W. T. Wang in Bull. Bot. Res., Harbin 9(2): 1, f. 1. 1989. **Holotype:** China. Sichuan: Wenchuan, 1984-??-??, CDCM Exped. 84051.

乡城乌头 ***Aconitum xiangchengense*** W. T. Wang in Acta Bot. Yunnan. 4(2): 130, 1: 1-4 1982. **Holotype:** China. Sichuan: Xiangcheng, alt. 3 600 m, 1981-08-11, Qinghai-Xizang Exped. 4626.

雅江乌头 ***Aconitum yachiangense*** W. T. Wang, Fl. Reip. Pop. Sin. 27: 209, 605. 1979. **Holotype:** China. Sichuan: Yajiang, alt. 3 100~3 450 m, 1960-05-05, T. S. Ying 3298.

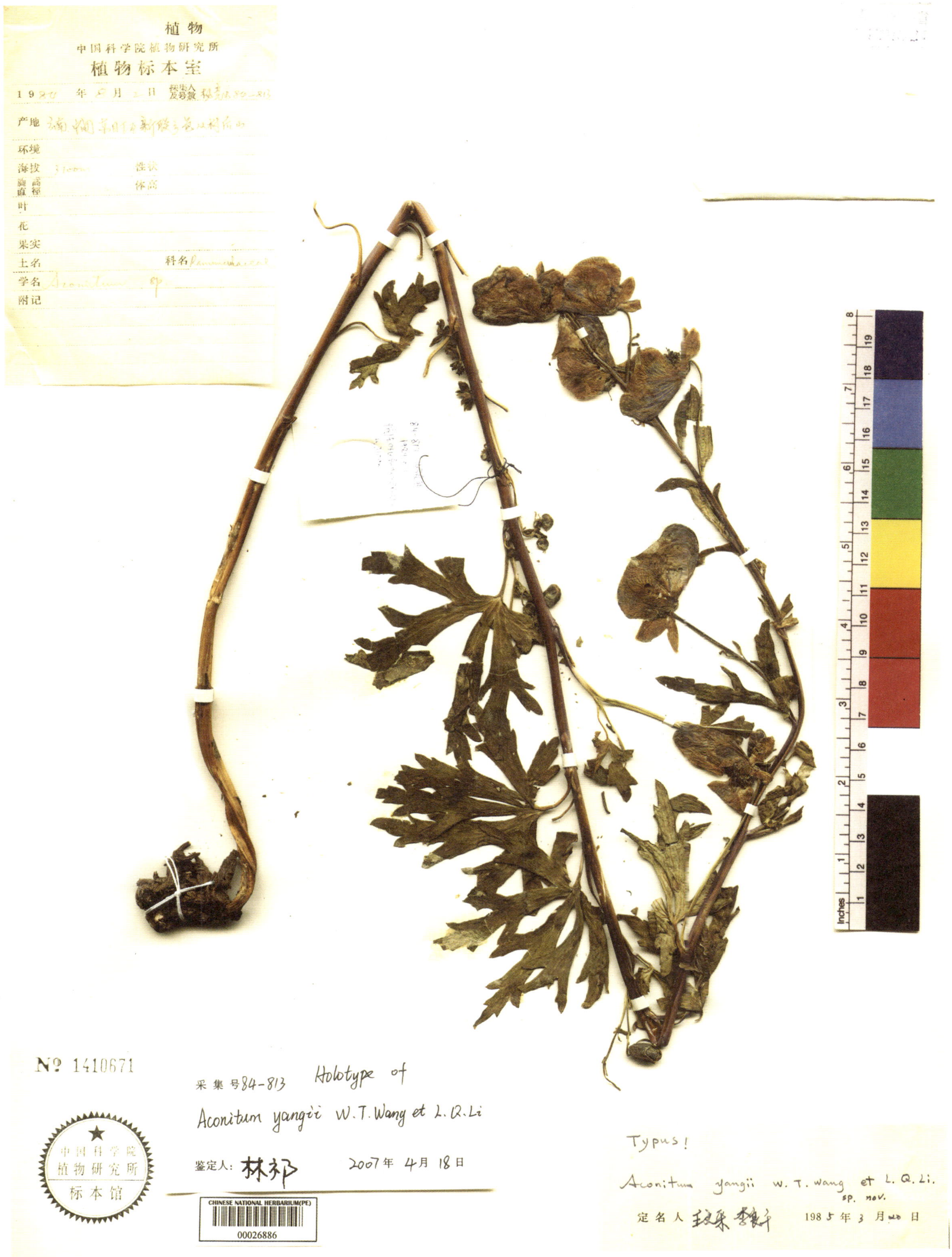

竞生乌头 ***Aconitum yangii*** W. T. Wang & L. Q. Li in Acta Phytotax. Sin. 25(1): 25, pl. 1: 3. 1987. **Holotype:** China. Yunnan: Zhongdian (= Shangri-La), alt. 3 100 m, 1984-08-02, J. S. Yang 84-813.

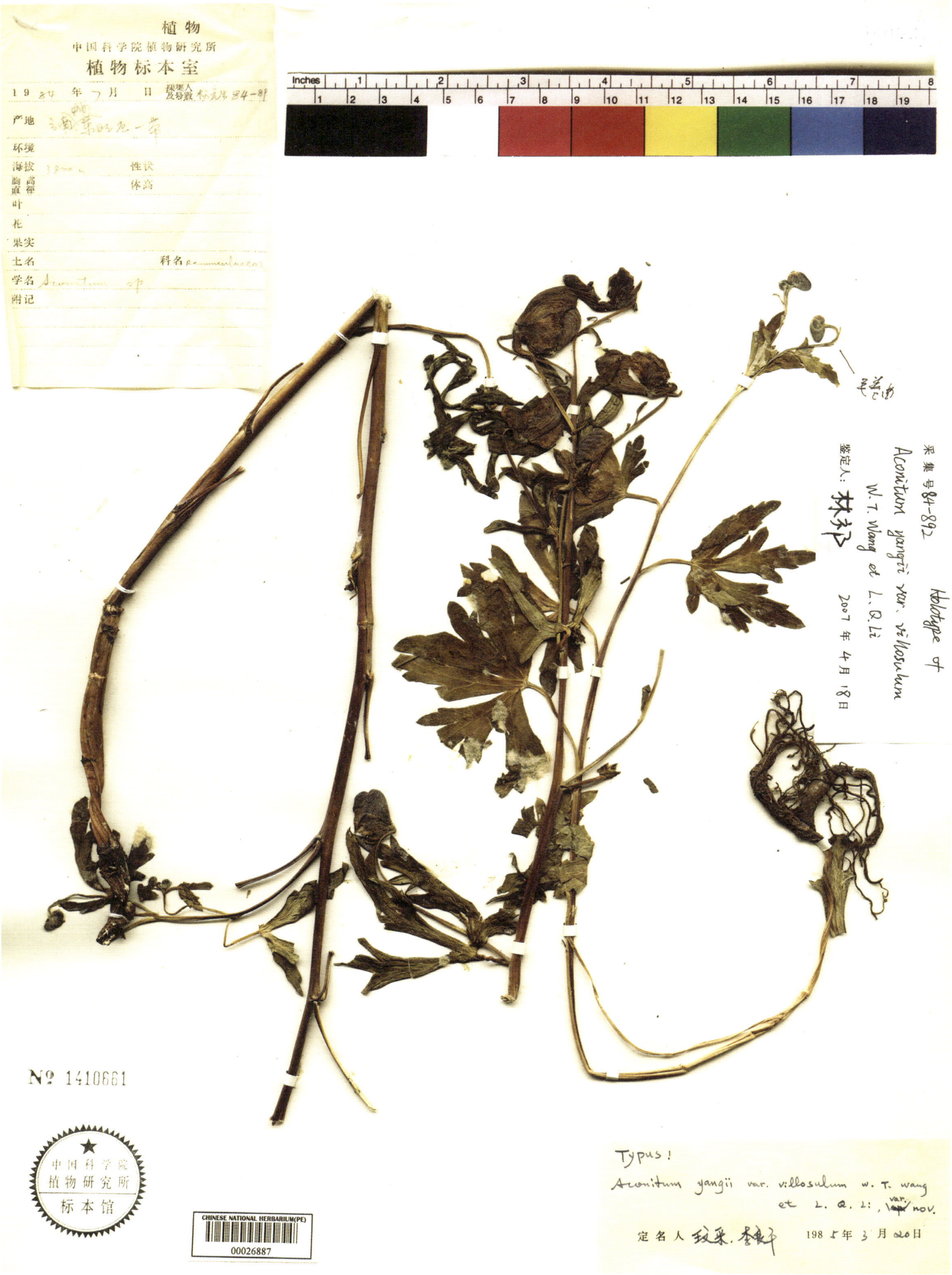

展毛竞生乌头 ***Aconitum yangii*** W. T. Wang & L. Q. Li var. ***villosulum*** W. T. Wang & L. Q. Li in Acta Phytotax. Sin. 25(1): 26, pl. 1: 4. 1987. **Holotype:** China. Yunnan: Zhongdian (= Shangri-La), alt. 3 800 m, 1984-07-??, J. S. Yang 84-892.

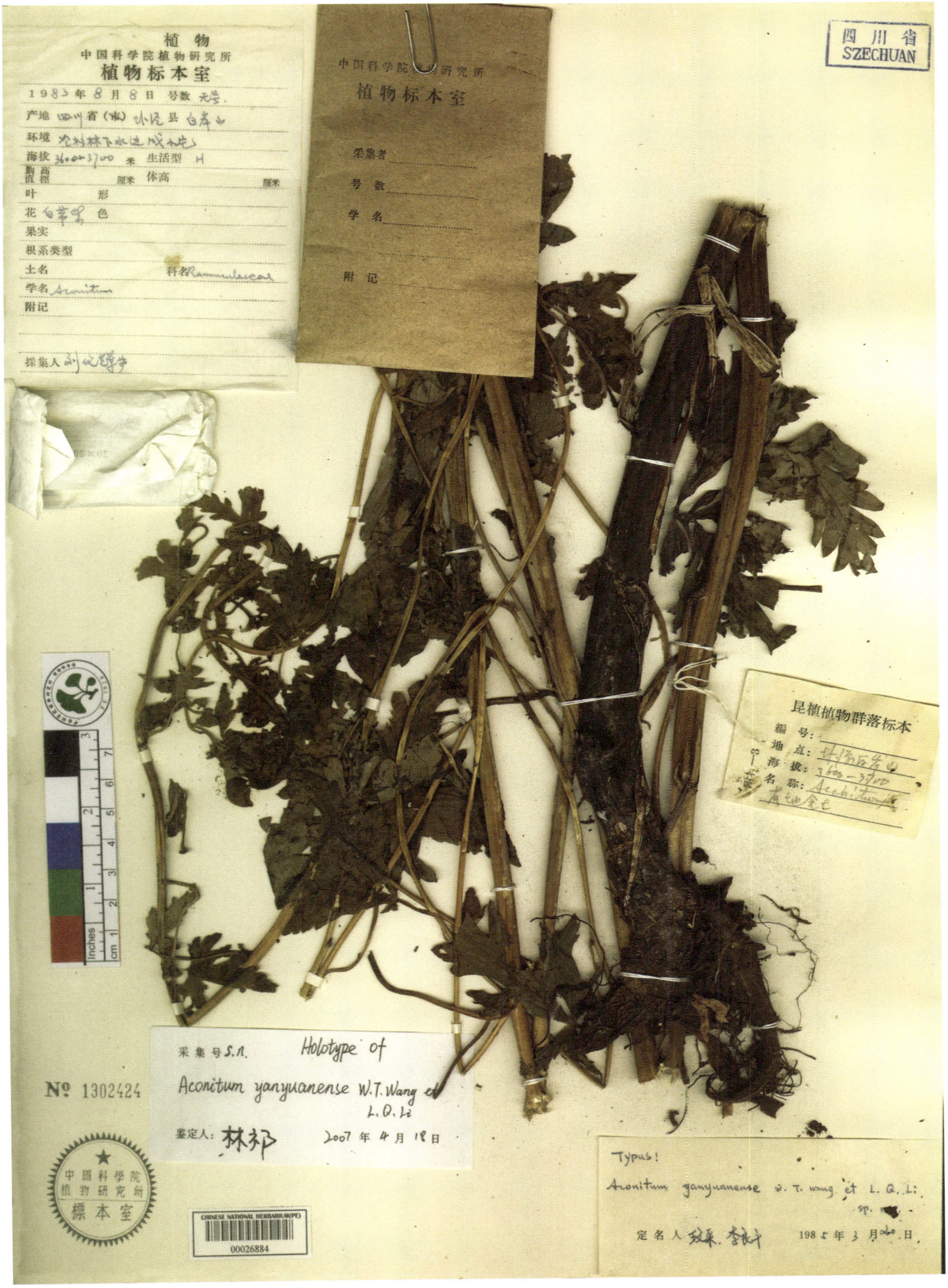

盐源乌头 ***Aconitum yanyuanense*** W. T. Wang & L. Q. Li in Acta Phytotax. Sin. 25(1): 28, pl. 2: 2. 1987. **Holotype:** China. Sichuan: Yanyuan, alt. 3 600~3 700 m, 1983-08-08, L. H. Liu & al. s. n.

云岭乌头 ***Aconitum yunlingense*** Q. E. Yang & Z. D. Fang in Acta Bot. Yunnan. 12(4): 387, f. 1. 1990. **Isotype:** China. Yunnan: Weixi, alt. 4 100 m, 1987-08-19, Z. D. Fang & X. H. Li 0340.

昭觉乌头 ***Aconitum zhaojiueense*** W. T. Wang & P. G. Xiao in Bull. Bot. Lab. N.-E. Forest. Inst., Harbin 8: 16, f. 2: 3-4, photo. 5. 1980. **Isotype:** China. Sichuan: Zhaojue, 1978-09-04, C. S. Li s. n.

蓝侧金盏花 ***Adonis coerulea*** Maxim. in Bull. Acad. Sci. St.-Petersb. 22: 306. 1877. **Isotype:** China. Qinghai: NE Qinghai, Precise locality not known, 1873-05-(13-25), N. M. Przewalski 36.

大卫侧金盏花 ***Adonis davidii*** Franch. in Nouv. Arch. Mus. Hist. Nat., ser. 2, 8: 188, pl. 3. 1885. **Isotype:** China. Sichuan: Mouping, 1869-??-??, David s. n.

短蕊银莲花 ***Anemone brachystema*** W. T. Wang in Pl. Divers. Resourc. 36(4): 450, f. 1: E-G. 2014. **Holotype:** China. Xizang: Mêdog, 1980-06-24, Plateau Group of Ecology Lab. 10319.

短柱银莲花 ***Anemone brevistyla*** C. C. Chang ex W. T. Wang in Acta Phytotax. Sin. 12(2): 163. 1974. **Holotype:** China. Sichuan: Tianquan, 1936-??-??, K. L. Chu 2419.

小银莲花 ***Anemone exigua*** Maxim. in Bull. Acad. Imp. Sci. St-Petersb. 23(2): 306. 1877. **Isotype:** China. Qinghai: Datonge, 1873-05-(11-23), N. M. Przewalski s. n.

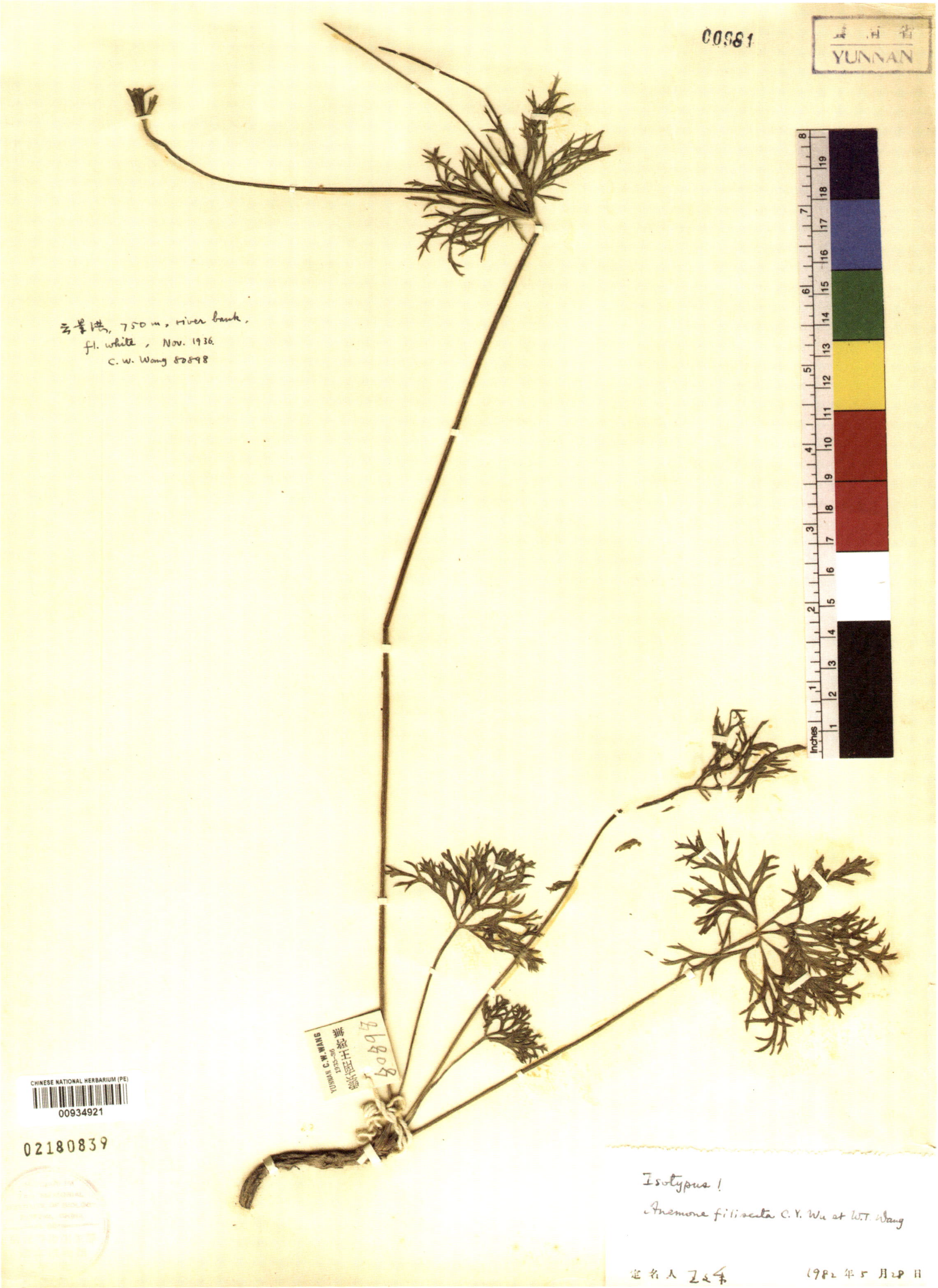

细裂银莲花 ***Anemone filisecta*** C. Y. Wu & W. T. Wang ex W. T. Wang in Acta Phytotax. Sin. 12(2): 165, pl. 41, f. 9-13. 1974. **Isotype:** China. Yunnan: Jinghong, alt. 750 m, 1936-11-??, C. W. Wang 80898.

涪陵银莲花 ***Anemone fulingensis*** W. T. Wang & Z. Y. Liu in Acta Phytotax. Sin. 45(3): 290, f. 1-2. 2007. **Holotype:** China. Chongqing: Fuling, alt. 1 420 m, 2006-04-22, Z. Y. Liu & M. B. Ren 2060366.

冻地银莲花 ***Anemone gelida*** Maxim. in Acta Hort. Petrop. 11: 21. 1890. **Isotype:** China. Sichuan: Songpan, 1885-08-11, G. N. Potanin s. n.

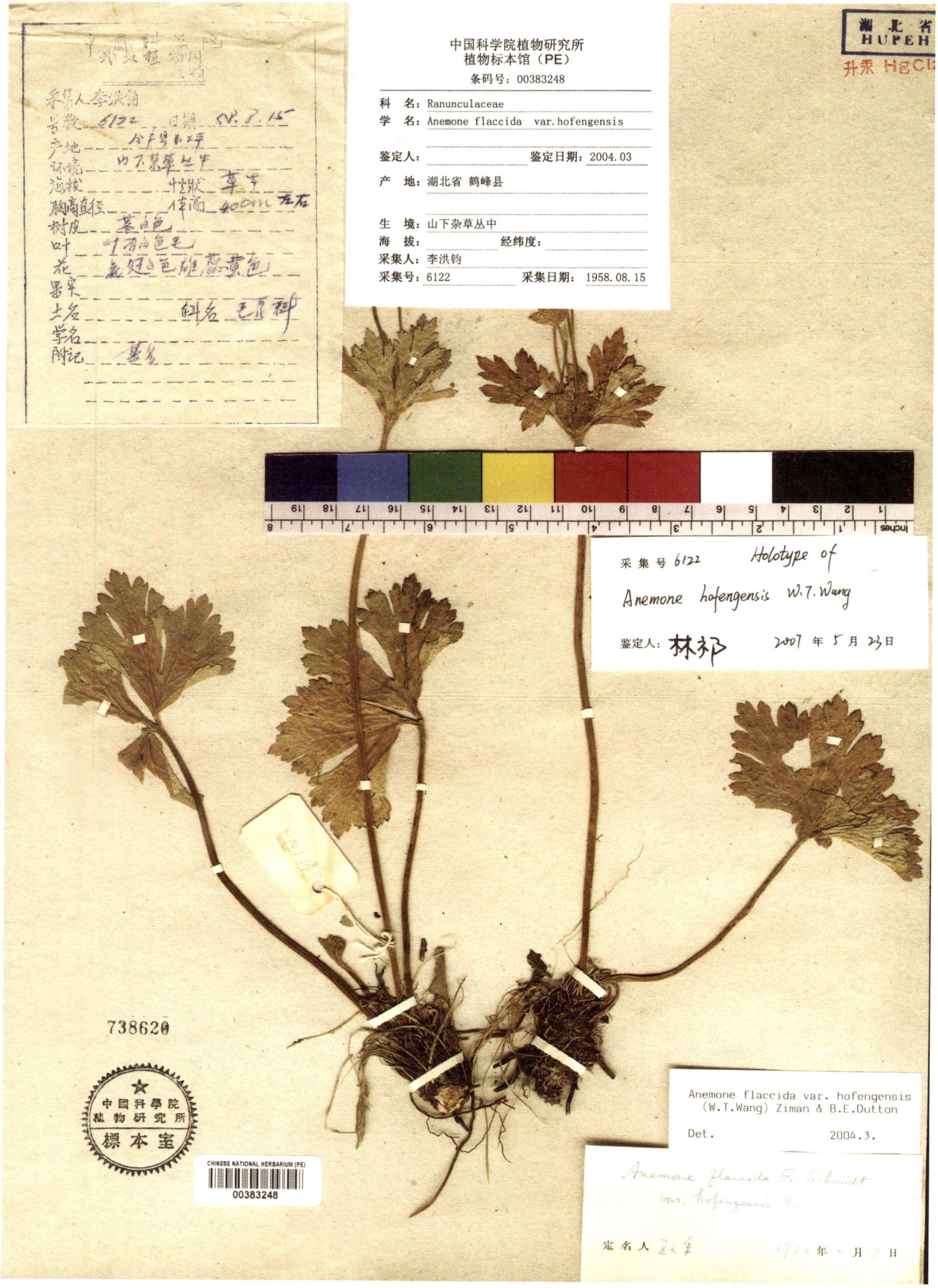

鹤峰银莲花 ***Anemone hofengensis*** W. T. Wang in Acta Phytotax. Sin. 29(5): 463, f. 3: 6. 1991. **Holotype:** China. Hubei: Hefeng, alt. 400 m, 1958-08-15, H. J. Li 6122.

叠裂银莲花 ***Anemone imbricata*** Maxim. in Fl. Tangut. 8, t. 22, f. 1-6. 1889. **Isotype:** China. Qinghai: Qumarlêb, 1884-06-(11-23), N. M. Przewalski s. n.

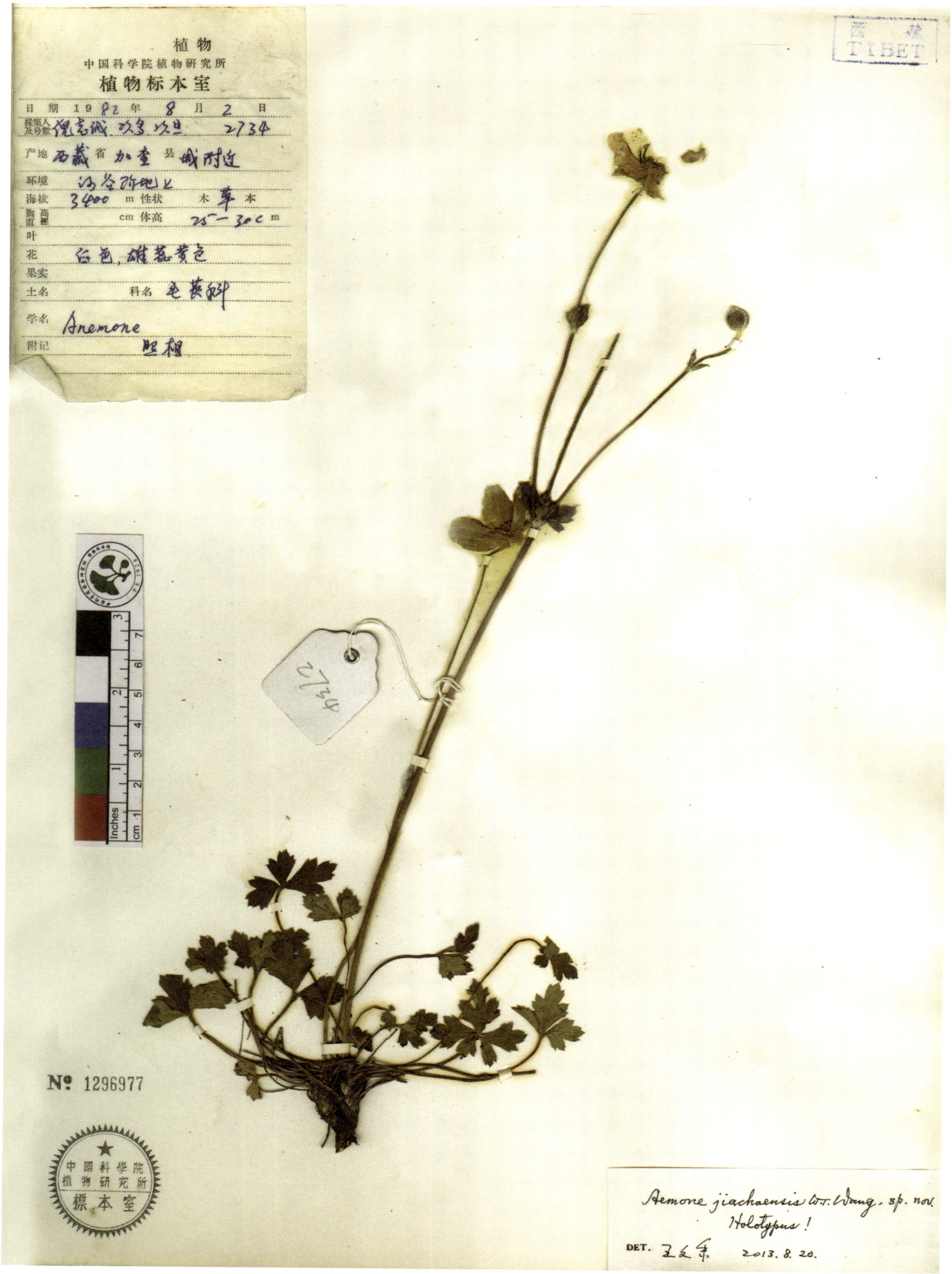

加查银莲花 ***Anemone jiachaensis*** W. T. Wang in Pl. Divers. Resourc. 36(4): 450, f. 1: H-K. 2014. **Holotype:** China. Xizang: Gyaca, alt. 3 400 m, 1982-08-02, C. C. Ni, Ci Duo & Ci Dan 2734.

凉山银莲花 ***Anemone liangshanica*** W. T. Wang in Acta Phytotax. Sin. 12(2): 171, pl. 47, f. 3. 1974. **Isotype:** China. Sichuan: Leibo, alt. 2 800 m, 1959-06-19, C. C. Hu & al. 761.

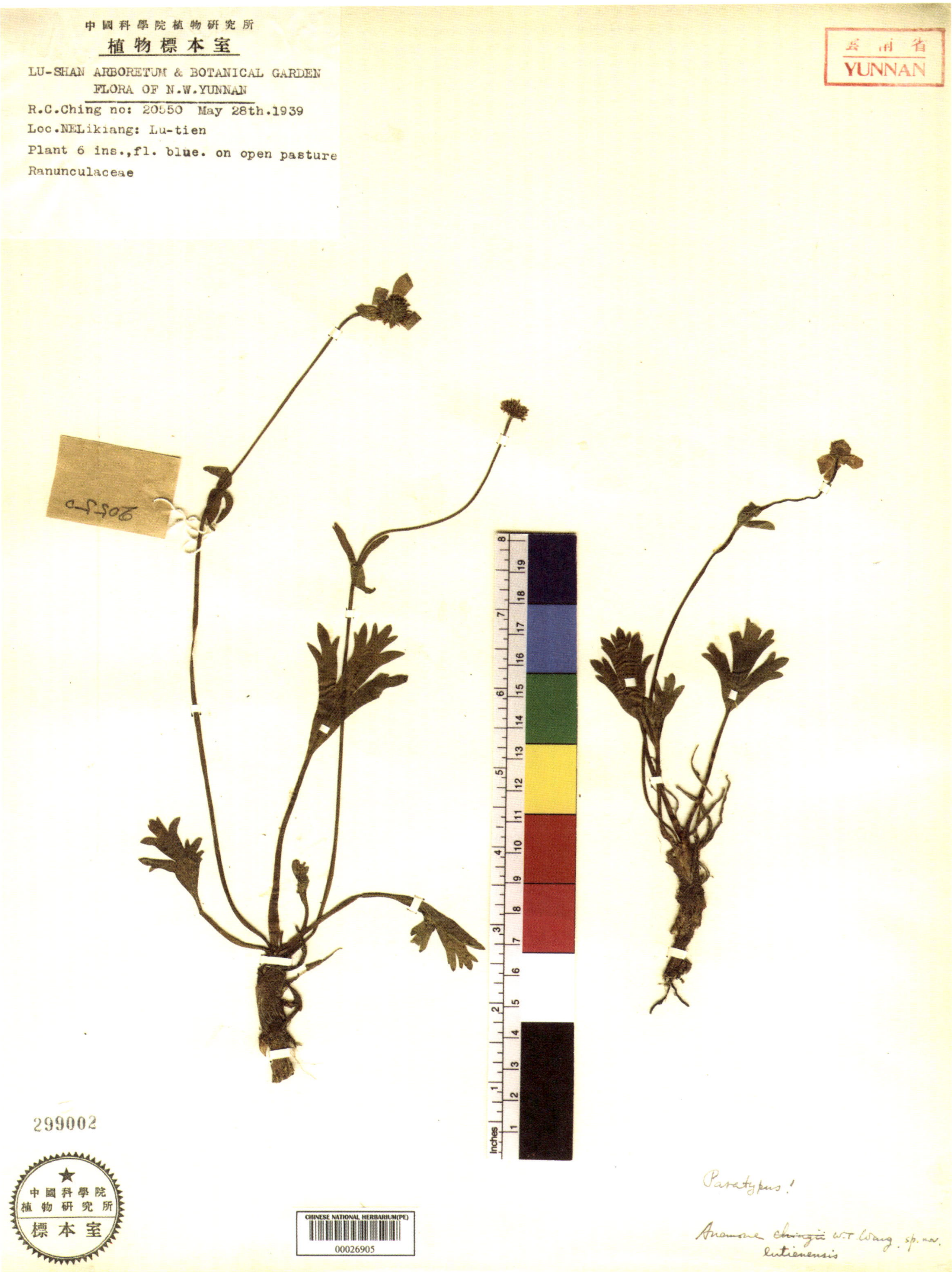

鲁甸银莲花 ***Anemone lutienensis*** W. T. Wang in Acta Phytotax. Sin. 12(2): 172, pl. 43, f. 12-14. 1974. **Paratype:** China. Yunnan: Lijiang, 1939-05-28, R. C. Ching 20550.

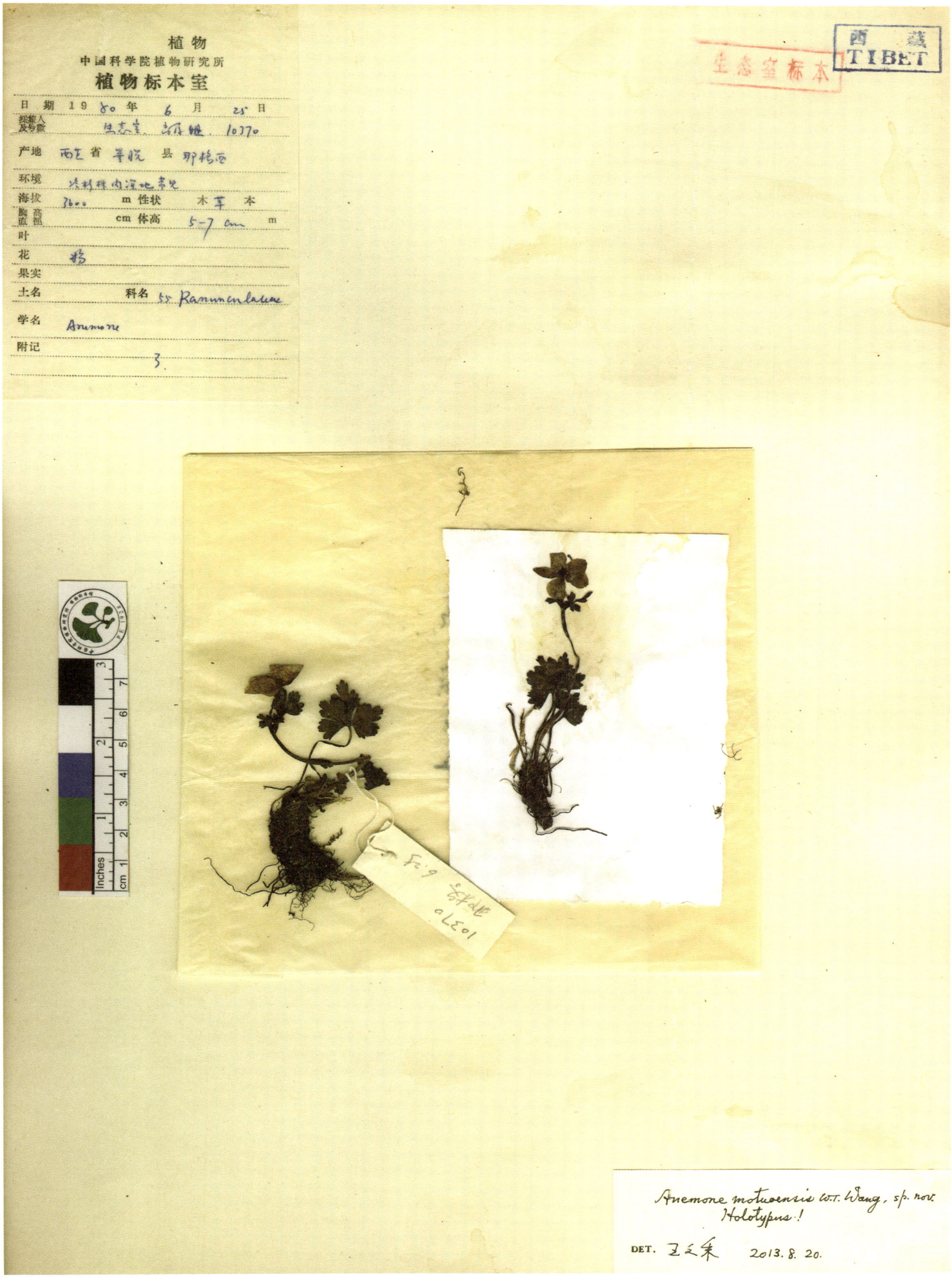

墨脱银莲花 ***Anemone motuoensis*** W. T. Wang in Pl. Divers. Resourc. 36(4): 449, f. 1: A-D. 2014. **Holotype:** China. Xizang: Mêdog, alt. 3 600 m, 1980-06-25, Plateau Group of Ecology Lab. 10370.

垂花银莲花 ***Anemone nutantiflora*** W. T. Wang & L. Q. Li in Acta Bot. Yunnan. 8(3): 265, pl. 2, f. 1-2. 1986. **Holotype:** China. Yunnan: Bijiang, alt. 3 200 m, 1978-08-03, L. H. Liu & al. s. n.

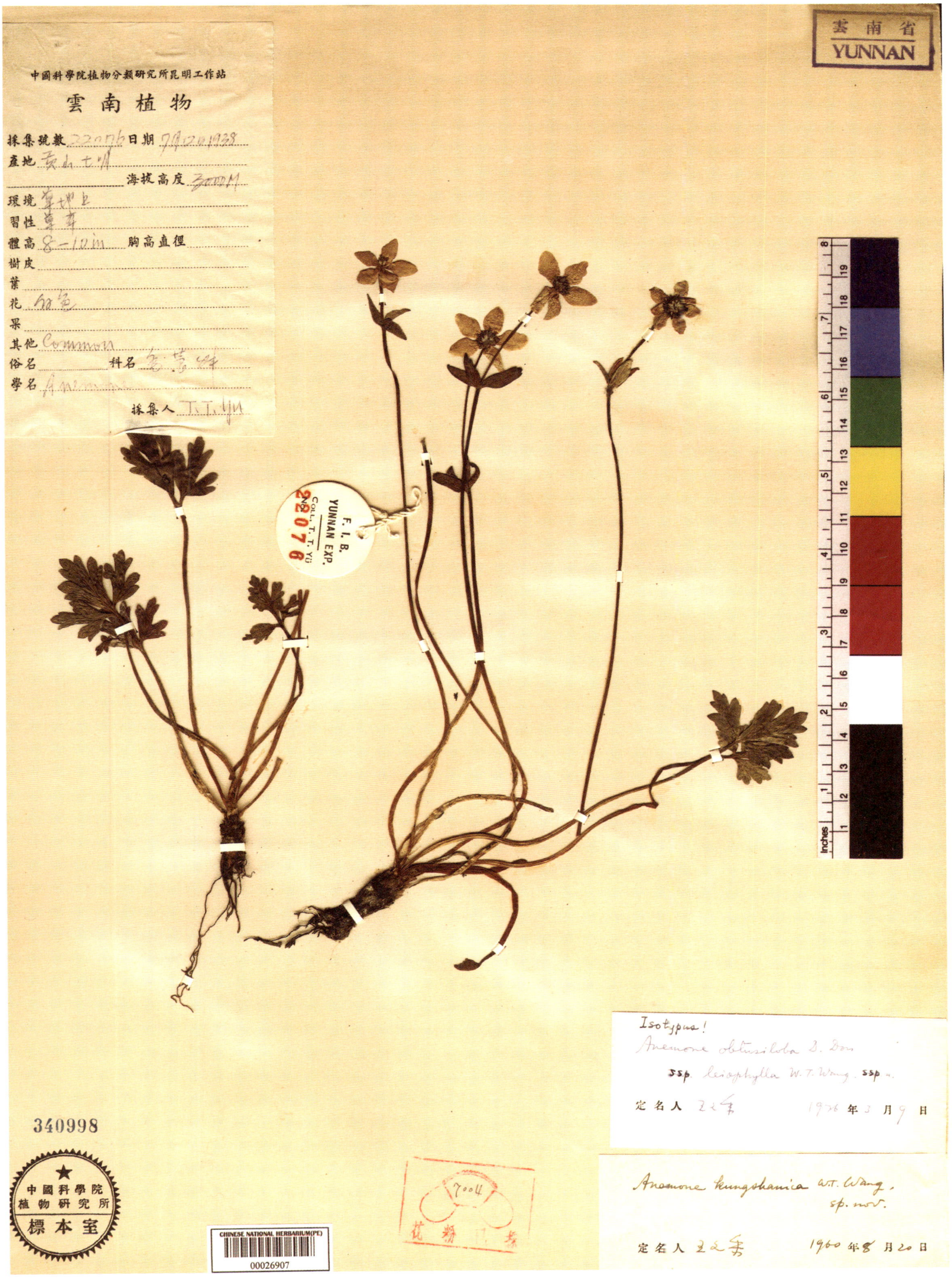

光叶银莲花 ***Anemone obtusiloba*** D. Dod. var. ***leiophylla*** W. T. Wang, Fl. Reip. Pop. Sin. 28: 350. 1980. **Isotype:** China. Yunnan: Gongshan, alt. 3 000 m, 1938-07-12, T. T. Yu 22076.

镇康银莲花 ***Anemone obtusiloba*** D. Dod. subsp. ***megaphylla*** W. T. Wang, Fl. Reip. Pop. Sin. 28: 36, 350. 1980. **Isotype:** China. Yunnan: Zhenkang, alt. 3 400 m, 1938-07-24, T. T. Yu 16956.

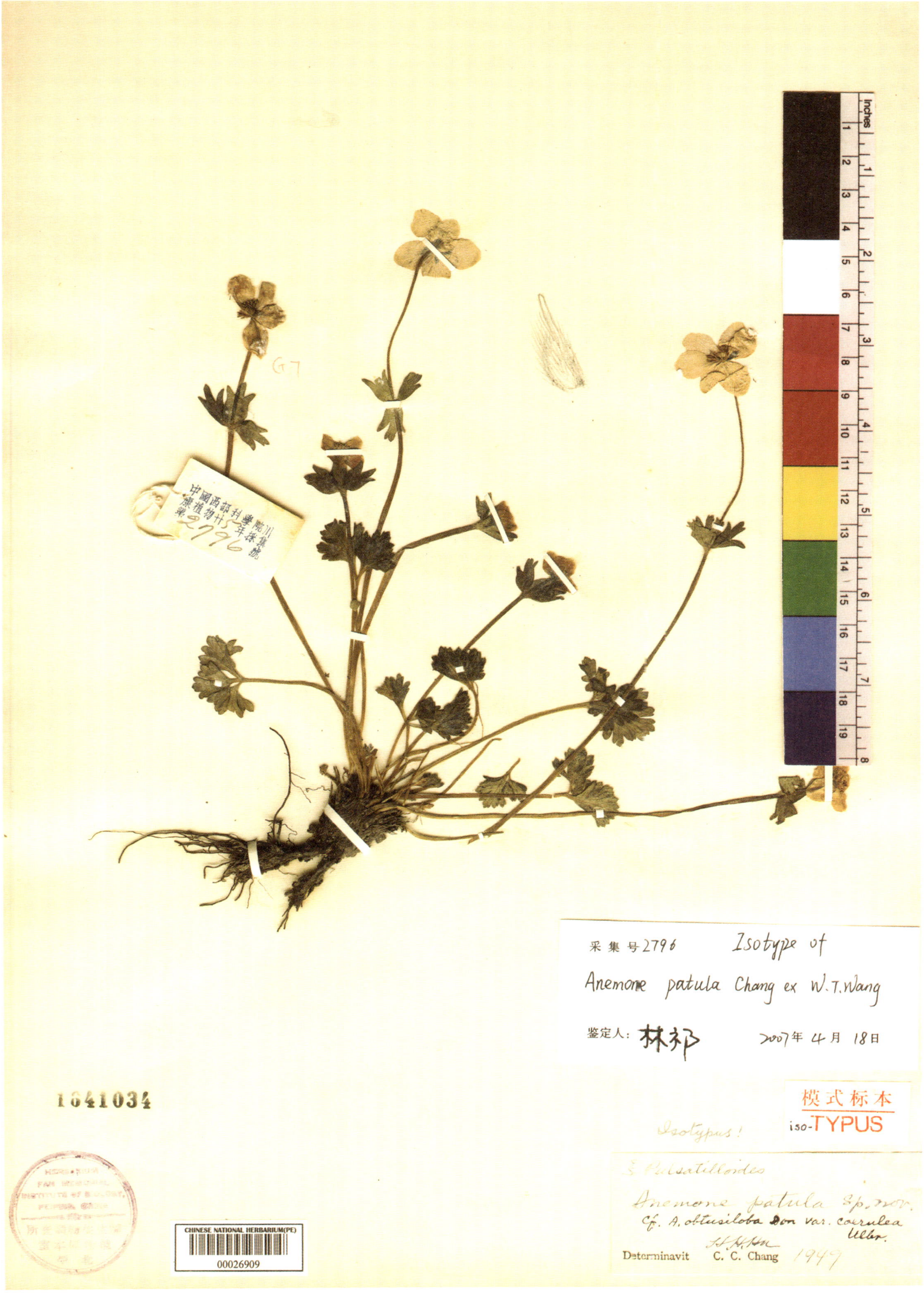

天全银莲花 ***Anemone patula*** C. C. Chang ex W. T. Wang in Acta Phytotax. Sin. 12(2): 169, pl. 47, f. 2. 1974. **Isotype:** China. Sichuan: Tianquan, 1936-??-??, K. L. Chu 2796.

唐古银莲花 ***Anemone regeliana*** Maxim. in Fl. Tangut. 1: 10. 1889. **Lectotype** (designated here): China. Gansu: Precise locality not known, 1885-08-12, G. N. Potanin s. n.

粗壮银莲花 *Anemone robusta* W. T. Wang in Acta Phytotax. Sin. 12(2): 174. 1974. **Isotype:** China. Yunnan: Weixi, alt. 2 500 m, 1935-(08-09)-??, C. W. Wang 67832.

岷山银莲花 ***Anemone rockii*** Ulbr. in Notizbl. Bot. Gart. Berlin–Dahlem.10: 876. 1929. **Lectotype** (designated here): China. Gansu: Minshan, alt. 3 233 m, 1925-06-??, J. F. Rock 12520.

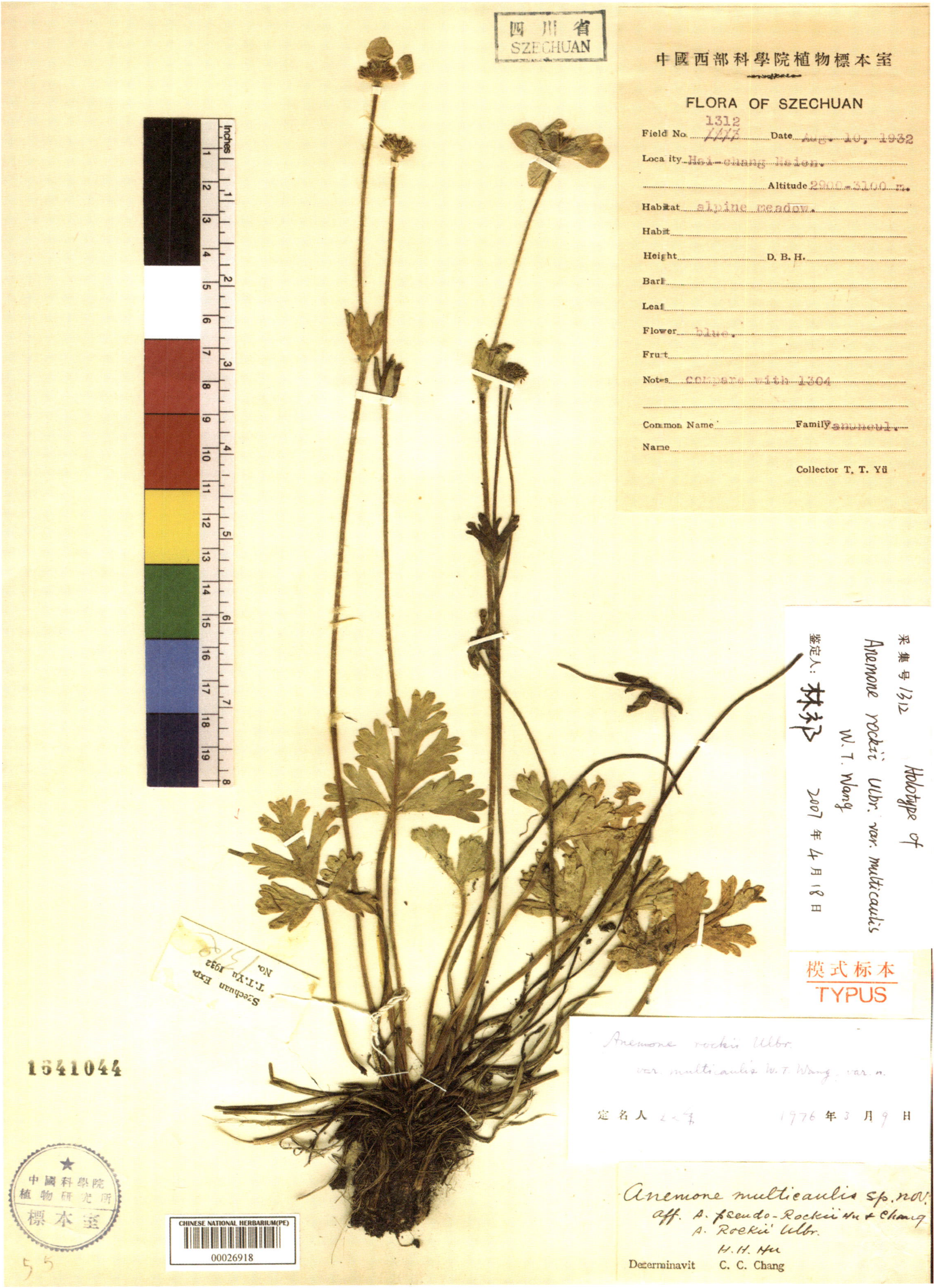

多茎银莲花 ***Anemone rockii*** Ulbr. var. ***multicaulis*** W. T. Wang, Fl. Reip. Pop. Sin. 28: 40, 350. 1980. **Holotype:** China. Sichuan: Xichang, alt. 2 900~3 100 m, 1932-08-10, T. T. Yu 1312.

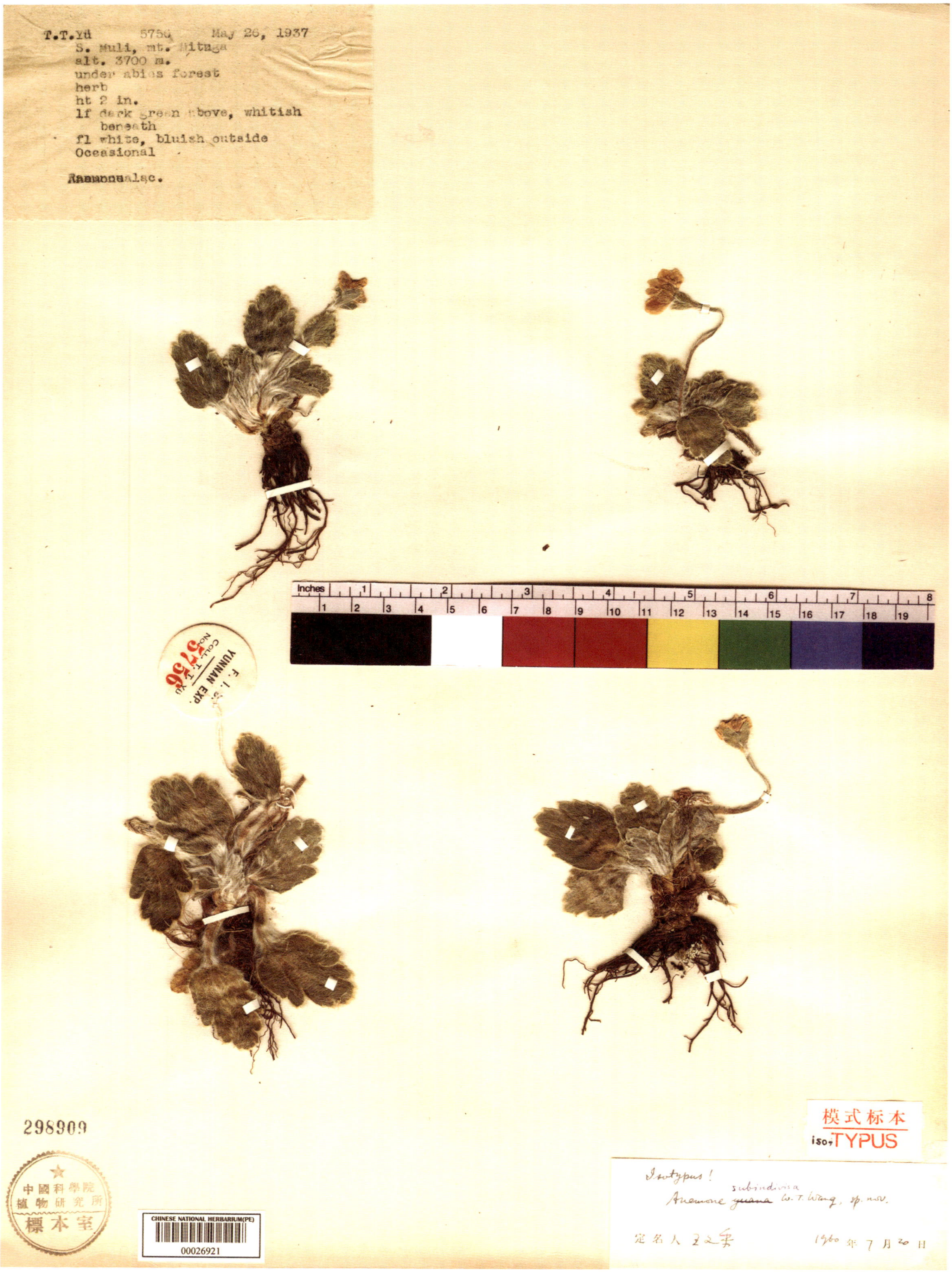

微裂银莲花 ***Anemone subindivisa*** W. T. Wang in Acta Phytotax. Sin. 12(2): 173, pl. 44, f. 4-6. 1974. **Isotype:** China. Sichuan: Muli, alt. 3 700 m, 1937-05-26, T. T. Yu 5756.

近羽裂银莲花 ***Anemone subpinnata*** W. T. Wang in Acta Phytotax. Sin. 12(2): 170. pl. 44, f. 7-9. 1974. **Isotype:** China. Sichuan: Muli, alt. 3 750 m, 1937-06-21, T. T. Yu 6513.

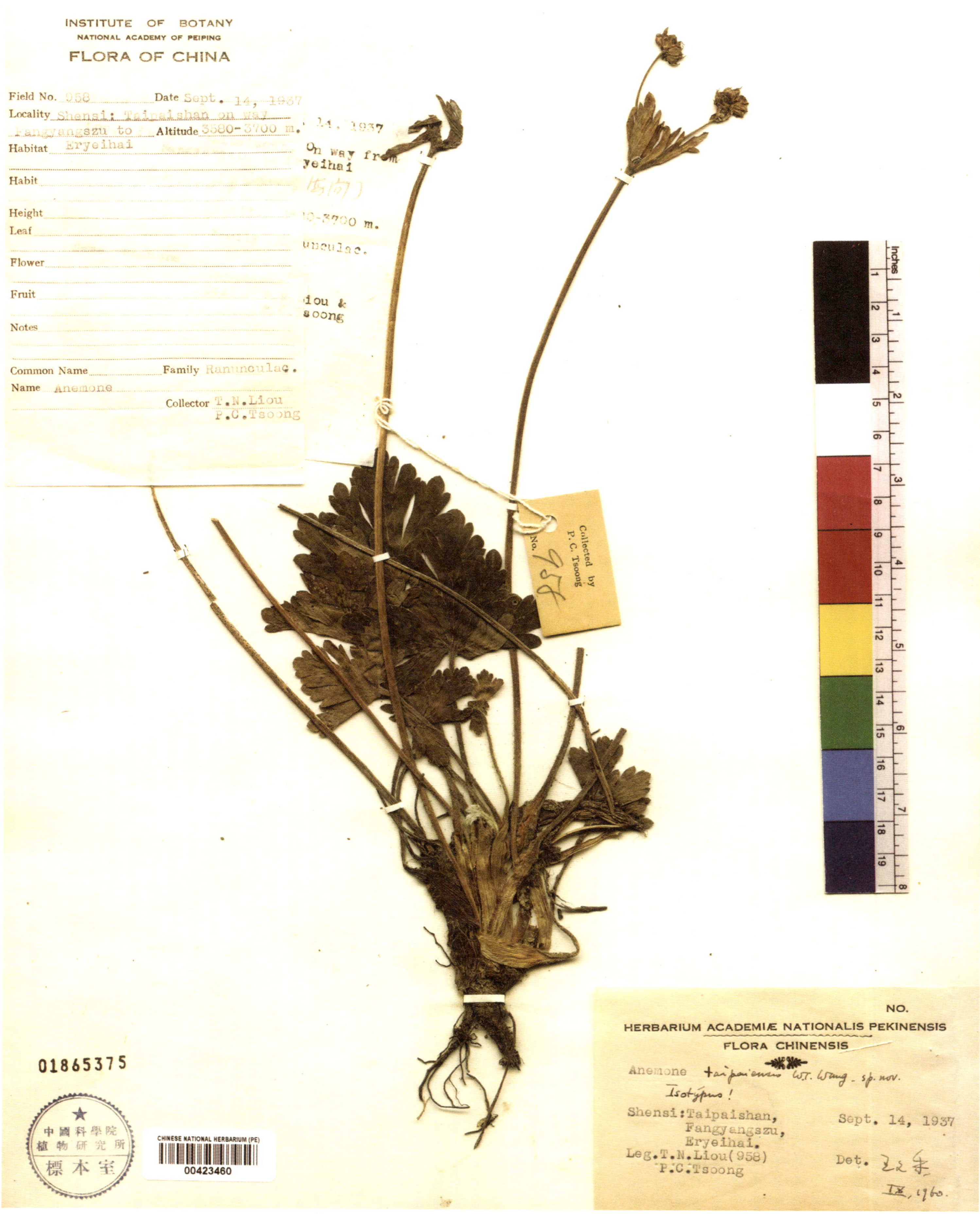

太白银莲花 ***Anemone taipaiensis*** W. T. Wang in Acta Phytotax. Sin. 12(2): 174, pl. 48, f. 4. 1974. **Isotype:** China. Shaanxi: Taibaishan, alt. 3 580~3 700 m, 1937-09-14, T. N. Liou & P. C. Tsoong 958.

小五台银莲花 ***Anemone xiaowutaishanica*** W. T. Wang & B. Liu in J. Syst. Evol. 46(5): 739-741, f. 1 & 2. 2008.

Holotype: China. Hebei: Xiaowutaishan, alt. 1 692 m, 2007-09-15, B. Liu 983.

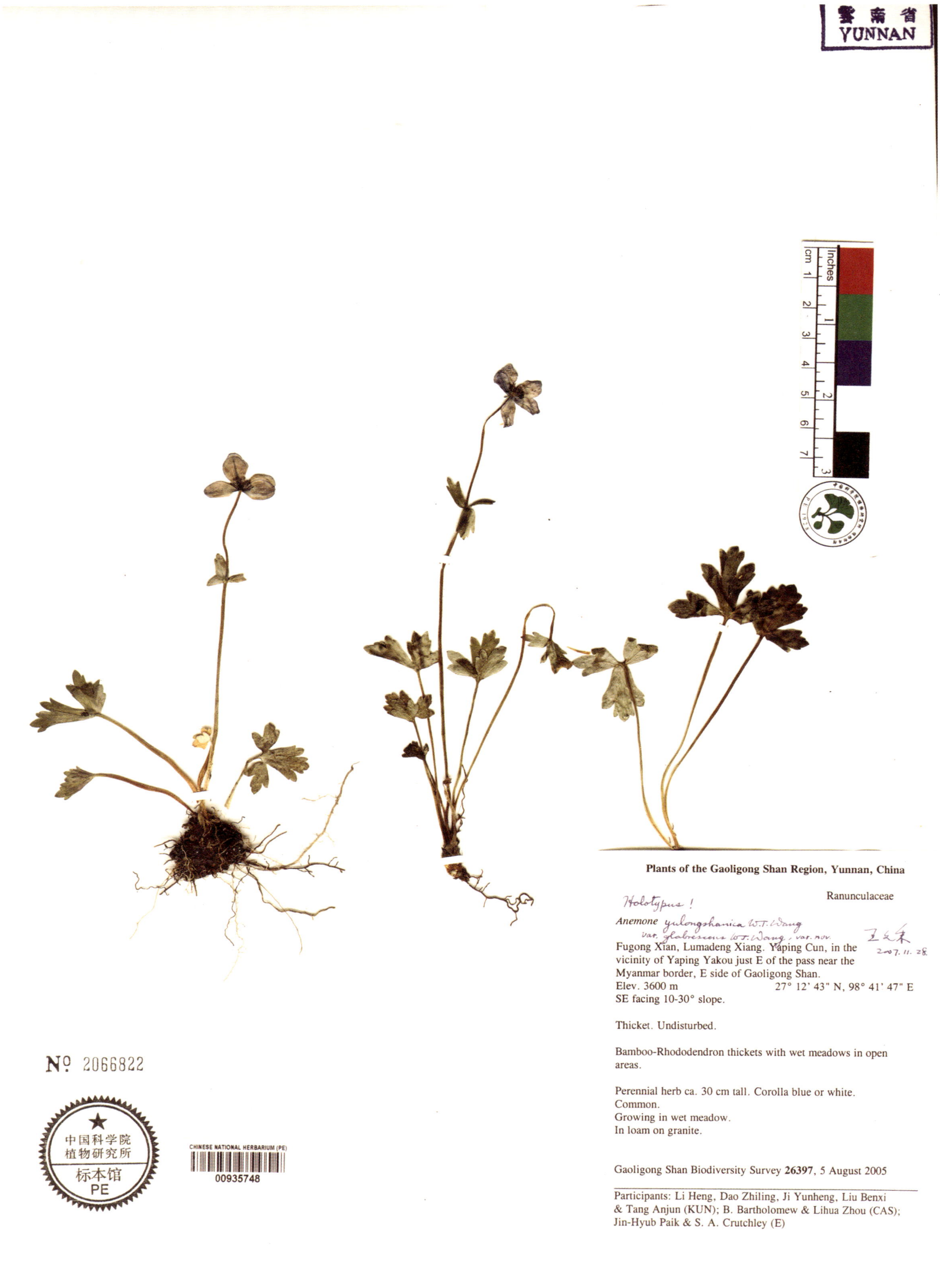

福贡银莲花 ***Anemone yulongshanica*** W. T. Wang var. ***glabrescens*** W. T. Wang in Acta Bot. Yunnan. 30(5): 519, f. 1:A-C. 2008. **Holotype:** China. Yunnan: Fugong, alt. 3 600 m, 2005-08-05, Gaoligong Shan Biodiversity Survey 26397.

常春藤叶星果草 ***Asteropyron hederaefolium*** Schipcz. in Not. Syst. Hort. Bot. Ross. 5: 52. 1924. **Isotype:** China. Sichuan: Precise locality not known, 1893-??-??, G. N. Potanin s. n.

黄花水毛茛 ***Batrachium flavidum*** Hand.-Mazz. in Acta Horti.Gothob. 13(4): 168. 1939. **Isotype:** China. Sichuan: Songpan, alt. 3 400 m, 1922-09-01, H. Smith 4236.

北京水毛茛 ***Batrachium pekinense*** L. Liou, Fl. Reip. Pop. Sin. 28: 340, 363. 1980. **Paratype:** China. Beijing: Nankou, 1930-06-13, C. F. Li 40432.

角叶铁破锣 ***Beesia deltophylla*** C. Y. Wu, Fl. Reip. Pop. Sin. 27: 91, 604. 1979. **Holotype:** China. Xizang: Mêdog, alt. 2 300 m, 1974-08-03, Qinghai-Xizang Exped. 74-3975.

楔叶美花草 ***Callianthemum cuneilobum*** Hand.-Mazz. in Acta Horti Gothob. 13(4): 133. 1939. **Isotype:** China. Shanxi: Xie Xian, alt. 2 400~2 500 m, 1924-09-19, H. Smith 5800.

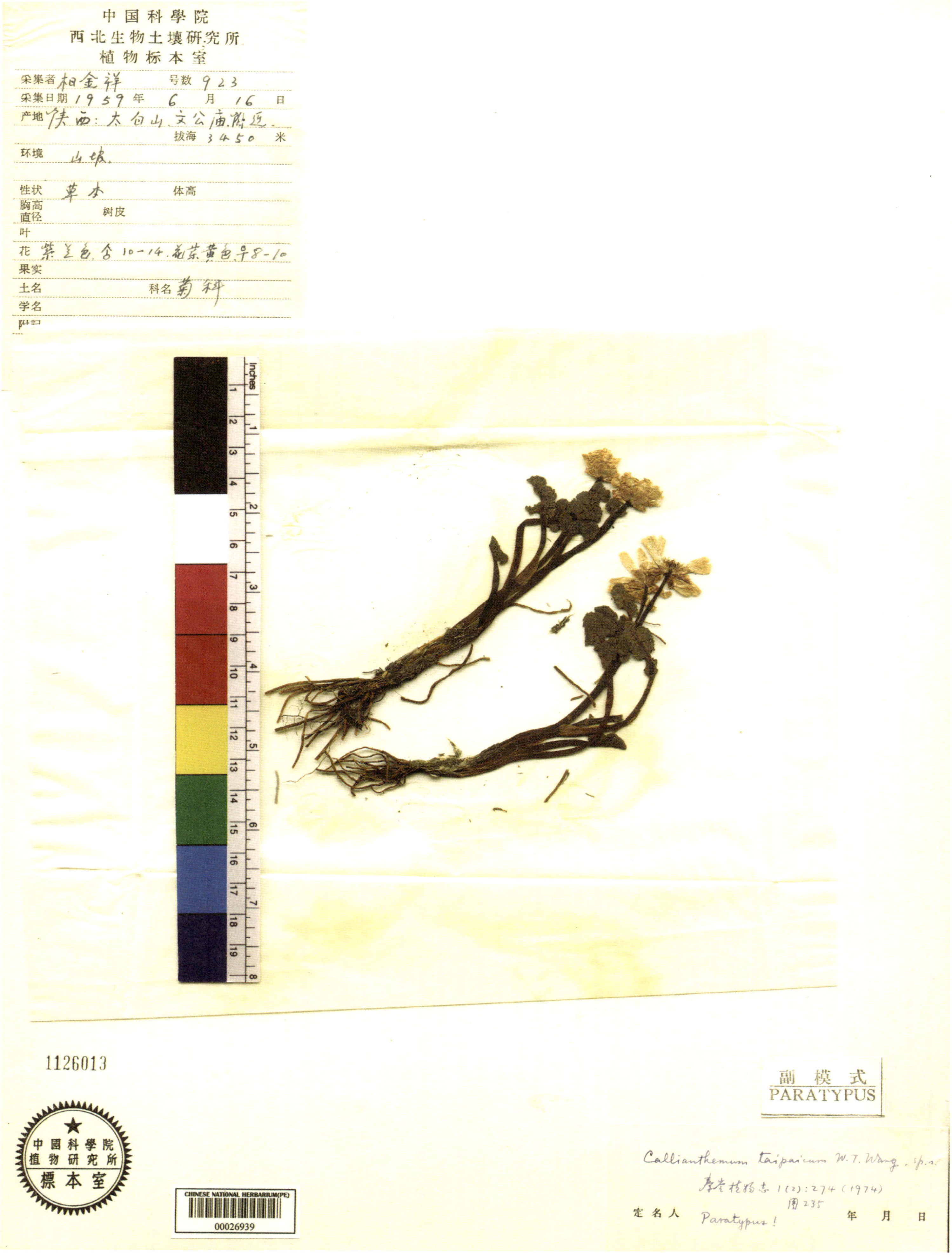

太白美花草 ***Callianthemum taipaicum*** W. T. Wang, Fl. Tsinling. 1(2): 274, 604, f. 235. 1974. **Paratype:** China. Shaanxi: Taibai, Taibaishan, alt. 3 450 m, 1959-06-16, J. X. Xiang 923.

裂叶驴蹄草 ***Caltha lobulatifolia*** W. T. Wang in Pl. Sci. J. 32(5): 447, f. 1: I-L. 2014. **Holotype:** China. Xizang: Bomi, alt. 3 400~4 000 m, 1983-08-18, B. S. Li, C. C. Ni & S. Z. Cheng 6631.

雨农花 ***Chienia honanensis*** W. T. Wang in Acta Phytotax. Sin. 9(2): 104, pl. 6. 1964. **Holotype:** China. Henan: Shangcheng, 1959-07-15, S. Y. Wang 4148.

紫花小升麻 ***Cimicifuga acerina*** (Sieb. & Zucc.) Takeda f. ***purpurea*** P. G. Xiao in Acta Phytotax. Sin., Addit. 1: 54. 1965. **Holotype:** China. Shanxi: Yuanqu, 1959-08-28, S. Y. Pao 681.

多小叶升麻 ***Cimicifuga foetida*** L. var. ***foliolosa*** P. G. Xiao in Acta Phytotax. Sin. 1: 58. 1965. **Paratype:** China. Sichuan: Songpan, alt. 3 000 m, 1959-07-04, Songpan Exped. 1450.

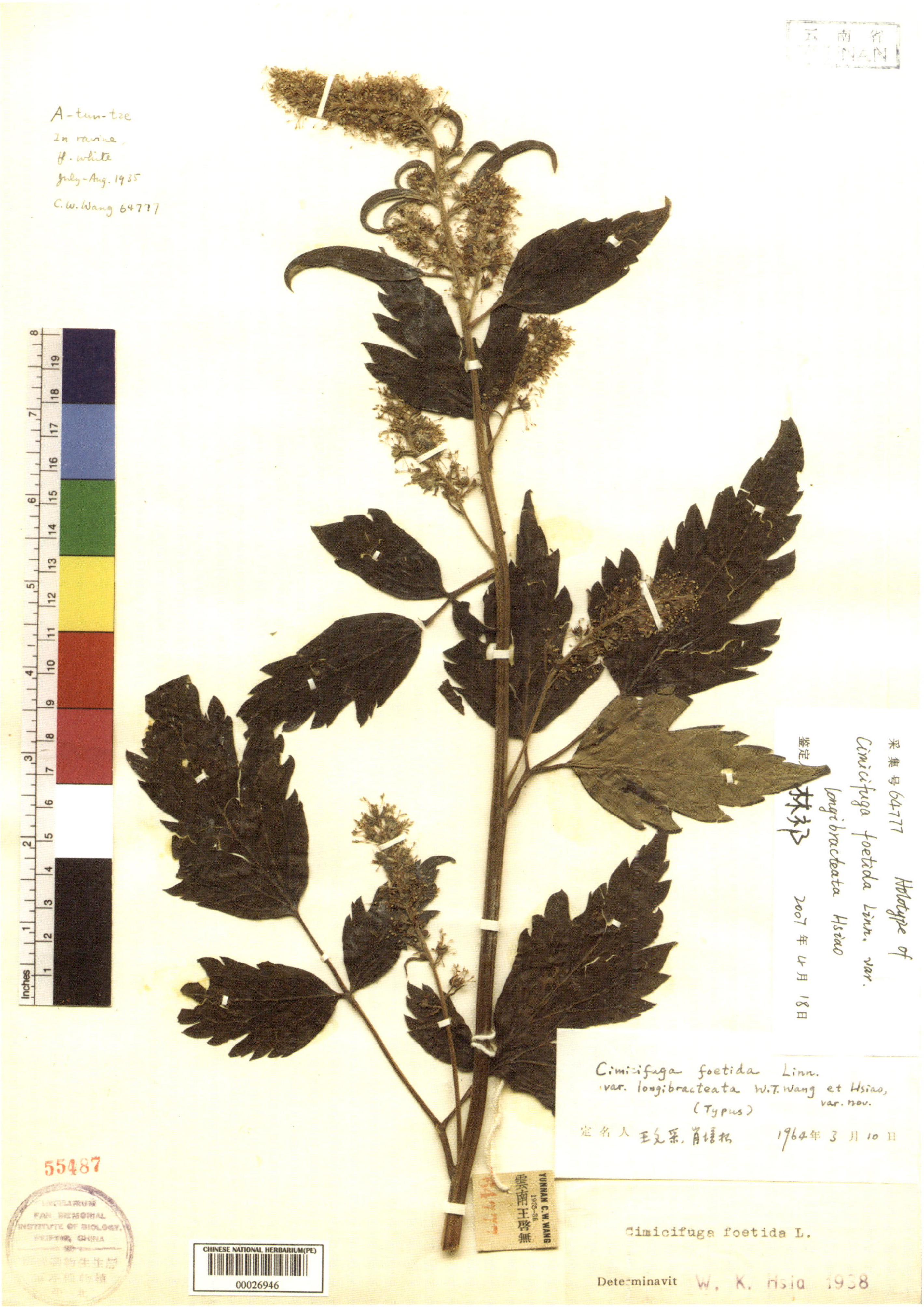

长苞升麻 *Cimicifuga foetida* L. var. ***longibracteata*** P. G. Xiao in Acta Phytotax. Sin., Addit. 1: 58. 1965. **Holotype:** China. Yunnan: Dêqên, 1935-(07-08)-??, C. W. Wang 64777.

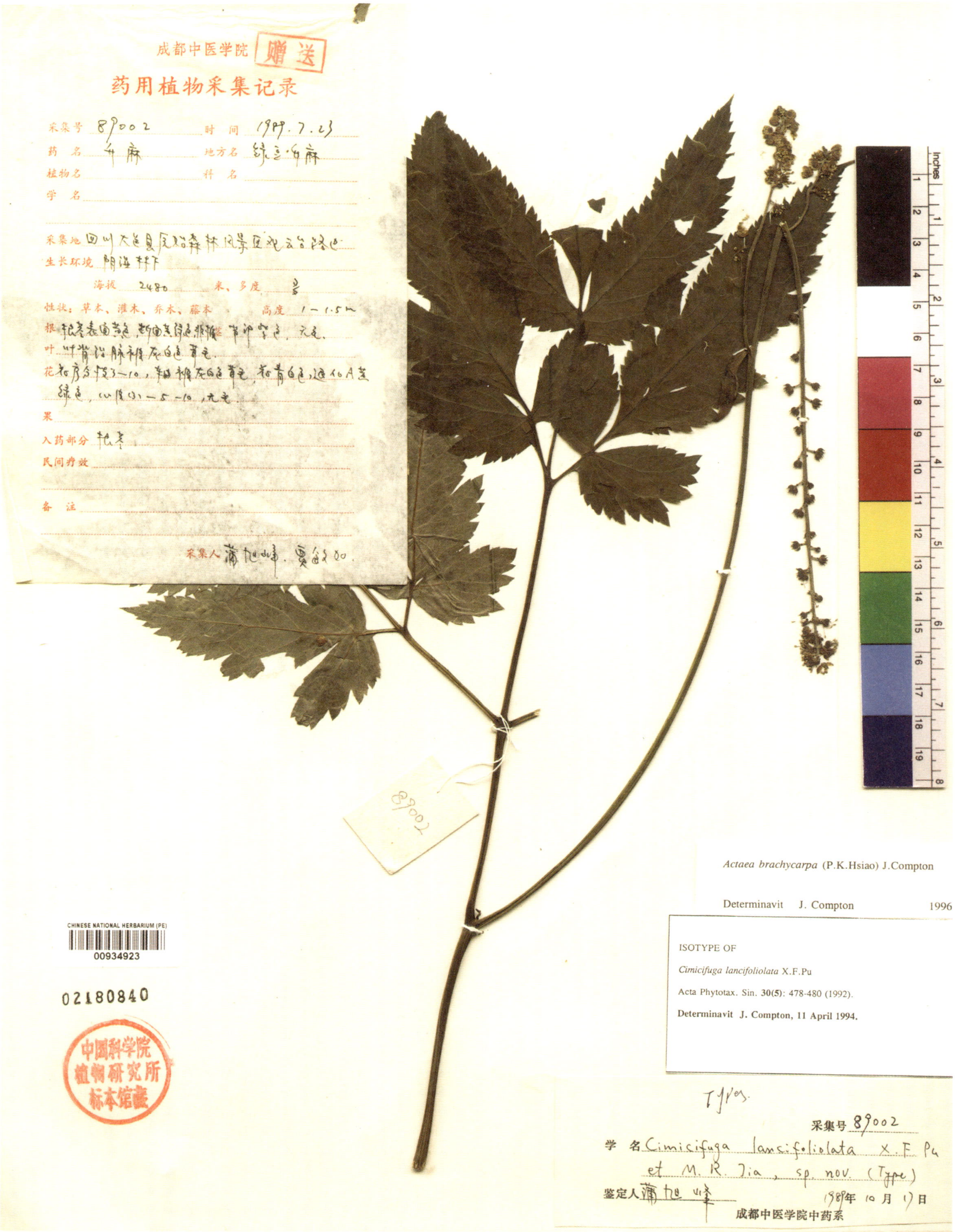

披针升麻 ***Cimicifuga lancifoliolata*** X. F. Pu & M. R. Jia in Acta Phytotax. Sin. 30(5): 478, pl. 1. 1992. **Isotype:** China. Sichuan: Dayi, alt. 2 480 m, 1989-07-23, X .F. Pu & M. R. Jia 89002.

云南升麻 *Cimicifuga yunnanensis* P. G. Xiao in Acta Phytotax. Sin., Addit. 1: 55. 1965. **Holotype:** China. Yunnan: Dêqên, alt. 4 100 m, 1937-07-25, T. T. Yu 9147.

槭叶铁线莲 ***Clematis acerifolia*** Maxim. in Bull. Soc. Imp. Nat. Mosc. 54: 2. 1879. **Isotype:** China. Beijing, Po-hua-shan, 1877-07-??, E. Bretschneider s. n.

河南省
HENAN

无裂槭叶铁线莲 ***Clematis acerifolia*** Maxim. var. ***elobata*** S. X. Yan in Acta Phytotax. Sin. 43(1): 76, f. 1. 2005. **Holotype:** China. Henan: Xiuwu, 1974-05-28, S. S. Kuang 261.

尾尖铁线莲 ***Clematis acuminata*** DC. var. ***longicaudata*** W. T. Wang in Bull. Bot. Res., Harbin 9(2): 7, f. 3: 4. 1989.

Holotype: China. Yunnan: Binchuan, 1940-12-16, T. N. Liou 17760.

多花锡金铁线莲 ***Clematis acuminata*** DC. var. ***multiflora*** Comber in Notes Roy. Bot. Gard. Edinburgh 18: 234. 1934.

Isotype: China. Yunnan: Shweli valley, alt. 2 135 m, 1913-12-??, G. Forrest 12129.

红花铁线莲 ***Clematis acutangula*** Hook. f. & Thoms. f. ***major*** W. T. Wang in Acta Phytotax. Sin. 31(3): 222. 1993.
Holotype: China. Yunnan: Heqing, 1940-08-13，R. C. Ching 23638.

狭叶铁线莲 ***Clematis angustifoliola*** W. T. Wang in Guihaia 17(1): 14. 1997. **Isotype** China. Yunnan: Binchuan, 1940-12-21, T. N. Liou 17847.

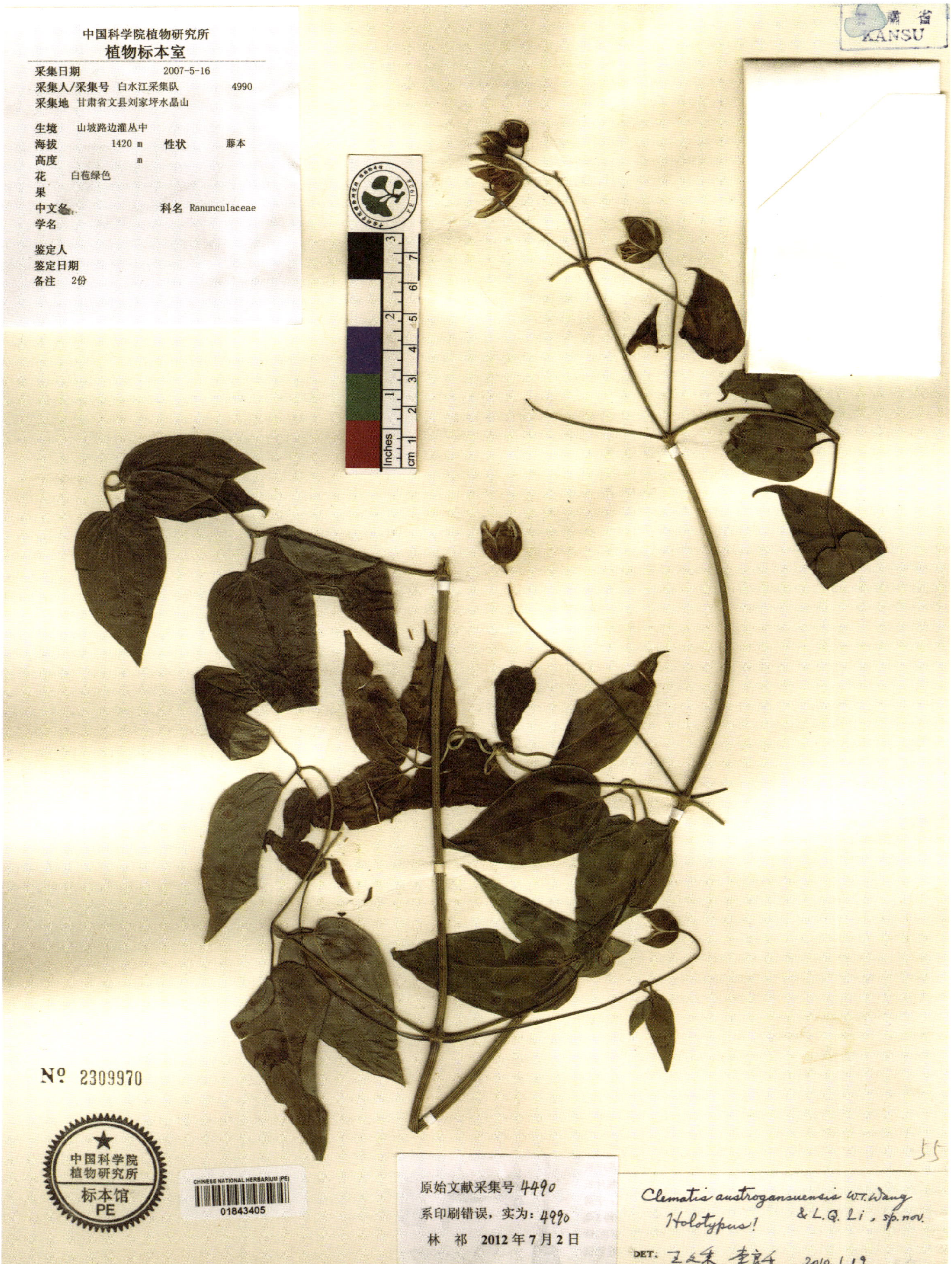

甘南铁线莲 *Clematis austrogansuensis* W. T. Wang & L. Q. Li in Guihaia 31(3): 285, f. 1. 2011. **Holotype:** China. Gansu: Wen Xian, alt. 1 420 m, 2007-05-16, Baishuijiang Exped. 4990.

短尾铁线莲 ***Clematis brachyura*** Maxim. in Bull. Acad. Imp. Sci. St.-Petersb. 22: 221. 1876. **Isotype:** Korea. Archip, 1863-04-??, R. Oldham 7.

长梗灰叶铁线莲 ***Clematis canescens*** (Turcz.) W. T. Wang & M. C. Chang subsp. ***viridis*** W. T. Wang & M. C. Chang, Fl. Reip. Pop. Sin. 28: 150, 356. 1980. **Holotype:** China. Sichuan: Barkam, alt. 2 750 m, 1957-06-11, H. Li 71434.

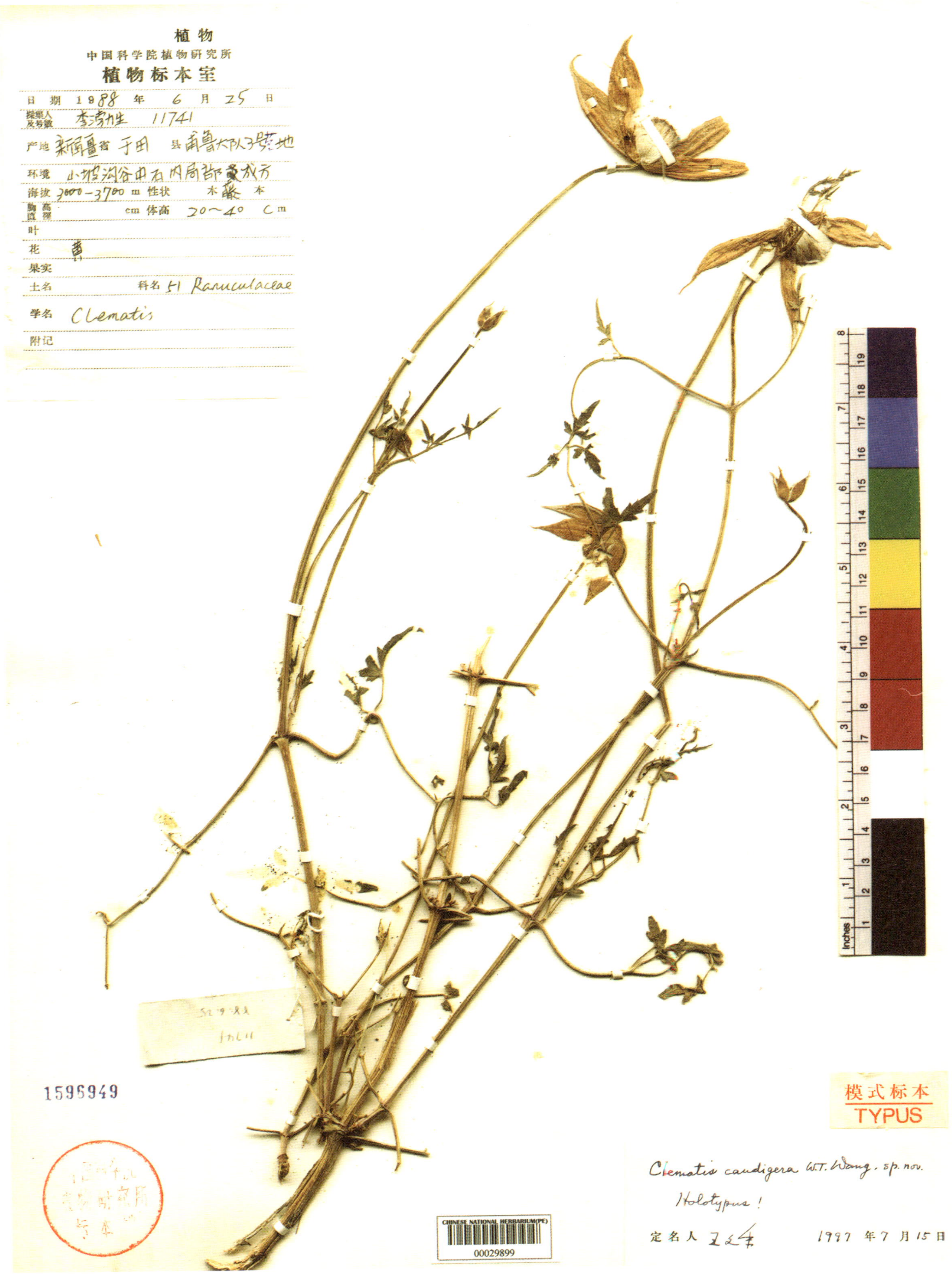

尾尖铁线莲 ***Clematis caudigera*** W. T. Wang in Acta Phytotax. Sin. 36(2): 165, f. 2: 5-6. 1998. **Holotype:** China. Xinjiang: Yutian, alt. 3 000~3 700 m, 1988-06-25, B. S. Li 11741.

巢湖铁线莲 ***Clematis chaohuensis*** W. T. Wang & L. Q. Huang in Bull. Bot. Res., Harbin 34(3): 289, f. 1. 2014. **Holotype:** China. Anhui: Chaohu, alt. 150 m, 1995-08-28, D. Q. Wang 95043.

两广铁线莲 ***Clematis chingii*** W. T. Wang in Acta Phytotax. Sin. 6(4): 383, pl. 59, f. 7. 1957. **Holotype:** China. Guangxi: Baise, alt. 976 m, 1928-09-14, R. C. Ching 7436.

邱北铁线莲 ***Clematis chiupehensis*** M. Y. Fang, Fl. Reip. Pop. Sin. 28: 97, 353, pl. 32, f. 7-8. 1980. **Holotype:** China. Yunnan: Qiubei, alt. 1 600 m, 1932-12-22, H. T. Tsai 51429.

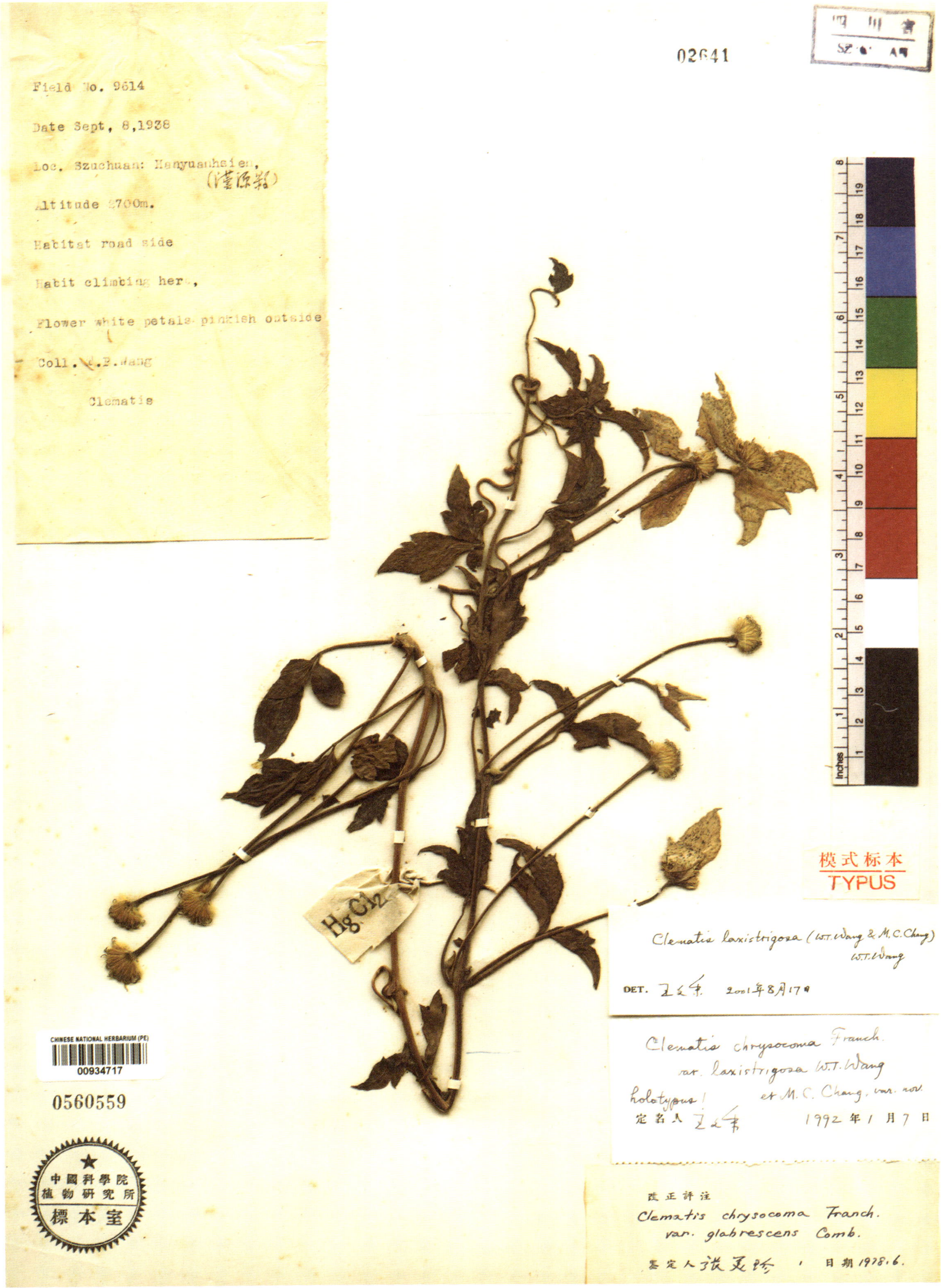

疏金毛铁线莲 ***Clematis chrysocoma*** Franch. var. ***laxistrigosa*** W. T. Wang & M. C. Chang in Acta Bot. Yunnan. 15(4): 352. 1993. **Holotype:** China. Sichuan: Hanyuan, alt. 2 700 m, 1938-09-08, T. P. Wang 9614.

川藏铁线莲 ***Clematis connata*** DC. var. ***bipinnata*** M. Y. Fang, Fl. Reip. Pop. Sin. 28: 110, 354, pl. 30, f. 1-5. 1980.
Holotype: China. Sichuan: Mianning, alt. 2 900 m, 1930-09-21, W. P. Fang 5048.

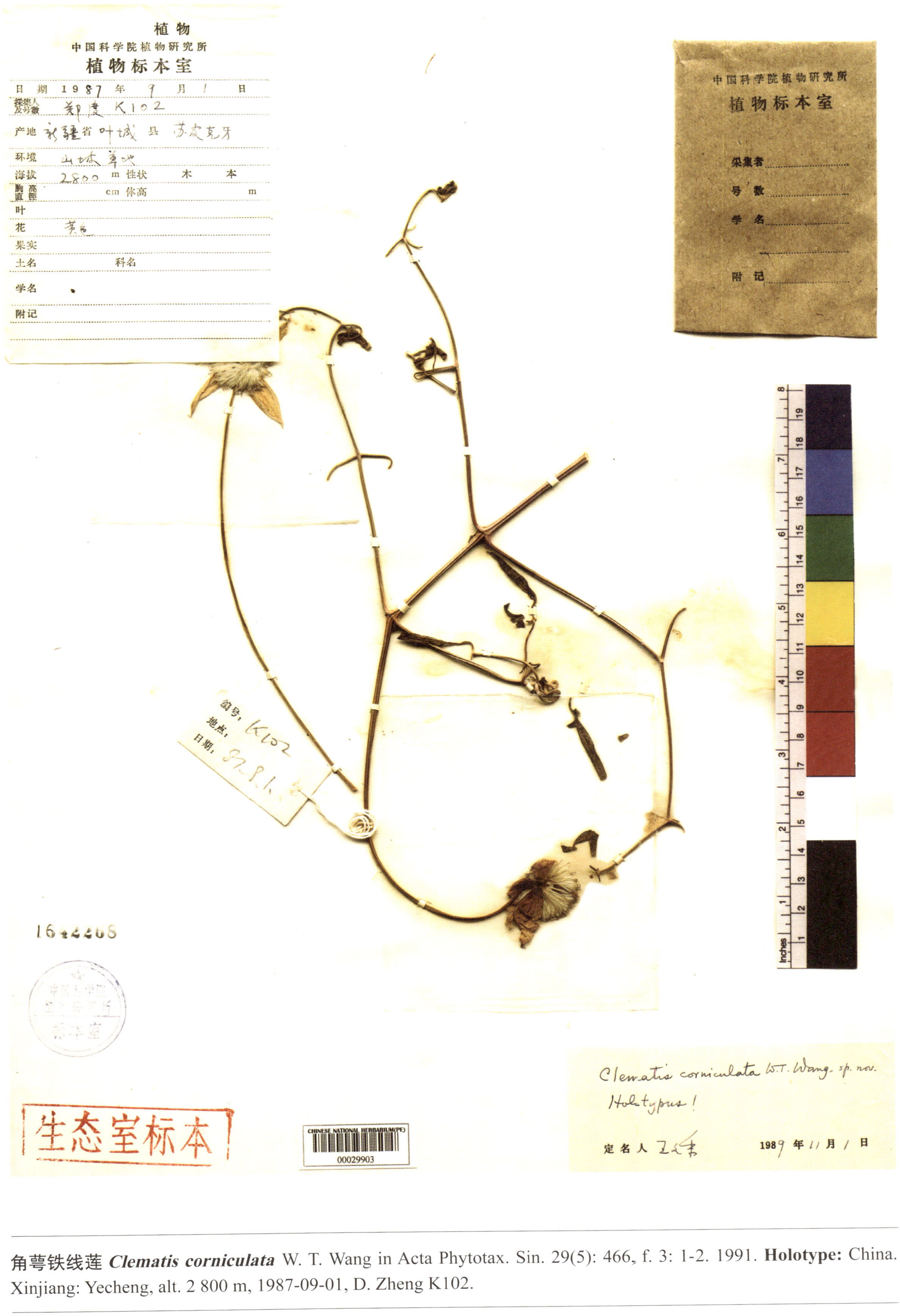

角萼铁线莲 ***Clematis corniculata*** W. T. Wang in Acta Phytotax. Sin. 29(5): 466, f. 3: 1-2. 1991. **Holotype:** China. Xinjiang: Yecheng, alt. 2 800 m, 1987-09-01, D. Zheng K102.

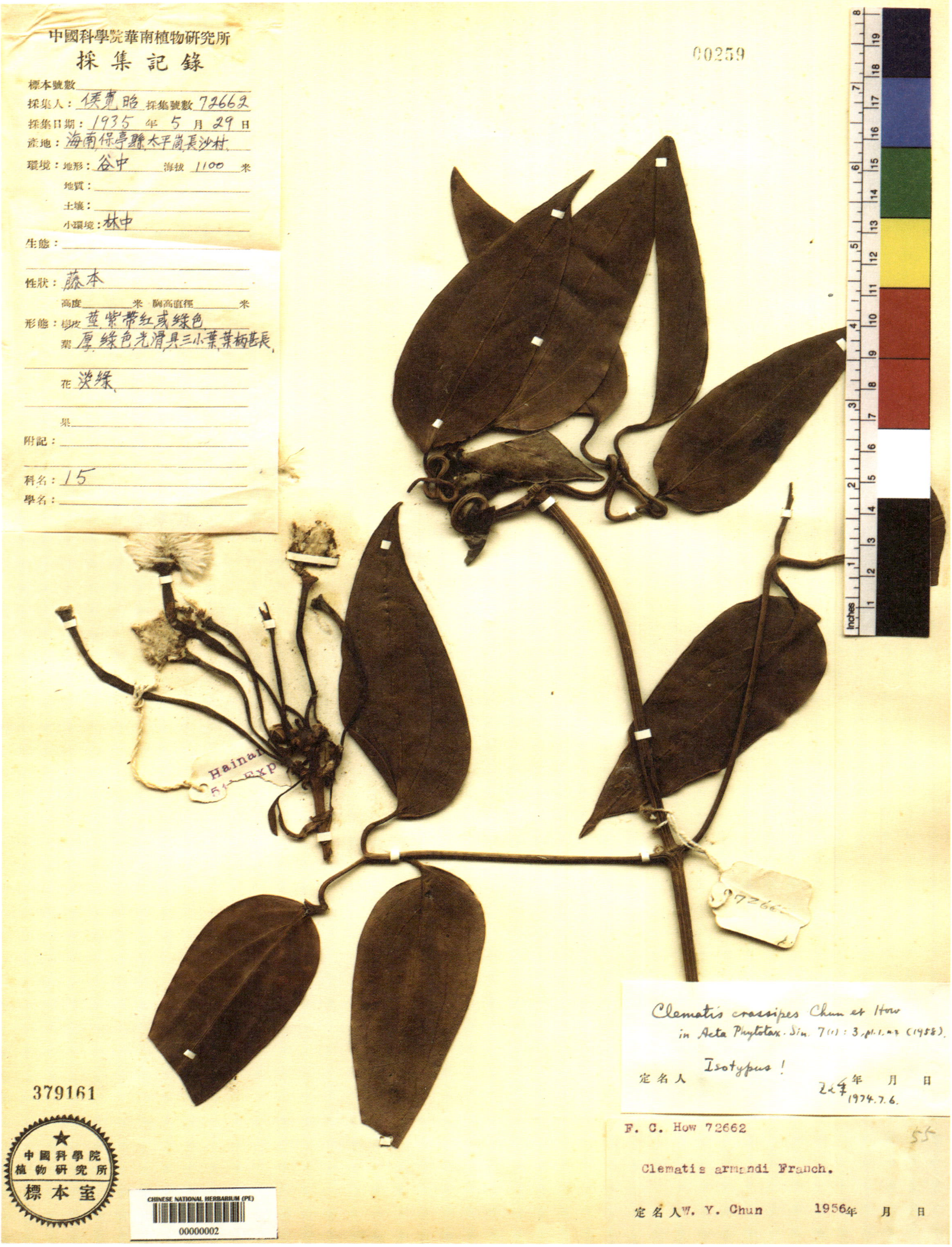

粗柄铁线莲 *Clematis crassipes* Chun & How in Acta Phytotax. Sin. 7(1): 3, pl. 1, f. 2. 1958. **Isotype:** China. Hainan: Baoting, alt. 1 100 m, 1935-05-29, F. C. How 72662.

毛花铁线莲 ***Clematis dasyandra*** Maxim. in Acta Horti Petrop. 11(1): 7. 1890. **Isotype:** China. Gansu: Wen Xian, 1885-07-11, G. N. Potanin s. n.

迭部铁线莲 ***Clematis diebuensis*** W. T. Wang in Pl. Divers. Resourc. 35(1): 1, f. 1. 2015. **Holotype:** China. Gansu: Diebu, alt. 2 500 m, 1999-06-02, Bailongjiang Exped. 1691.

定军山铁线莲 ***Clematis dingjunshanica*** W. T. Wang in Acta Phytotax. Sin. 41(2): 99. 2003. **Isotype:** China. Shaanxi: Mian Xian, Dingjunshan, 1942-10-05, K. T. Fu 3944.

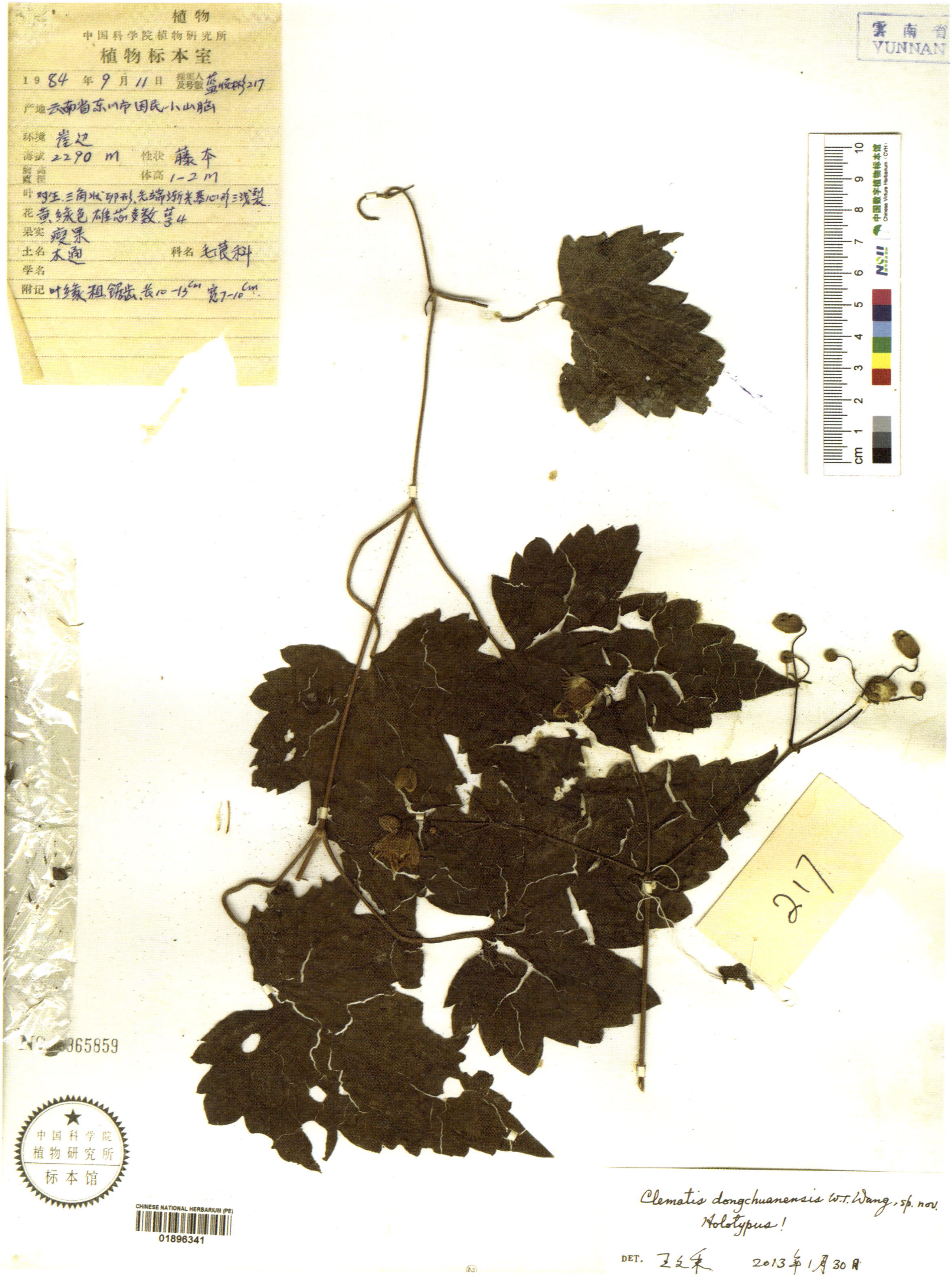

东川铁线莲 ***Clematis dongchuanensis*** W. T. Wang in Guihaia 34(3): 287, f. 1. 2014. **Holotype:** China. Yunnan: Dongchuan, alt. 2 290 m, 1984-09-11, S. B. Lan 217.

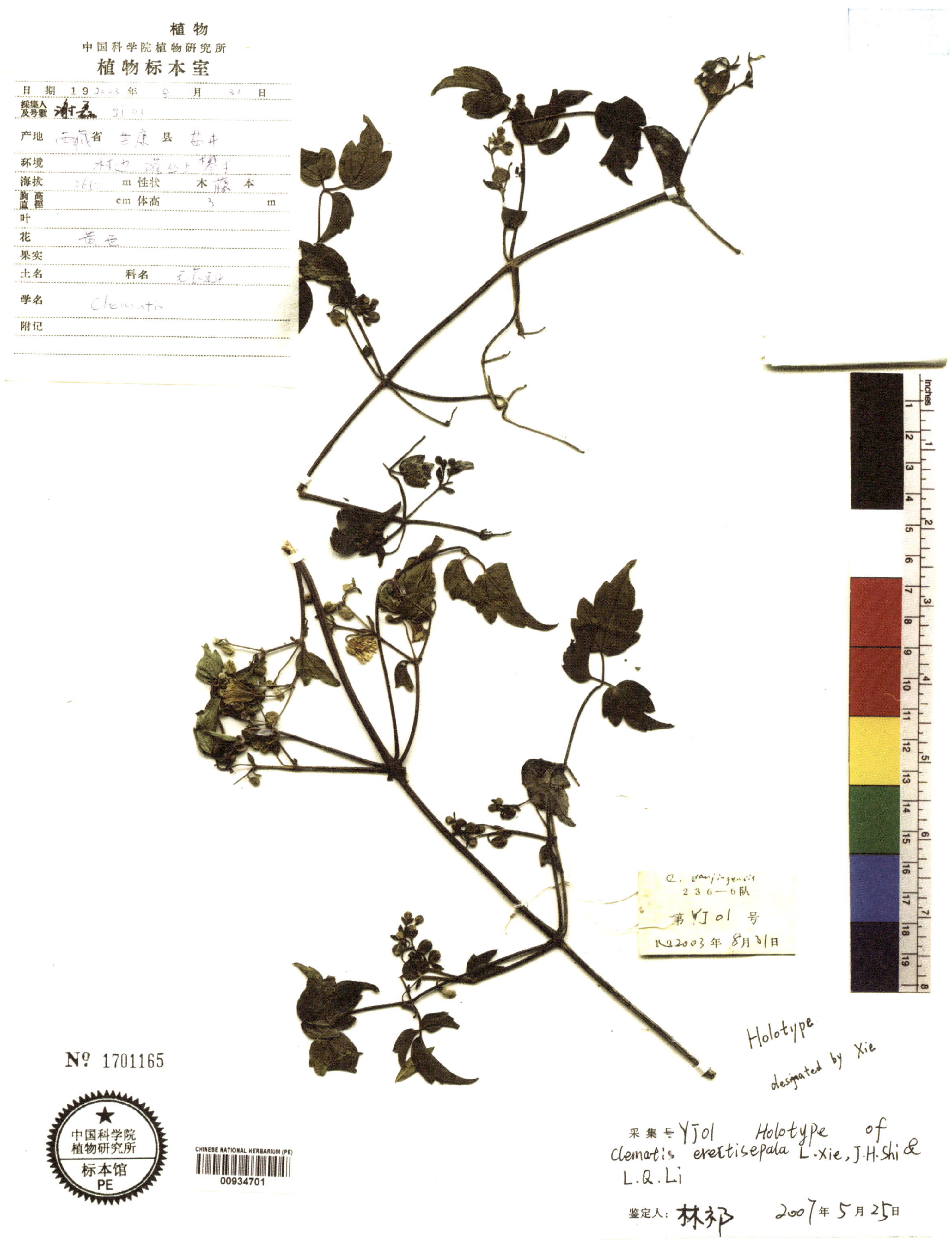

直瓣铁线莲 ***Clematis erectisepala*** L. Xie, J. H. Shi & L. Q. Li in Novon 15: 650, f. 1. 2005. **Holotype:** China. Xizang: Markam, alt. 2 650 m, 2003-08-31, L. Xie YJ01.

国楣铁线莲 ***Clematis fengii*** W. T. Wang in Acta Phytotax. Sin. 38(5): 418, f. 3: 4-7. 2000. **Holotype:** China. Yunnan: Xichou, alt. 1 500~1 600 m, 1947-09-21, K. M. Feng 12016.

乌足叶铁线莲 ***Clematis finetii*** Lévl. & Vant. var. ***pedata*** W. T. Wang in Acta Bot. Yunnan 8(3): 269. 1986. **Holotype:** China. Hunan: Zhangjiajie, alt. 600 m, 1984-09-16, W Hunan Exped. 1256.

黄绒铁线莲 ***Clematis flavidonitida*** W. T. Wang in Pl. Divers. Resourc. 36(2): 161, f. 1. 2014. **Holotype:** Mexico. Morelia, alt. 2 100 m, 1981-10-23, David H. Lorence 3769.

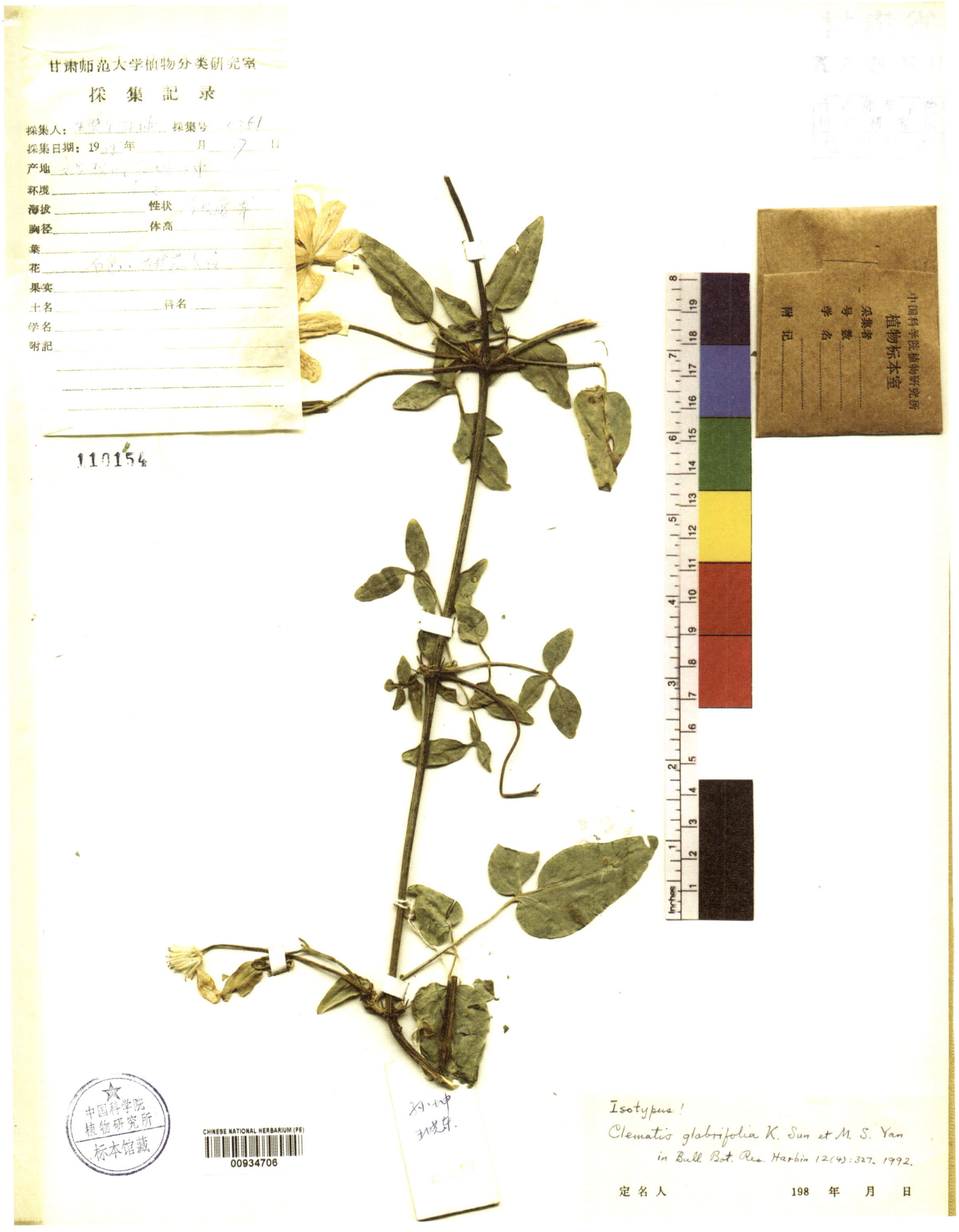

光叶铁线莲 ***Clematis glabrifolia*** K. Sun & M. S. Yan in Bull. Bot. Res., Harbin 12(4): 327, pl. 3: 1-6. 1992. **Isotype:** China. Gansu: Wen Xian, alt. 800 m, 1988-03-27, X. D. Wang & K. Sun 251.

毛果薄叶铁线莲 ***Clematis gracilifolia*** Rehd. & Wils. var. ***lasiocarpa*** W. T. Wang in Acta Phytotax. Sin. 38(6): 501. 2000. **Holotype:** China. Xizang: Lhünzë, alt. 3 500 m, 1975-07-03, Qinghai-Xizang Exped. 750446.

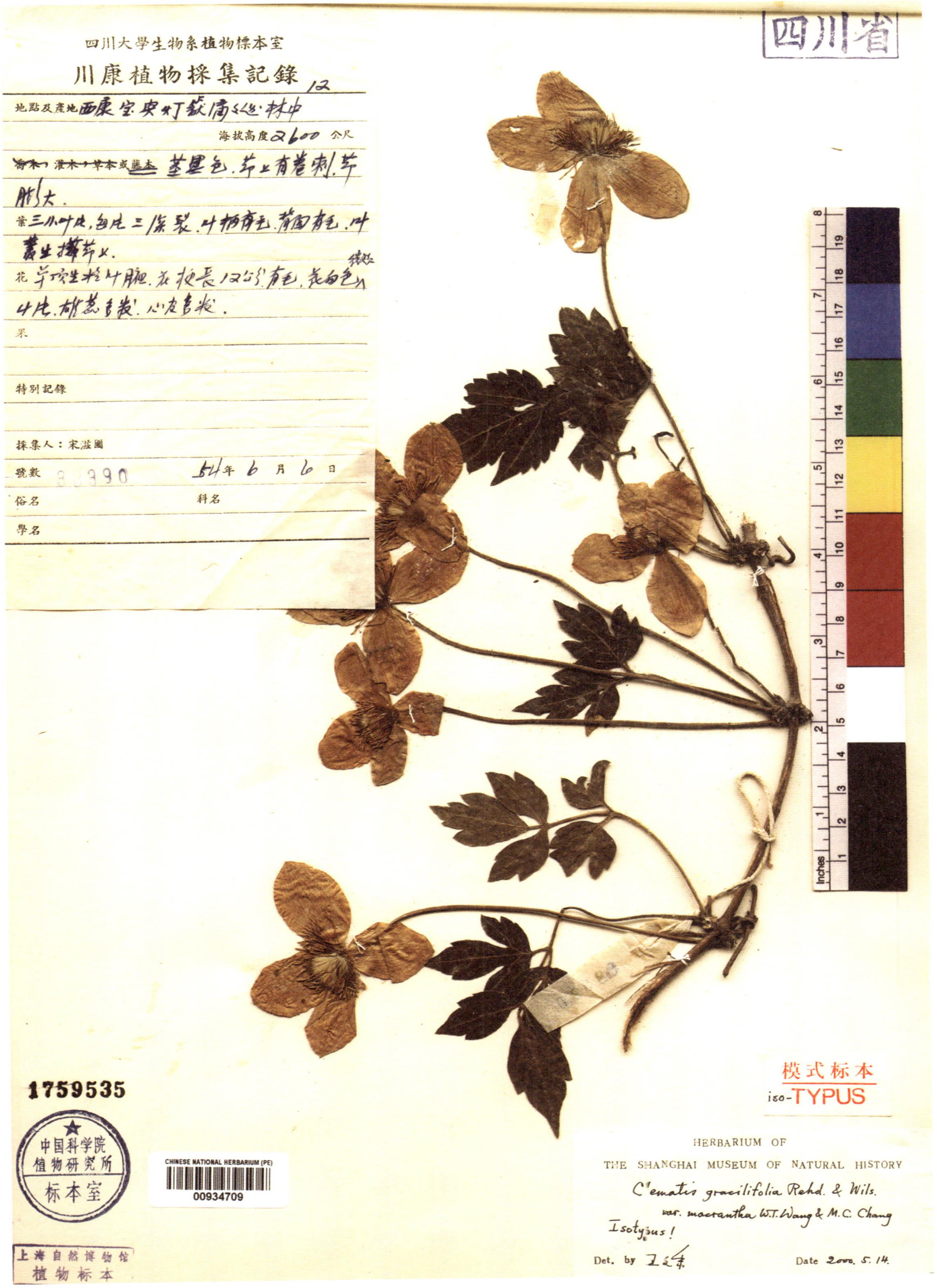

大花薄叶铁线莲 *Clematis gracilifolia* Rehd. & Wils. var. ***macrantha*** W. T. Wang & M. C. Chang, Fl. Reip. Pop. Sin. 28: 224, 359. 1980. **Isotype:** China. Sichuan: Baoxing, alt. 2 600 m, 1954-06-06, T. P. Soong 38390.

中间秀丽铁线莲 ***Clematis grata*** Wall. var. ***intercedens*** Hand.-Mazz. in Pl. Asiat. Rar. 1: 93, pl. 98. 1830. **Isotype:** China. Sichuan: Kangding, alt. 2 600 m, 1934-10-29, H. Smith 13025.

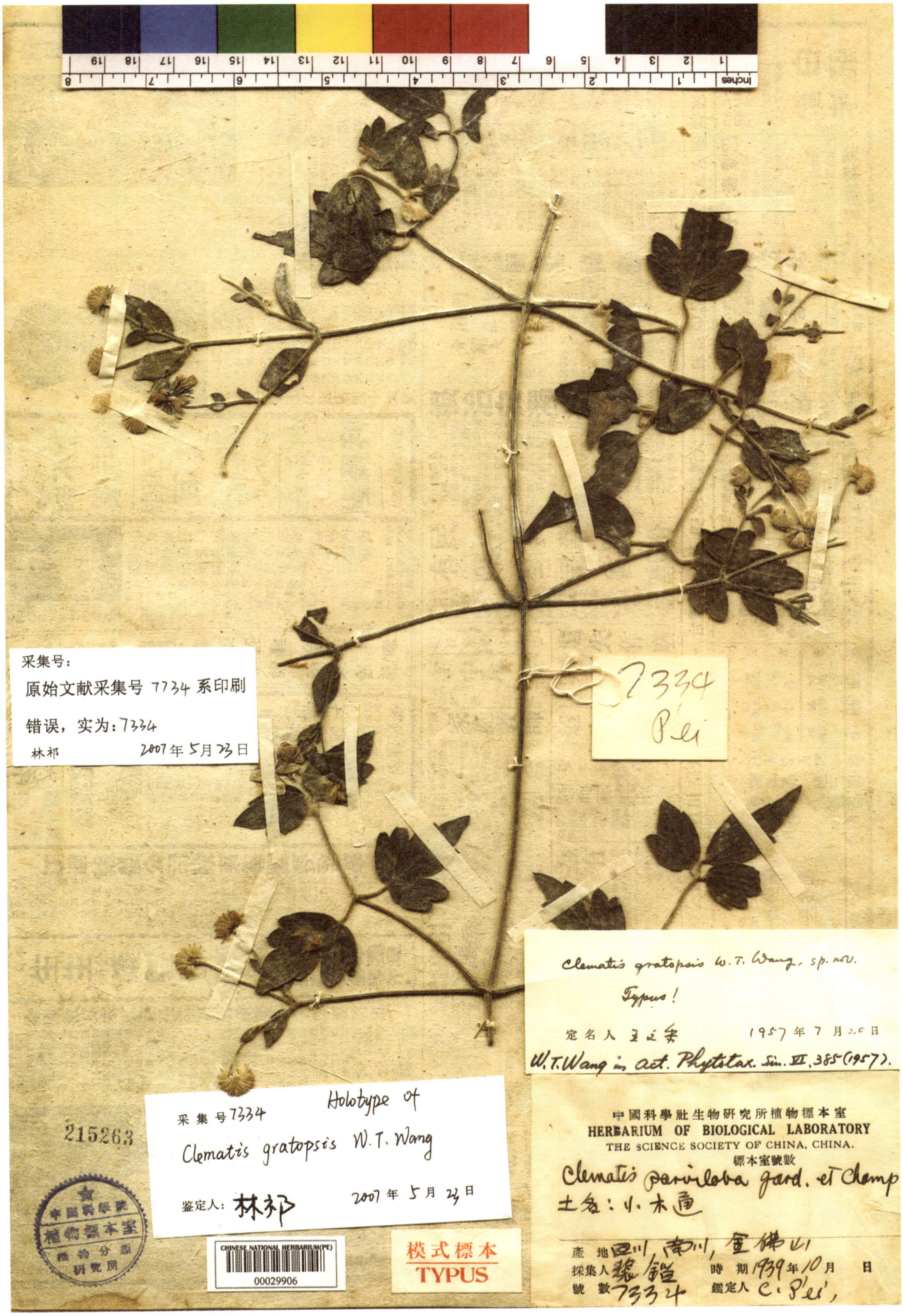

金佛铁线莲 ***Clematis gratopsis*** W. T. Wang in Acta Phytotax. Sin. 6(4): 385, pl. 59, f. 8. 1957. **Holotype:** China. Chongqing: Nanchuan, 1939-10-??, C. Pei 7334.

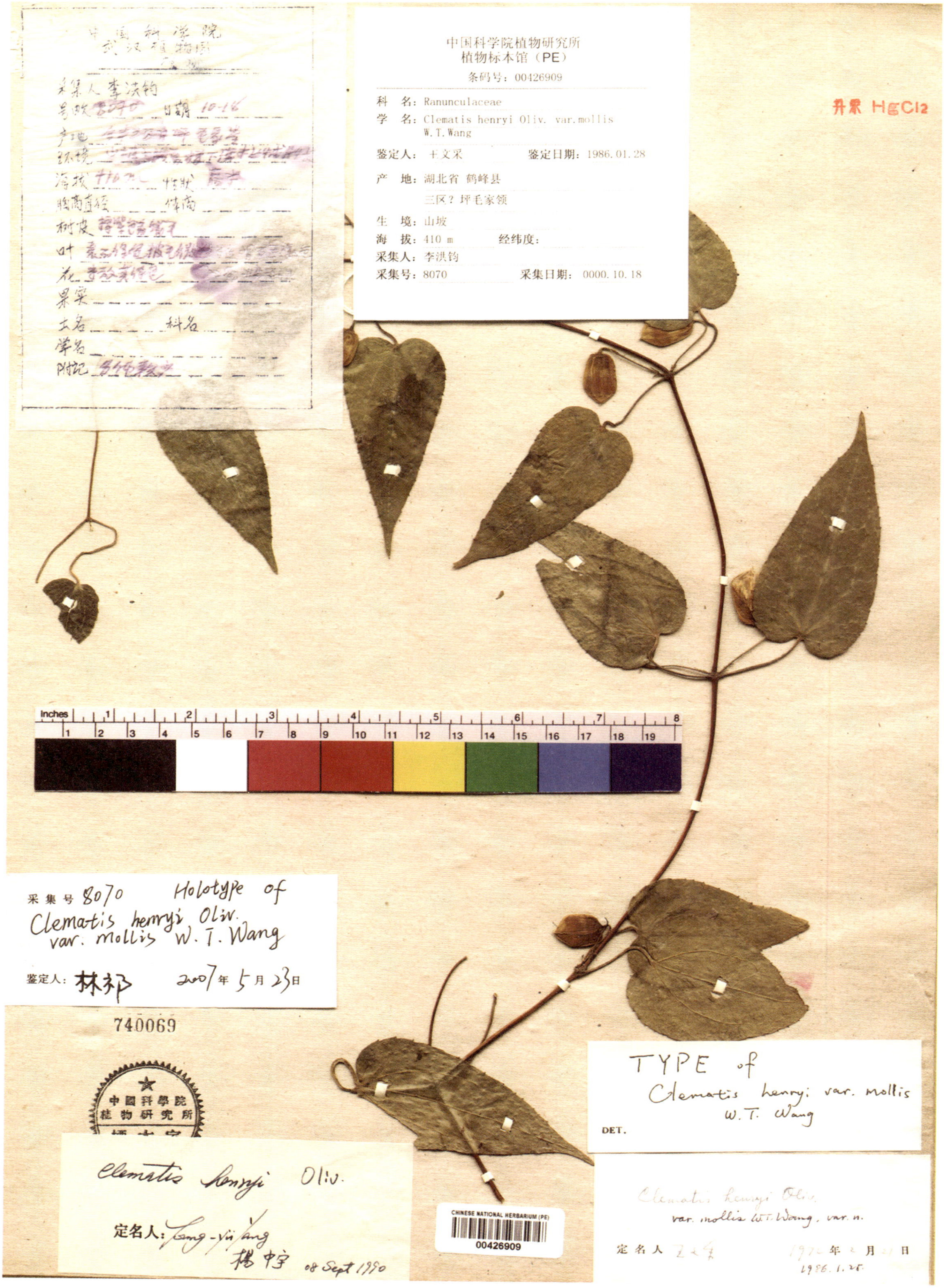

毛单叶铁线莲 ***Clematis henryi*** Oliv. var. ***mollis*** W. T. Wang in Bull. Bot. Res., Harbin 7(2): 99. 1987. **Holotype:** China. Hubei: Hefeng, alt. 410 m, ????-10-18, H. J. Li 8070.

陕南单叶铁线莲 ***Clematis henryi*** Oliv. var. ***ternata*** M. Y. Fang, Fl. Reip. Pop. Sin. 28: 97, 353. 1980. **Holotype:** China. Shaanxi: Chenggu, alt. 1 500 m, 1939-11-16, T. N. Liou 11315.

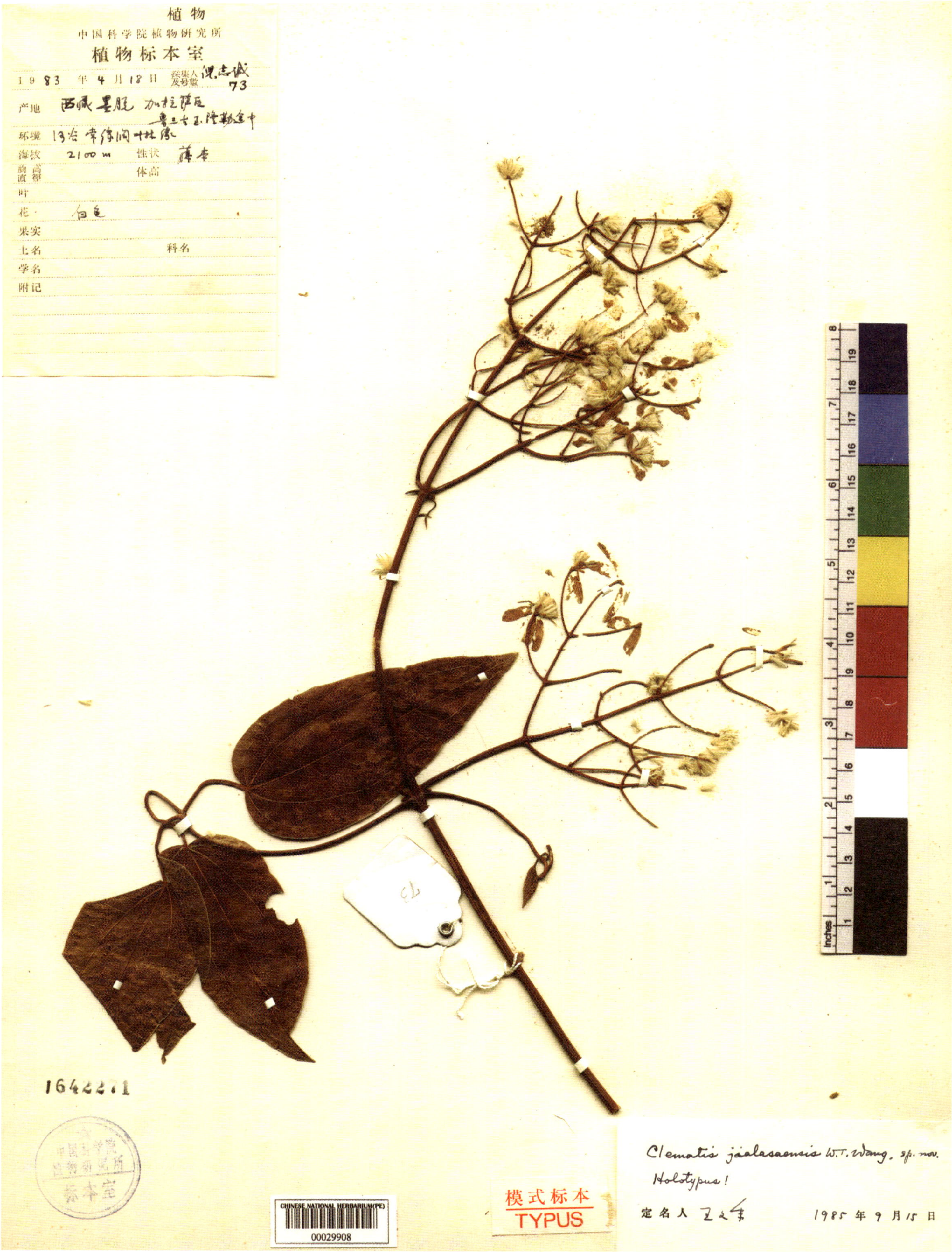

加拉萨铁线莲 ***Clematis jialasaensis*** W. T. Wang in Acta Bot. Yunnan. 8(3): 268, f. 3: 1-2. 1986. **Holotype:** China. Xizang: Mêdog, alt. 2 100 m, 1983-04-18, Z. C. Ni 73.

吉隆铁线莲 ***Clematis kilungensis*** W. T. Wang & M. Y. Fang, Fl. Reip. Pop. Sin. 28: 128, 355. 1980. **Holotype:** China. Xizang: Gyirong, alt. 3 700 m, 1972-06-17, Xizang Med. Pl. Exped. 332.

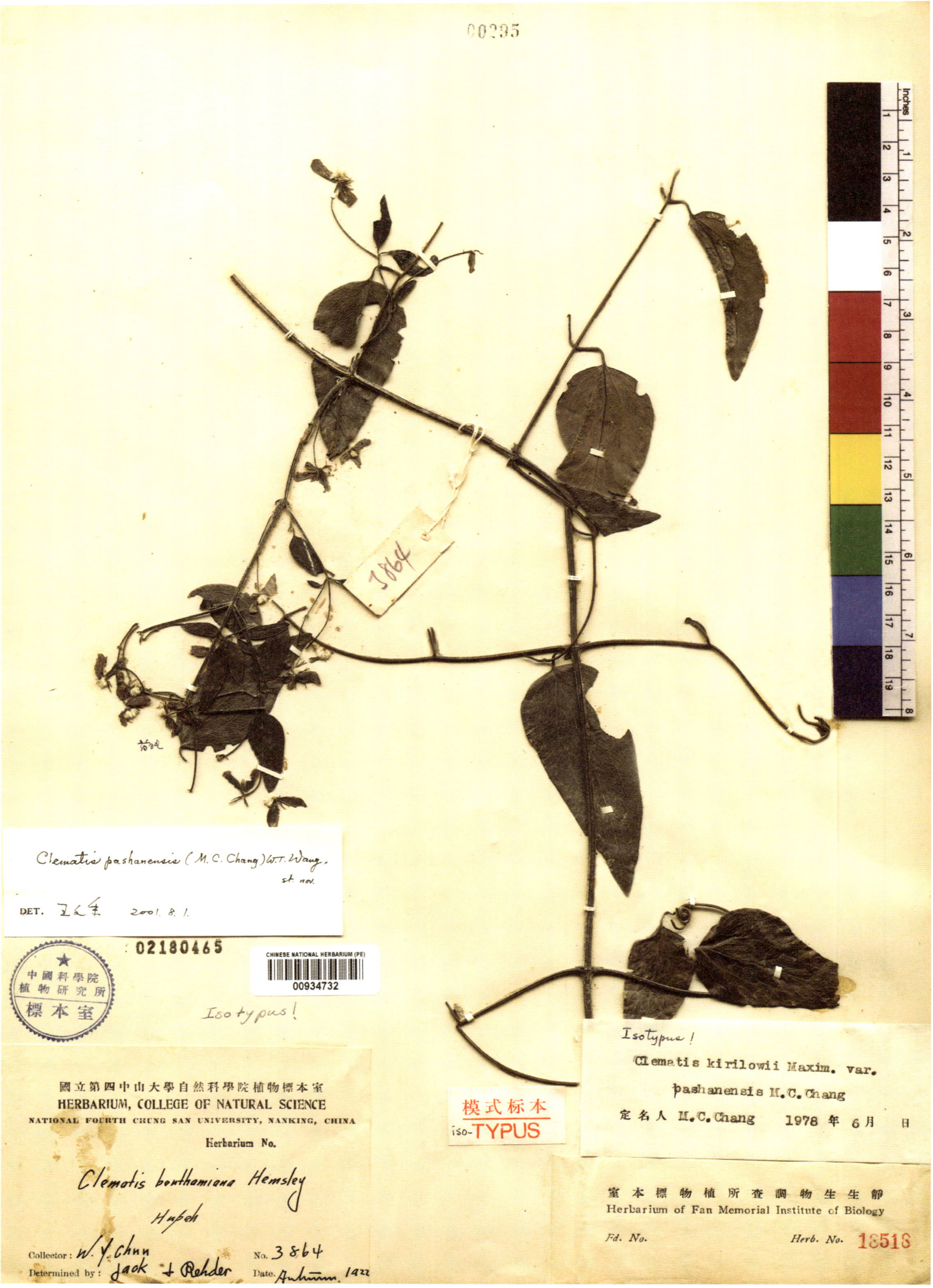

巴山铁线莲 ***Clematis kirilowii*** Maxim. var. ***pashanensis*** M. C. Chang, Fl. Reip. Pop. Sin. 28: 159, 356. 1980. **Isotype:** China. Hubei: Precise locality not known, 1922-08-??, W. Y. Chun 3864.

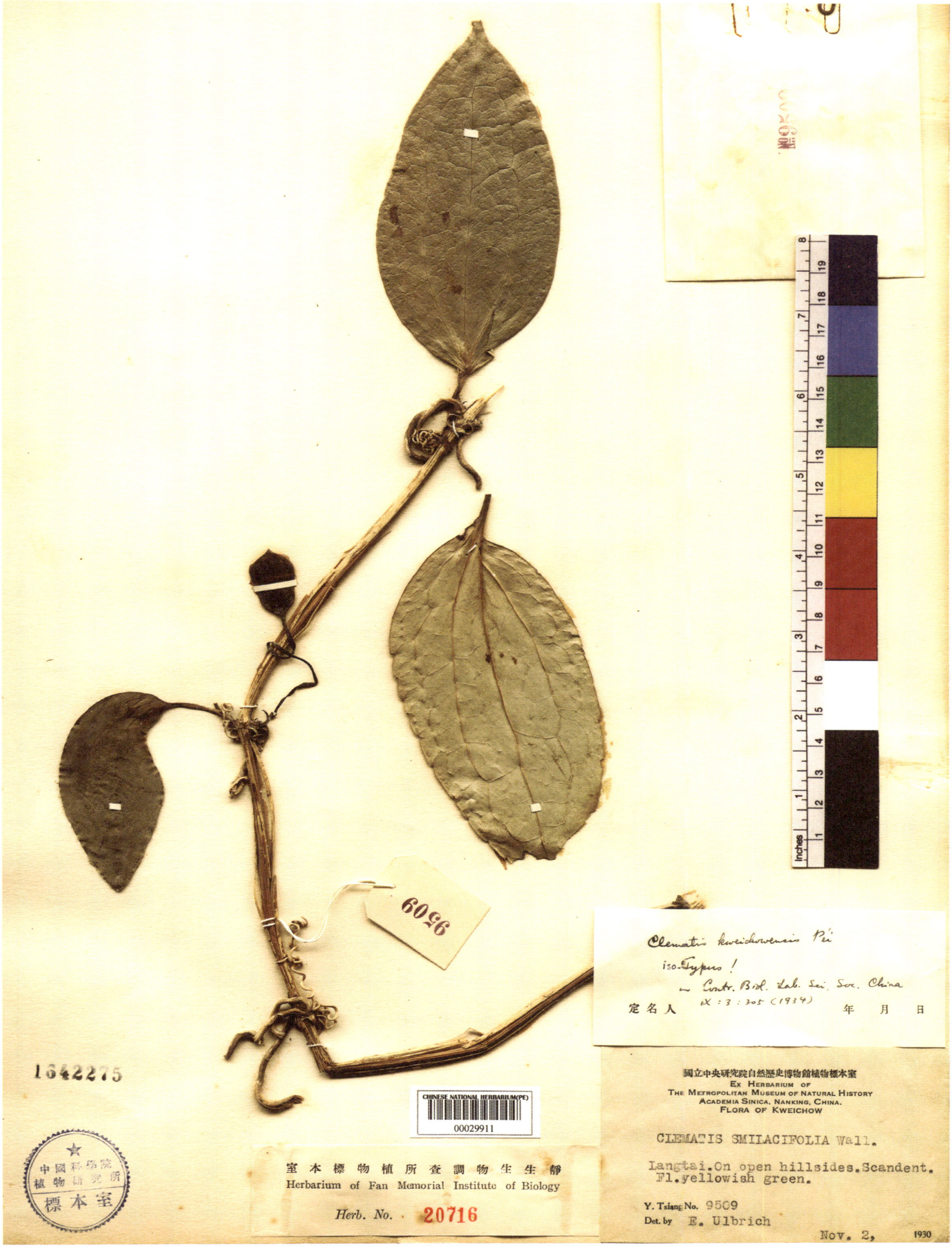

贵州铁线莲 ***Clematis kweichowensis*** C. P'ei in Contr. Biol. Lab. Sci. Soc. China, Bot. Ser. 9: 305, f. 29. 1934. **Isotype:** China. Guizhou: Langtai (= Langdai), 1930-11-02, Y. Tsiang 9509.

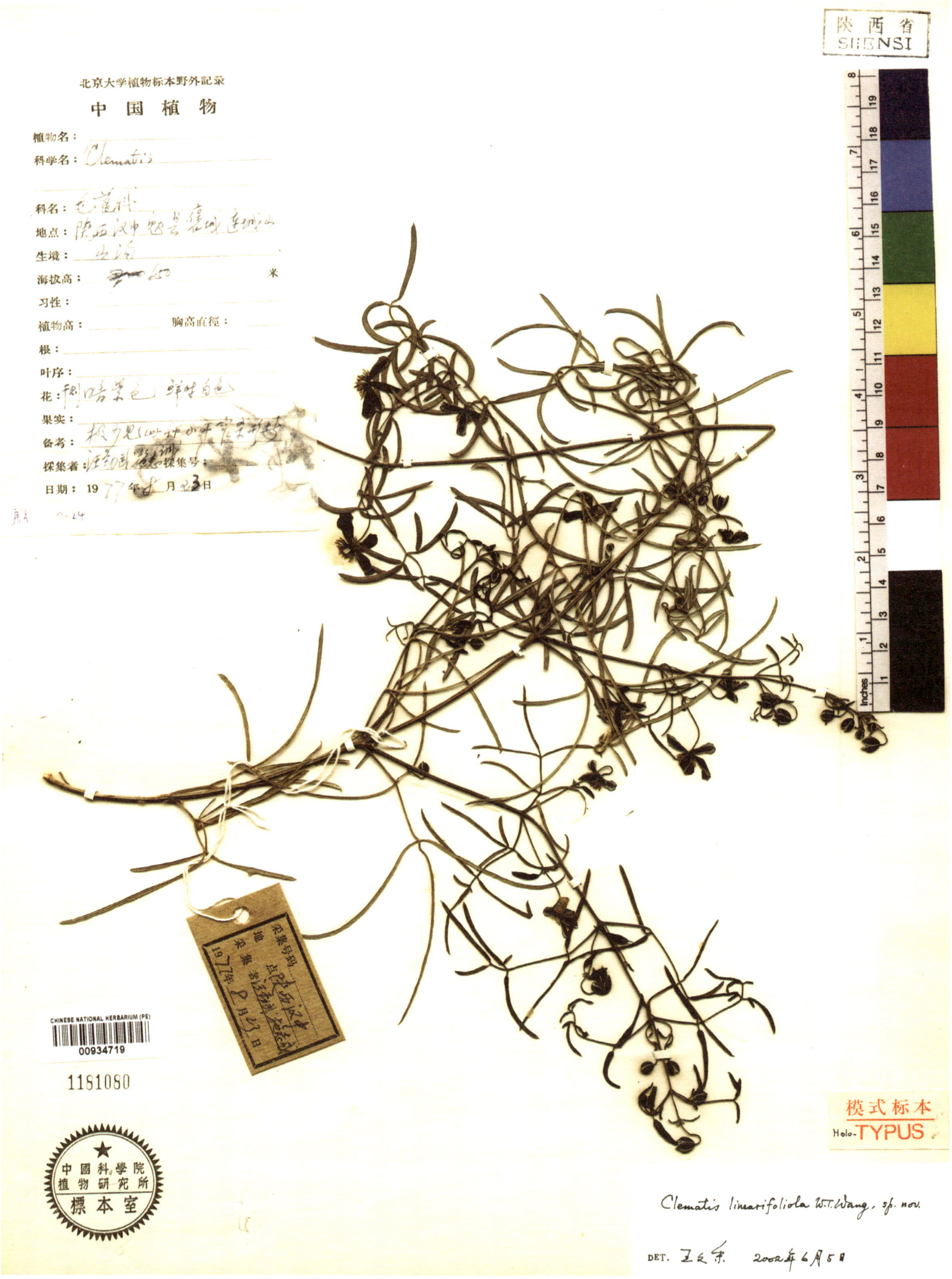

条形铁线莲 ***Clematis linearifoliola*** W. T. Wang in Acta Phytotax. Sin. 41(2): 148. 2003. **Holotype:** China. Shaanxi: Mian Xian, alt. 650 m, 1977-08-23, J. W. Wang & Z. C. Shi s. n.

凌云铁线莲 ***Clematis lingyunensis*** W. T. Wang in Acta Bot. Yunnan. 8(3): 266, f. 3: 3-4. 1986. **Holotype:** China. Guangxi: Lingyun, 1959-04-16, C. Wang 43033.

柳州铁线莲 ***Clematis liuzhouensis*** Y. G. Wei & C. R. Lin in Novon 19(3): 194, f. 1. 2009. **Isotype:** China. Guangxi: Liuzhou, alt. 200 m, 2006-06-17, Y. G. Wei 06220.

盾叶铁线莲 ***Clematis loureiriana*** DC. var. ***peltata*** W. T. Wang in Acta Phytotax. Sin. 6(2): 220, pl. 50: 20. 1957.
Holotype: China. Yunnan: Pingbian, alt. 1 350 m, 1956-06-24, Sino-Russia Yunnan Exped. 4019.

泸水铁线莲 *Clematis lushuiensis* W. T. Wang in Acta Bot. Yunnan. 30(5): 521, f. 1: F-H. 2008. **Isotype:** China. Yunnan: Lushui, alt. 2 450 m, 2005-08-22, Gaoligong Shan Biodiversity Survey 27957.

马关铁线莲 ***Clematis maguanensis*** W. T. Wang in Pl. Divers. Resourc. 37(2): 139, f. 1. 2015. **Holotype:** China. Yunnan: Maguan, alt. 1 600 m, 2003-06-20, Y. M. Shui & al. 32178.

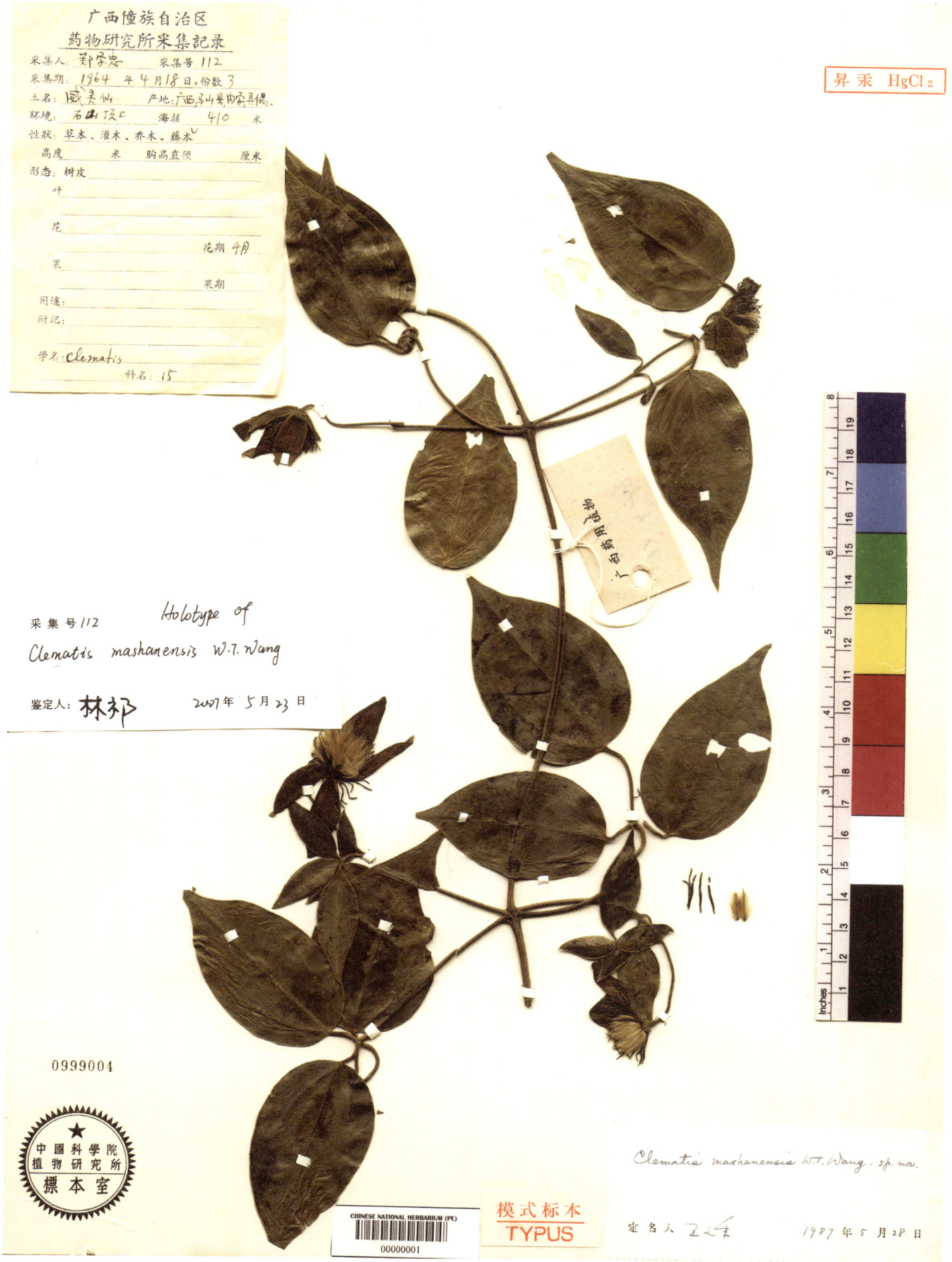

马山铁线莲 ***Clematis mashanensis*** W. T. Wang in Bull. Bot. Res., Harbin 9(2): 7, f. 3: 1-3. 1989. **Holotype:** China. Guangxi: Mashan, alt. 410 m, 1964-04-18, X. Z. Zheng 112.

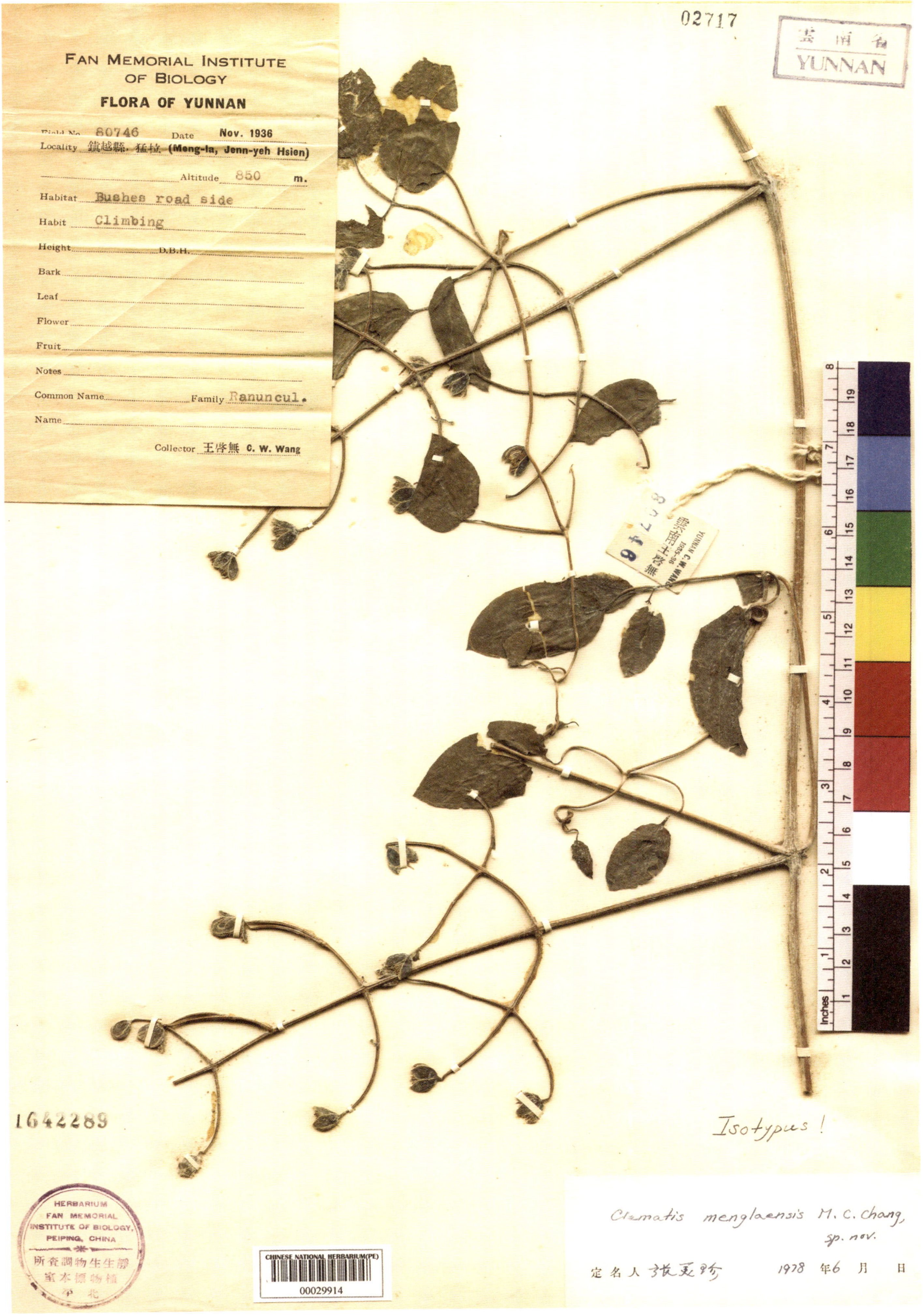

勐腊铁线莲 ***Clematis menglaensis*** M. C. Chang, Fl. Reip. Pop. Sin. 28: 235, 360, pl. 79. 1980. **Isotype:** China. Yunnan: Mengla, alt. 850 m, 1936-11-??, C. W. Wang 80746.

墨脱铁线莲 ***Clematis metouensis*** M. Y. Fang, Fl. Reip. Pop. Sin. 28: 230, 359, pl. 80: 4-7. 1980. **Holotype:** China. Xizang: Mêdog, alt. 860 m, 1974-08-19, Qinghai-Xizang Exped. 74-4341.

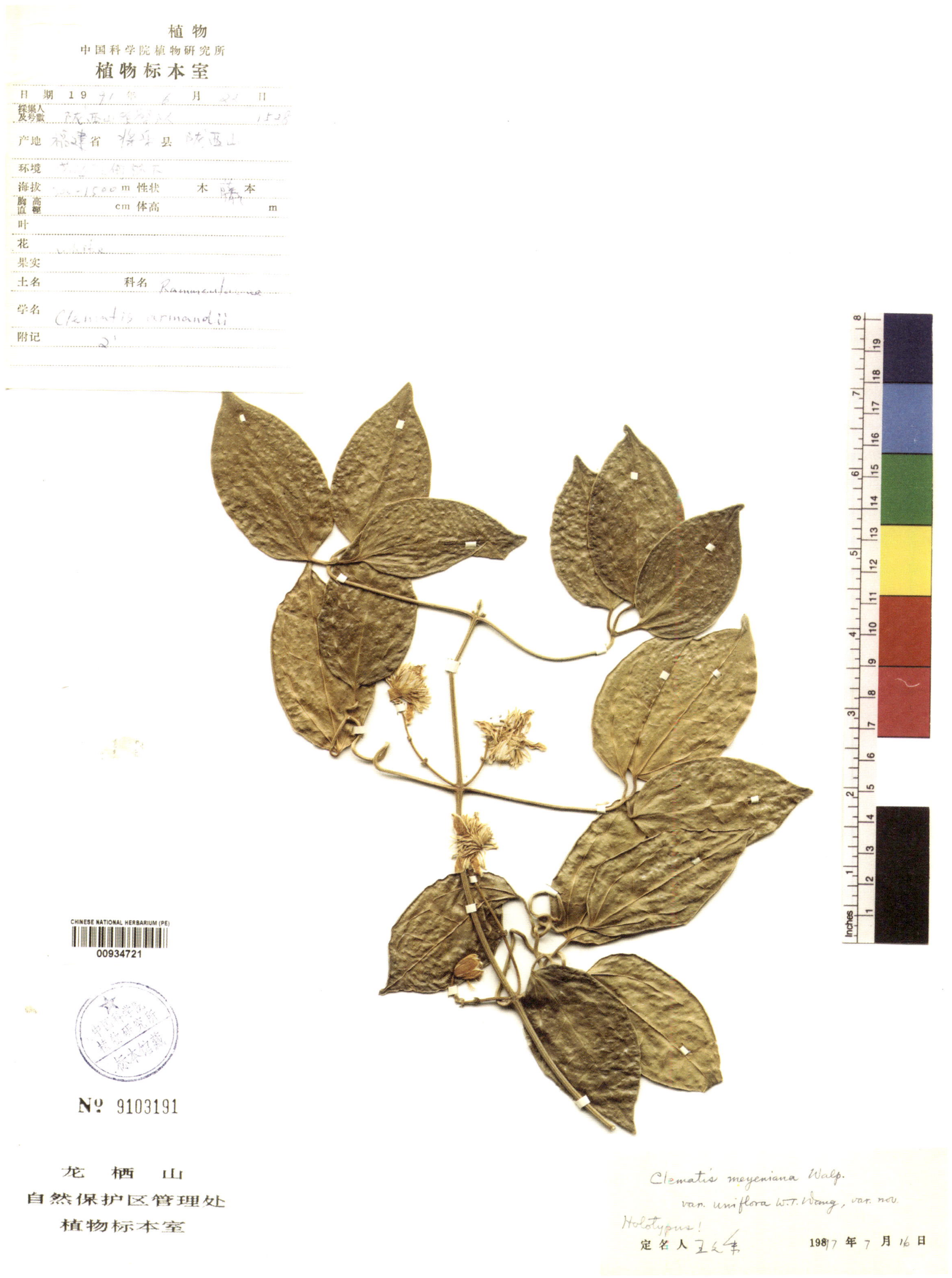

单花毛柱铁线莲 ***Clematis meyeniana*** Valp. var. ***uniflora*** W. T. Wang in Acta Phytotax. Sin. 36(2): 158. 1998. **Holotype:** China. Fujian: Jiangle, alt. 1 300~1 500 m, 1991-06-22, Longxishan Exped. 1528.

长梗绣球藤 ***Clematis montana*** Buch.-Ham. ex DC. var. ***longipes*** W. T. Wang in Acta Phytotax. Sin. 38(4): 306. 2000.

Holotype: China. Sichuan: Emei, Emeishan, 1957-06-11, G. H. Yang 55295.

薄叶铁线莲 ***Clematis montana*** Buch.-Ham. ex DC. var. ***pentaphylla*** Maxim. in Acta Horti Petrop. 11(1): 10. 1890.
Lectotype (designated here): China. Gansu: Precise locality not known, 1885-06-17. G. N. Potanin s. n.

多叶铁线莲 ***Clematis nannophylla*** Maxim. var. ***foliosa*** Maxim. in Acta Horti Petrop. 11(1): 5. 1890. **Isotype:** China. Gansu: Zhouqu, 1885-09-18, G. N. Potanin s. n.

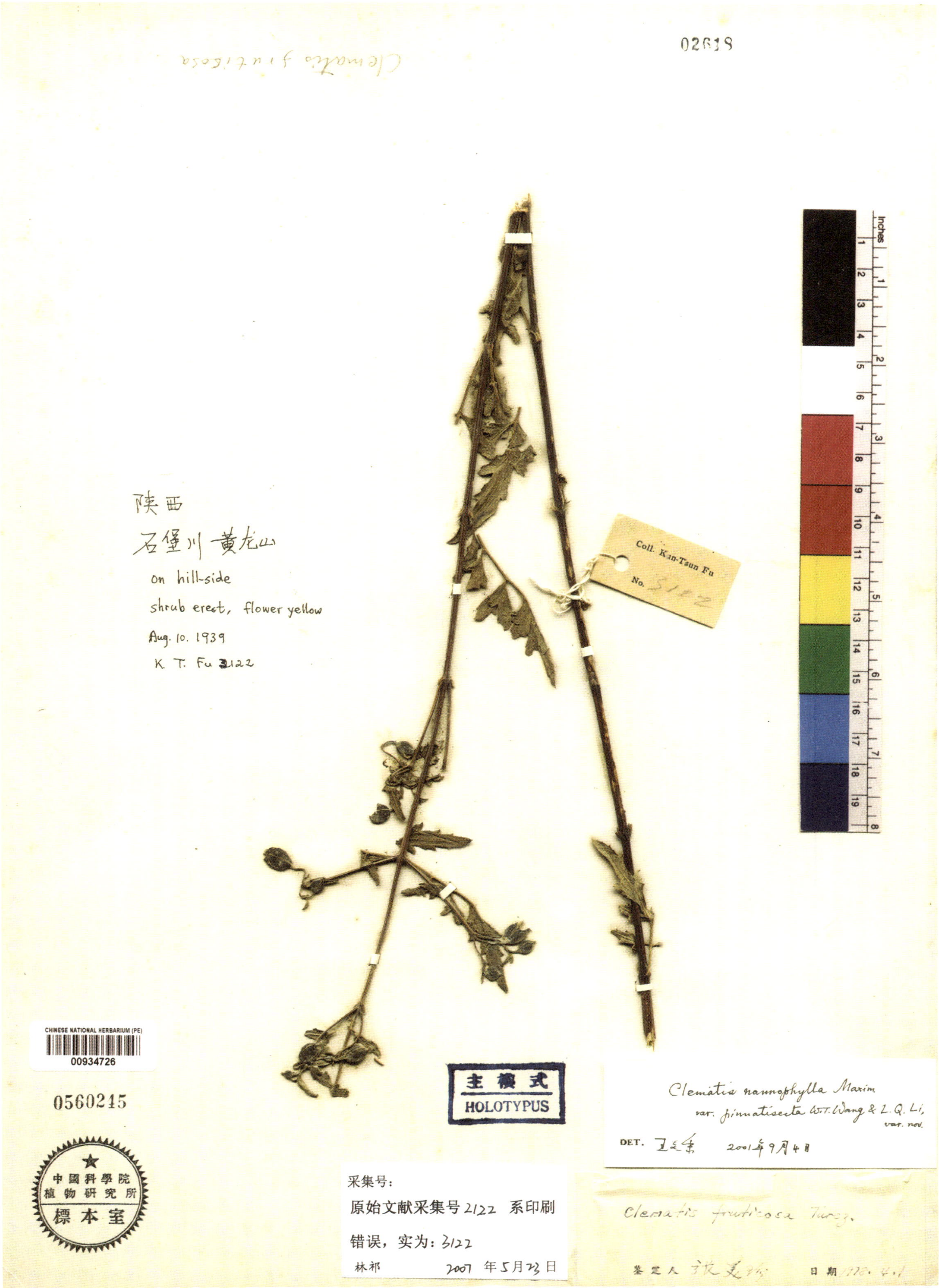

长小叶铁线莲 ***Clematis nannophylla*** Maxim. var. ***pinnatisecta*** W. T. Wang & L. Q. Li. Fl. China 6: 363. 2001. **Holotype:** China. Shaanxi: Huanglong, Huanglongshan, 1939-08-10, K. T. Fu 3122.

那坡铁线莲 ***Clematis napoensis*** W. T. Wang in Acta Phytotax. Sin. 37(3): 217, f. 2: 1-4. 1999. **Holotype:** China. Guangxi: Napo, 1998-04-12, H. N. Qin & al. 442.

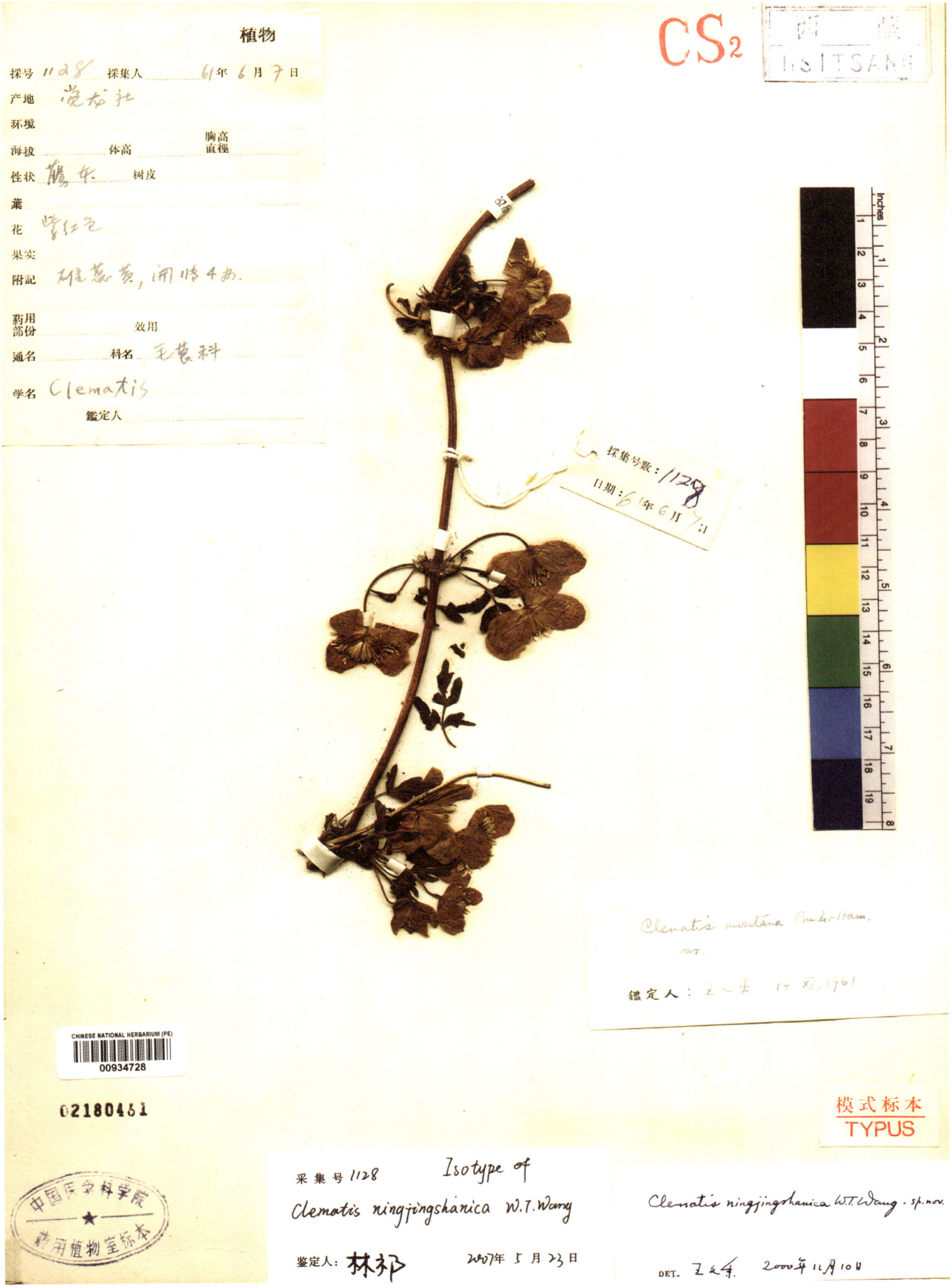

宁静山铁线莲 ***Clematis ningjingshanica*** W. T. Wang in Acta Phytotax. Sin. 39(4): 310. f. 1: 4-6. 2001. **Isotype:** China. Xizang: Ningjingshan, 1961-06-07, P. K. Hsiao & al. 1128.

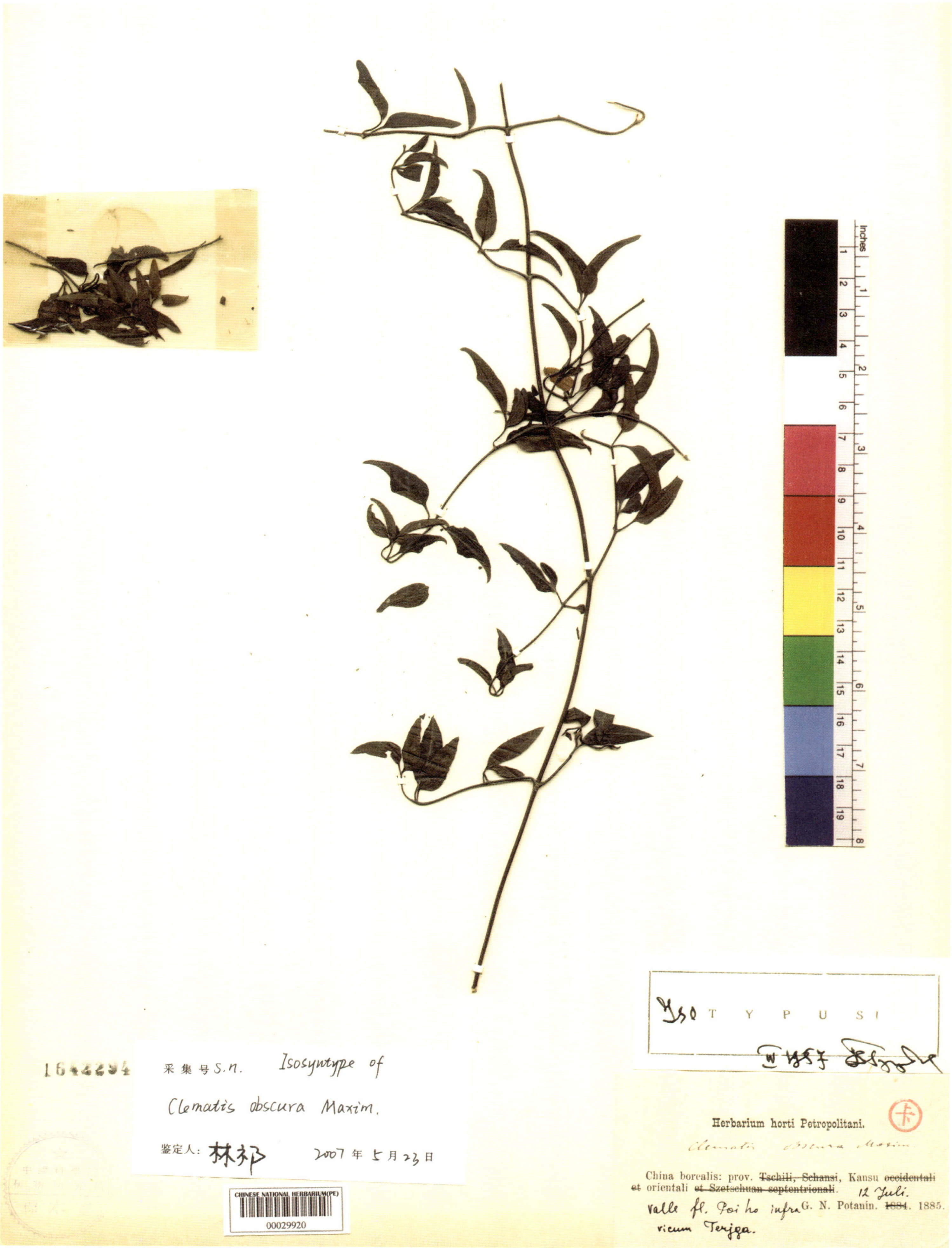

秦岭铁线莲 ***Clematis obscura*** Maxim. in Acta Horti Petrop. 11(1): 6. 1890. **Lectotype** (designated here): China. Gansu: Zhouqu, 1885-07-12, G. N. Potanin s. n.

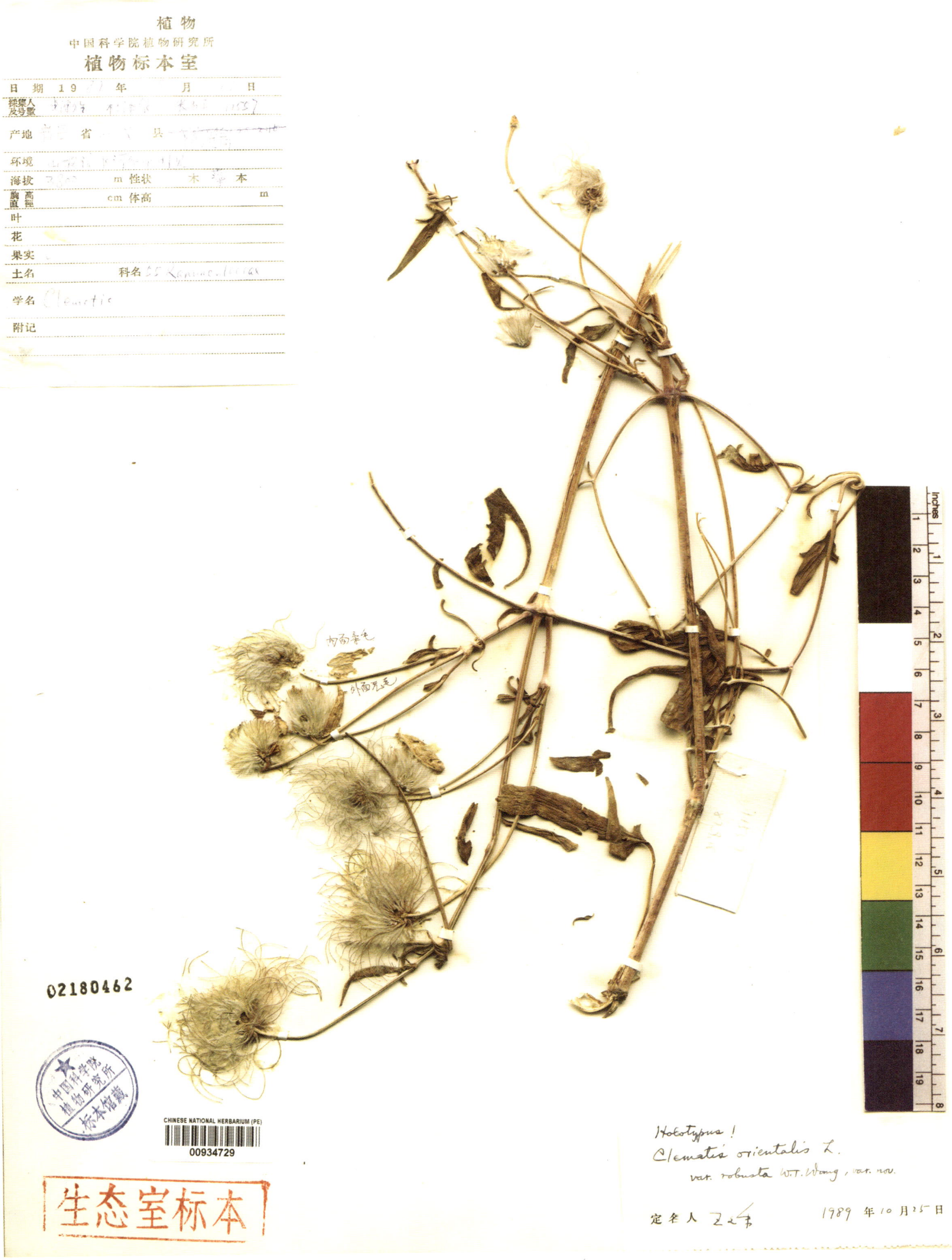

粗梗东方铁线莲 ***Clematis orientalis*** L. var. ***robusta*** W. T. Wang in Acta Phytotax. Sin. 29(5): 466. 1991. **Holotype:** China. Xinjiang: Yecheng, alt. 3 800 m, 1987-09-15, B. S. Li, Z. Q. Du & B. P. Zhang 11557.

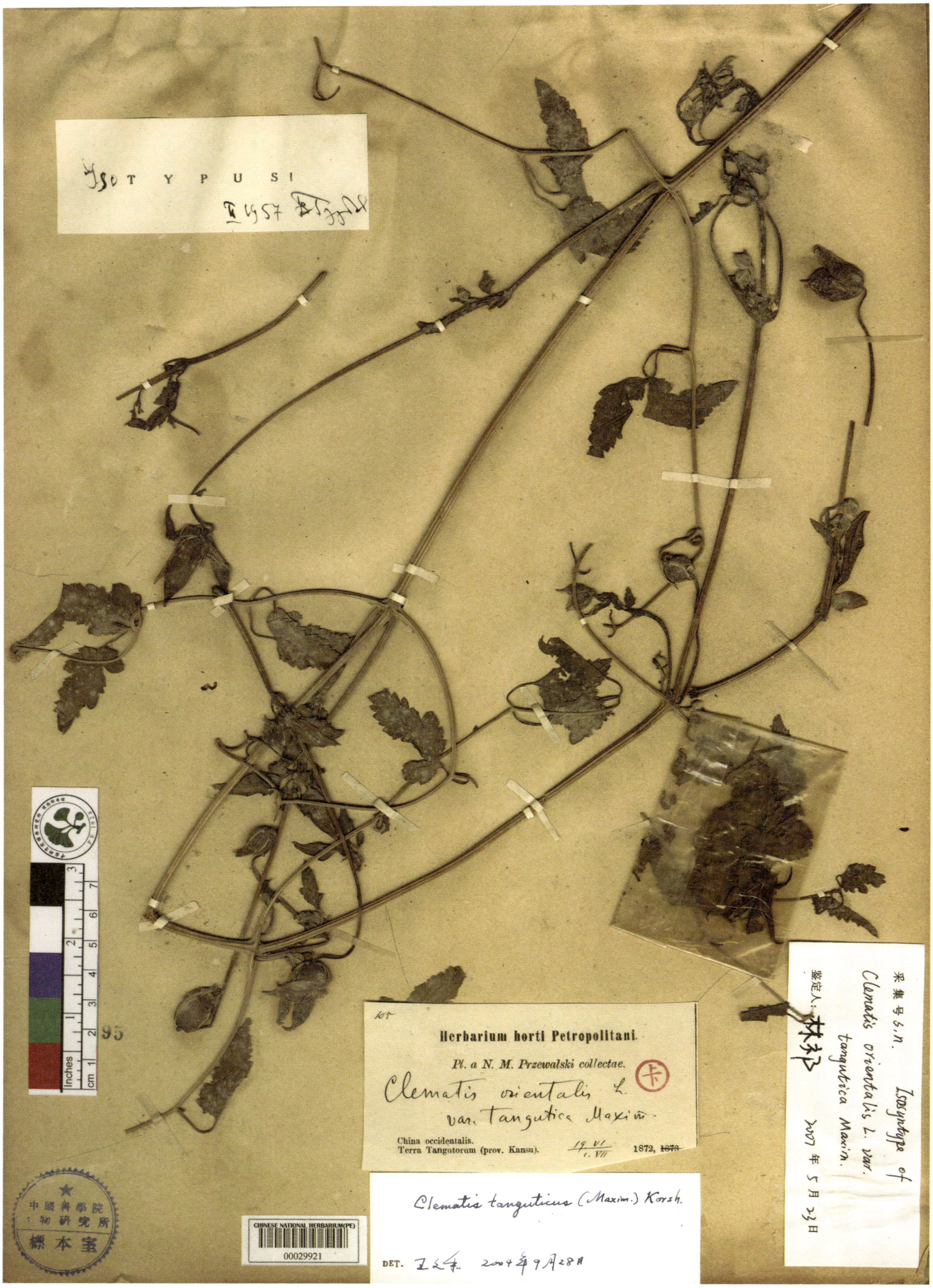

甘青铁线莲 ***Clematis orientalis*** L. var. ***tangutica*** Maxim., Fl. Tangut. 1: 3. 1889. **Lectotype** (designated here): China. Qinghai: Datong, 1872-06-19, N. M. Przewalski s. n.

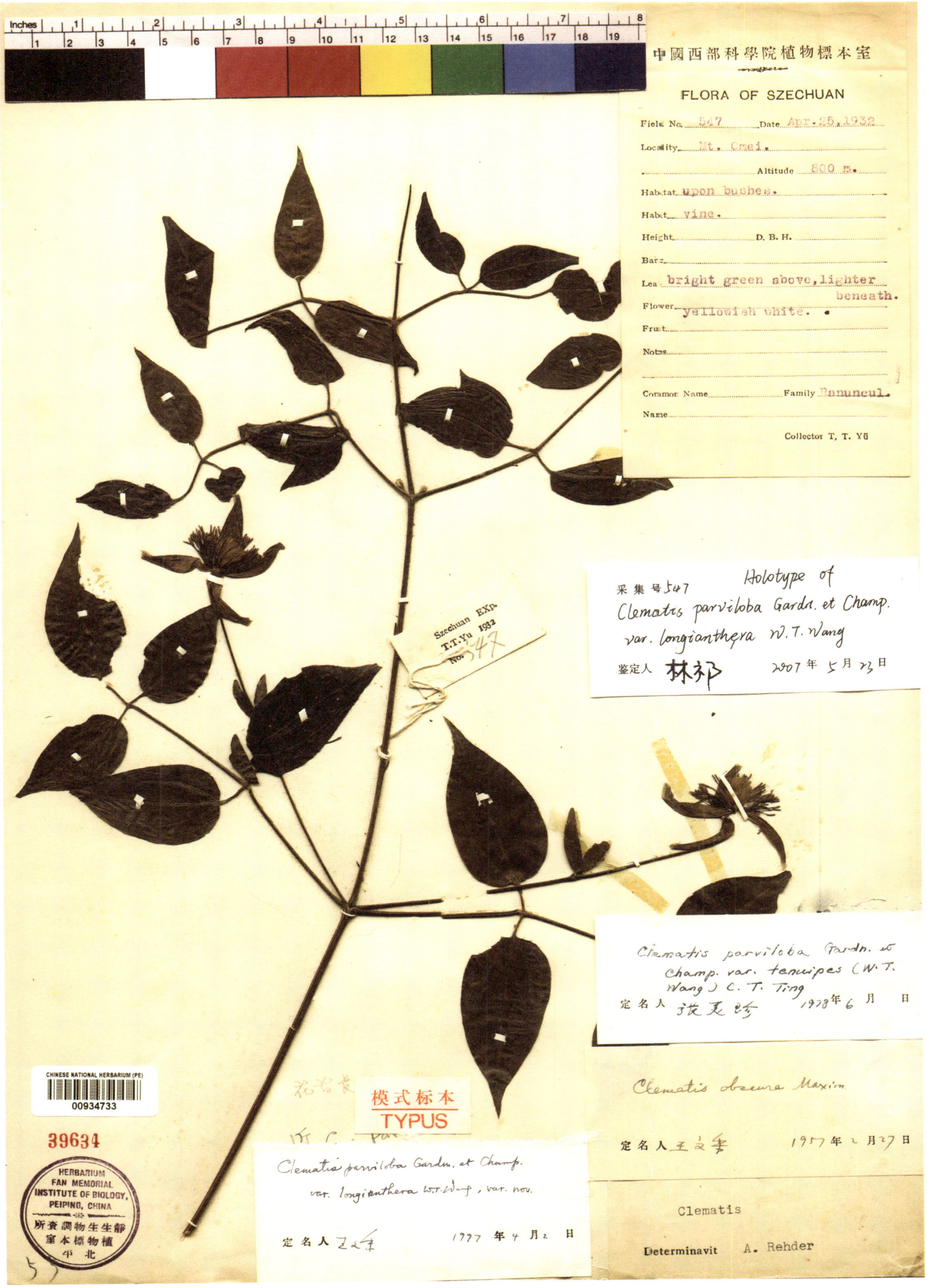

长药裂叶铁线莲 ***Clematis parviloba*** Gardn. & Champ. var. ***longianthera*** W. T. Wang in Acta Phytotax. Sin. 36(2): 156. 1998. **Holotype:** China. Sichuan: Emei, Emeishan, alt. 800 m, 1932-04-25, T. T. Yu 547.

菱果裂叶铁线莲 ***Clematis parviloba*** Gardn. & Champ. var. ***rhombicoelliptica*** W. T. Wang in Acta Phytotax. Sin. 38(5): 405. 2000. **Holotype:** China. Yunnan: Mengzi, alt. 1 800 m, 1932-12-08, H. T. Tsai 52390.

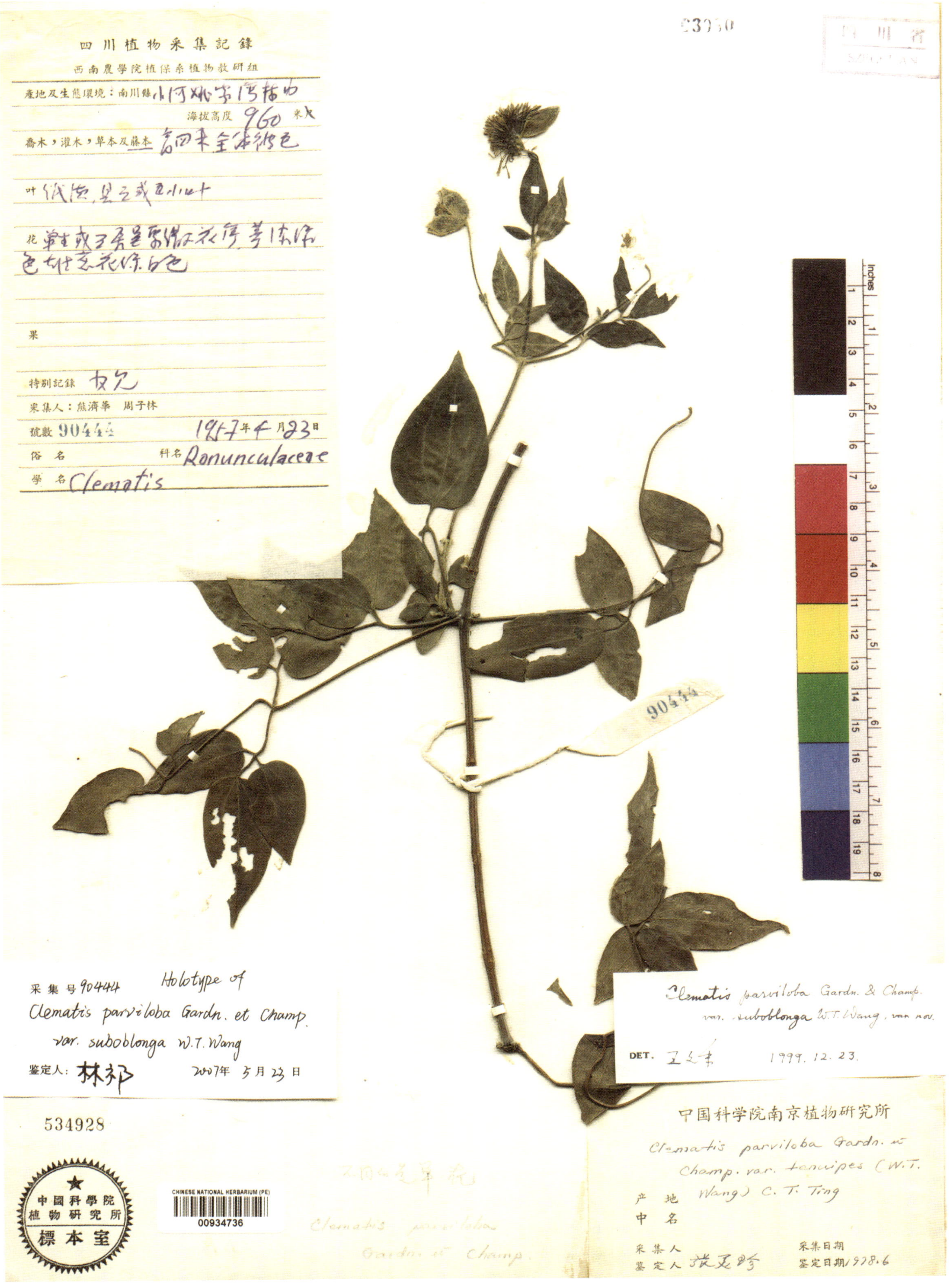

长圆裂叶铁线莲 ***Clematis parviloba*** Gardn. & Champ. var. ***suboblonga*** W. T. Wang in Acta Phytotax. Sin. 38(5): 405. 2000. **Holotype:** China. Chongqing: Nanchuan, alt. 960 m, 1957-04-23, J. H. Xiong & Z. L. Zhou 90444.

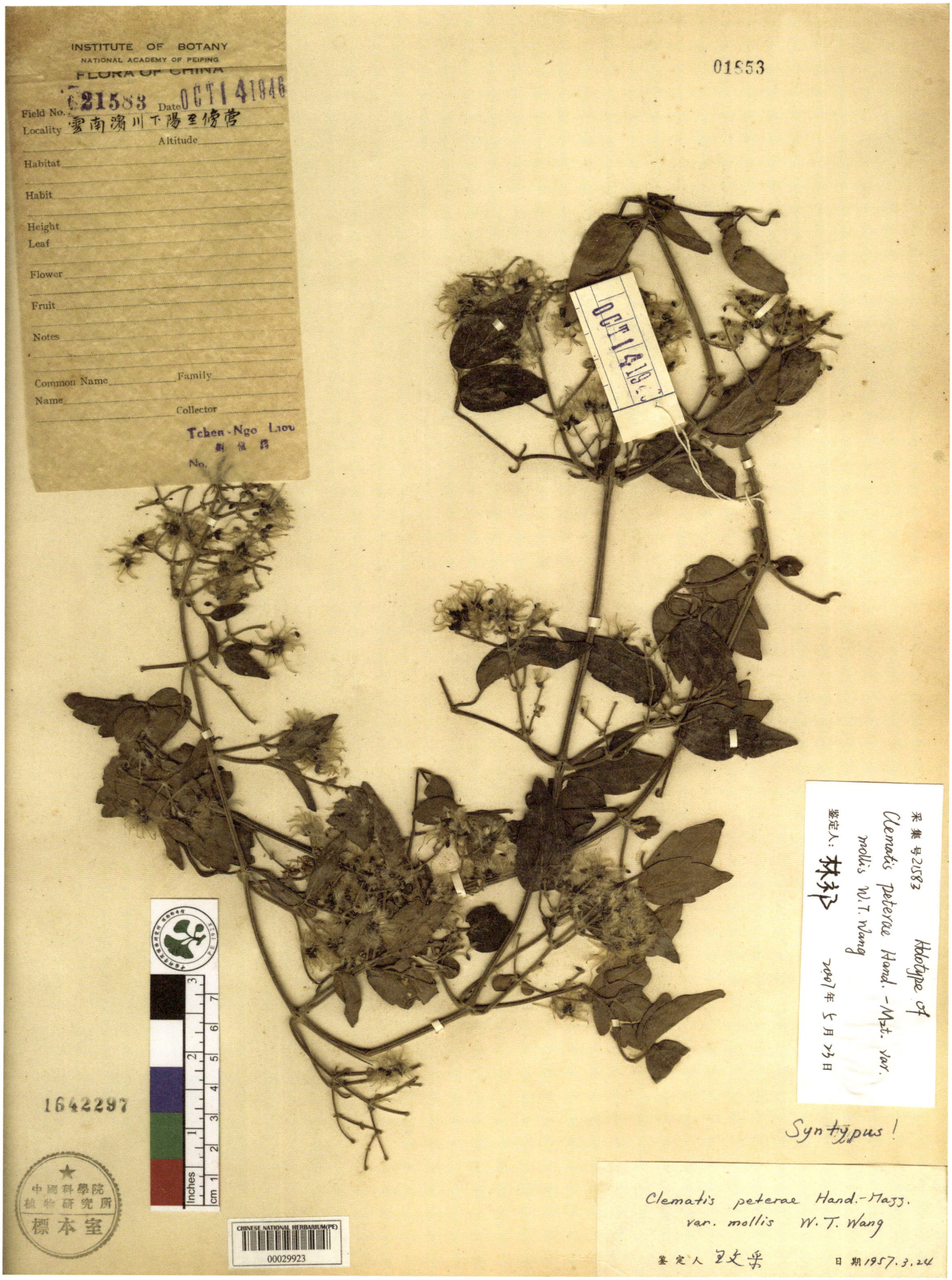

毛叶钝萼铁线莲 ***Clematis peterrae*** Hand.-Mazz. var. ***mollis*** W. T. Wang in Acta Phytotax. Sin. 6(4): 382. 1957.

Holotype: China. Yunnan: Pinchuan, 1946-10-14, T. N. Liou 21583.

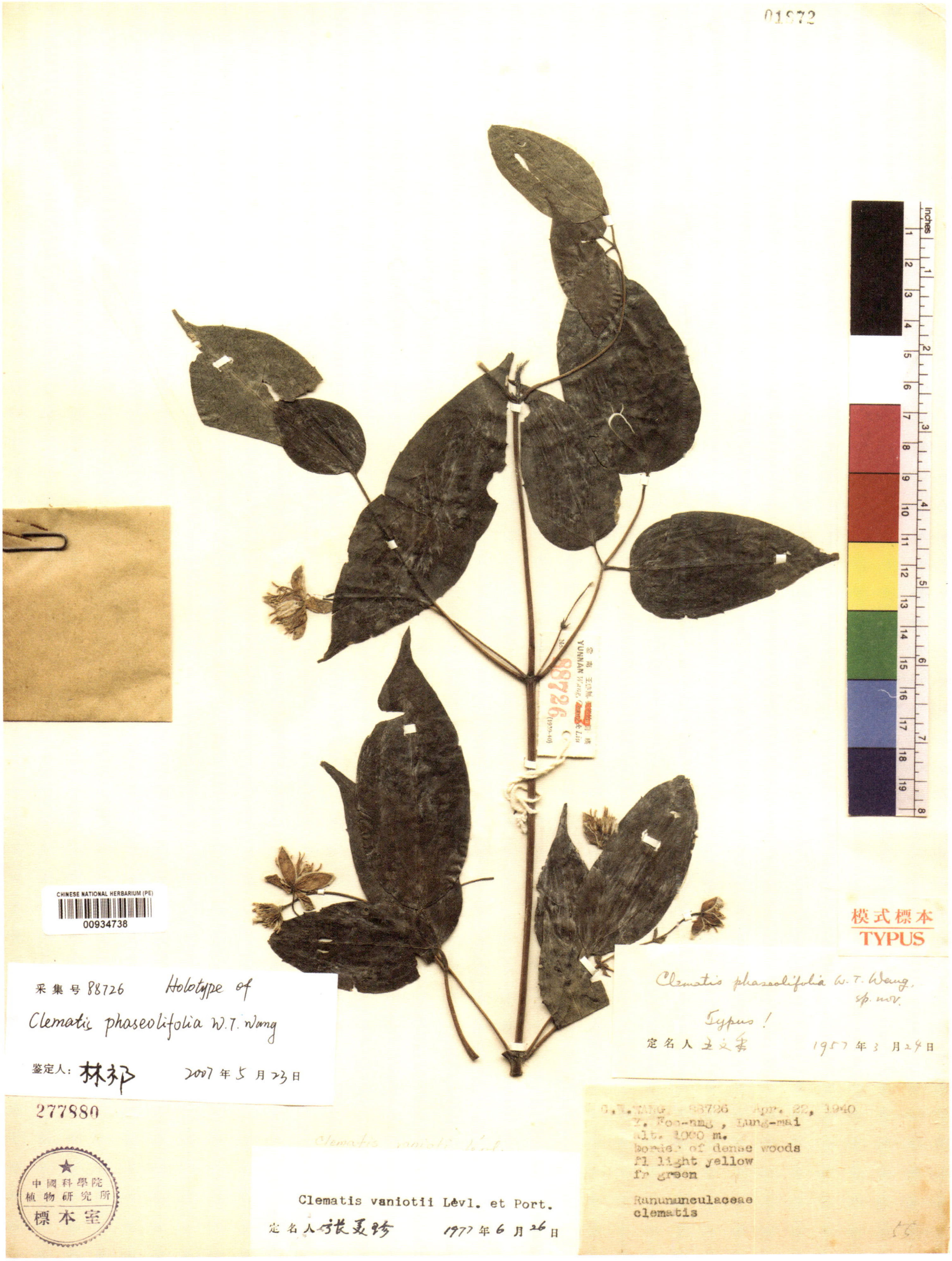

菜豆叶铁线莲 ***Clematis phaseolifolia*** W. T. Wang in Acta Phytotax. Sin. 6(4): 376. 1957. **Holotype:** China. Yunnan: Funing, alt. 1 000 m, 1940-04-22, C. W. Wang 88726.

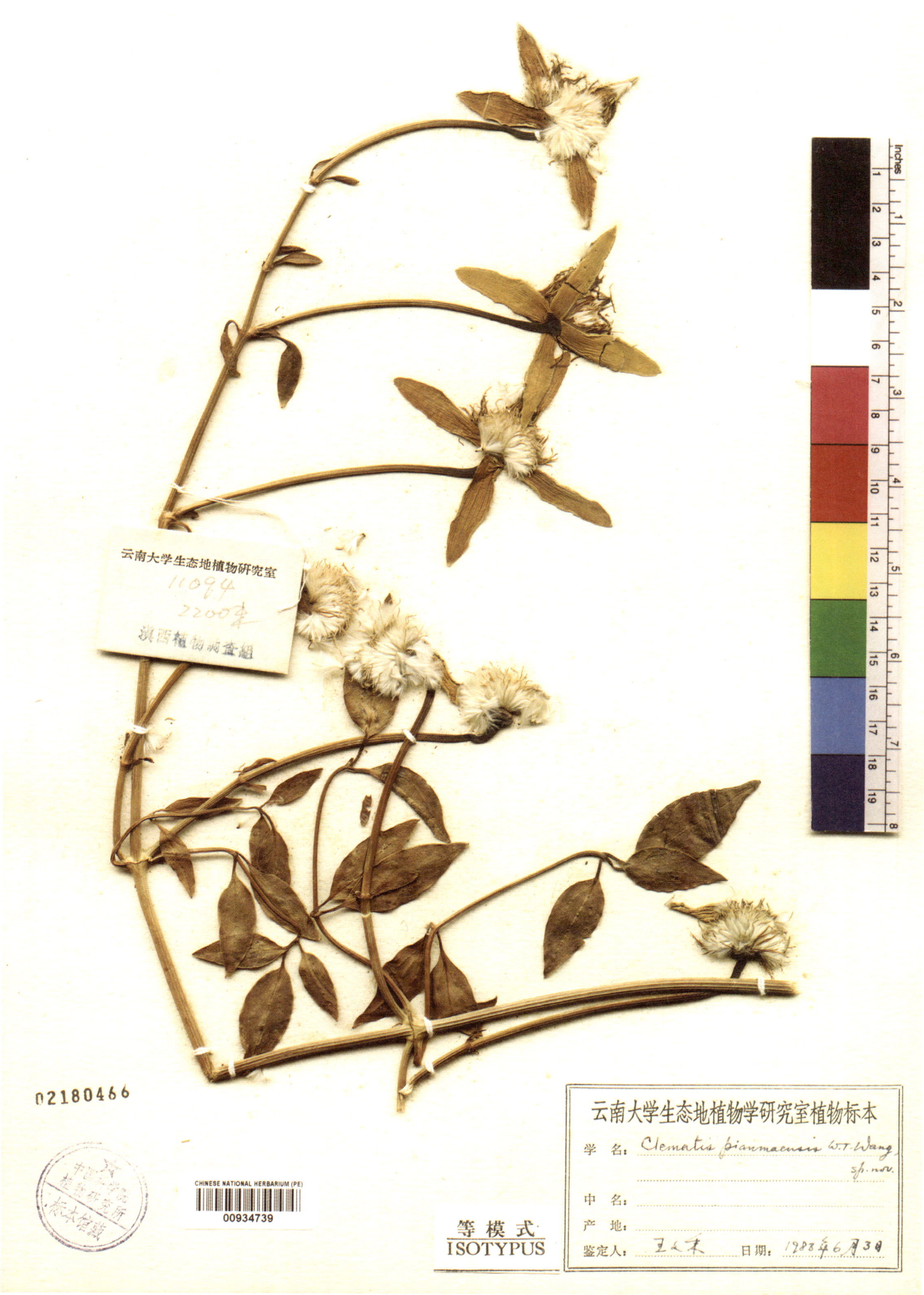

片马铁线莲 ***Clematis pianmaensis*** W. T. Wang in Acta Bot. Yunnan. 6(4): 380, f. 5: 1-4. 1984. **Isotype:** China. Yunnan: Lushui, alt. 2 200 m, 1980-09-20, W Yunnan Exped. 11094.

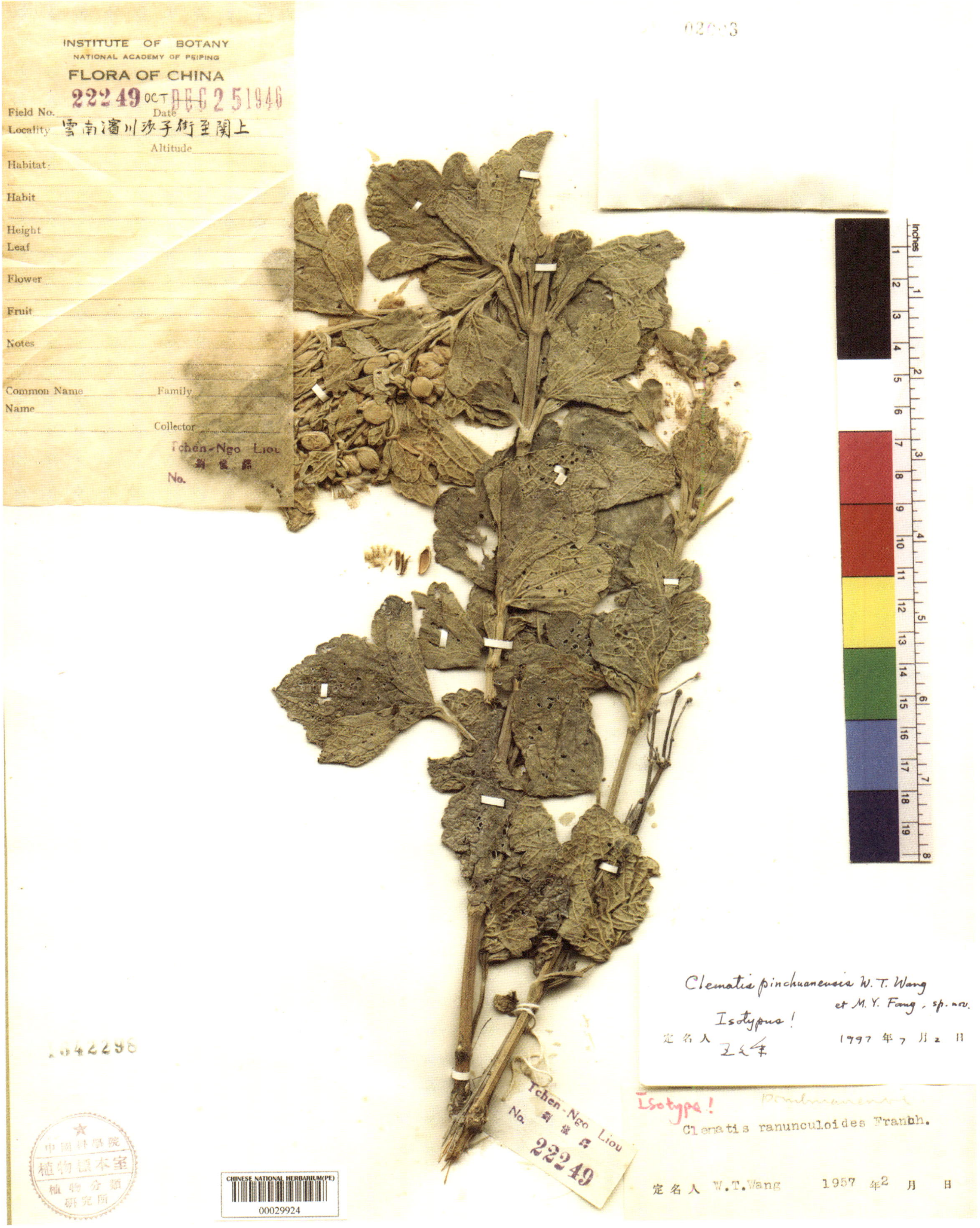

宾川铁线莲 ***Clematis pinchuanensis*** W. T. Wang & M. Y. Fang, Fl. Reip. Pop. Sin. 28: 116, 354, pl. 32: 4-6. 1980.
Isotype: China. Yunnan: Binchuan, 1946-12-25, T. N. Liou 22249.

羽叶铁线莲 ***Clematis pinnata*** Maxim. in Bull. Acad. Imp. Sci. St.-Pétersb. 22(2): 216. 1876. **Isotype:** China. Beijing: Precise locality not known, 1856-??-??, Tatarinow s. n.

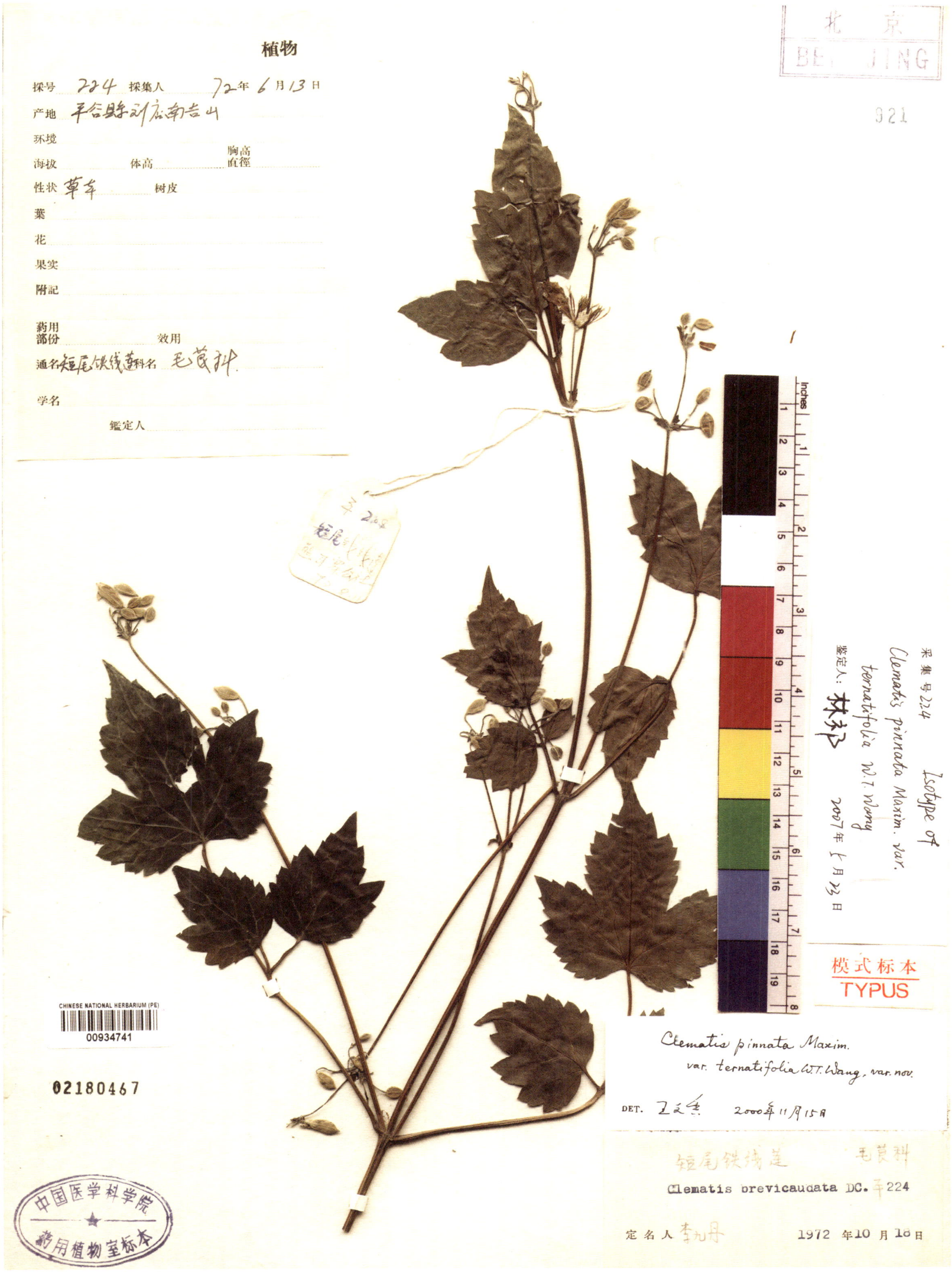

平谷铁线莲 ***Clematis pinnata*** Maxim. var. ***ternatifolia*** W. T. Wang in Acta Phytotax. Sin. 39(4): 331, f. 1: 1-3. 2001.
Isotype: China. Beijing: Pinggu, 1972-06-13, Pinggu Exped. 224.

雷波铁线莲 ***Clematis pogonandra*** Maxim. var. ***alata*** W. T. Wang & M. Y. Fang, Fl. Reip. Pop. Sin. 28: 128, 355. 1980. **Isotype:** China. Sichuan: Leibo, alt. 2 400 m, 1959-06-21, Sichuan Econ. Pl. Exped. 911.

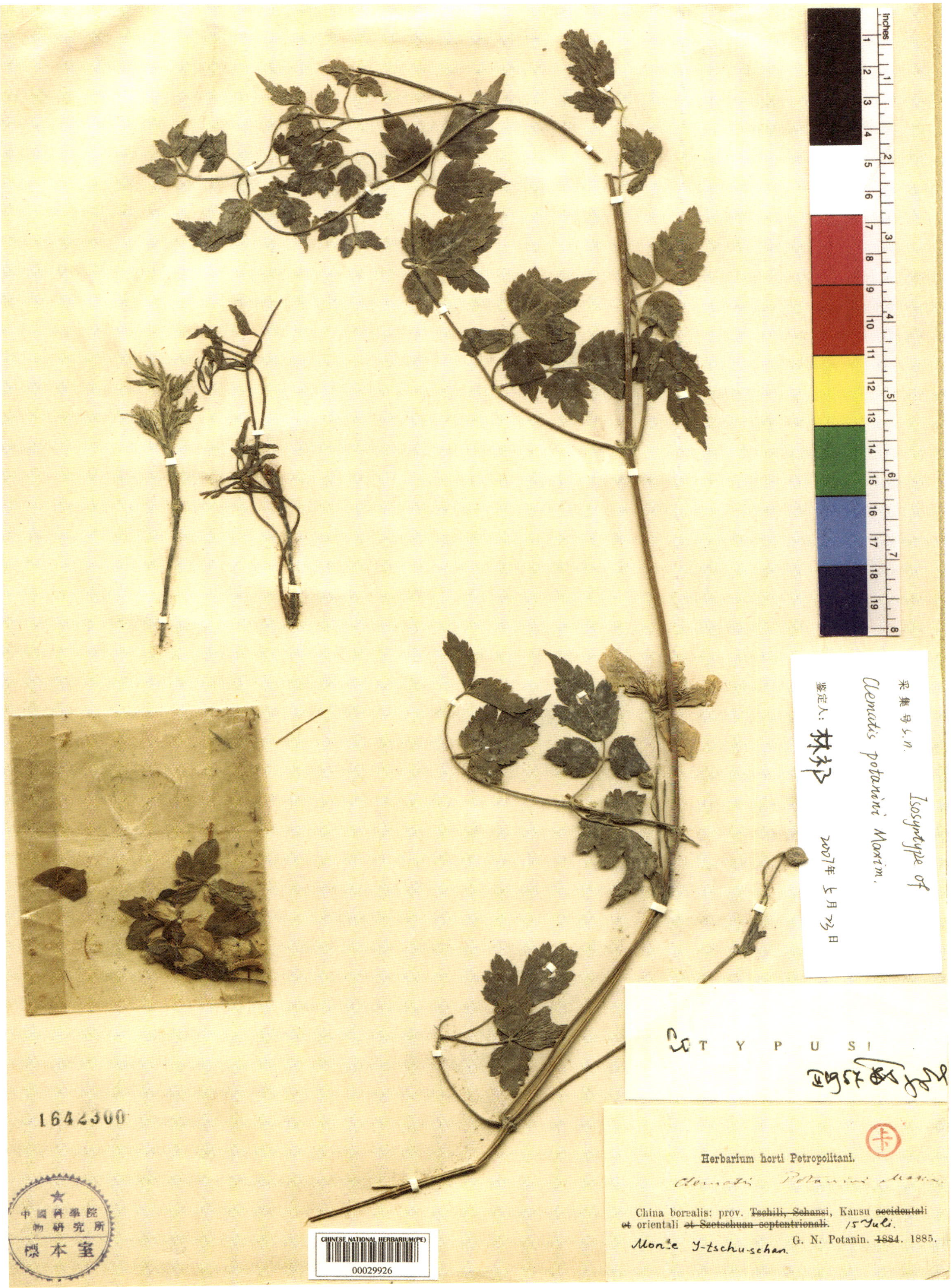

美花铁线莲 ***Clematis potaninii*** Maxim. in Acta Horti Petrop. 11(1): 9. 1890. **Lectotype** (designated here): China. Gansu. Zhouqu, 1885-07-15, G. N. Potanin s. n.

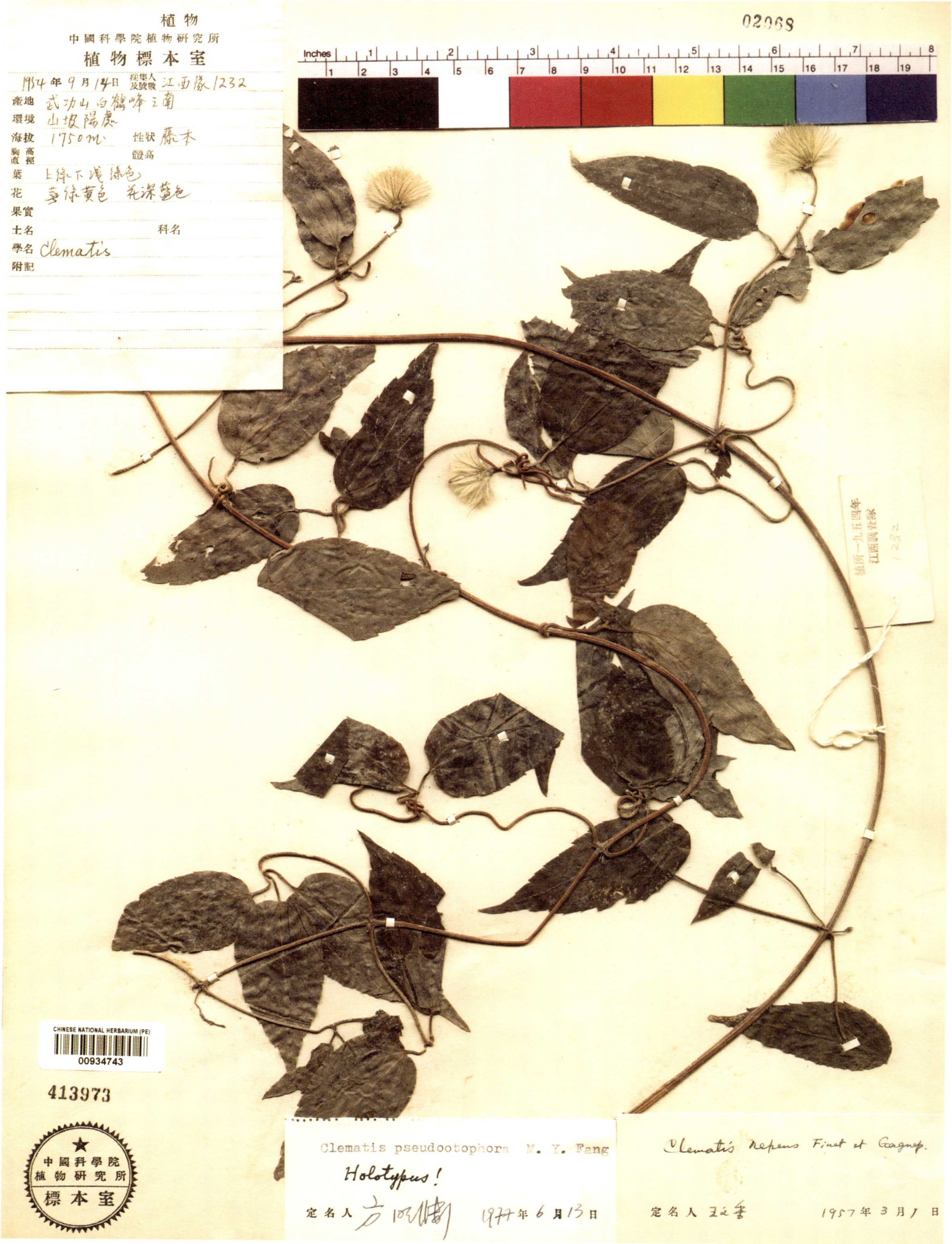

华中铁线莲 ***Clematis pseudootophora*** M. Y. Fang, Fl. Reip. Pop. Sin. 28: 129, 355, pl. 37. 1980. **Holotype:** China. Jiangxi: Anfu, Wugongshan, alt. 1 750 m, 1954-09-14, Jiangxi Exped. 1232.

神农架铁线莲 ***Clematis shenlungchiaensis*** M. Y. Fang, Fl. Reip. Pop. Sin. 28: 129, 355, pl. 32: 1-3. 1980. **Holotype:** China. Hubei: Shennongjia, alt. 2 900 m, 1976-07-05, Shennongjia Exped. 10720.

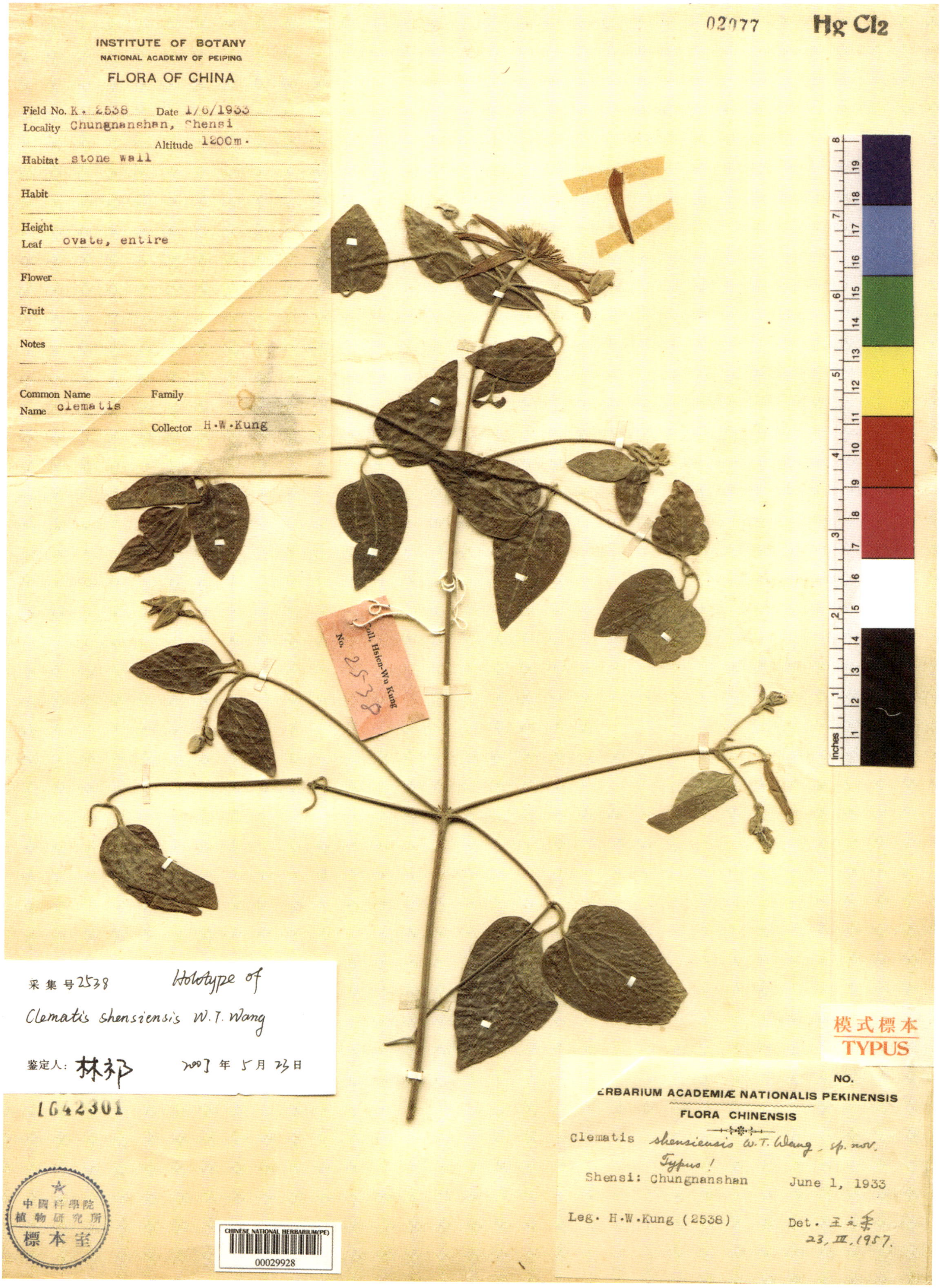

陕西铁线莲 ***Clematis shensiensis*** W. T. Wang in Acta Phytotax. Sin. 6(4): 378, pl. 59: 6. 1957. **Holotype:** China. Shaanxi: Zhongnanshan, alt. 1 200 m, 1933-06-01, H. W. Kung 2538.

单花锡金铁线莲 ***Clematis sikkimensis*** (Hook. f. & Thoms.) Drumm. ex Burkill var. ***monantha*** W. T. Wang & L. Q. Li in Acta Phytotax. Sin. 37(3): 218. 1999. **Holotype:** China. Yunnan: Weixi, 1940-11-??, K. M. Feng 8694.

镰叶铁线莲 ***Clematis subfalcata*** C. P'ei ex M. Y. Fang, Fl. Reip. Pop. Sin. 28: 105, 354, pl. 29. 1980. **Isotype:** China. Yunnan: Kaiyuan, 1934-02-09, Y. Tsiang 13119.

毛梗镰叶铁线莲 ***Clematis subfalcata*** C. P'ei ex M. Y. Fang var. ***pubipes*** W. T. Wang in Acta Phytotax. Sin. 36(2): 169. 1998. **Holotype:** China. Yunnan: Wuding, alt. 2 300 m, 1956-11-28, J. S. Xin 106.

田村氏铁线莲 ***Clematis tamurae*** T. Y. A. Yang & T. C. Huang in Taiwania 40(3): 239, f. 16, 17. 1995. **Isotype:** China. Taiwan: Pingtung, alt. 200 m, 1992-07-07, T. Y. A. Yang & K. H. Wang 6119.

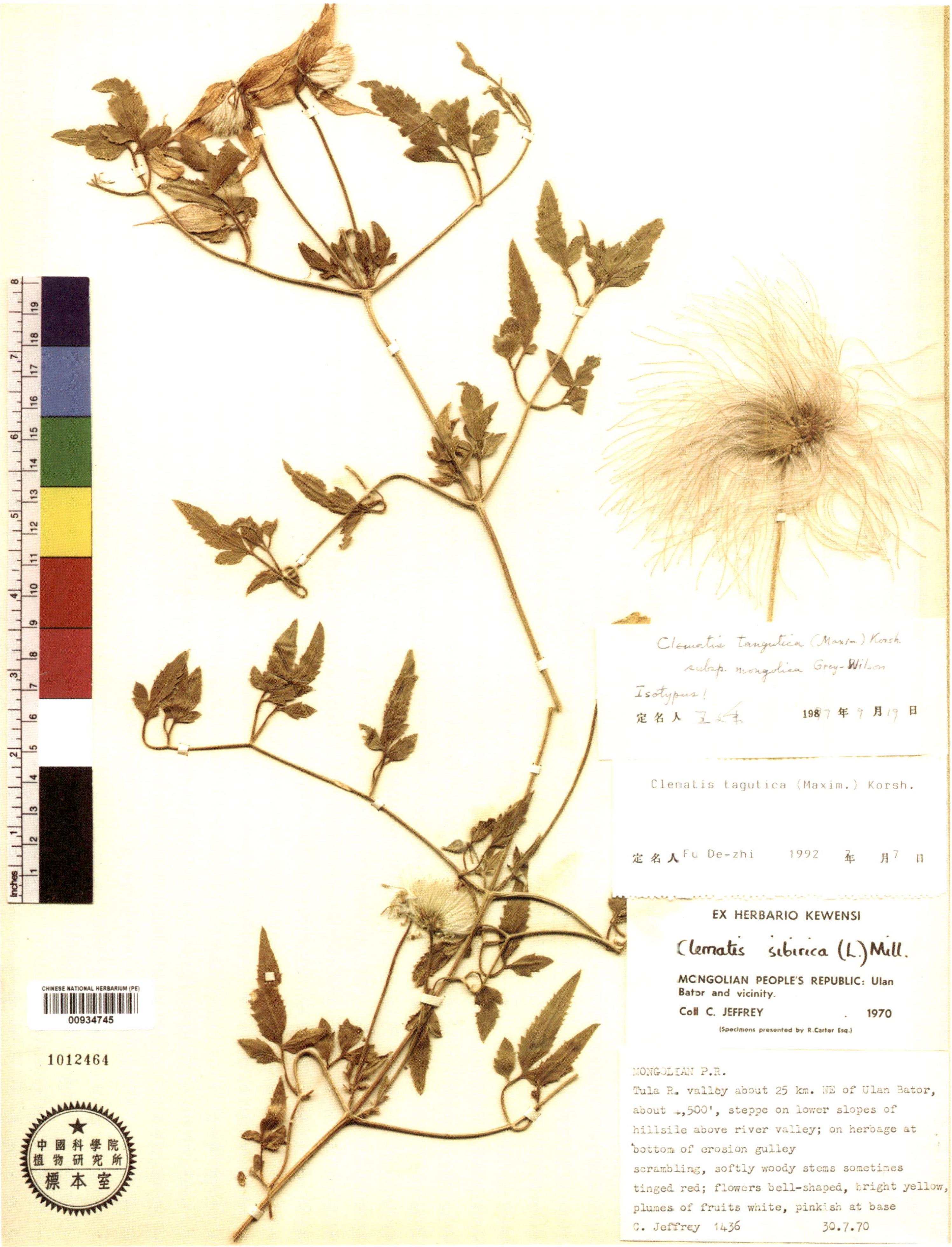

蒙古甘青铁线莲 ***Clematis tangutica*** (Maxim.) Korsh. subsp. ***mongolica*** Grey-Wilson in Kew Bull. 44: 54, f. 1 W. 1989. **Isotype:** Mongolia. Tula River, alt. 1 450 m, 1970-07-30, C. Jeffrey 1436.

毛萼甘青铁线莲 ***Clematis tangutica*** (Maxim.) Korsh. var. ***pubescens*** M. C. Chang & P. P. Ling, Fl. Reip. Pop. Sin. 28: 145, 356. 1980. **Holotype:** China. Xizang: Zhagyab, alt. 3 150 m, 1976-09-20, Qinghai-Xizang Exped. 13014.

细花铁线莲 *Clematis tatarinowii* Maxim. in Melanges Biol. Bull. Phys.-Math. 9: 590. 1876. **Isotype:** China. Beijing: Precise locality not known, 1856-??-??, Tatarinow s. n.

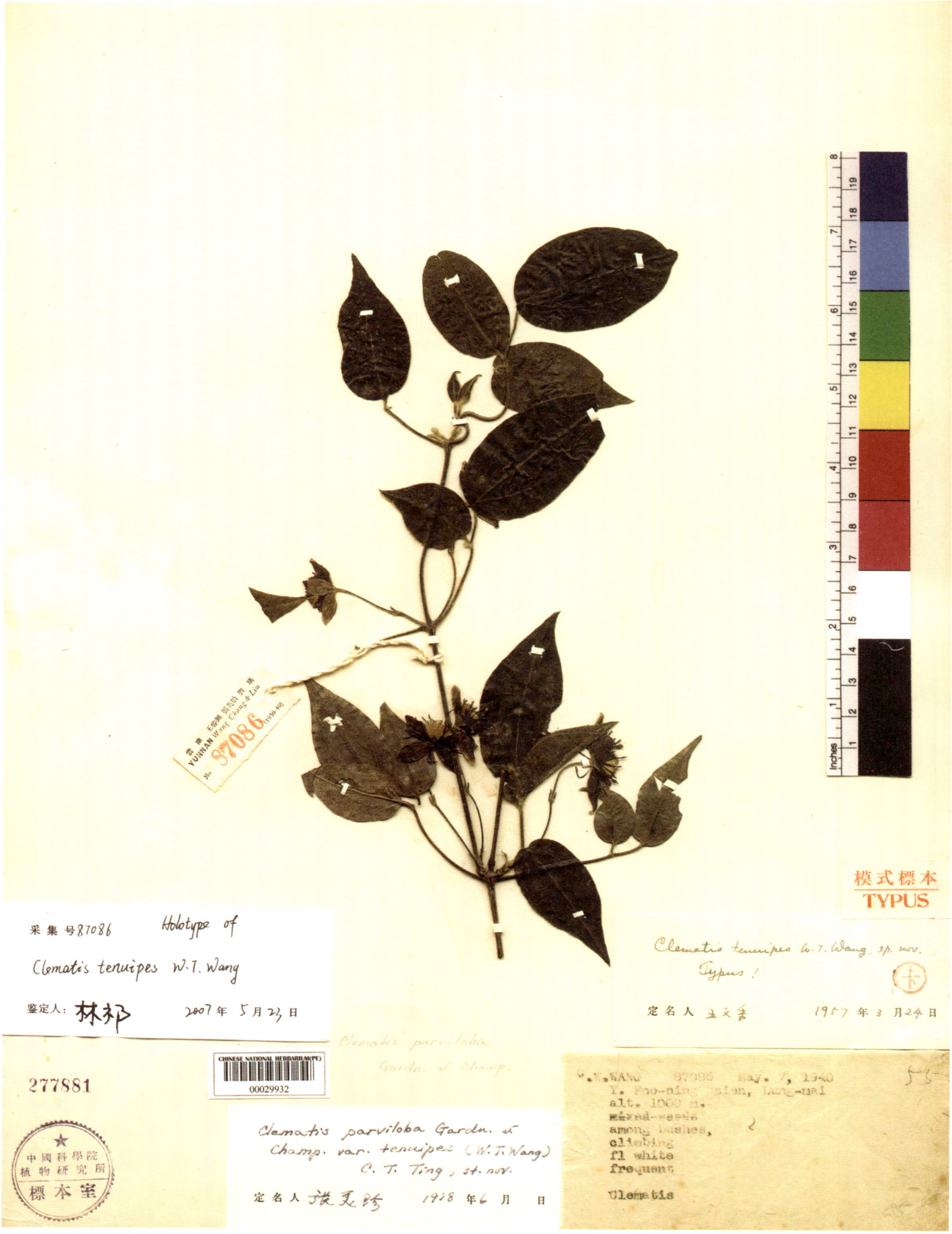

长药裂叶铁线莲 ***Clematis tenuipes*** W. T. Wang in Acta Phytotax. Sin. 6(4): 377. 1957. **Holotype:** China. Yunnan: Funing, alt. 1 000 m, 1940-05-07, C. W. Wang 87086.

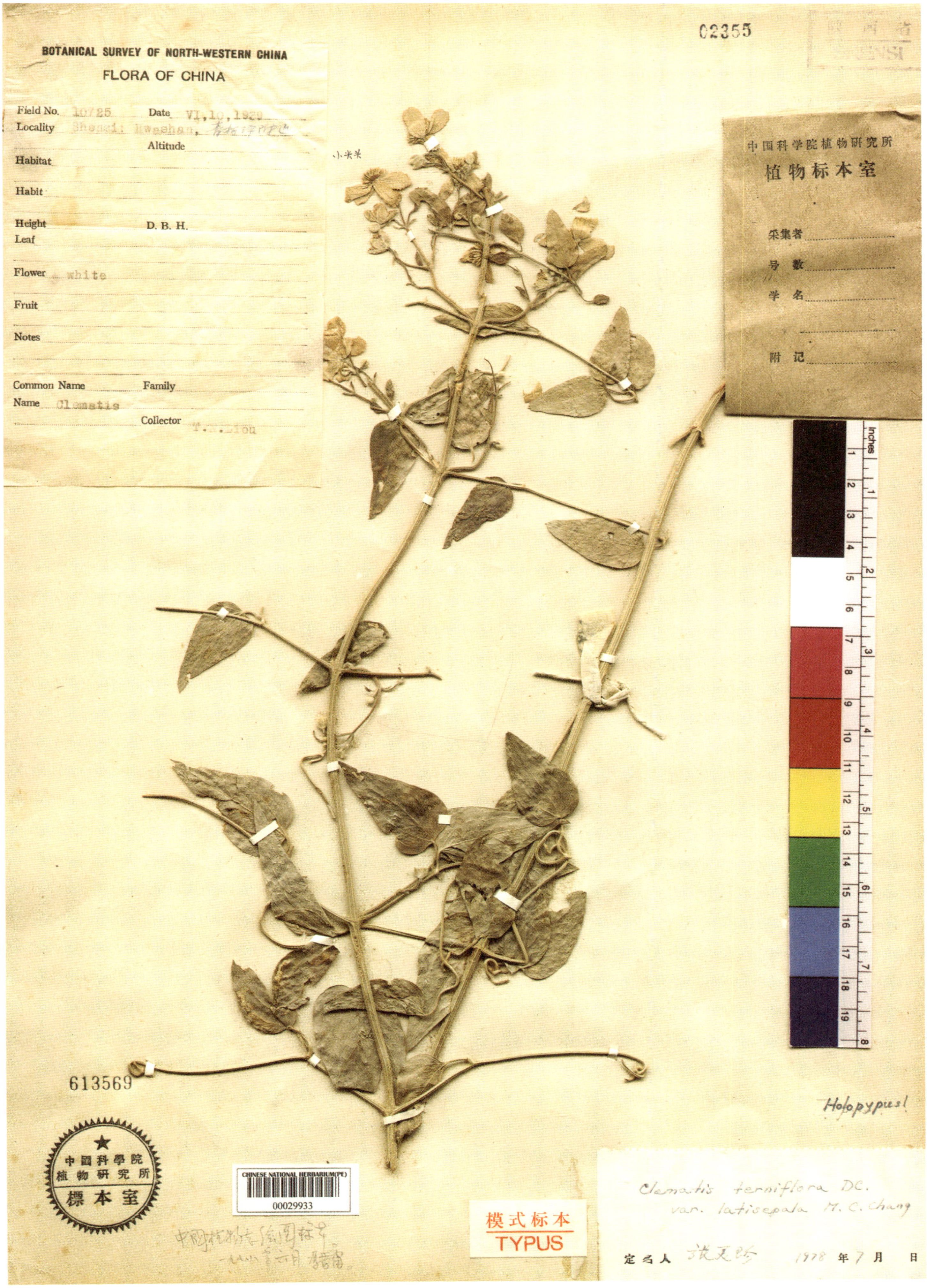

宽萼圆锥铁线莲 ***Clematis terniflora*** DC. var. ***latisepala*** M. C. Chang, Fl. Reip. Pop. Sin. 28: 168, 357, pl. 50. 1980.

Holotype: China. Shaanxi: Huashan, 1939-09-10, T. N. Liou 10725.

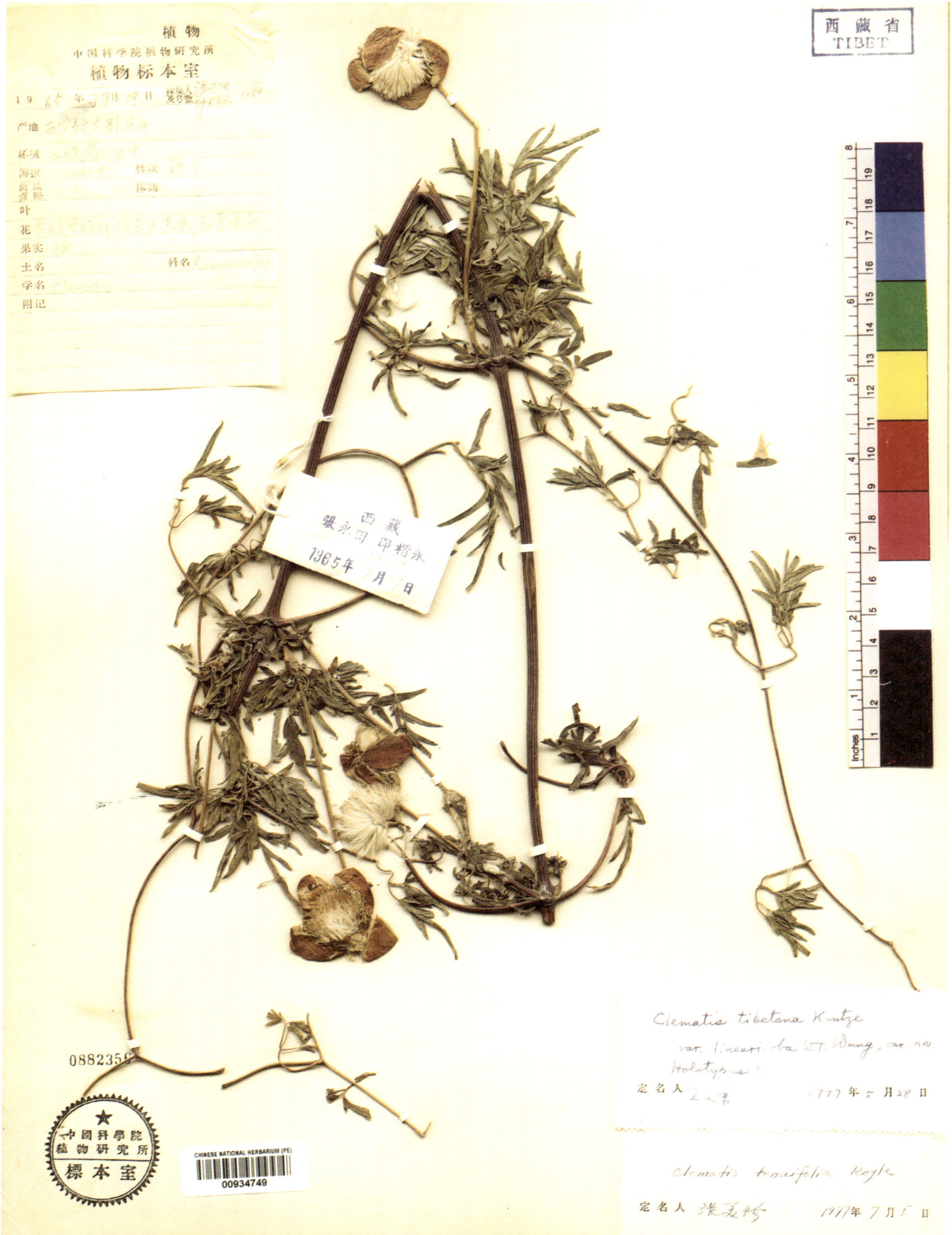

狭裂中印铁线莲 ***Clematis tibetana*** Kuntze var. ***lineariloba*** W. T. Wang in Acta Phytotax. Sin. 36(2): 164. 1998.
Holotype: China. Xizang: Nyingchi, alt. 3 040 m, 1965-07-29, Y. T. Chang & K. Y. Lang 1089.

深裂铁线莲 ***Clematis tripartita*** W. T. Wang in Acta Phytotax. Sin. 38(6): 500, f. 2: 3-4. 2000. **Holotype:** China. Xizang: Nyalam, alt. 4 100 m, 1990-06-09, Sino-Japan Exped. T450.

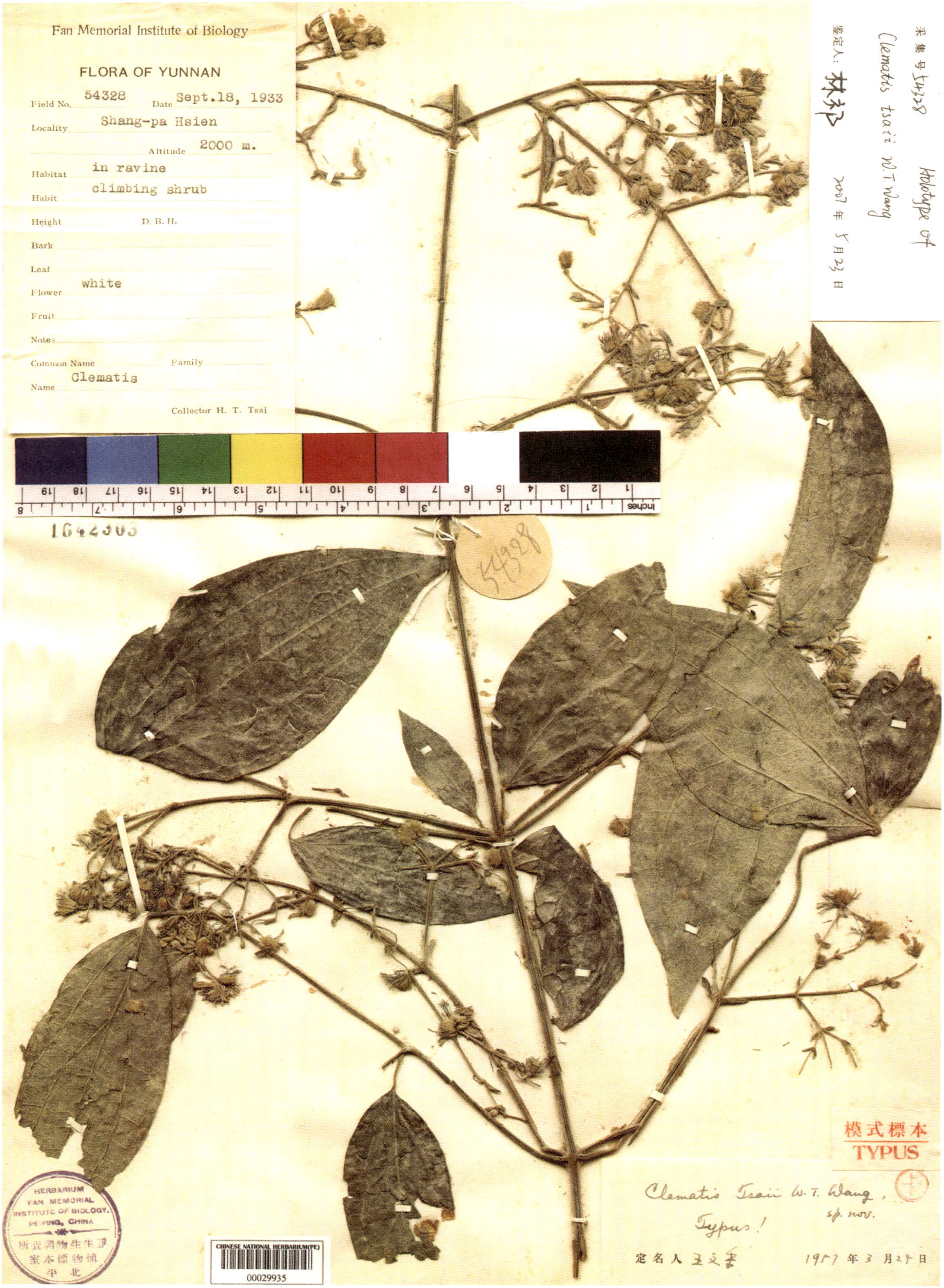

福贡铁线莲 *Clematis tsaii* W. T. Wang in Acta Phytotax. Sin. 6(4): 382. 1957. **Holotype:** China. Yunnan: Shangba (= Fugong), alt. 2 000 m, 1933-09-18, H. T. Tsai 54328.

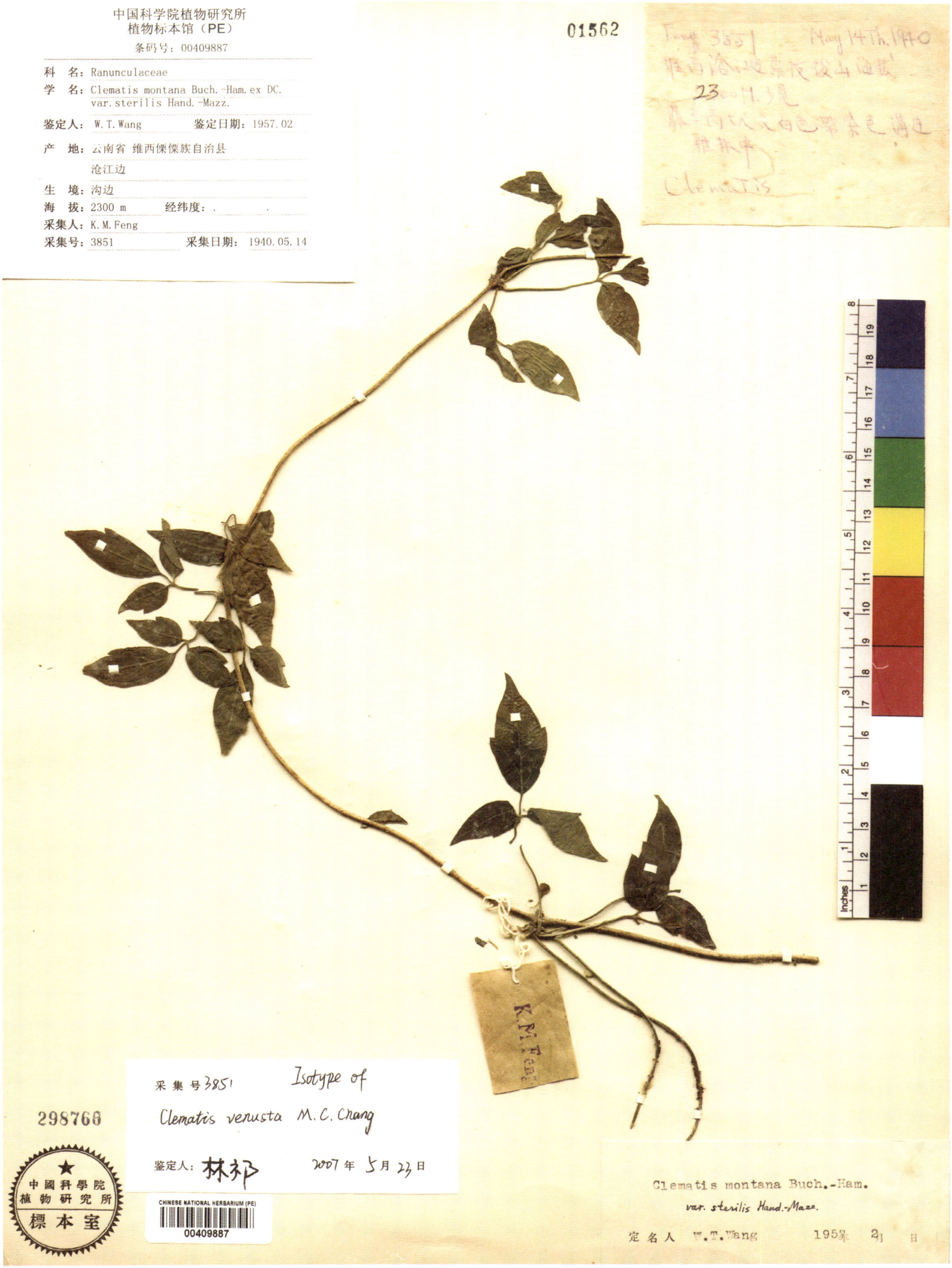

丽叶铁线莲 ***Clematis venusta*** M. C. Chang, Fl. Reip. Pop. Sin. 28: 218, 358. 1980. **Isotype:** China. Yunnan: Weixi, alt. 2 300 m, 1940-05-14, K. M. Feng 3851.

文山铁线莲 ***Clematis wenshanensis*** W. T. Wang in Acta Phytotax. Sin. 39(4): 313, f. 2: 3-4. 2001. **Holotype:** China. Yunnan: Wenshan, alt. 2 650 m, 1993-05-07, Y. M. Shui 2714.

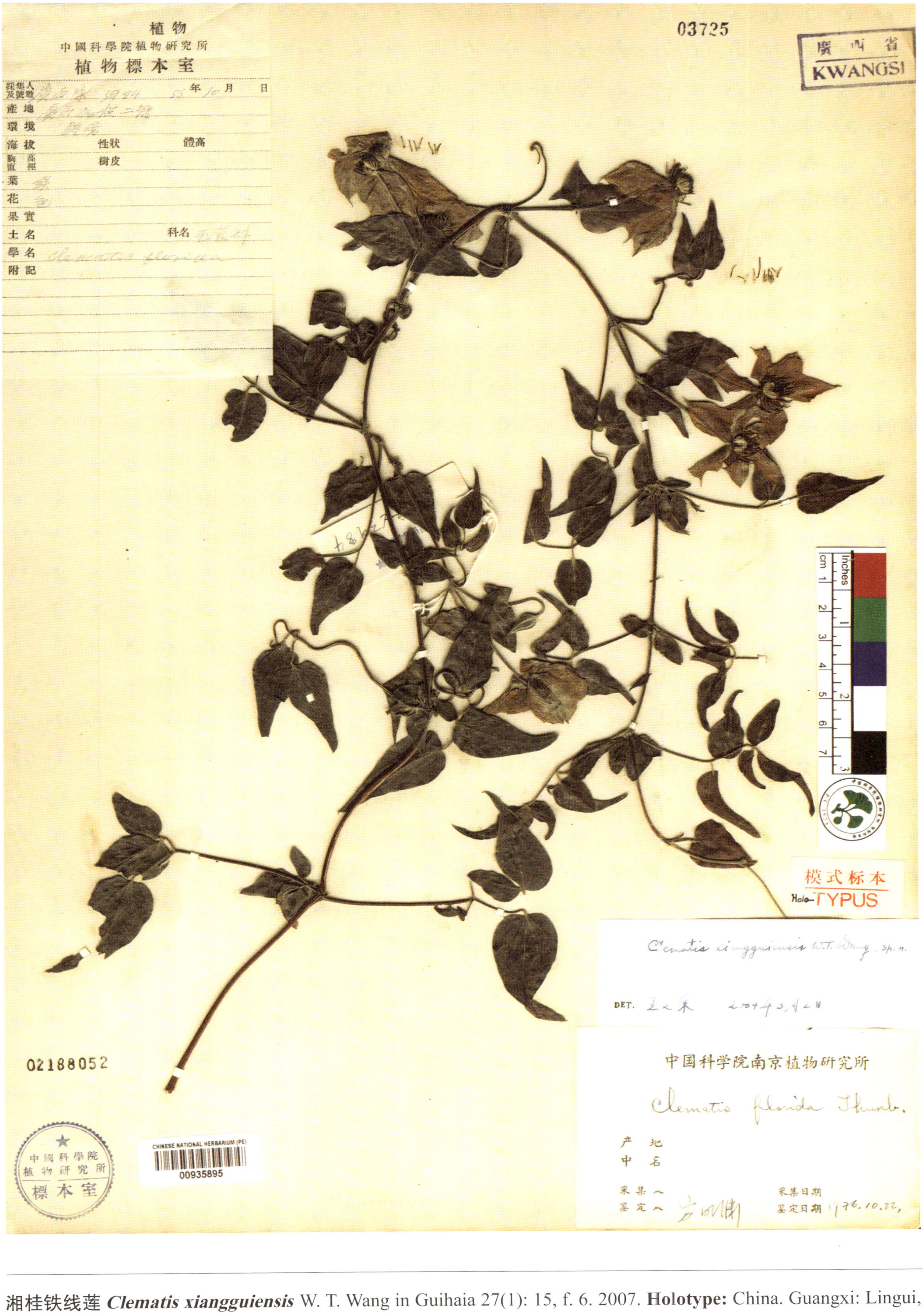

湘桂铁线莲 ***Clematis xiangguiensis*** W. T. Wang in Guihaia 27(1): 15, f. 6. 2007. **Holotype:** China. Guangxi: Lingui, 1953-10-??, Guangxi Exped. 3984.

俞氏铁线莲 ***Clematis yui*** W. T. Wang in Acta Phytotax. Sin. 29(5): 465, f. 3: 3-5. 1991. **Holotype:** China. Yunnan: Gongshan, alt. 1 600 m, 1938-11-09, T. T. Yu 21007.

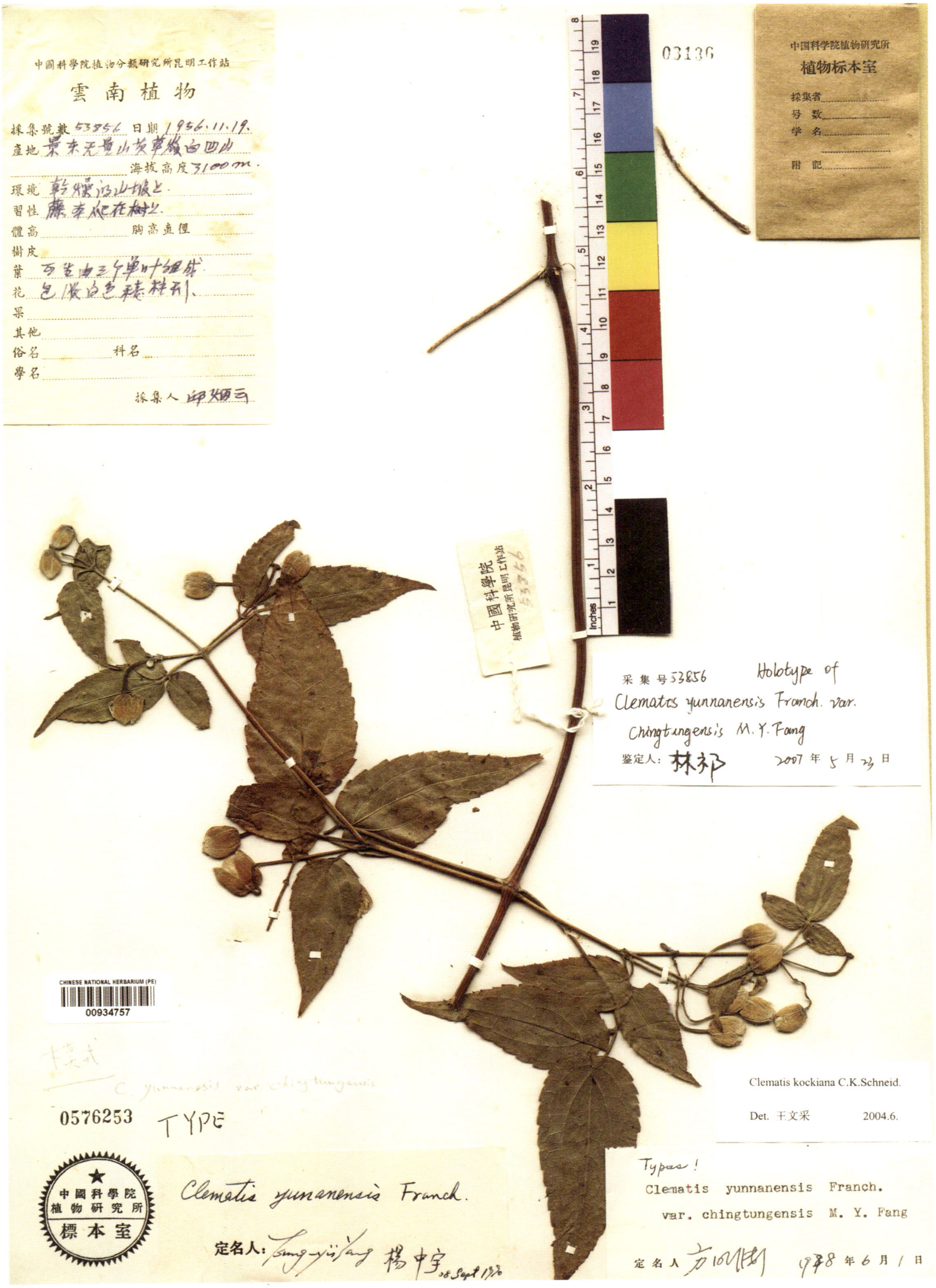

景东铁线莲 ***Clematis yunnanensis*** Franch. var. ***chingtungensis*** M. Y. Fang, Fl. Reip. Pop. Sin. 28: 100, 353. 1980.
Holotype: China. Yunnan: Jingdong, alt. 3 100 m, 1956-11-19, P. Y. Chiu 53856.

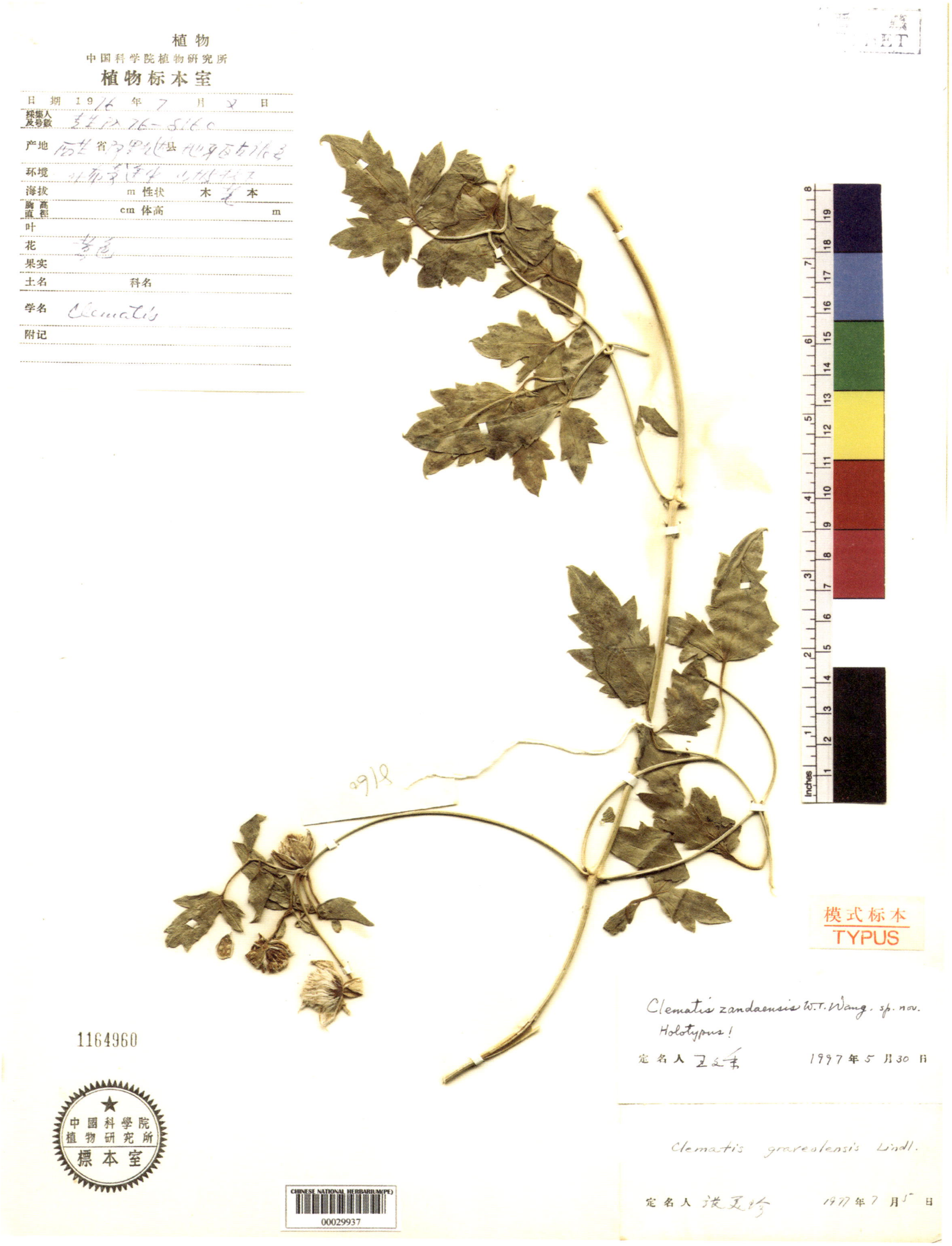

扎达铁线莲 ***Clematis zandaensis*** W. T. Wang in Acta Phytotax. Sin. 36(2): 165, f. 2: 1-4. 1998. **Holotype:** China. Xizang: Zanda, 1976-07-02, Qinghai-Xizang Exped. 76-8160.

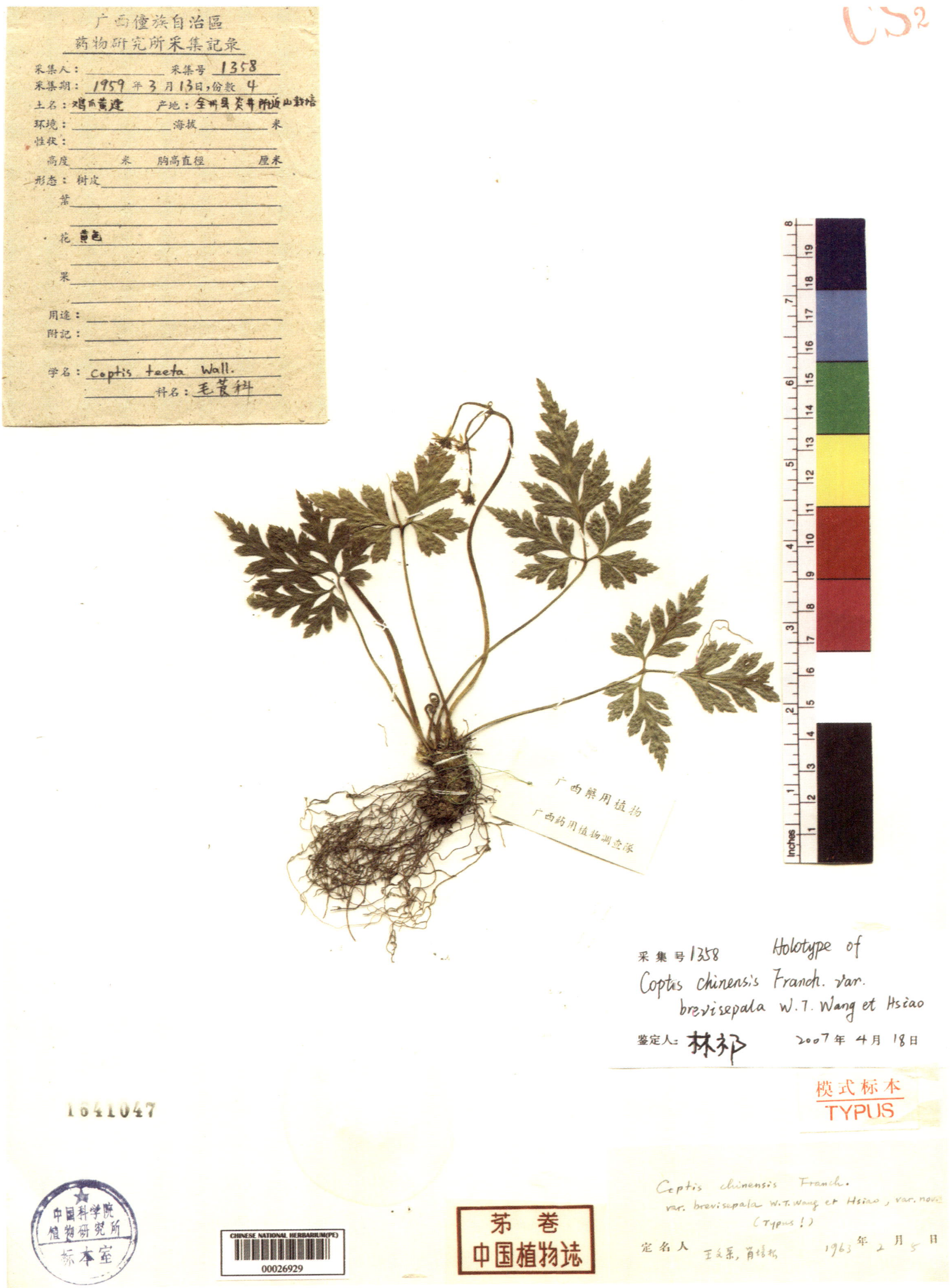

短萼黄连 ***Coptis chinensis*** Franch. var. ***brevisepala*** W. T. Wang & P. G. Xiao in Acta Pharm. Sin. 12(3): 195, pl. 2: A6. 1965. **Holotype:** China. Guangxi: Quanzhou, 1959-03-13, Guangxi Exped. 1358.

五裂黄连 ***Coptis quinquesecta*** W. T. Wang in Acta Phytotax. Sin. 6(2): 219, pl. 47: 7. 1957. **Holotype:** China. Yunnan: Jinping, alt. 1 700~2 500 m, 1956-05-16, Sino-Russia Yunnan Exped. 2471.

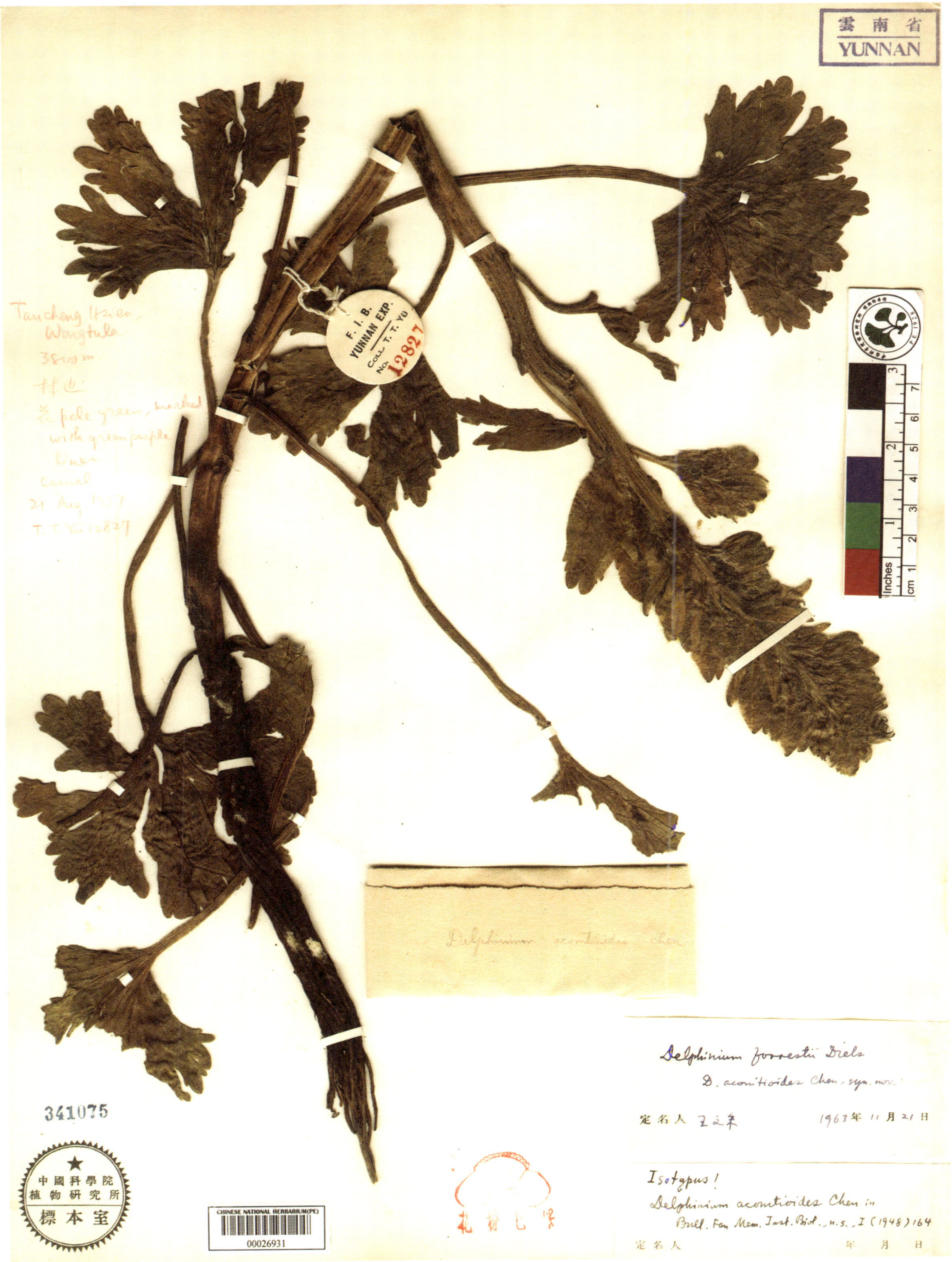

似乌头翠雀 ***Delphinium aconitioides*** Chen in Bull. Fan Mem. Inst. Biol., New Ser. 1(2): 164. 1948. **Isotype:** China. Sichuan: Daocheng, alt. 3 800 m, 1937-08-21, T. T. Yu 12827.

尖裂翠雀 ***Delphinium acuminatissimum*** W. T. Wang in Acta Bot. Sin. 10(2): 138. 1962. **Holotype:** China. Xizang: Lhünzë, alt. 4 700 m, 1960-08-20, J. W. Zhang 1146.

阿克陶翠雀花 ***Delphinium aktoense*** W. T. Wang in Acta Phytotax. Sin. 37(3): 216, f. 2: 5-7. 1999. **Holotype:** China. Xinjiang: Aketao, alt. 2 200~3 900 m, 1998-08-15, Ubbo Wuendisch 902.

白蓝翠雀花 ***Delphinium albocoeruleum*** Maxim. in Bull. Acad. Imp. Sci. St-Petersb. 23(2): 307. 1877. **Isotype:** China. Qinghai: Datong He, 1872-08-(12-24), N. M. Przewalski s. n.

白缘翠雀花 ***Delphinium albomarginatum*** Chen in Bull. Fan Mem. Inst. Biol., New Ser. 1(2): 164. 1948. **Isotype:** China. Sichuan: Daocheng, alt. 3 900 m, 1937-08-21, T. T. Yu 12809.

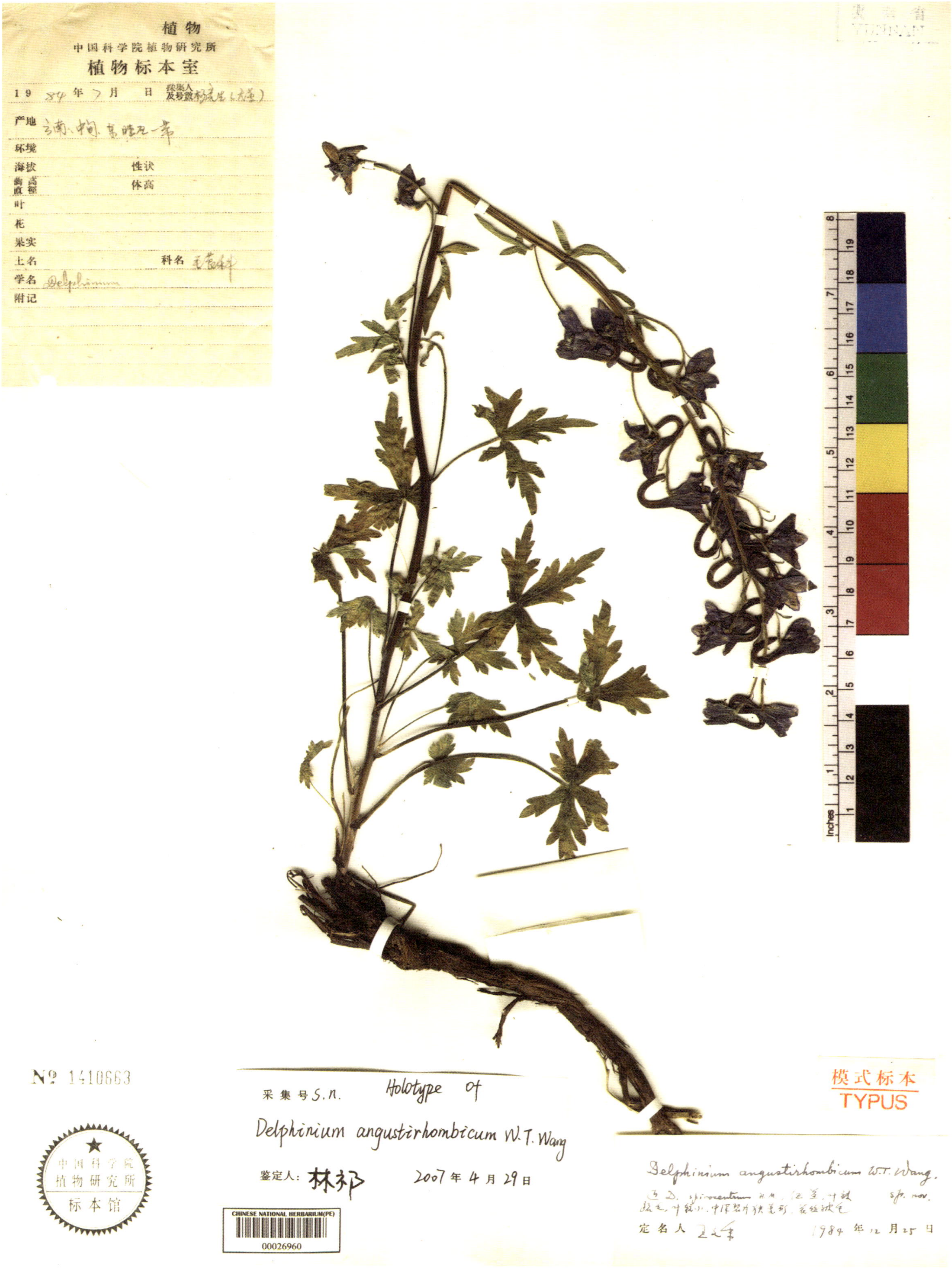

狭菱形翠雀花 ***Delphinium angustirhombicum*** W. T. Wang in Bull. Bot. Res., Harbin 6(1): 9, pl. 2: 1-3. 1986. **Holotype:** China. Yunnan: Shangri-La, 1984-07-??, J. S. Yang s. n.

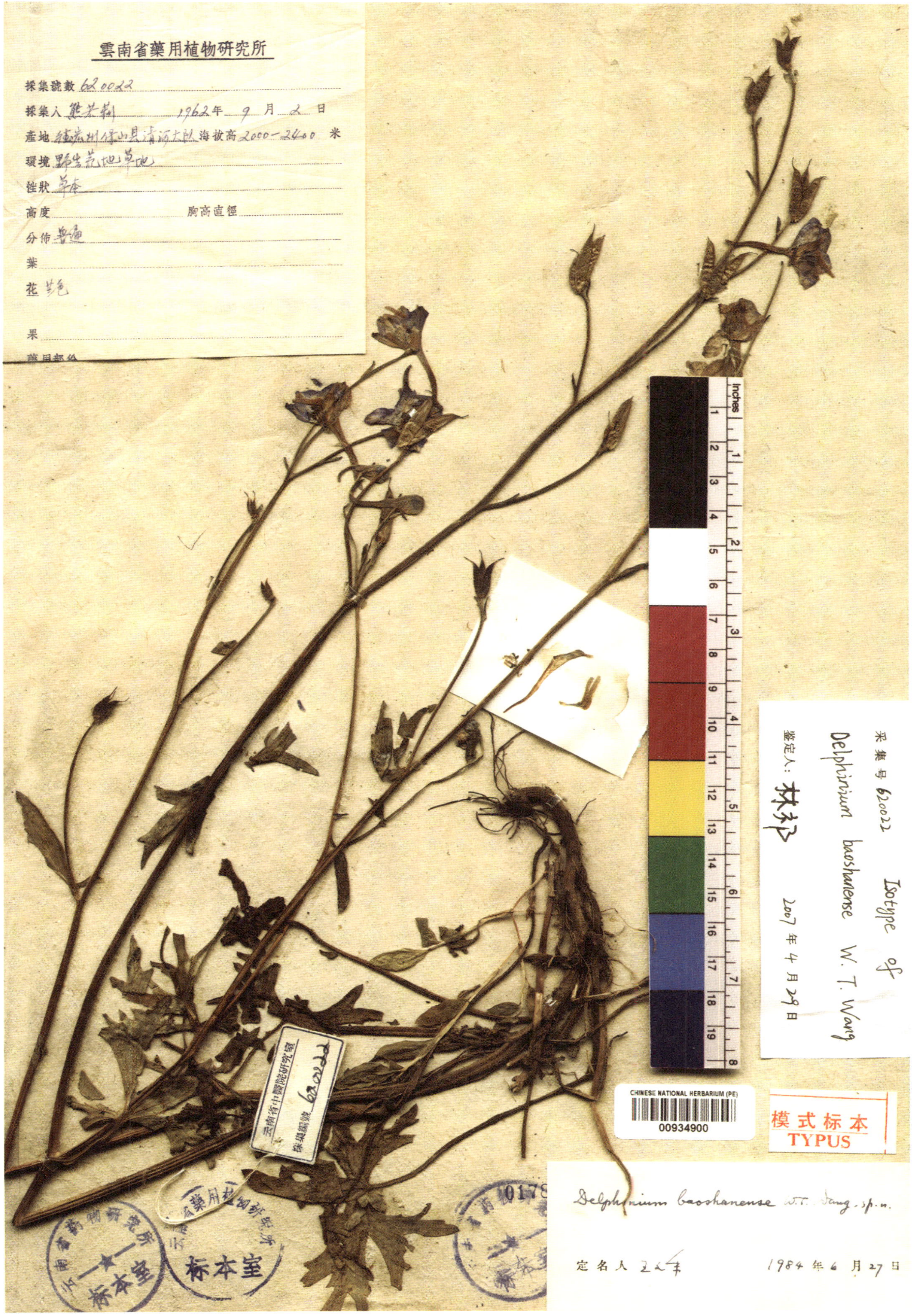

保山翠雀花 ***Delphinium baoshanense*** W. T. Wang in Bull. Bot. Res., Harbin 6(1): 12, pl. 3: 3-5. 1986. **Isotype:** China. Yunnan: Baoshan, alt. 2 000~2 400 m, 1962-09-02, R. L. Xiong 620022.

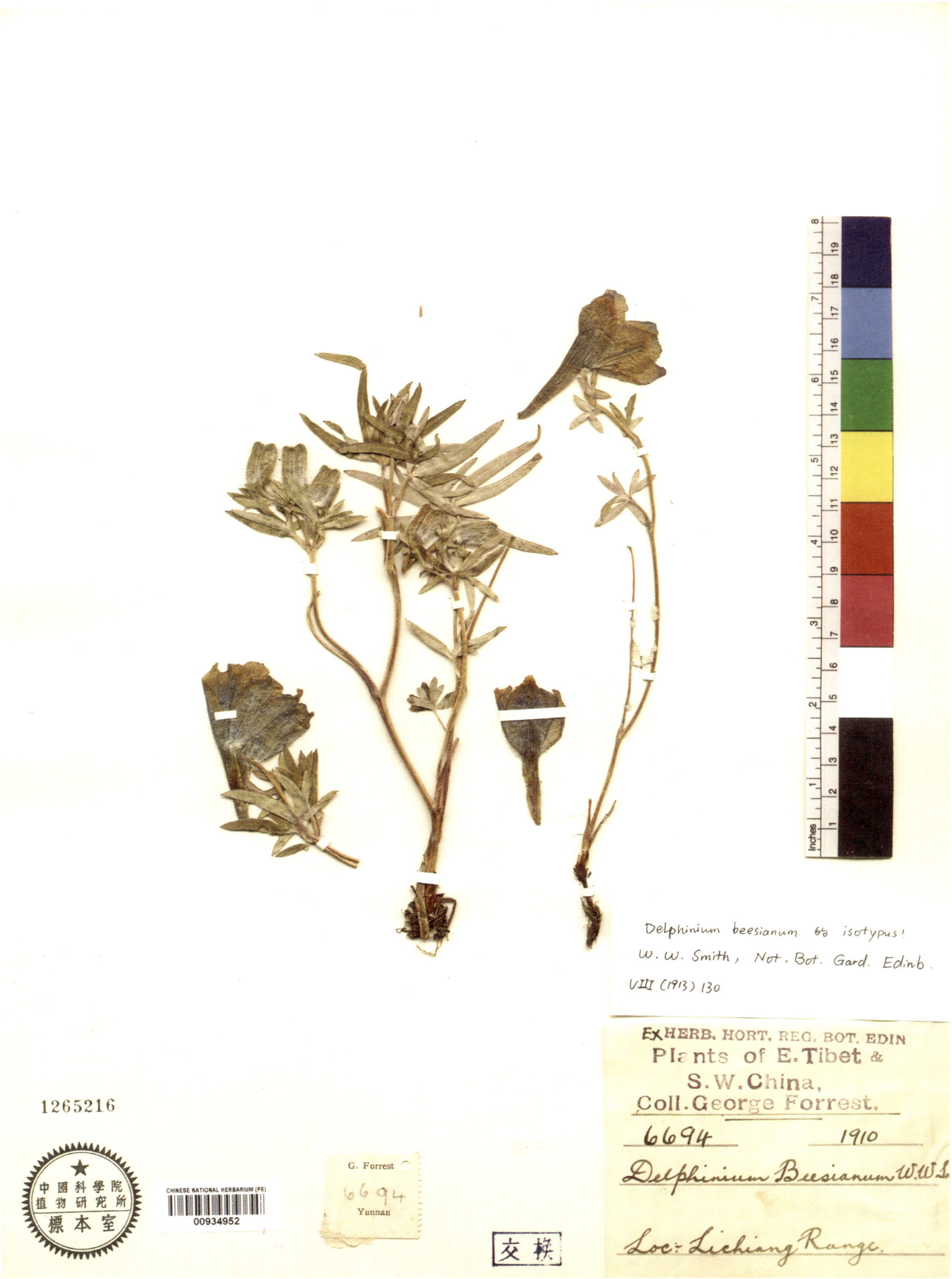

宽距翠雀花 ***Delphinium beesianum*** W. W. Smith in Notes Roy. Bot. Gard. Edinburgh 8: 130. 1913. **Isotype*:*** China. Yunnan: Lijiang, 1910-??-??, G. Forrest 6694.

粗裂宽距翠雀花 ***Delphinium beesianum*** W. W. Smith var. ***latisectum*** W. T. Wang in Acta Bot. Sin. 10: 263. 1962; Q. Lin & al. in Kew Bull. 64: 573. 2009. **Holotype:** China. Yunnan: Dêqên, alt. 3 500 m,1935-08-(03-05), C. W. Wang 64995.

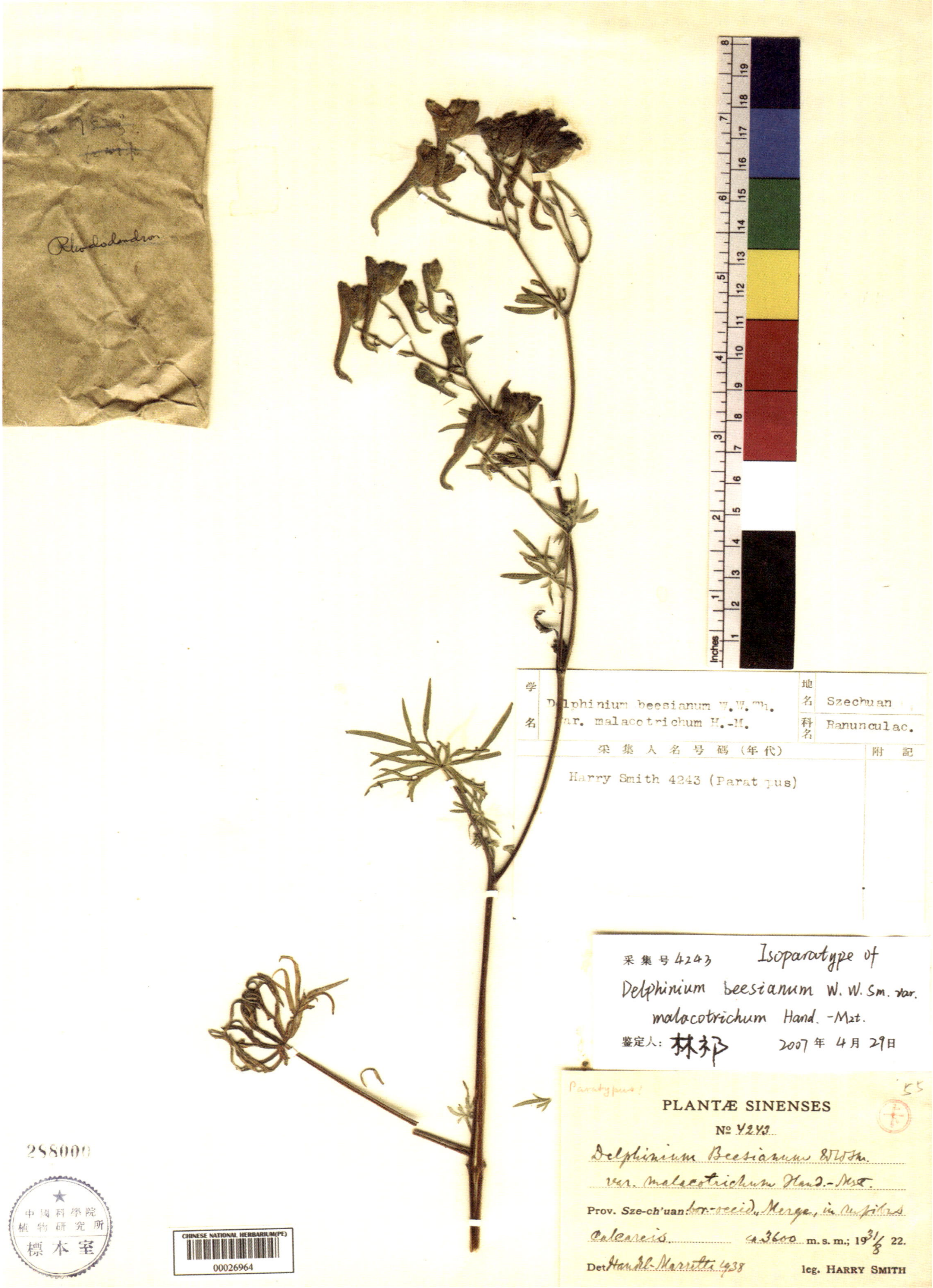

软毛宽距翠雀花 ***Delphinium beesianum*** W. W. Smith var. ***malacotrichum*** Hand.-Mazz in Acta Horti Gothob. 13(4): 60. 1939. **Isoparatype:** China. Sichuan: Meige, alt. 3 600 m, 1922-08-31, H. Smith 4243.

辐裂翠雀花 ***Delphinium beesianum*** W. W. Smith var. ***malacotrichum*** Hand.-Mazz. f. ***radiatifolium*** Hand.-Mazz. in Acta Horti Gothob 13(4): 60. 1939. **Isotype:** China. Sichuan: Daofu, alt. 4 500 m, 1934-09-07, H. Smith 11939.

毛柄川黔翠雀花 ***Delphinium bonvalotii*** Franch. var. ***hispidum*** W. T. Wang, Fl. Reip. Pop. Sin. 27: 412, 614. 1979.
Holotype: China. Guizhou: Wangmo, alt. 1 200 m, 1960-04-19, Guizhou Exped. 1027.

短尾翠雀花 ***Delphinium brachyurum*** W. T. Wang in Pl. Divers. Resourc. 36(6): 788, f. 1. 2014. **Holotype:** China. Yunnan: Lijiang, alt. 3 400~3 600 m, 1992-10-01, C. J. Chen 92503.

光果拟螺距翠雀花 ***Delphinium bulleyanum*** Diels. var. ***leiogynum*** W. T. Wang in Guihaia 33(5): 582, f. 2: F-G. 2013.
Holotype: China. Sichuan: Danba, alt. 2 800~2 950 m, 2007-07-24, D. E. Boufford & al. 38028.

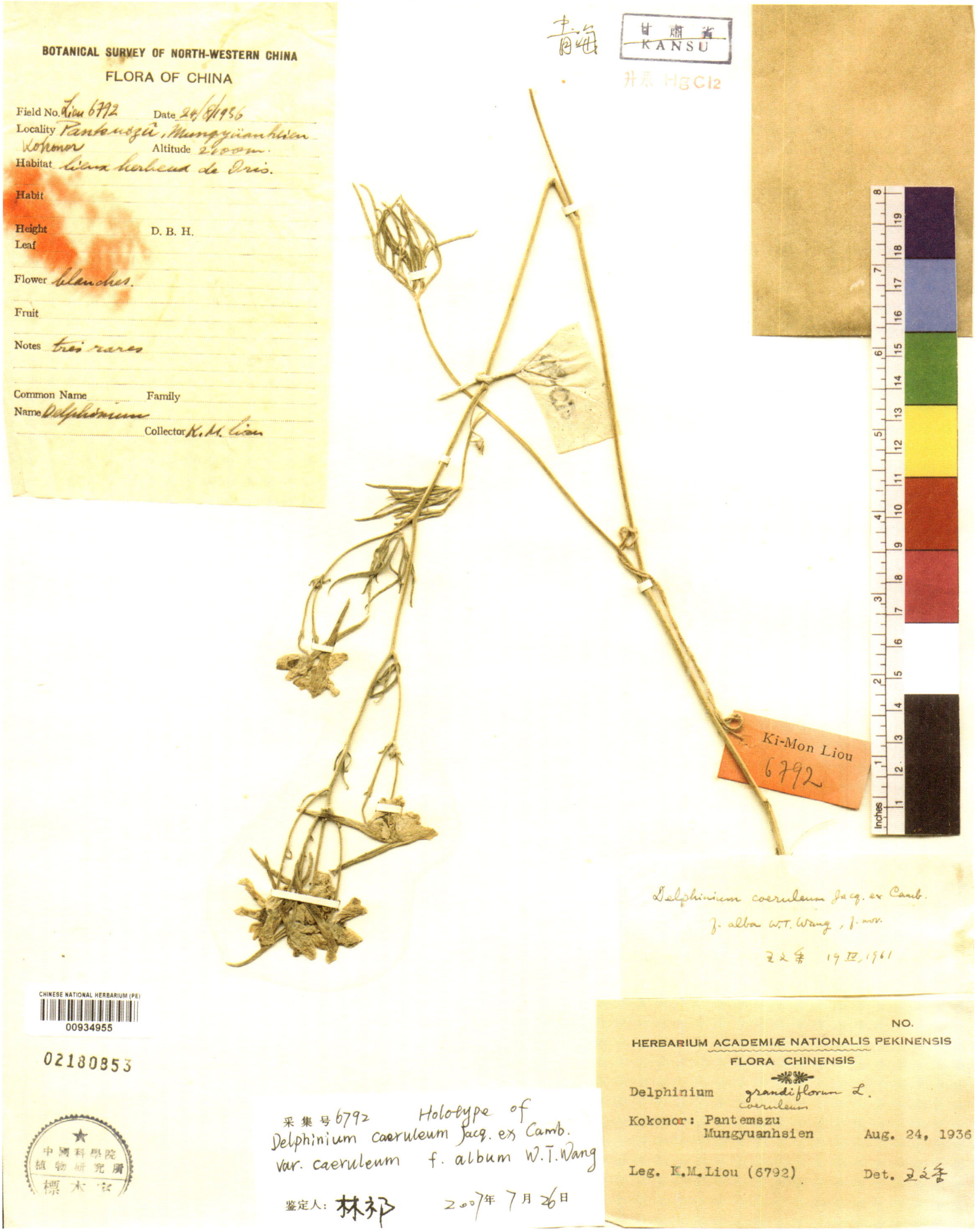

白花蓝翠雀花 ***Delphinium caeruleum*** Jacq. ex Camb. f. ***album*** W. T. Wang in Acta Bot. Sin. 10(3): 266. 1962. **Holotype:** China. Qinghai: Menyuan, alt. 2 100 m, 1936-08-24, K. M. Liou 6792.

钙生翠雀花 ***Delphinium calcicola*** W. W. Smith in Notes Roy. Bot. Gard. Edinburgh 8(37): 130. 1913. **Isotype:** China. Yunnan: Lijiang, 1910-??-??, G. Forrest 6364.

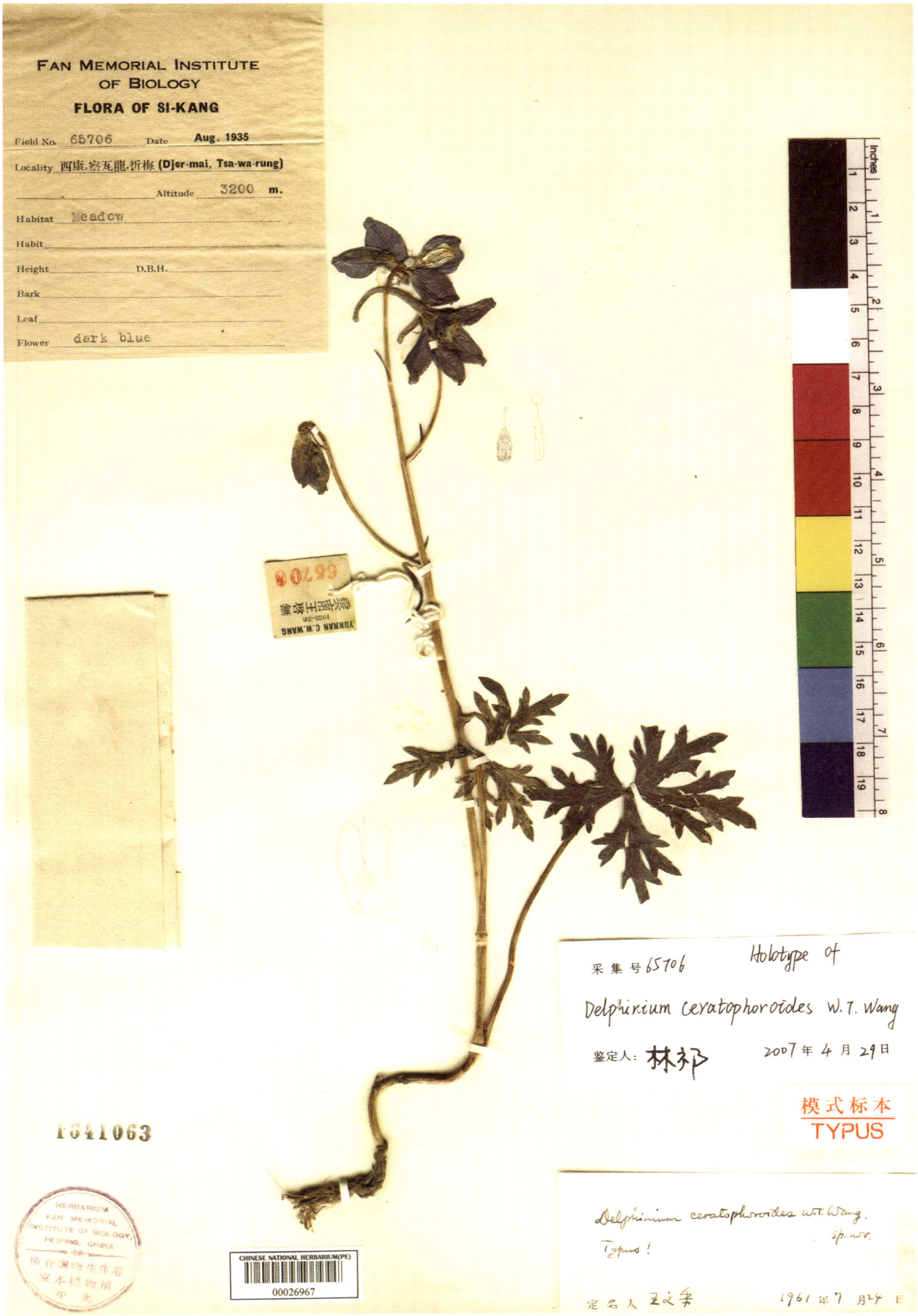

假角萼翠雀花 ***Delphinium ceratophoroides*** W. T. Wang in Acta Bot. Sin. 10(2): 158. 1962. **Holotype:** China. Xizang: Tsa-wa-rung (= Zayü), alt. 3 200 m, 1935-08-??, C. C. Wang 65706.

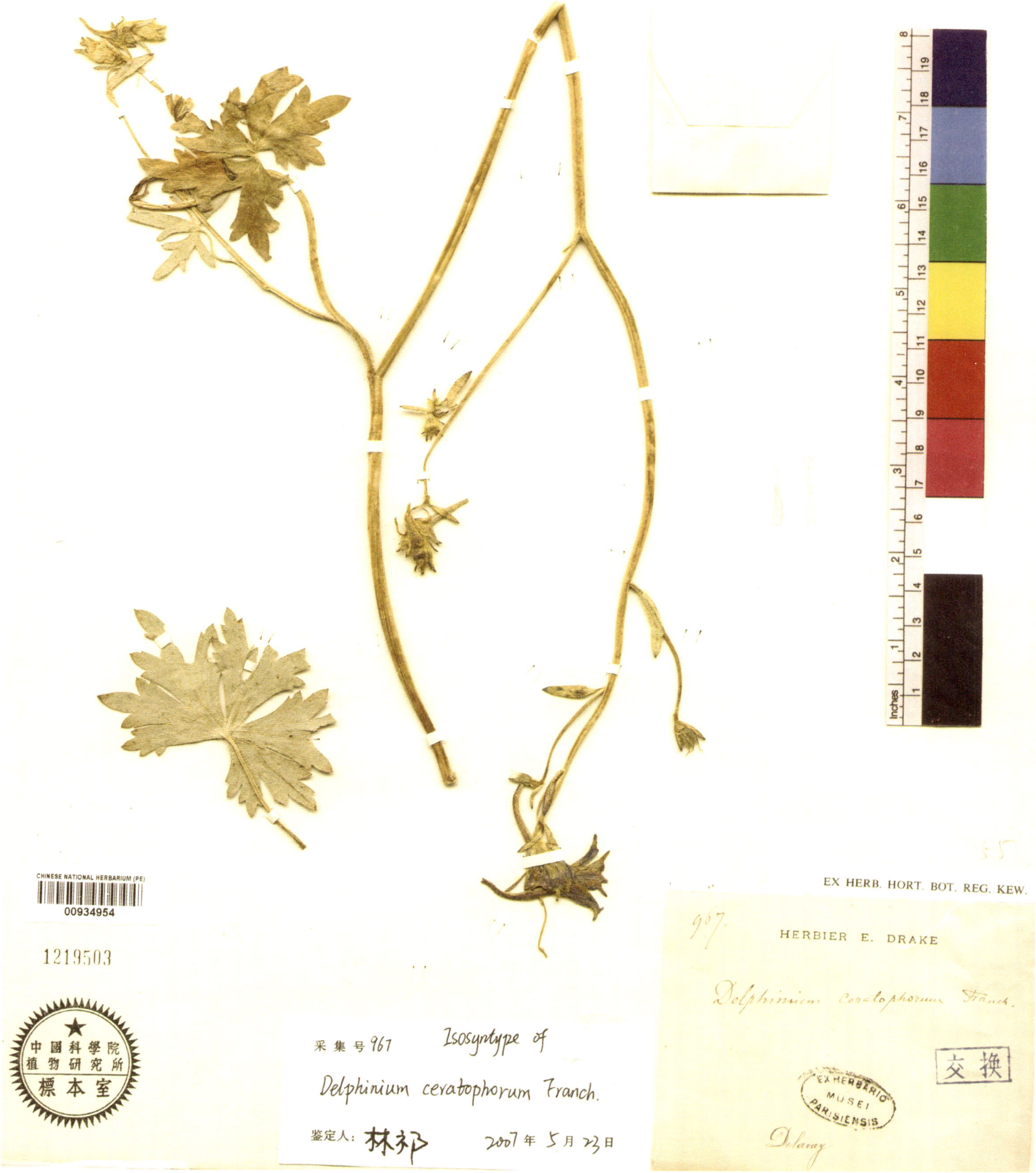

角萼翠雀花 ***Delphinium ceratophorum*** Franch. in Bull. Soc. Bot. France 33: 377. 1886. **Lectotype** (designated here): China. Yunnan: Eryuan, alt. 3 200 m, 1884-09-04, Delavay 967.

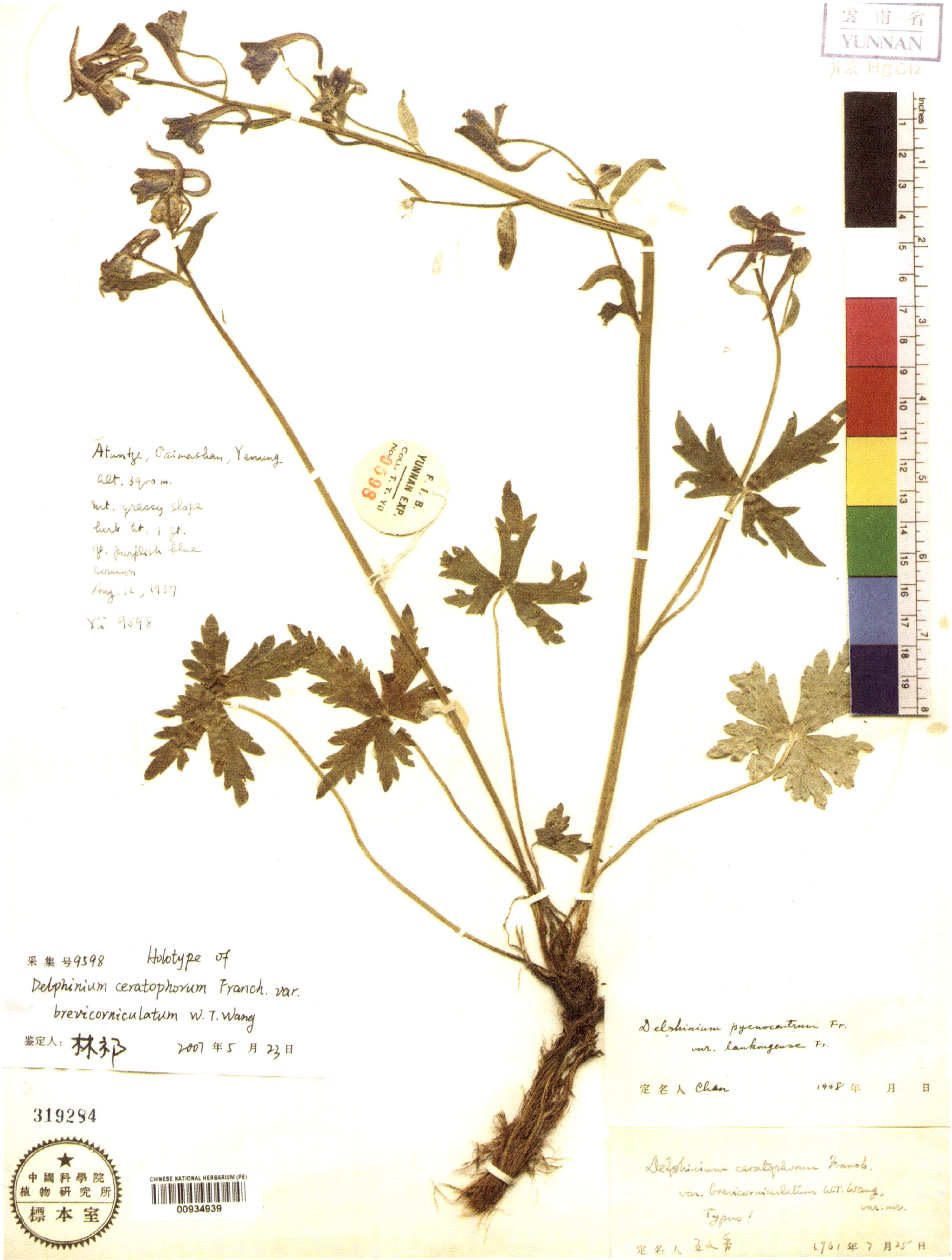

短角萼翠雀 ***Delphinium ceratophorum*** Franch. var. ***brevicorniculatum*** W. T. Wang in Acta Bot. Sin. 10(2): 157. 1962. **Holotype:** China. Yunnan: Dêqên, alt. 3 900 m, 1937-08-12, T. T. Yu 9598.

二裂角萼翠雀 ***Delphinium ceratophorum*** Franch.var. ***brevicorniculatum*** W. T. Wang f. ***lobatum*** W. T. Wang in Acta Bot. Sin. 10(2): 157. 1962. **Holotype:** China. Yunnan: Dêqên, alt. 4 100 m, 1937-07-25， T. T. Yu 9161.

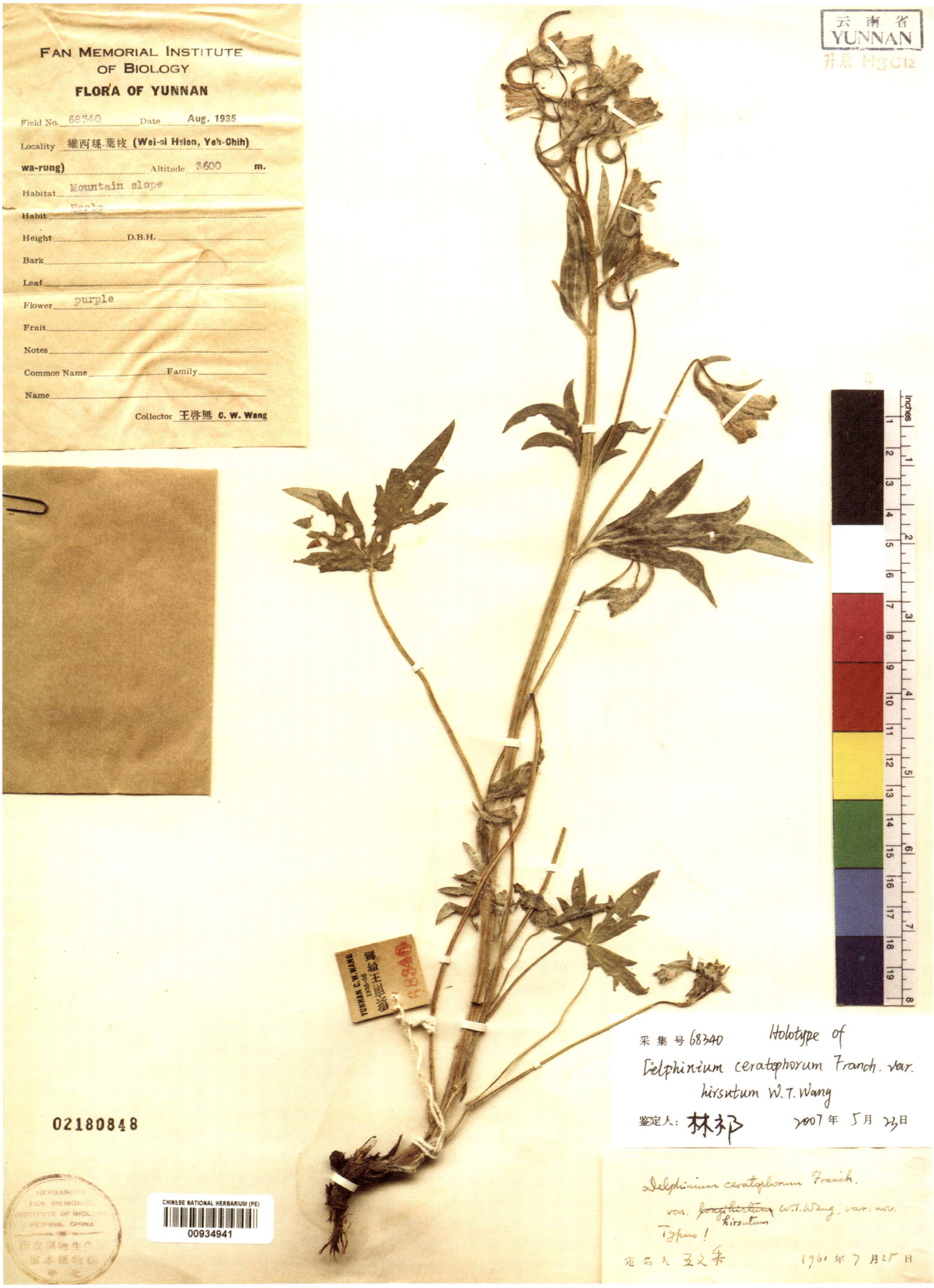

长毛角萼翠雀 ***Delphinium ceratophorum*** Franch. var. ***hirsutum*** W. T. Wang in Acta Bot. Sin. 10(2): 158. 1962. **Holotype:** China. Yunnan: Weixi, alt. 3 600 m, 1935-08-??, C. W. Wang 68340.

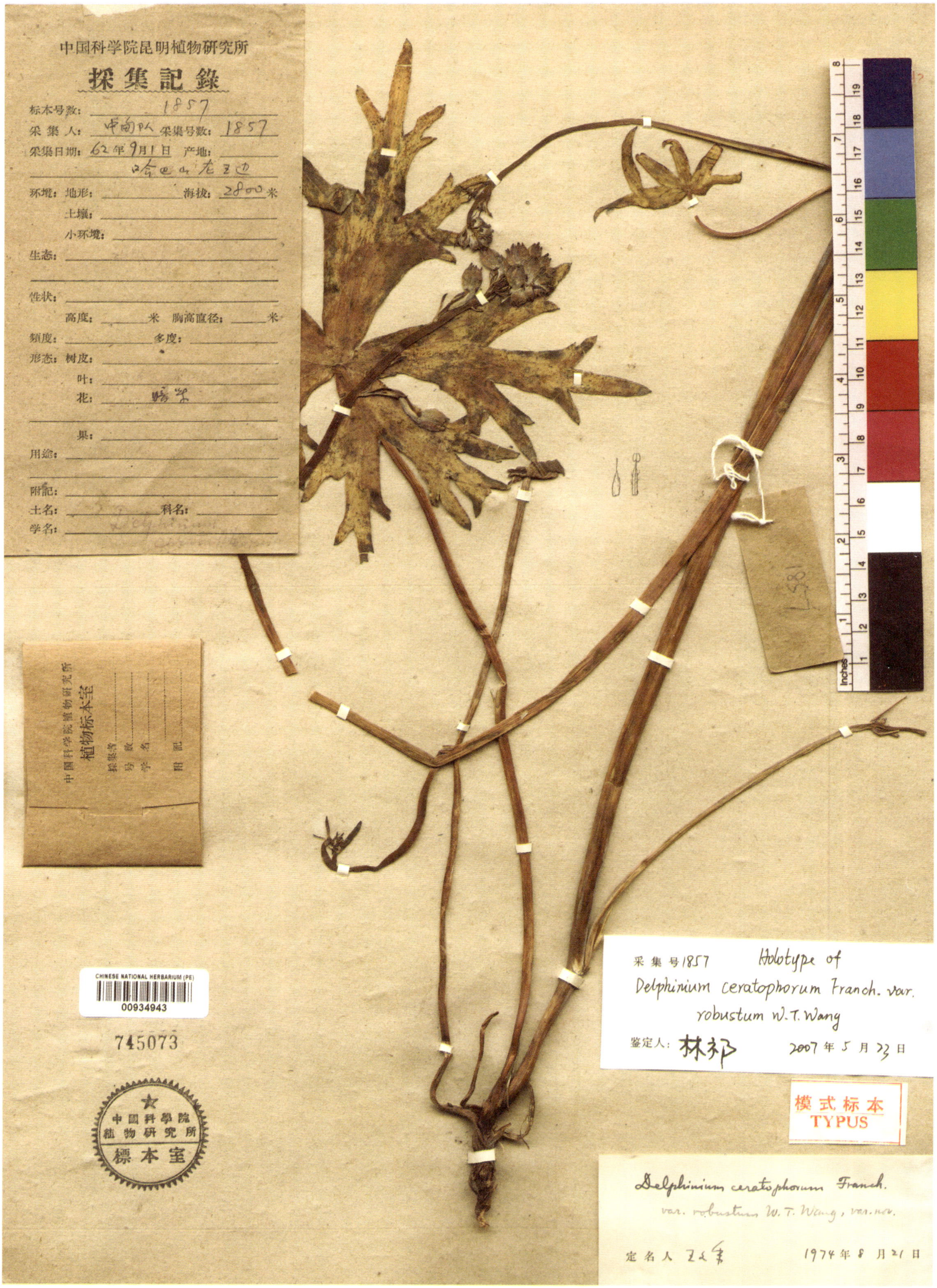

粗壮角萼翠雀花 ***Delphinium ceratophorum*** Franch. var. ***robustum*** W. T. Wang, Fl. Reip. Pop. Sin. 27: 429, 615. 1979. **Holotype:** China. Yunnan: Shangri-La, alt. 2 800 m, 1962-09-01, Zhongdian Exped. 1857.

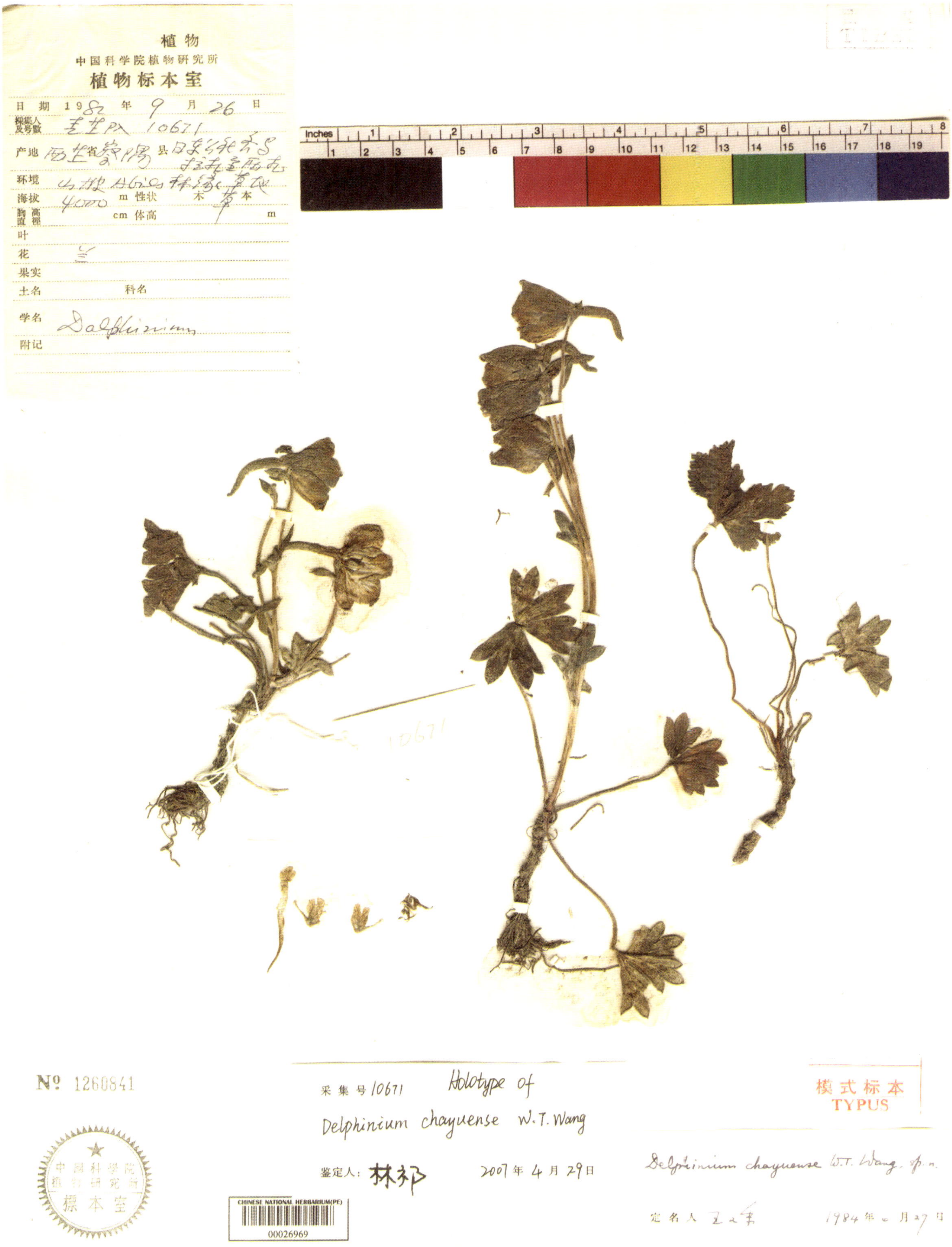

察隅翠雀花 ***Delphinium chayuense*** W. T. Wang in Bull. Bot. Res., Harbin 6(1): 16, pl. 4: 1-2. 1986. **Holotype:** China. Xizang: Zayü, alt. 4 000 m, 1982-09-26, Qinghai-Xizang Exped. 10671.

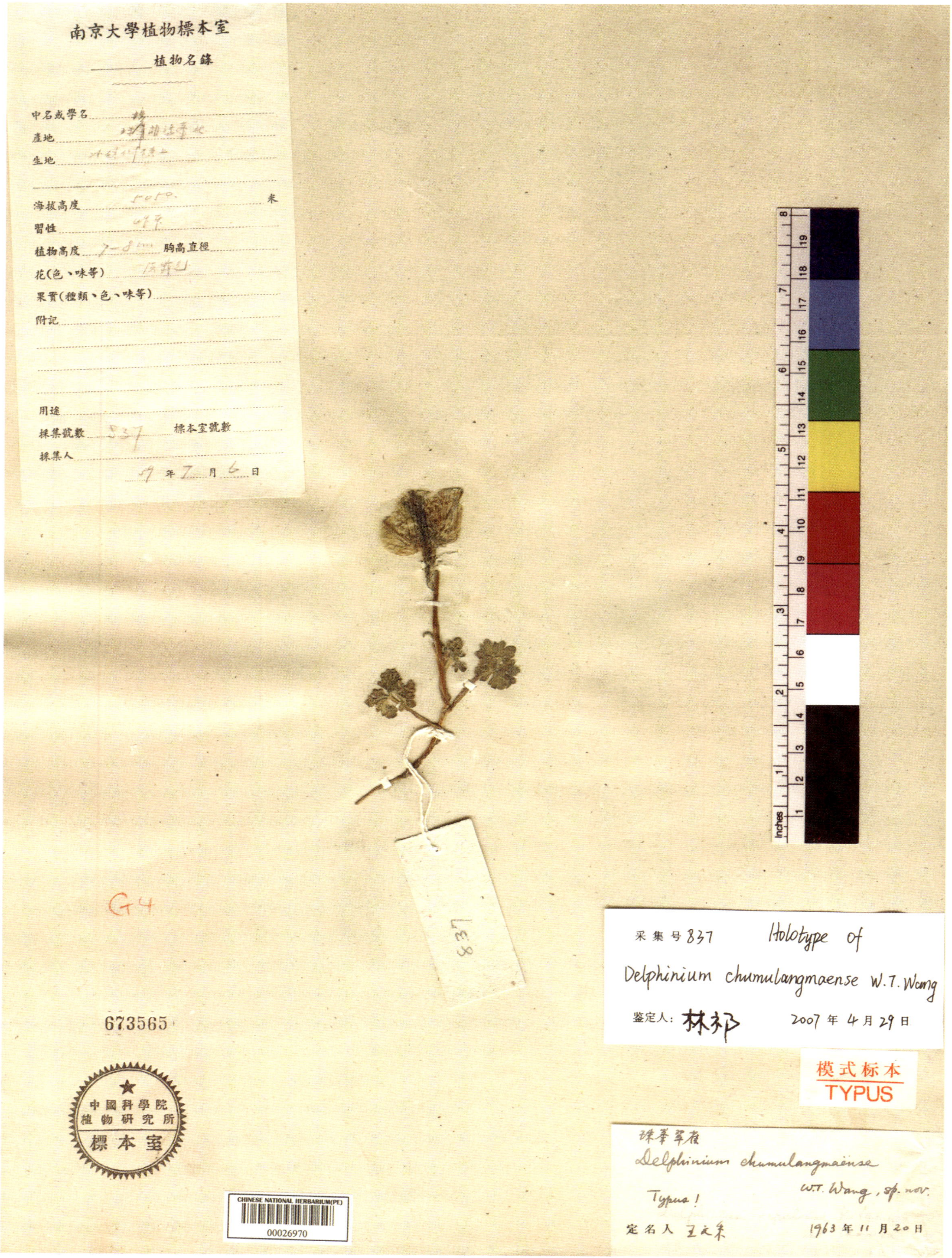

珠穆朗玛峰翠雀 ***Delphinium chumulangmaense*** W. T. Wang in Acta Phytotax. Sin., Addit. 1: 98. 1965. **Holotype:** China. Xizang: Zhumulangmafeng, alt. 5 050 m, 1959-07-06, Montent Chumulangma Exped. 837.

仲巴翠雀花 ***Delphinium chungbaense*** W. T. Wang, Fl. Reip. Pop. Sin. 27: 371, 512, f. 20. 1979. **Holotype:** China. Xizang: Zhongba, alt. 5 600 m, 1975-08-06, Qinghai-Xizang Exped. 6677.

天蓝色翠雀花 ***Delphinium coelestinum*** Franch. in J. Bot. (Morot) 8(16): 276. 1894. **Isotype:** China. Chongqing: Chengkou, R. P. Farges 630 ter.

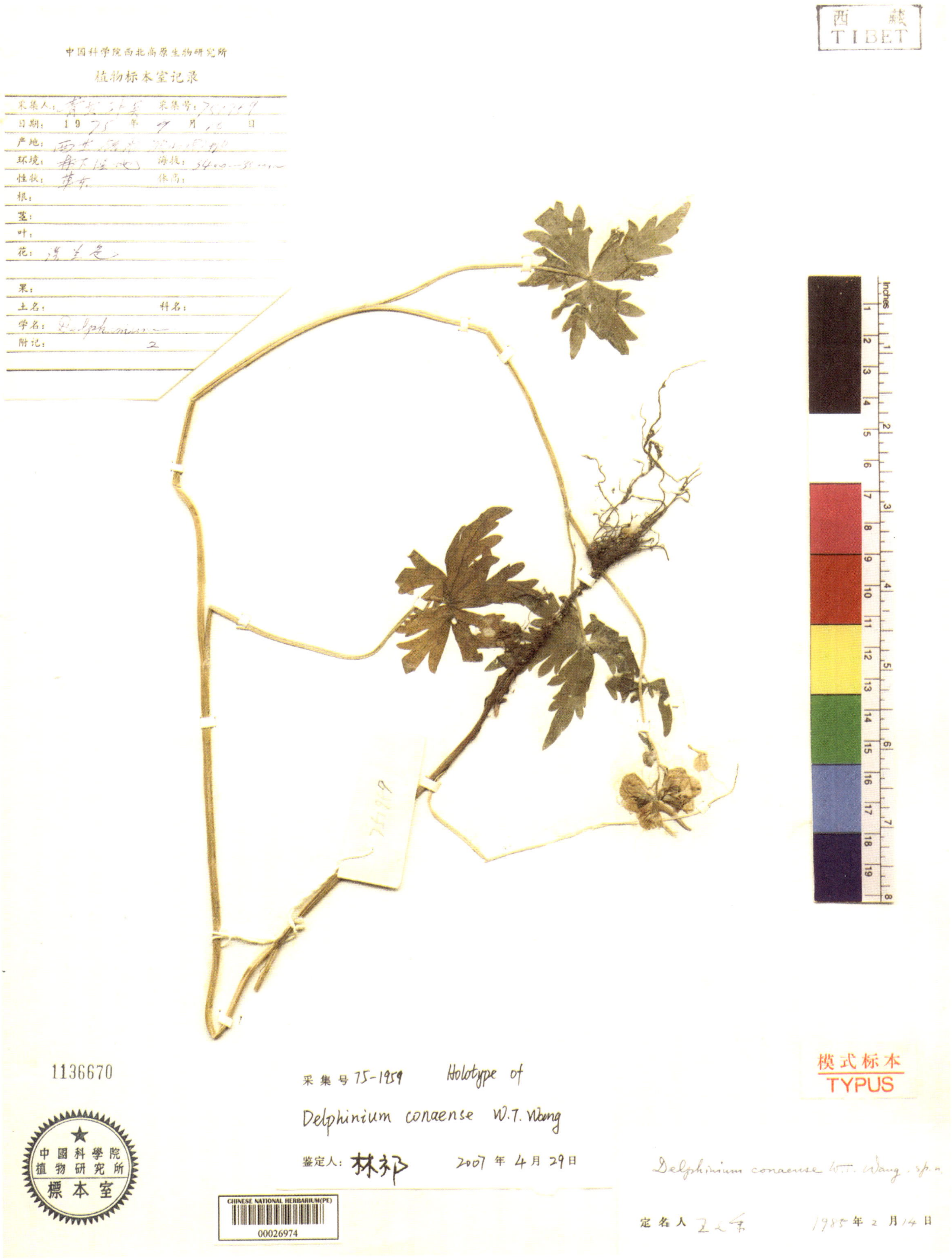

错那翠雀花 ***Delphinium conaense*** W. T. Wang in Acta Phytotax. Sin. 25(1): 34, pl. 4: 1. 1987. **Holotype:** China. Xizang: Cona, alt. 3 400~3 500 m, 1975-09-10, Qinghai-Xizang Exped. 75-1959.

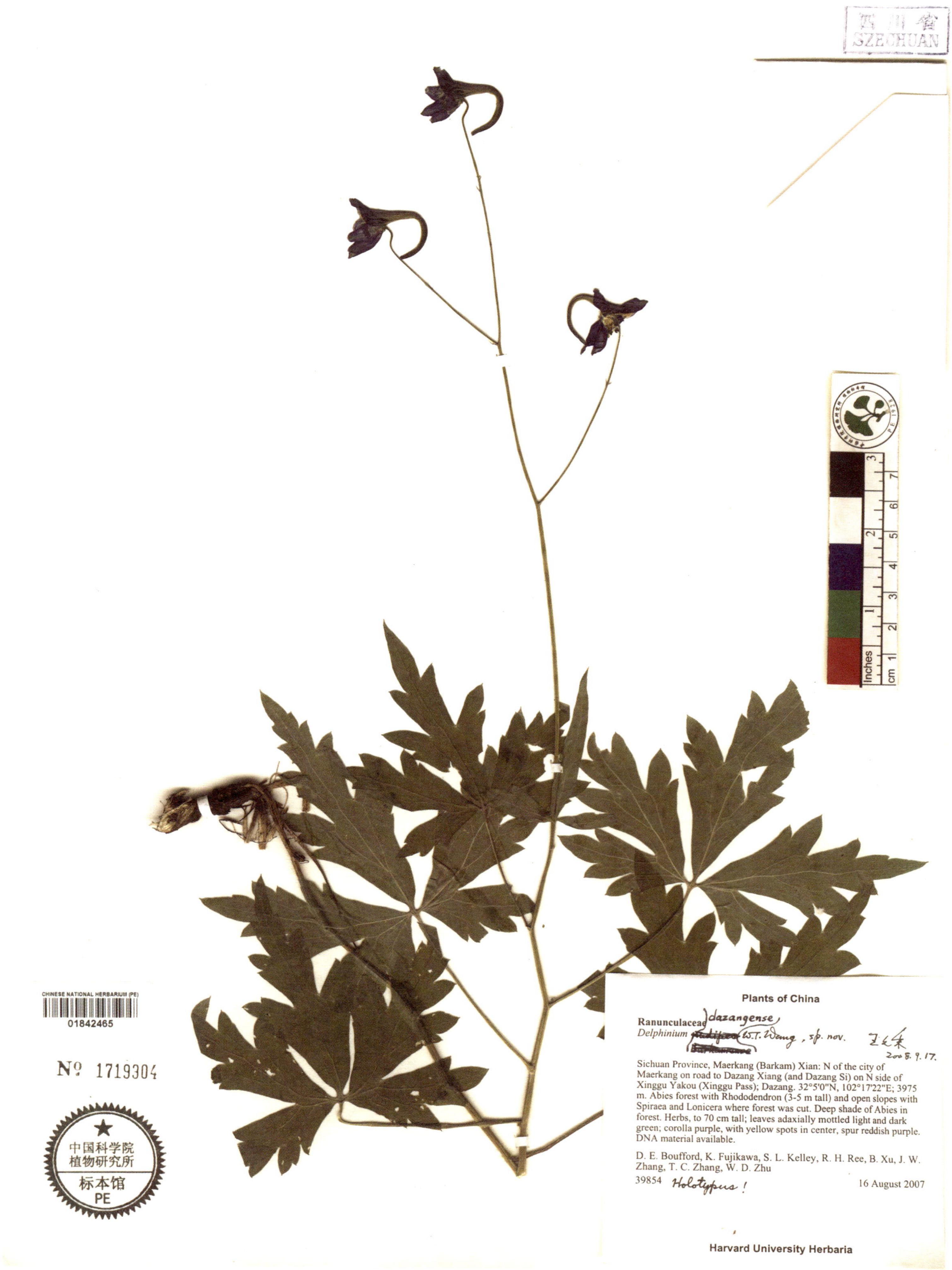

大藏翠雀花 ***Delphinium dazangense*** W. T. Wang in Guihaia 30(2): 149-151, f. 3. 2010. **Holotype:** China. Sichuan: Barkam, 2007-08-16, D. E. Boufford & al. 39854.

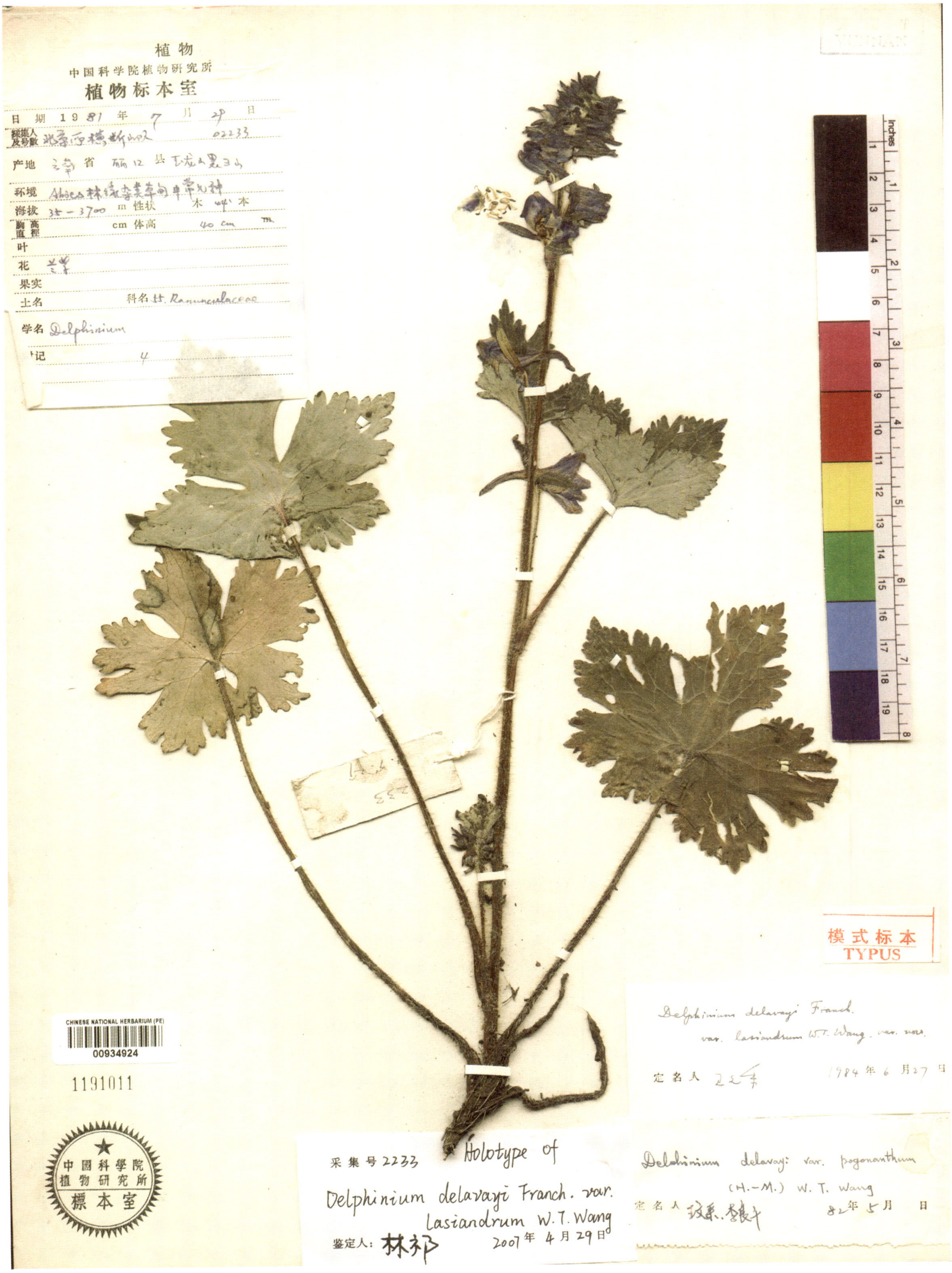

毛蕊翠雀花 ***Delphinium delavayi*** Franch. var. ***lasiandrum*** W. T. Wang in Bull. Bot. Res., Harbin 6(1): 14, pl. 4: 6-8. 1986. **Holotype:** China. Yunnan: Lijiang, alt. 3 500~3 700 m, 1981-07-29, Hengduanshan Exped. 2233.

拟长距翠雀 ***Delphinium dolichocentroides*** W. T. Wang in Acta Bot. Sin. 10(2): 159. 1962. **Holotype:** China. Sichuan: Muli, alt. 3 400 m, 1937-08-19, T. T. Yu 14008.

长距翠雀 ***Delphinium dolichocentrum*** W. T. Wang in Acta Bot. Sin. 10(2): 162. 1962. **Holotype:** China. Yunnan: Dêqên, alt. 3 100 m, 1937-08-28, T. T. Yu 9885.

斯洛伐克翠雀 ***Delphinium elatum*** L. subsp. ***fiekianum*** Starm. in Fritschiana 30: 48. 2002. **Isotype:** Slowakei. Nord-Karpaten, Belianske Tatry, 2001-08-30, U. & W. Starmuhler s. n.

绢毛高翠雀 ***Delphinium elatum*** L. var. ***sericeum*** W. T. Wang inActa Bot. Sin. 10(1): 81. 1962; Q. Lin in Kew Bull. 64: 573. 2009. **Holotype:** China. Xinjiang: Fuhai, alt. 1 890 m, 1957-08-04, J. Z. He & S. L. Li 550.

长卵形翠雀 ***Delphinium elliptico-ovatum*** W. T. Wang in Acta Bot. Sin. 10: 83. 1962. **Holotype:** China. Xinjiang: Wenquan, 1957-08-28, K. J. Guan 3858.

无腺翠雀 ***Delphinium eglandulosum*** C. Y. Yang & B. Wang in Acta Phytotax. Sin. 30(1): 85, f. 2: 1-6. 1992. **Isotype:** China. Xinjiang: Burjin, alt. 1 300 m, 1983-07-06, X. Liu 830174.

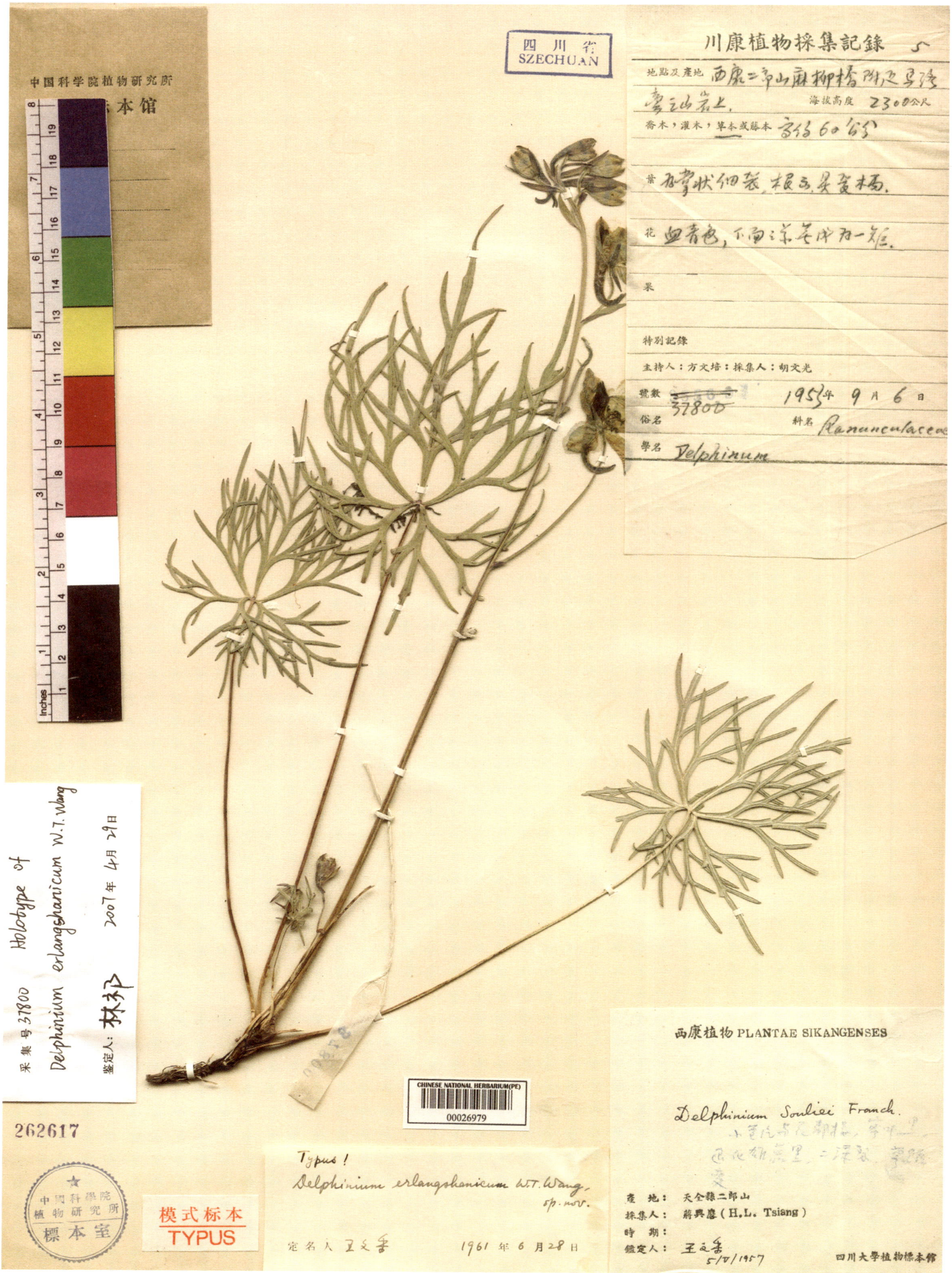

二郎山翠雀 ***Delphinium erlangshanicum*** W. T. Wang in Acta Bot. Sin. 10(1): 86. 1962. **Holotype:** China. Sichuan: Tianquan, alt. 2 300 m, 1953-09-06, W. G. Hu 37800.

房山翠雀 ***Delphinium fangshanense*** W. T. Wang in Acta Bot. Sin. 10(3): 269. 1962. **Holotype:** China. Beijing: Fangshan, alt. 600 m, 1934-10-03, T. N. Liou 8258.

城口翠雀花 ***Delphinium fargesii*** Franch. in Bull. Soc. Philom. Paris, 5: 164. 1893. **Isotype:** China. Chongqing: Chengkou, alt. 2 500 m, Farges 630.

冯氏翠雀花 ***Delphinium fengii*** W. T. Wang in Acta Phytotax. Sin. 6(4): 362. 1957. **Holotype:** China. Yunnan: Shangri-La, 1939-08-26, K. M. Feng 2207.

短距翠雀花 ***Delphinium forrestii*** Diels in Notes Roy. Bot. Gard. Edinburgh 5(25): 265. 1912. **Isotype:** China. Yunnan: Lijiang, alt. 3 660~3 965 m, 1906-09-??, G. Forrest 3030.

光叶短距翠雀花 ***Delphinium forrestii*** Diels var. ***leiophyllum*** W. T. Wang, Fl. Reip. Pop. Sin. 27: 352, 611. 1979.
Holotype: China. Xizang: Linzhou, alt. 4 300~4 500 m, 1972-10-07, Xizang Expec. 1910.

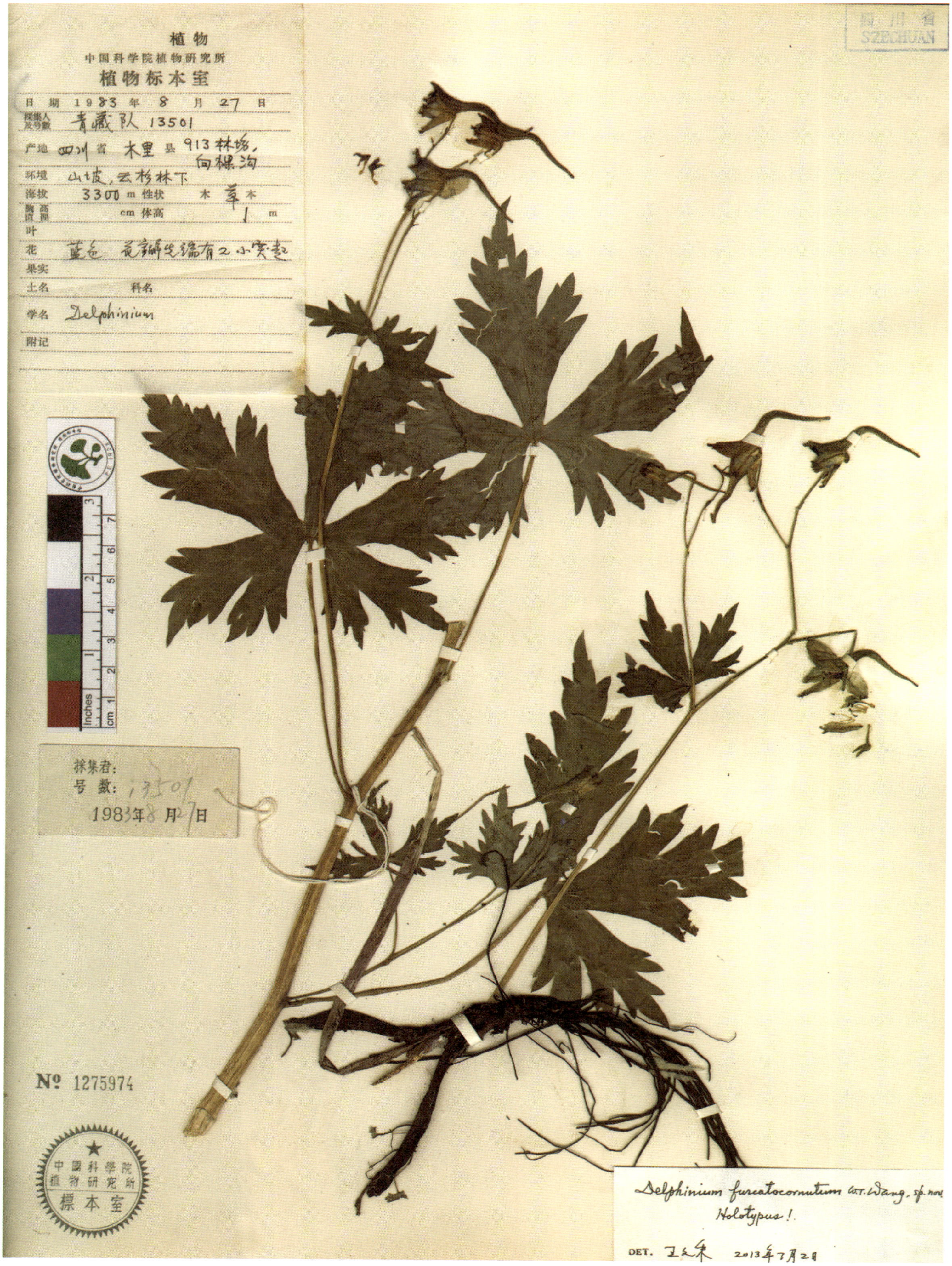

叉角翠雀花 ***Delphinium furcatocornutum*** W. T. Wang in Bull. Bot. Res., Harbin 34(2): 145, f. 1. 2014. **Holotype:** China. Sichuan: Muli, alt. 3 300 m, 1983-08-27, Qinghai-Xizang Exped. 13501.

无毛茎翠雀 ***Delphinium glabricaule*** W. T. Wang in Acta Bot. Sin. 10(2): 154. 1962. **Holotype:** China. Sichuan: Xiaojin, 1958-07-23, X. S. Zhang & Y. X. Ren 6099.

光果翠雀 ***Delphinium grandiflorum*** L. var. ***leiocarpum*** W. T. Wang in Acta Bot. Sin. 10(3): 274. 1962. **Holotype:** China. Shaanxi: Qingjian, alt. 680 m, 1953-10-02, K. J. Fu 7900.

大叶翠雀 ***Delphinium grandiflorum*** L. var. ***majus*** W. T. Wang in Acta Bot. Sin. 10(3): 266, 273. 1962. **Holotype:** China. Yunnan: Lijiang, 1942-08-27, K. M. Feng 9286.

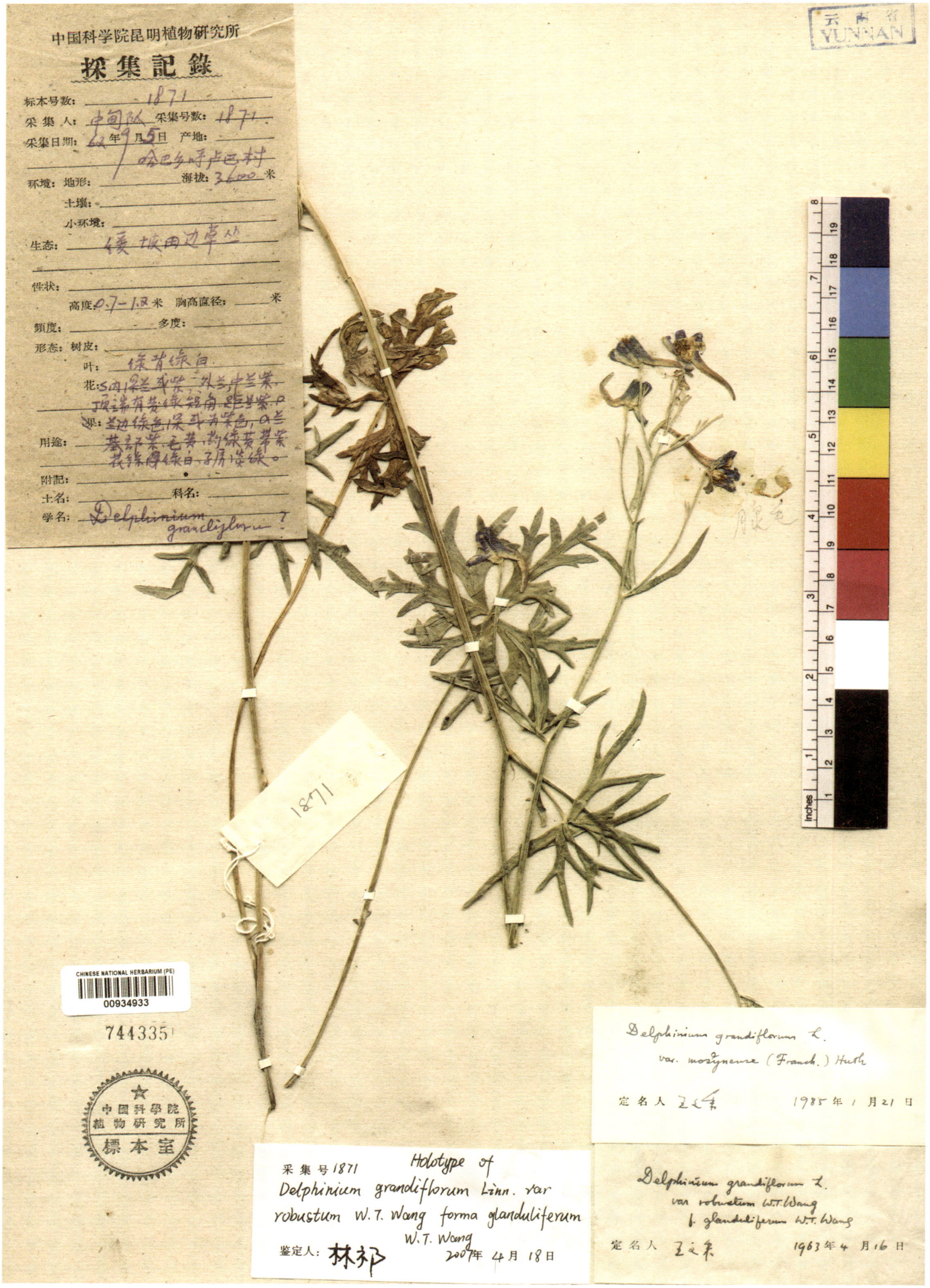

具腺翠雀 ***Delphinium grandiflorum*** L. var. ***robustum*** W. T. Wang f. ***glanduliferum*** W. T. Wang in Acta Phytotax. Sin., Addit. 1: 103. 1965. **Holotype:** China. Yunnan: Shangri-La, alt. 3 600 m, 1962-09-05, Zhongdian Exped. 1871.

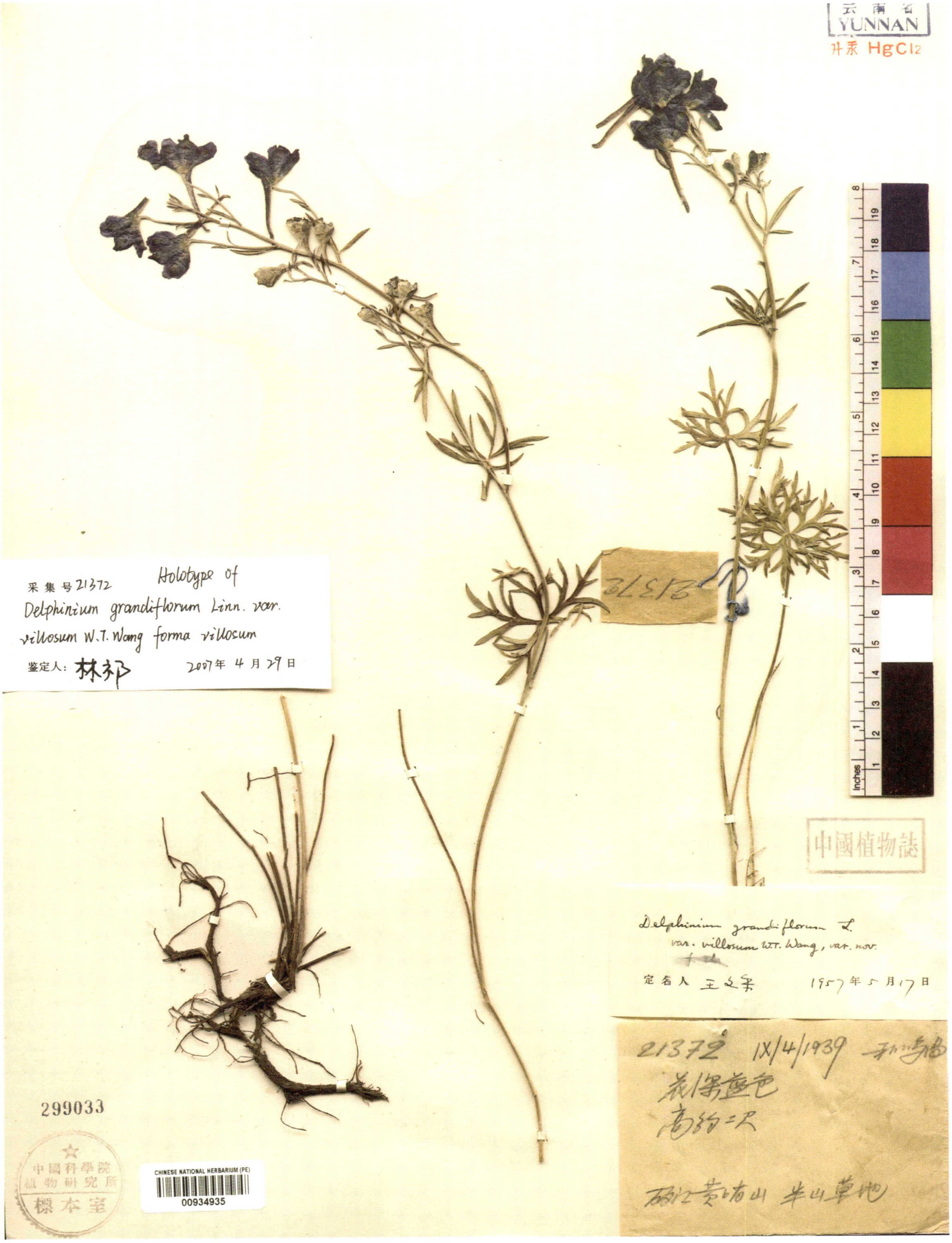

展毛翠雀 ***Delphinium grandiflorum*** L. var. ***villosum*** W. T. Wang f. ***villosum*** in Acta Phytotax. Sin., Addit. 1: 103. 1965.
Holotype: China. Yunnan: Lijiang, alt. 2 400~3 000 m, 1939-09-04, M. C. He 21372.

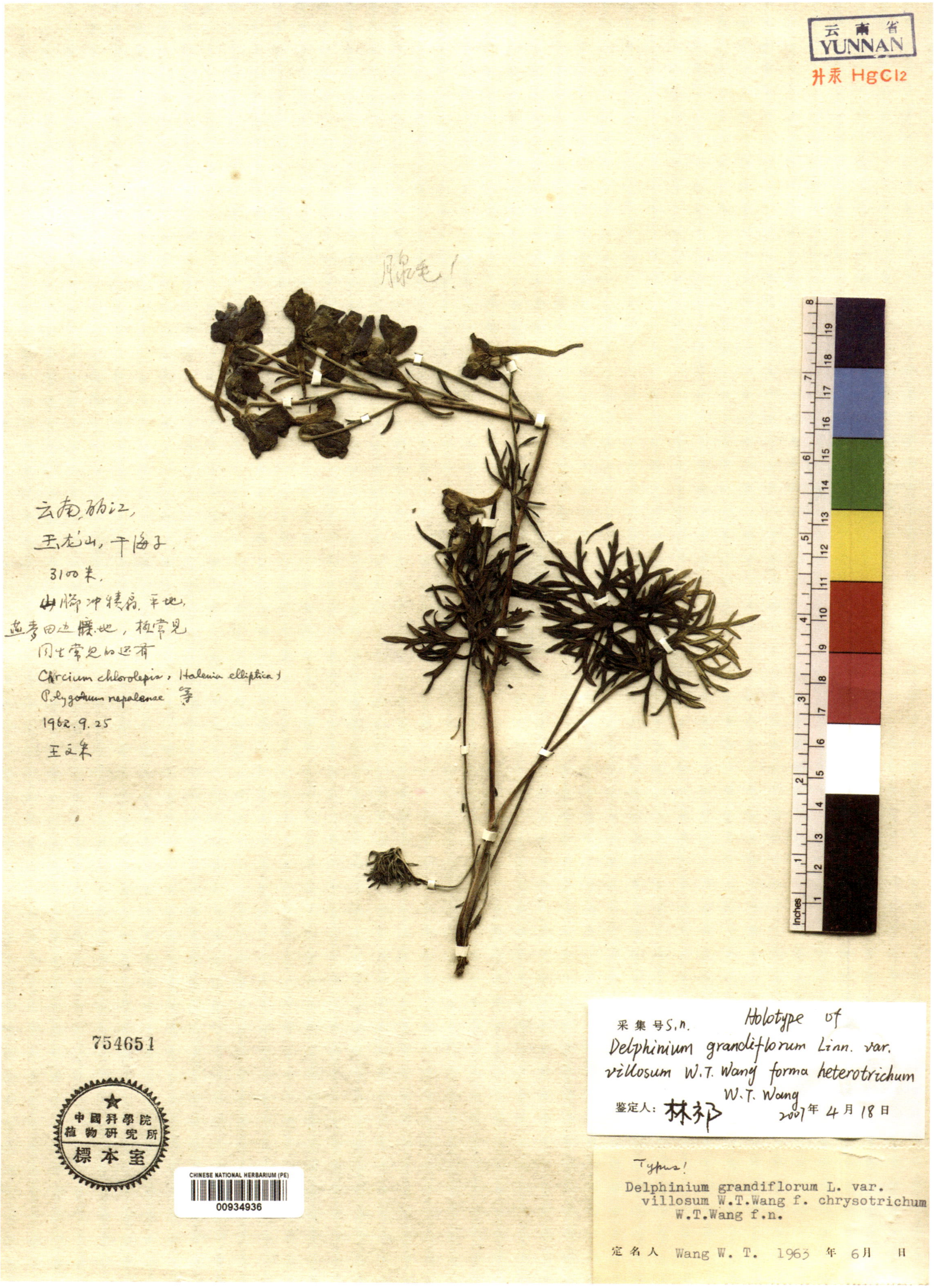

异毛翠雀 ***Delphinium grandiflorum*** L. var. ***villosum*** W. T. Wang f. ***heterotrichum*** W. T. Wang in Acta Phytotax. Sin., Addit. 1: 103. 1965. **Holotype:** China. Yunnan: Lijiang, alt. 3 100 m, 1962-09-25, W. T. Wang s. n.

钩距翠雀花 ***Delphinium hamatum*** Franch., Pl. Delavay. 28, pl. 7. 1889. **Isotype:** China. Yunnan: Eryuan, alt. 3 200 m, 1887-10-14, Delavay s. n.

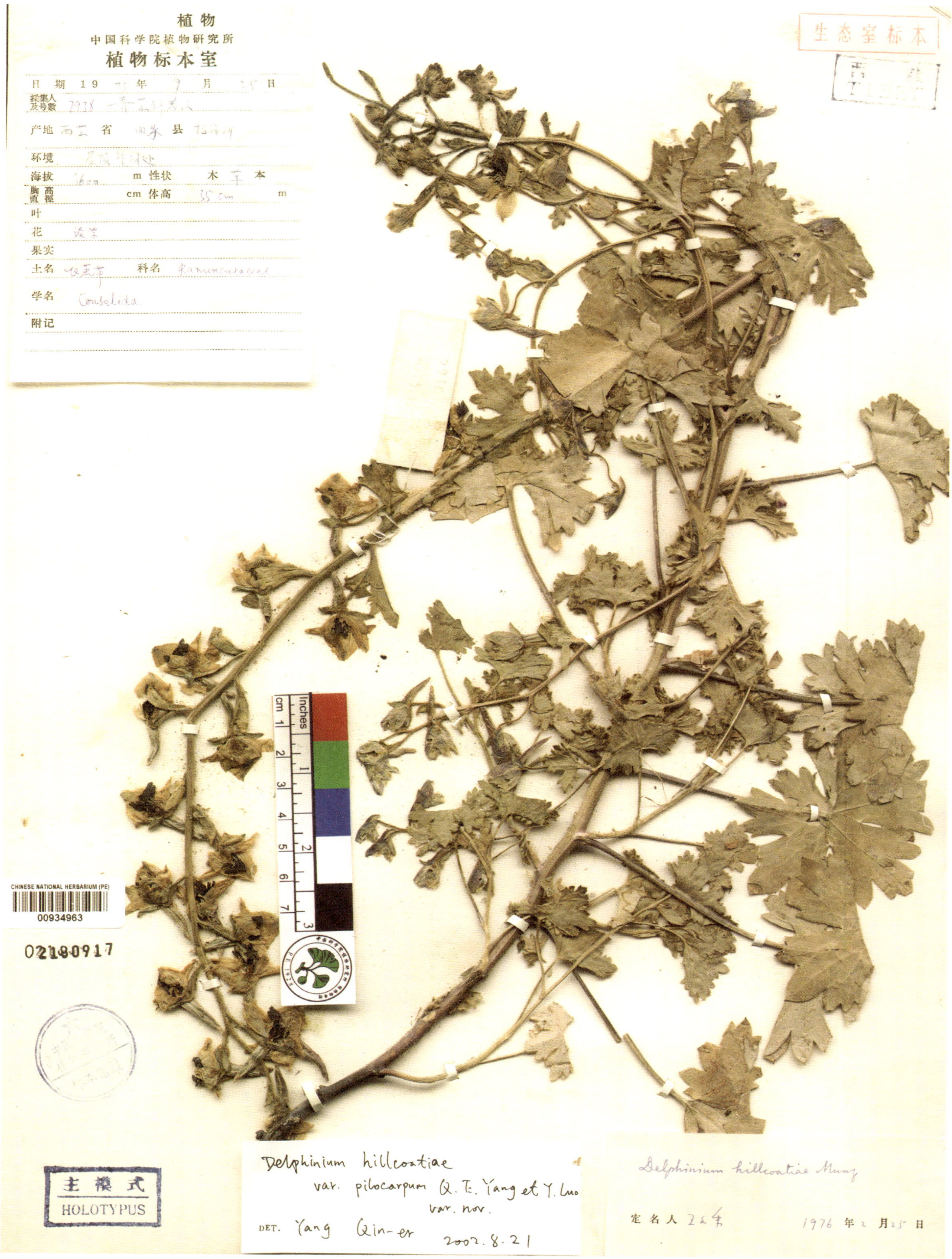

毛果毛茛叶翠雀花 ***Delphinium hillcoatiae*** Munz. var. ***pilocarpum*** Q. E. Yang & Y. Luo in Novon 13(4): 487. 2003.
Holotype: China. Xizang: Qüxü, alt. 3 600 m, 1975-09-25, Qinghai-Xizang Exped. 7938.

小花毛茎翠雀花 ***Delphinium hirticaule*** Franch. var. ***micranthum*** Finet & Gagnep. in Bull. Soc. Bot. France 51: 485. 1904. **Isotype:** China. Chongqing: Chengkou, Farges 630.

毛梗毛茎翠雀花 ***Delphinium hirticaule*** Franch. var. ***mollipes*** W. T. Wang in Acta Bot. Sin. 10(2): 146. 1962. **Holotype:** China. Chongqing: Wuxi, alt. 2 600 m, 1958-07-23, G. H. Yang 58941.

河南翠雀 ***Delphinium honanense*** W. T. Wang in Acta Bot. Sin. 10(2): 146. 1962. **Holotype:** China. Henan: Xixia, alt. 1 300 m, 1959-05-14, Henan Exped. 534.

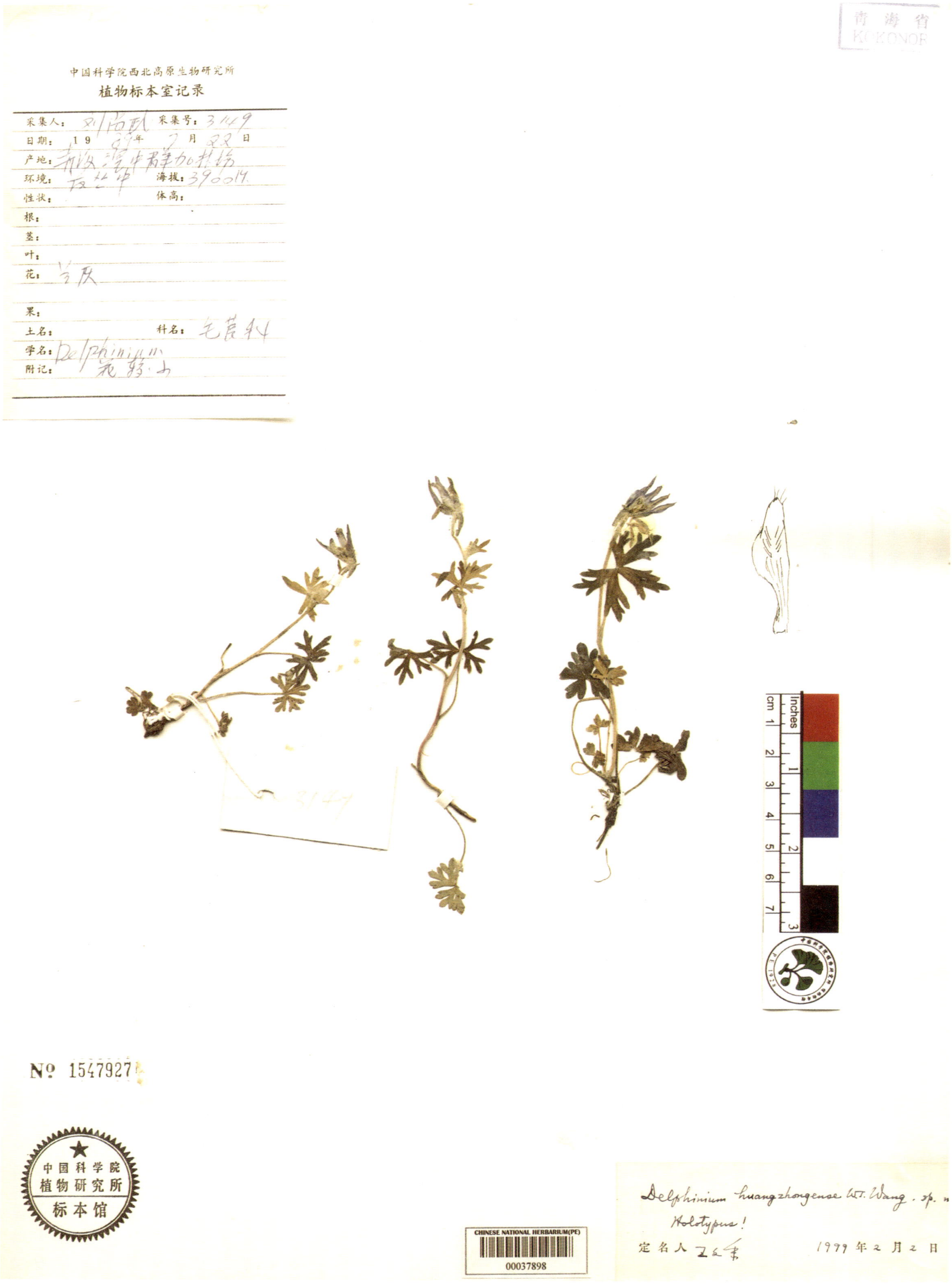

湟中翠雀 ***Delphinium huangzhongense*** W. T. Wang in Acta Phytotax. Sin. 37(3): 216, f. 1: 4-5. 1999. **Holotype:** China. Qinghai: Huangzhong, alt. 3 900 m, 1989-07-22, S. W. Liu 3149.

贡嘎翠雀花 ***Delphinium hui*** Chen in Bull. Fan Mem. Inst. Biol., New Ser. 1: 173. 1948. **Isotype:** China. Sichuan: Daocheng, alt. 4 500 m, 1937-08-31, T. T. Yu 13101.

甘肃翠雀 ***Delphinium kansuense*** W. T. Wang in Acta Phytotax. Sin., Addit. 1: 100, pl. 6, f. 24. 1965. **Holotype:** China. Gansu: Lianhuashan, 1950-08-??, NWUB Exped. 65.

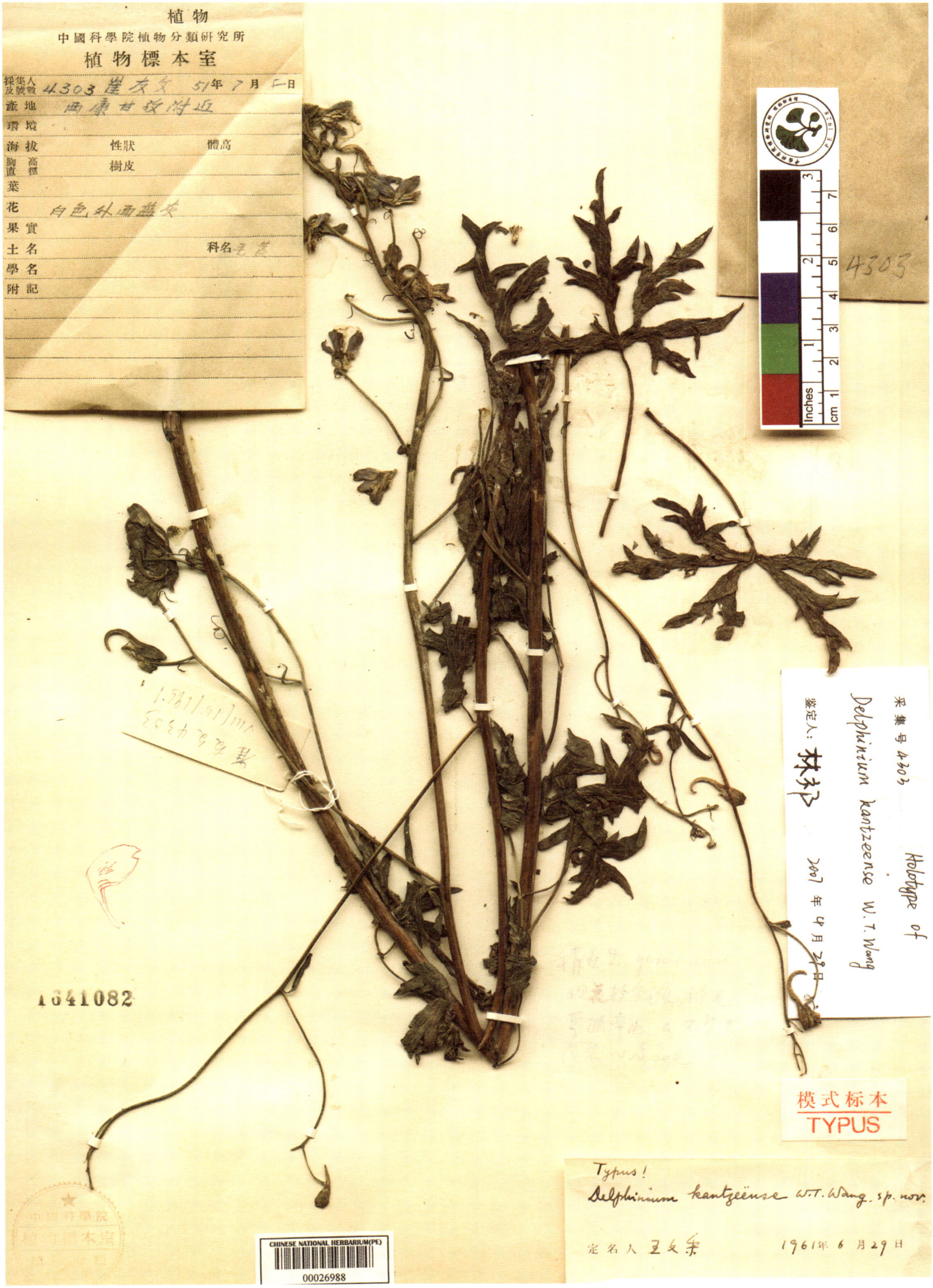

甘孜翠雀 ***Delphinium kantzeense*** W. T. Wang in Acta Bot. Sin. 10(2): 161. 1962. **Holotype:** China. Sichuan: Garzê, 1951-07-08, Y. W. Cui 4303.

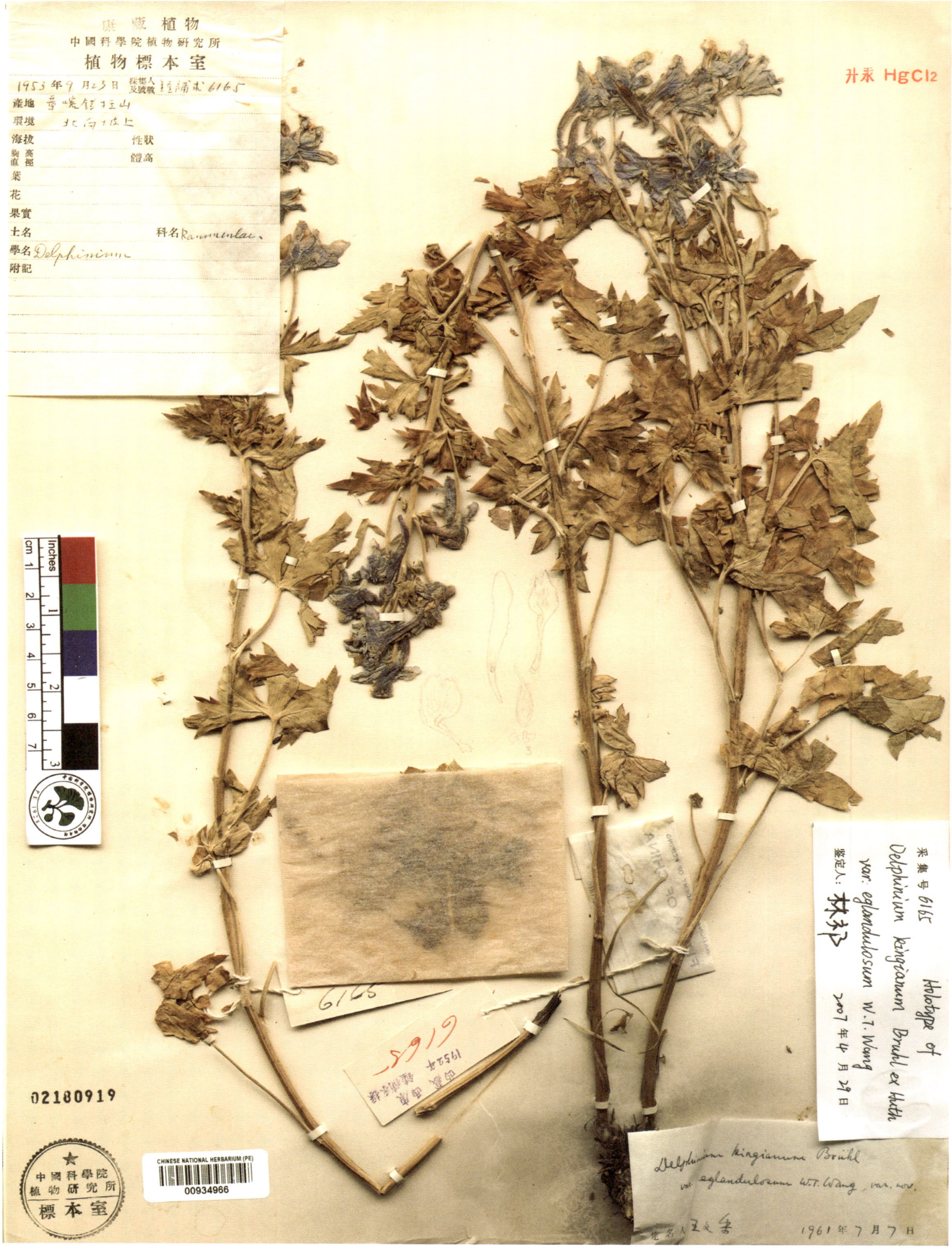

无腺假粗距翠雀 ***Delphinium kingianum*** Brühl ex Huth var. ***eglandulosum*** W. T. Wang in Acta Bot. Sin. 10(2): 138. 1962. **Holotype:** China. Xizang: Zhangge, Cuolashan, 1953-09-23, P. C. Tsoong 6165.

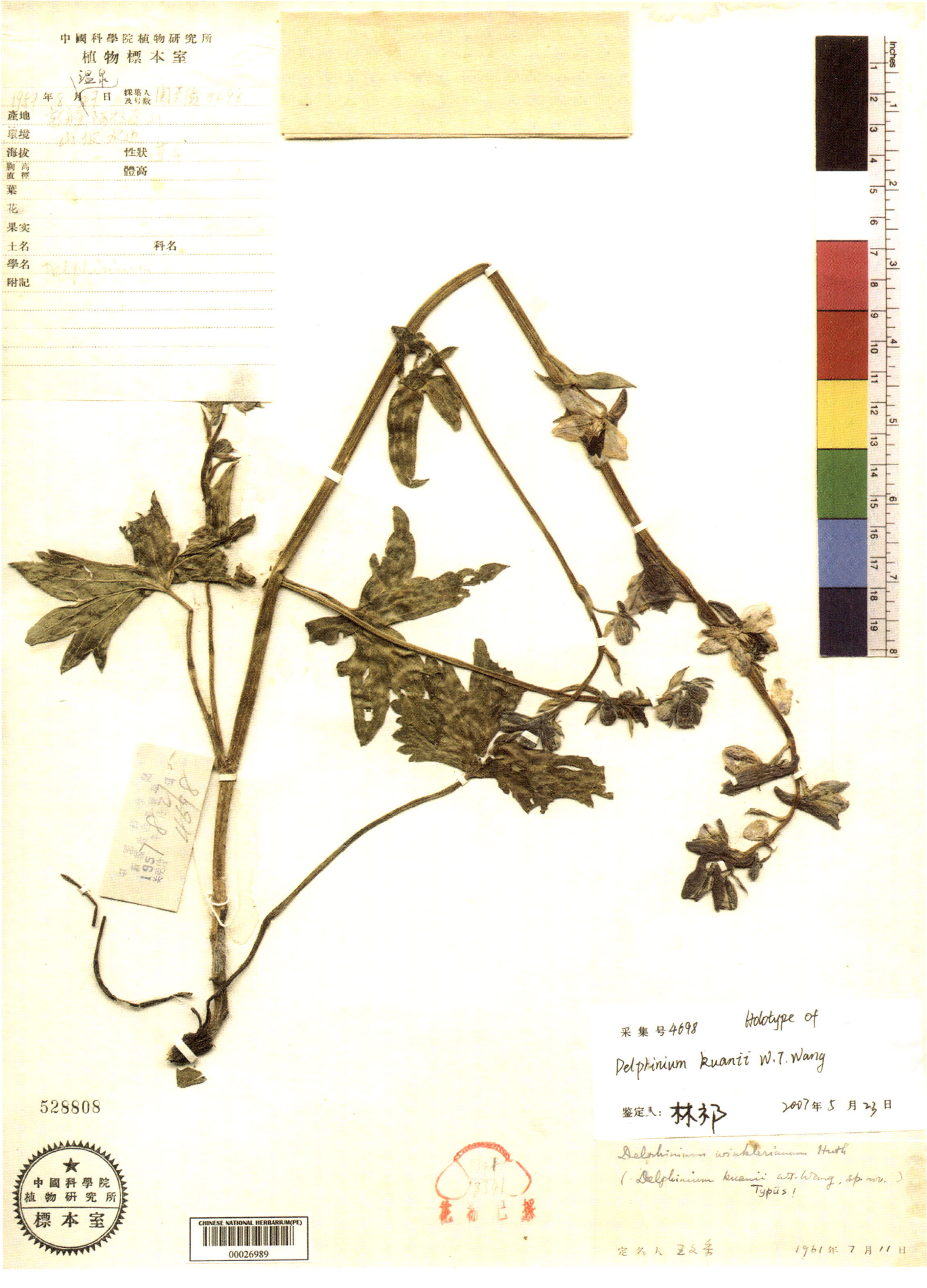

关氏翠雀 ***Delphinium kuanii*** W. T. Wang in Acta Bot. Sin. 10(1): 84. 1962. **Holotype:** China. Xinjiang: Wenquan, 1957-08-27, K. C. Kuan 4698.

贵州还亮草 ***Delphinium kweichowense*** W. T. Wang in Acta Bot. Sin. 10(3): 283. 1962. **Holotype:** China. Guizhou: Huishui, 1930-07-18, Y. Tsiang 8571.

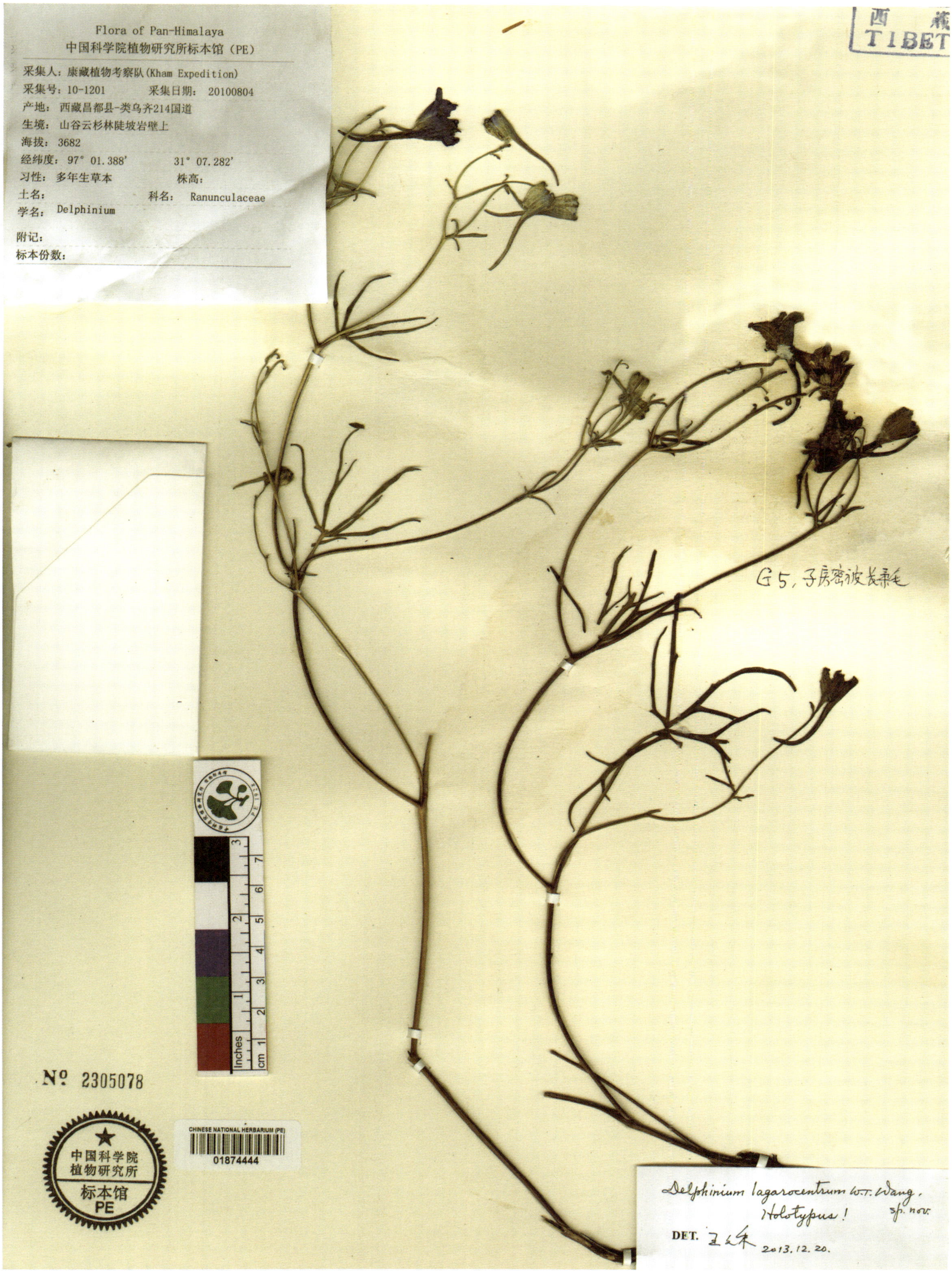

细距翠雀花 ***Delphinium lagarocentrum*** W. T. Wang in Bull. Bot. Res., Harbin 34(5): 583, f. 3: E-H. 2014. **Holotype:** China. Xizang: Qamdo, alt. 3 682 m, 2010-08-04, Kham Exped. 10-1201.

狭萼粗距翠雀花 ***Delphinium lancisepalum*** Hand.-Mazz. in Acta Horti Gothob 13(4): 55-57, f. 2a. 1939. **Isotype:** China. Sichuan: Kangding, alt. 4 500 m, 1934-08-20, H. Smith 11248.

朗县翠雀花 ***Delphinium langxianense*** W. T. Wang in Bull. Bot. Res., Harbin 34(5): 579, f. 2: A-D. 2014. **Holotype:** China. Xizang: Lang Xian, alt. 4 620 m, 2012-09-19, FLPH Exped. 12-1102.

浪穹翠雀花 ***Delphinium lankongense*** Franch., Pl. Delavay. 26. 1889. **Isotype:** China. Yunnan: Lankong (=Eryuan), alt. 3 000 m, 1885-10-12, Delavay 1844.

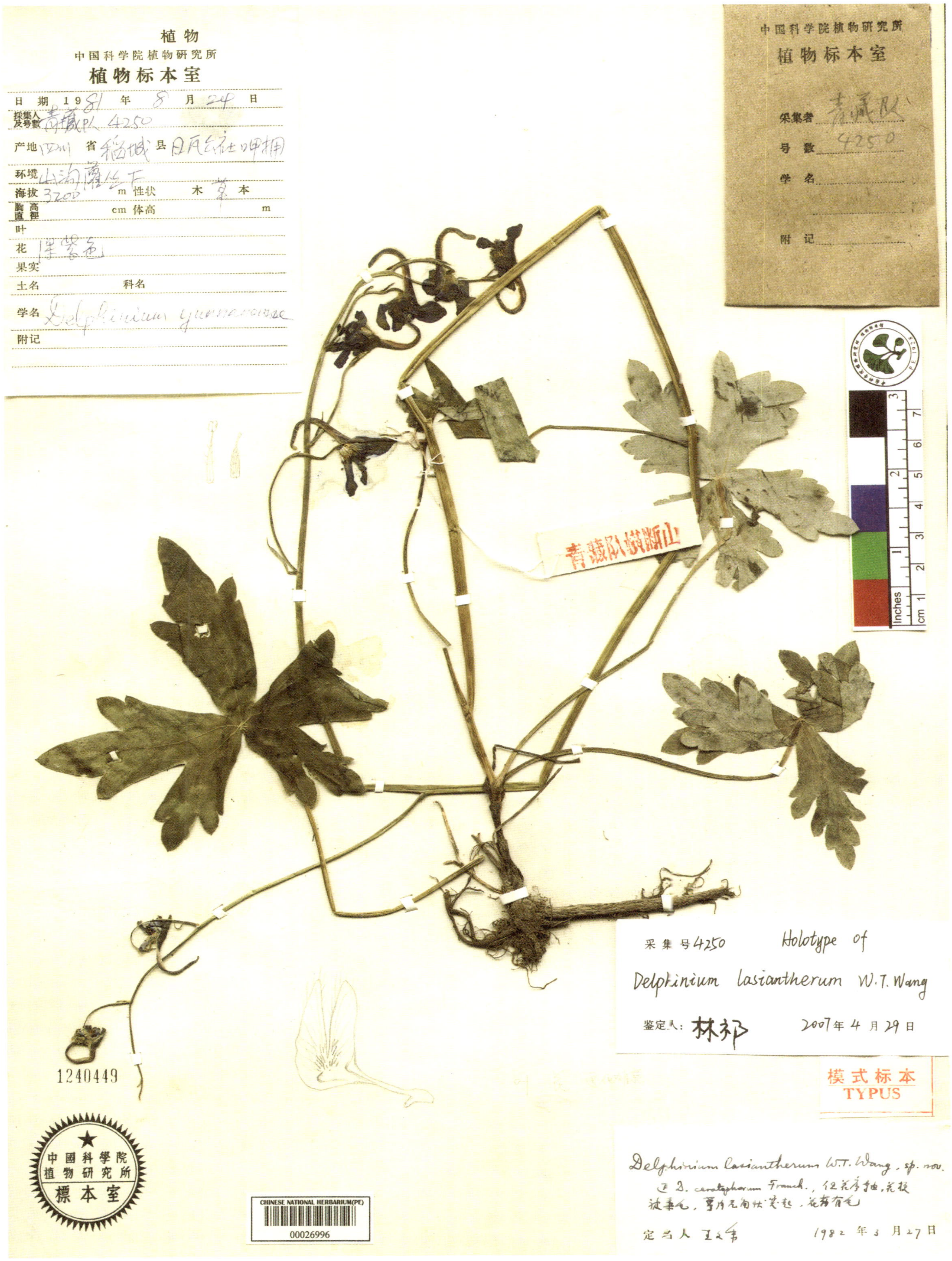

毛药翠雀花 ***Delphinium lasiantherum*** W. T. Wang in Acta Bot. Yunnan. 5(2): 160, f. 2: 5-7. 1983. **Holotype:** China. Sichuan: Daocheng, alt. 3 200 m, 1981-08-24, Qinghai-Xizang Exped. 4250.

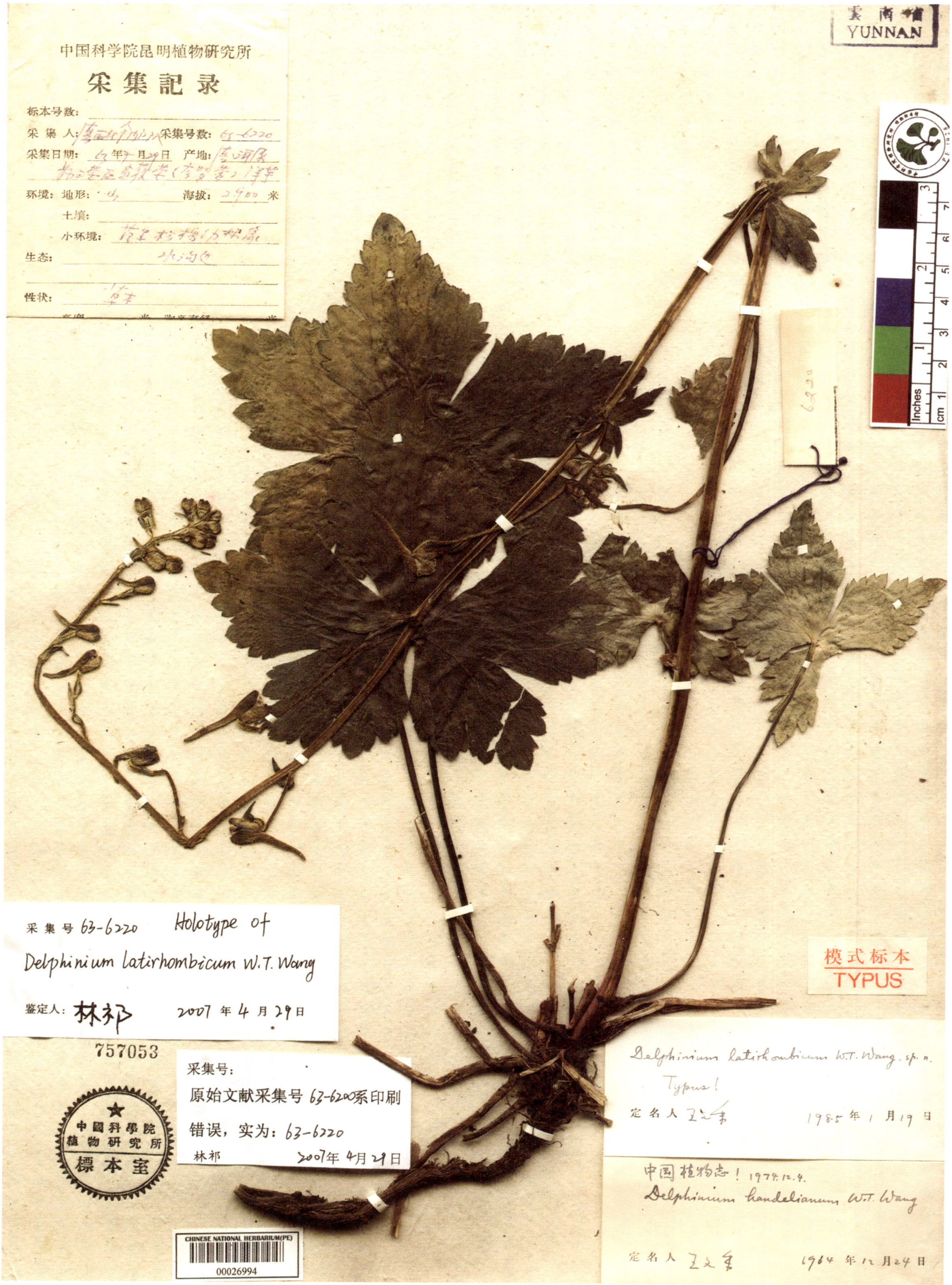

宽菱形翠雀花 ***Delphinium latirhombicum*** W. T. Wang in Bull. Bot. Res., Harbin 6(1): 7, pl. 1: 3-5. 1986. **Holotype:** China. Yunnan: Eryuan, alt. 2 900 m, 1963-07-29, Jinshajiang Exped. 63-6220.

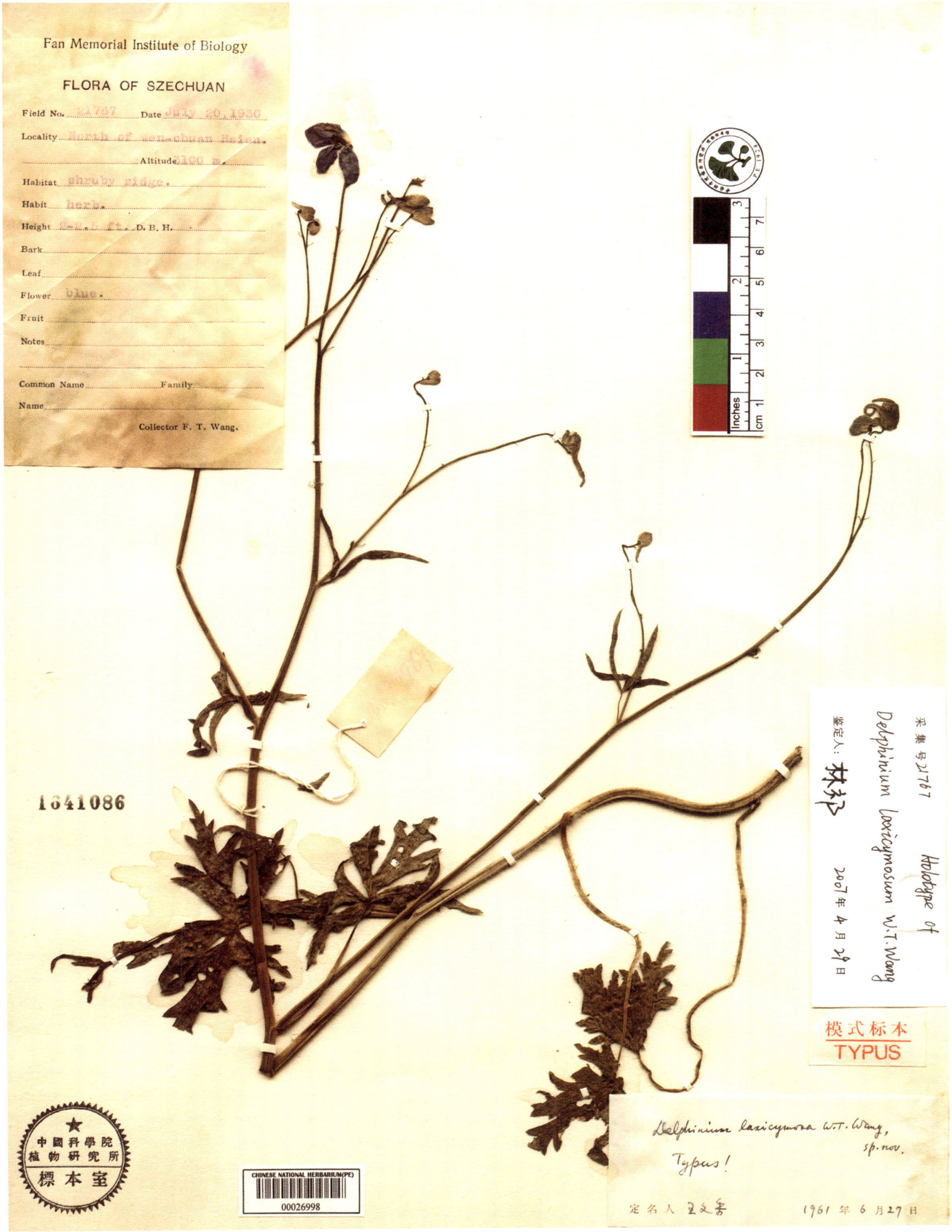

聚伞翠雀 ***Delphinium laxicymosum*** W. T. Wang in Acta Bot. Sin. 10(2): 148. 1962. **Holotype:** China. Sichuan: Wenchuan, alt. 3 100 m, 1930-07-20, F. T. Wang 21767.

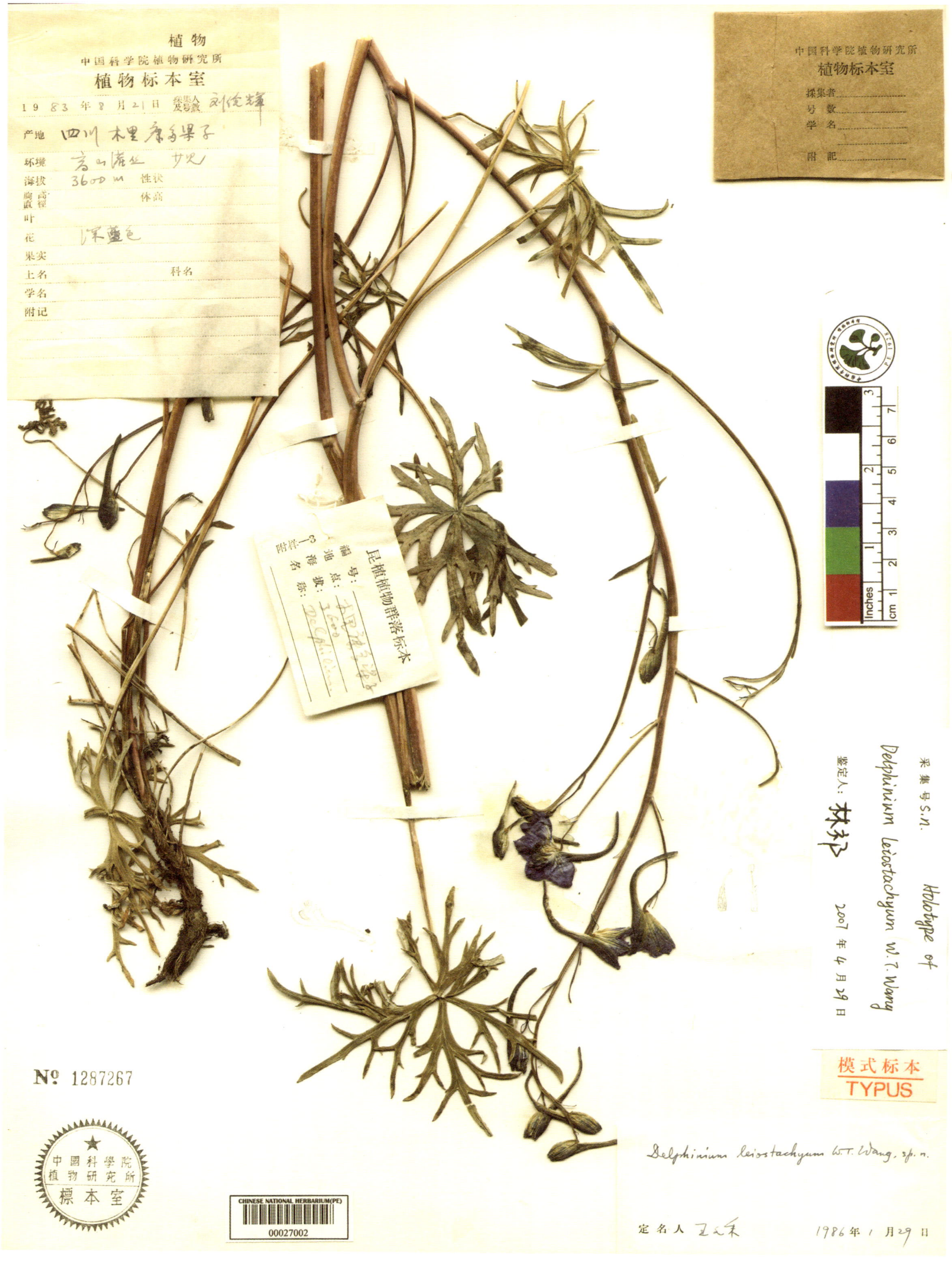

光轴翠雀花 ***Delphinium leiostachyum*** W. T. Wang in Bull. Bot. Res., Harbin 7(2): 96, pl. 1: 2. 1987. **Holotype:** China. Sichuan: Muli, alt. 3 600 m, 1983-08-21, L. H. Liu s. n.

细须翠雀花 ***Delphinium leptopogon*** Hand.-Mazz. in Acta Horti Gothob. 13(4): 58. 1939. **Isotype:** China. Shanxi: Jiaocheng, alt. 1 900 m, 1924-09-04, H. Smith 7109.

李恒翠雀 ***Delphinium lihengianum*** Q. E. Yang & Y. Luo in Novon 13(3): 311, f. 1. 2003. **Holotype:** China. Xizang: Yadong, 1953-07-27, P. C. Tsoong 5950.

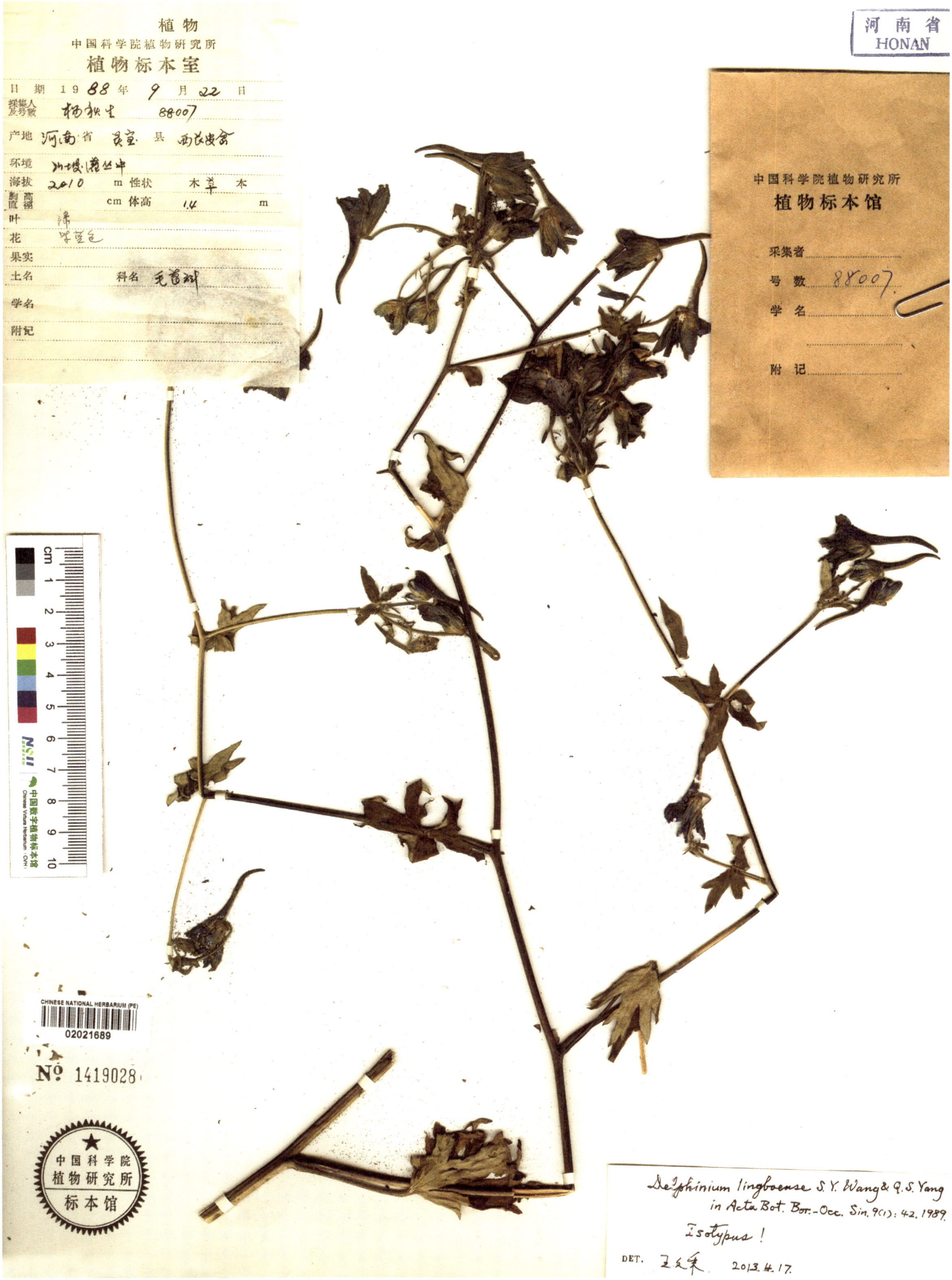

灵宝翠雀花 ***Delphinium lingbaoense*** S. Y. Wang & Q. S. Yang in Acta Bot. Bor.-Occ. Sin. 9(1): 42, f. 1. 1989. **Isotype:** China. Henan: Lingbao, alt. 2 010 m, 1988-09-22, Q. S. Yang 88007.

长苞翠雀花 ***Delphinium longibracteolatum*** W. T. Wang in Guihaia 33(5): 579, f. 1. 2013. **Holotype:** China. Xizang: Gyamda, alt. 4 400~4 880 m, 2009-08-04, D. E. Boufford & al. 41846.

长纤毛翠雀 ***Delphinium longiciliatum*** W. T. Wang in Acta Bot. Sin. 10(1): 84. 1962. **Holotype:** China. Xinjiang: Yili, 1957-08-08, K. C. Kuan 3209.

长梗翠雀花 ***Delphinium longipedicellatum*** W. T. Wang, Fl. Reip. Pop. Sin. 27: 407, 614, pl. 94: 8-10. 1979. **Holotype:** China. Xizang: Bomi, alt. 3 800 m, 1965-06-20, J. S. Ying & D. Y. Hong 651221.

软叶翠雀花 ***Delphinium malacophyllum*** Hand.-Mazz. in Acta Horti Gothob. 13(4): 52, f. 2b. 1939. **Isotype:** China. Sichuan: NW Sichuan, Precise locality not known, alt. 4 300 m, 1922-08-11, H. Smith 3385.

茂县翠雀花 ***Delphinium maoxianense*** W. T. Wang in Acta Phytotax. Sin. 31(3): 209. 1993. **Holotype:** China. Sichuan: Mao Xian, 1952-??-??, Z. He & Z. L. Zhou 13686.

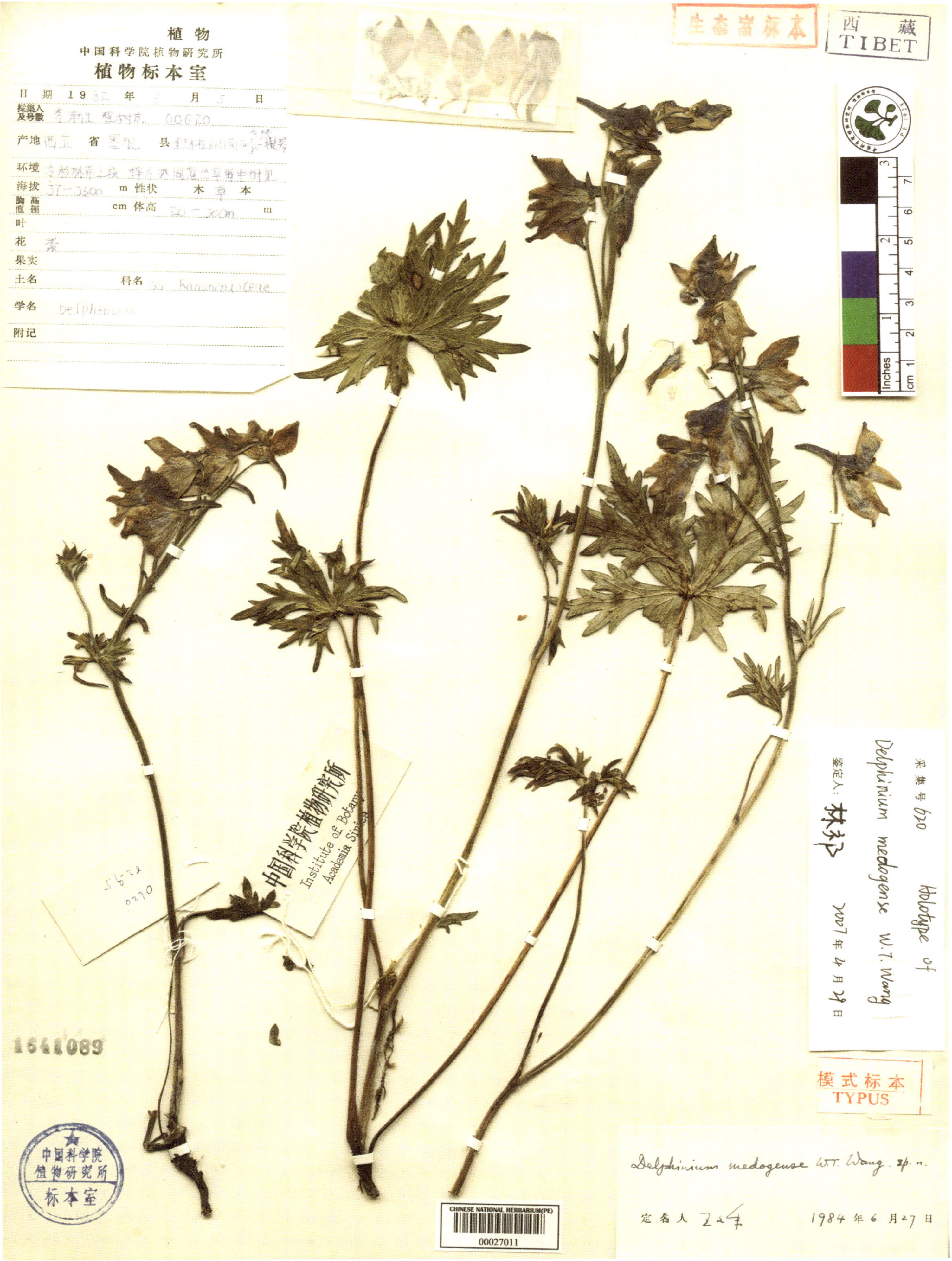

墨脱翠雀花 ***Delphinium medogense*** W. T. Wang in Bull. Bot. Res., Harbin 6(1): 20, pl. 4: 3-5. 1986. **Holotype:** China. Xizang: Mêdog, alt. 3 500~3 700 m, 1982-09-05, B. S. Li & S. Z. Cheng 620.

软叶翠雀花 ***Delphinium mollifolium*** W. T. Wang in Bull. Bot. Res., Harbin 3(1): 31. 1983. **Isotype:** China. Xinjiang: Xinyuan, alt. 1 700 m, 1974-07-06, C. Y. Yang & Yunus 740636.

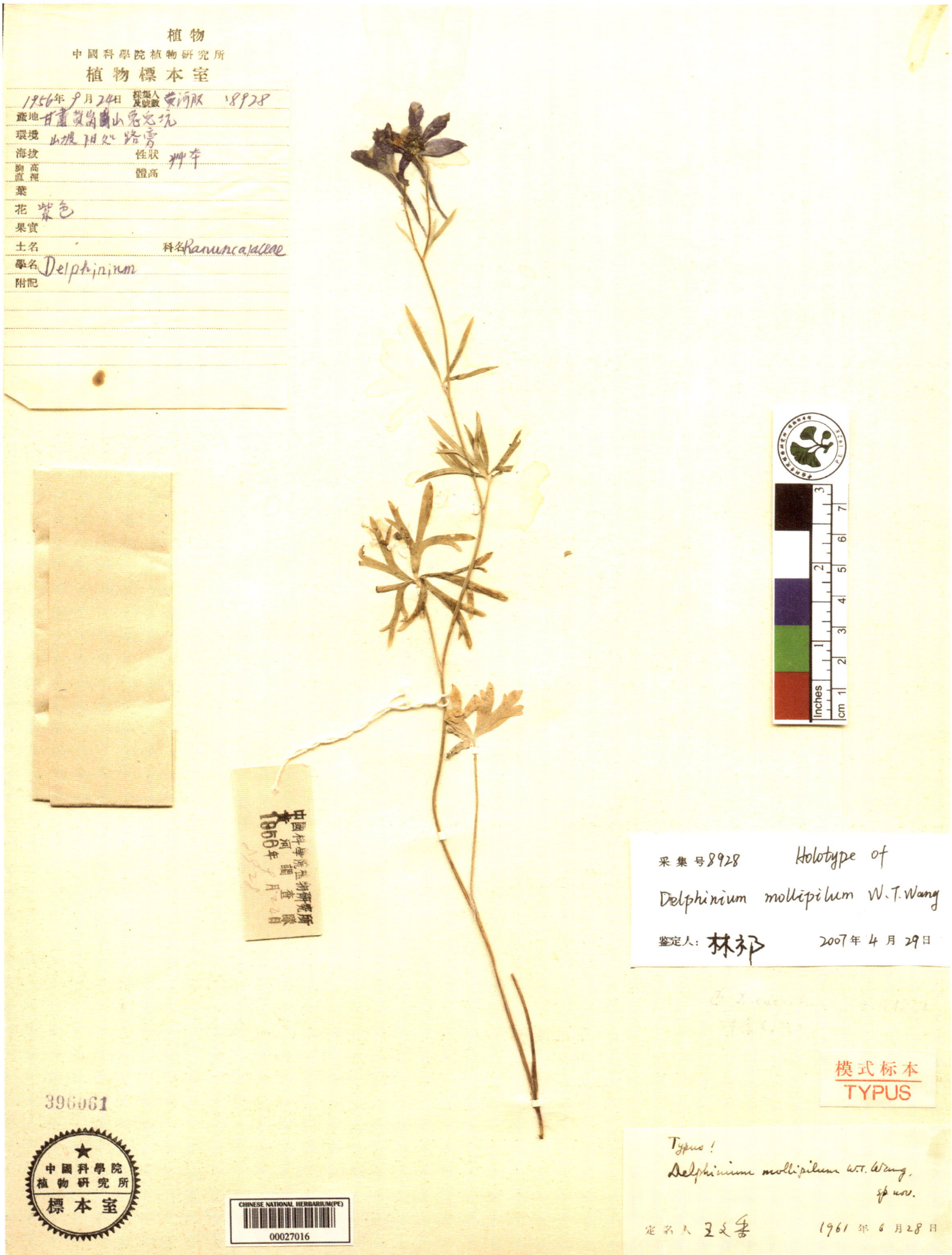

软毛翠雀花 ***Delphinium mollipilum*** W. T. Wang in Acta Bot. Sin. 10(3): 268. 1962. **Holotype:** China. Gansu: Hegangshan, 1956-09-24, Huanghe Exped. 8928.

单花翠雀花 ***Delphinium monanthum*** Hand.-Mazz. in Acta Horti Gothob 13(4): 50, f. 1a. 1939. **Isotype:** China. Sichuan: Songpan, alt. 4 800 m, 1922-08-09, H. Smith 3132.

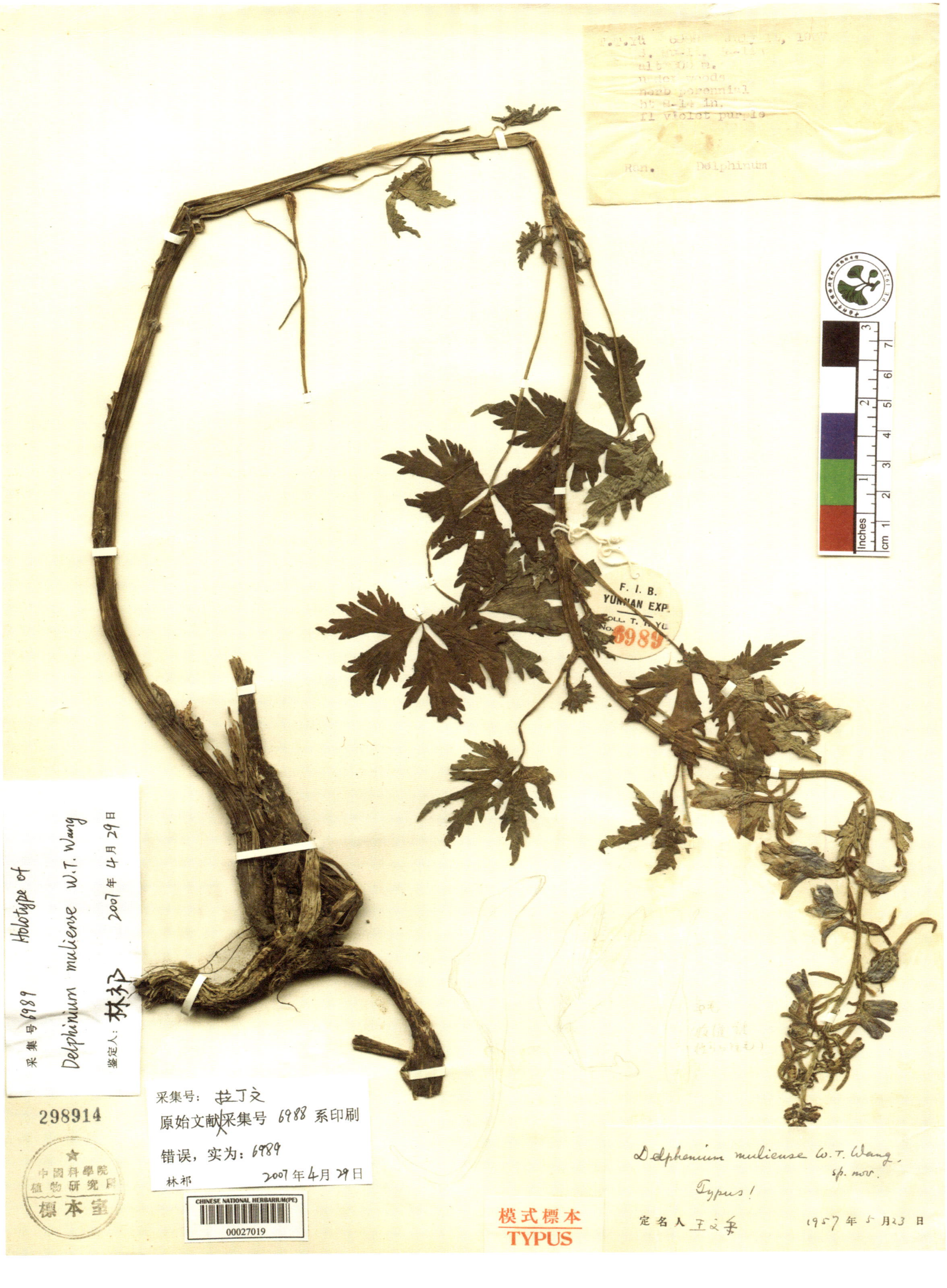

木里翠雀花 ***Delphinium muliense*** W. T. Wang in Acta Phytotax. Sin. 6(4): 365. 1957. **Holotype:** China. Sichuan: Muli, alt. 3 500 m, 1937-07-11, T. T. Yu 6989.

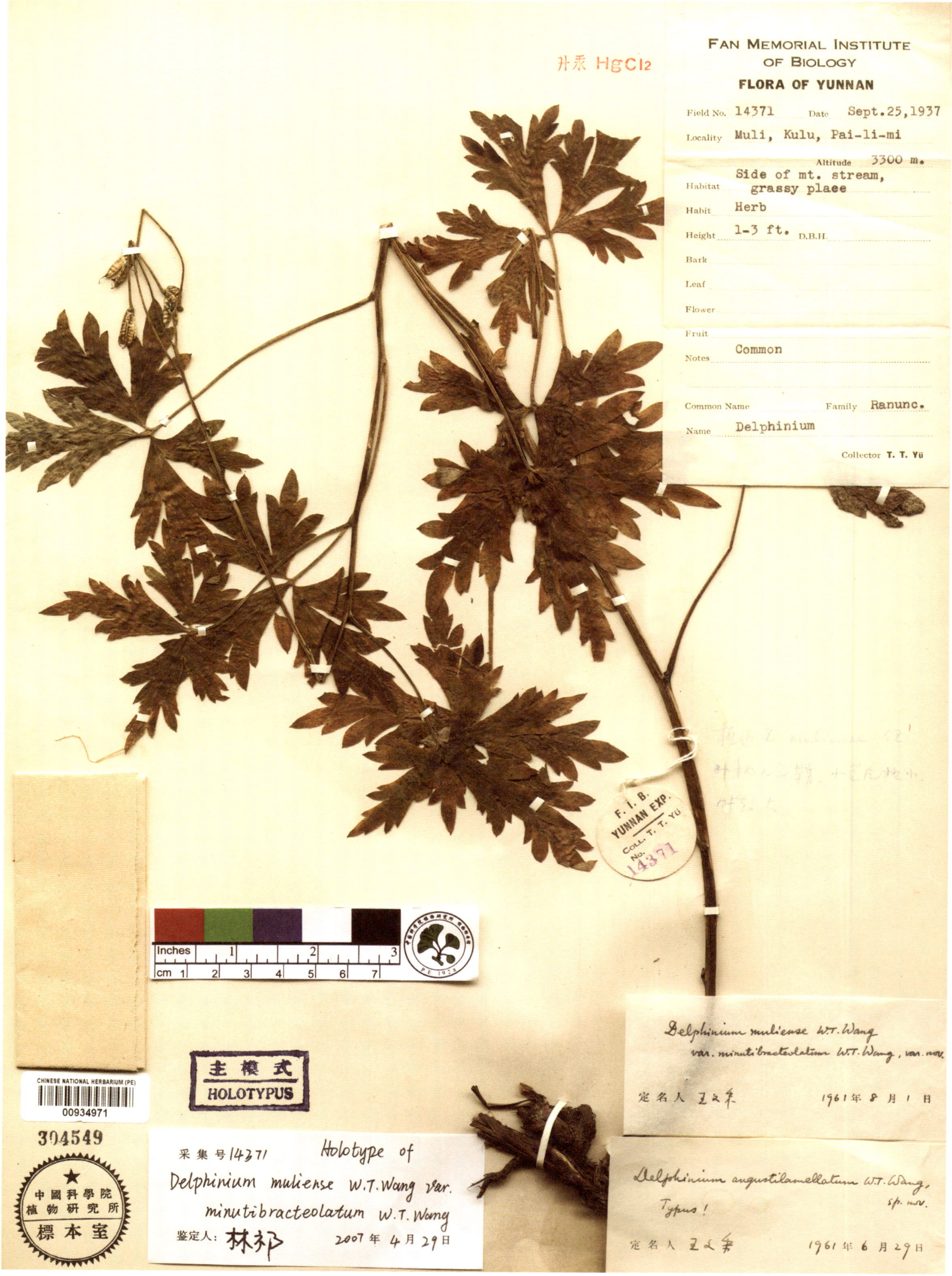

小苞木里翠雀 ***Delphinium muliense*** W. T. Wang var. ***minutibracteolatum*** W. T. Wang in Acta Bot. Sin. 10(2): 149. 1962. **Holotype:** China. Sichuan: Muli, alt. 3 300 m, 1937-09-25, T. T. Yu 14371.

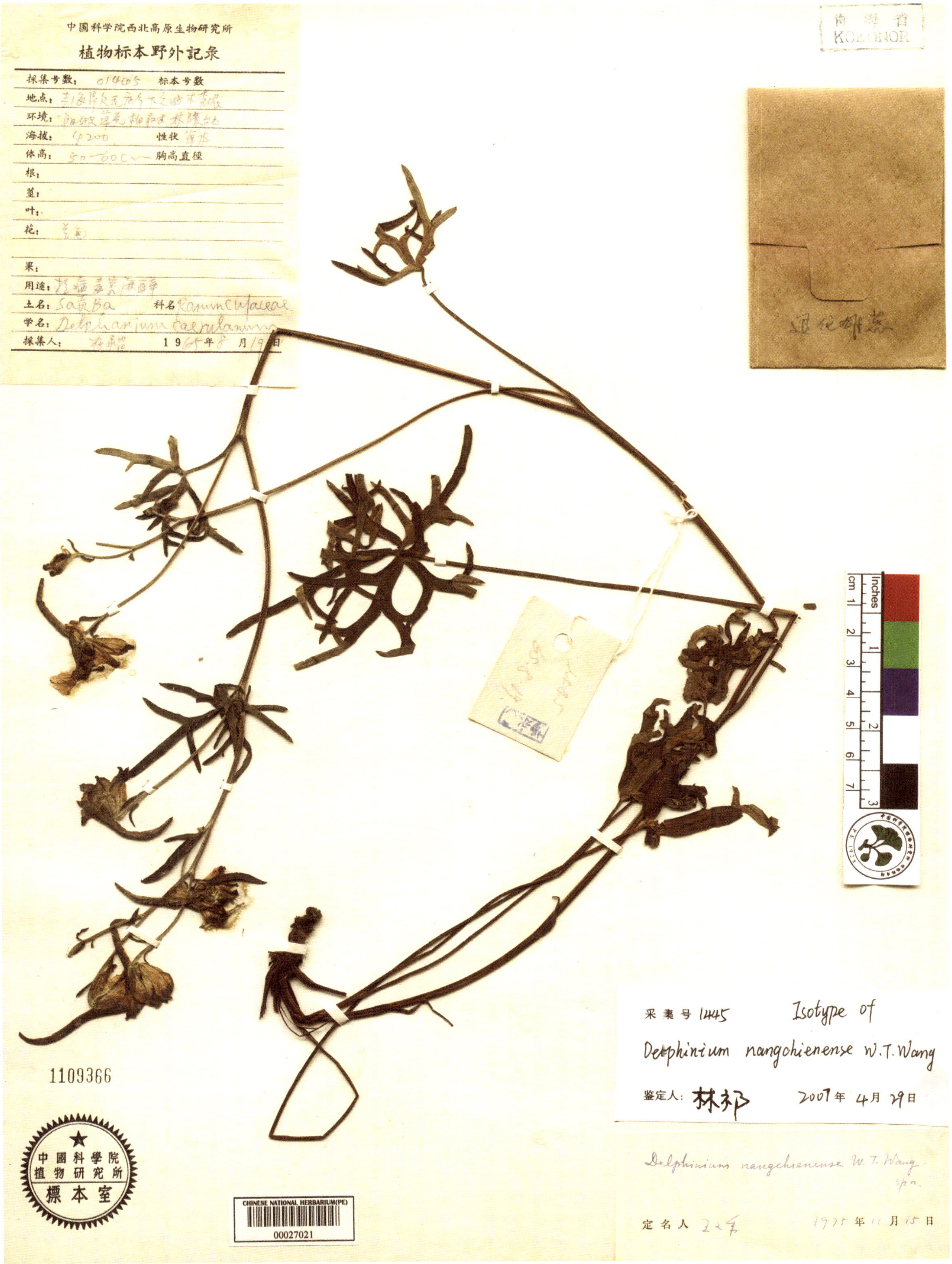

囊谦翠雀花 ***Delphinium nangchienense*** W. T. Wang, Fl. Reip. Pop. Sin. 27: 445, 616, pl. 103: 10-12. 1979. **Isotype:** China. Qinghai: Nangqên, alt. 4 200 m, 1965-08-19, Y. C. Yang 1445.

船形翠雀 ***Delphinium naviculare*** W. T. Wang in Acta Bot. Sin. 10(1): 82. 1962. **Holotype:** China. Xinjiang: Zhaosu, 1957-08-11, K. C. Kuan 3229.

毛果船形翠雀 ***Delphinium naviculare*** W. T. Wang var. ***lasiocarpum*** W. T. Wang in Acta Bot. Sin. 10: 83. 1962; Q. Lin & al. in Kew Bull. 64: 574. 2009. **Holotype:** China. Xinjiang: Tuoli, 1957-08-05, K. C. Kuan 2559.

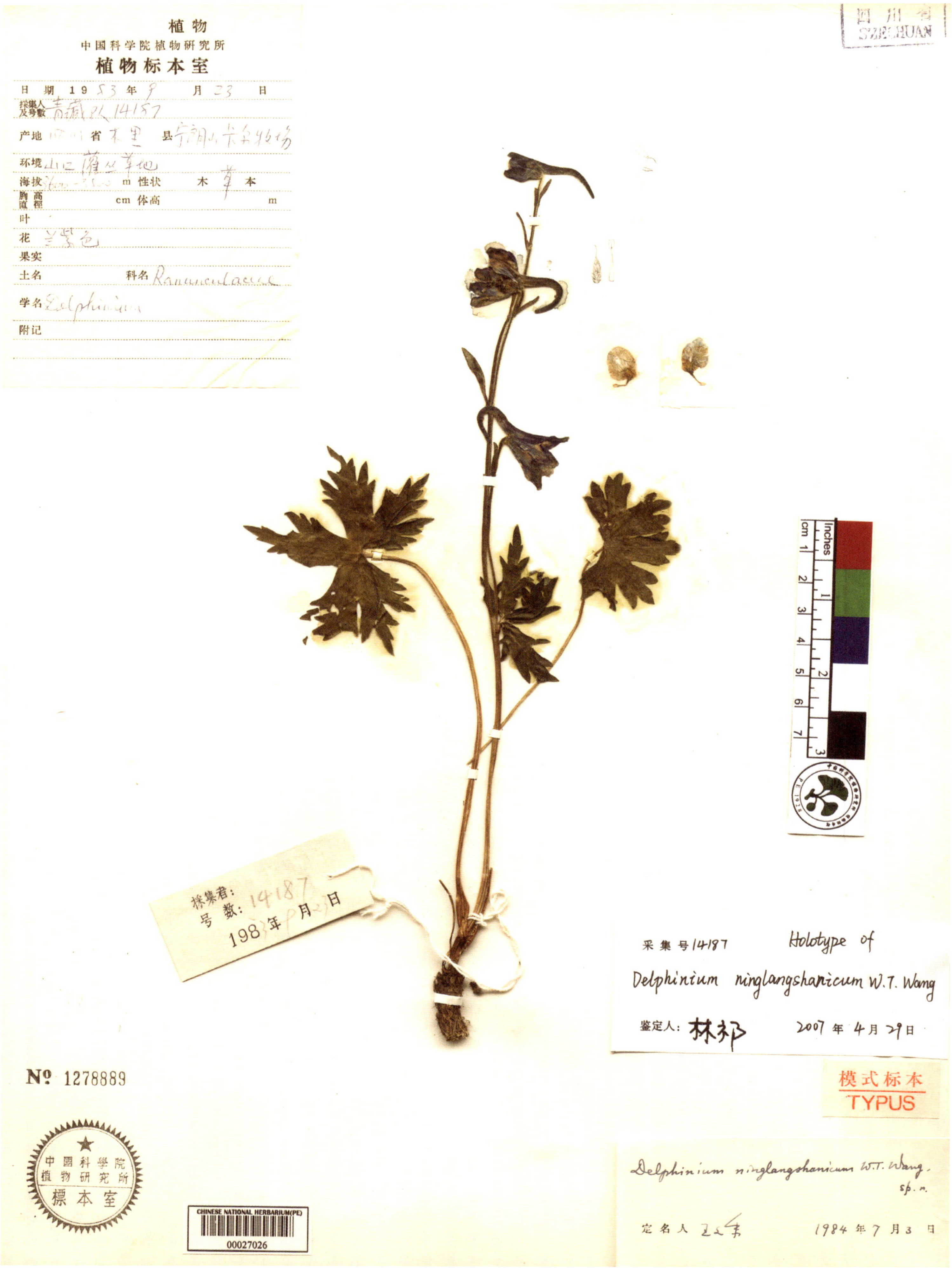

宁朗山翠雀花 ***Delphinium ninglangshanicum*** W. T. Wang in Bull. Bot. Res., Harbin 6(1): 10-12, pl. 3: 1-2. 1986.
Holotype: China. Sichuan: Muli, alt. 3 600~3 800 m, 1983-09-23, Qinghai-Xizang Exped. 14187.

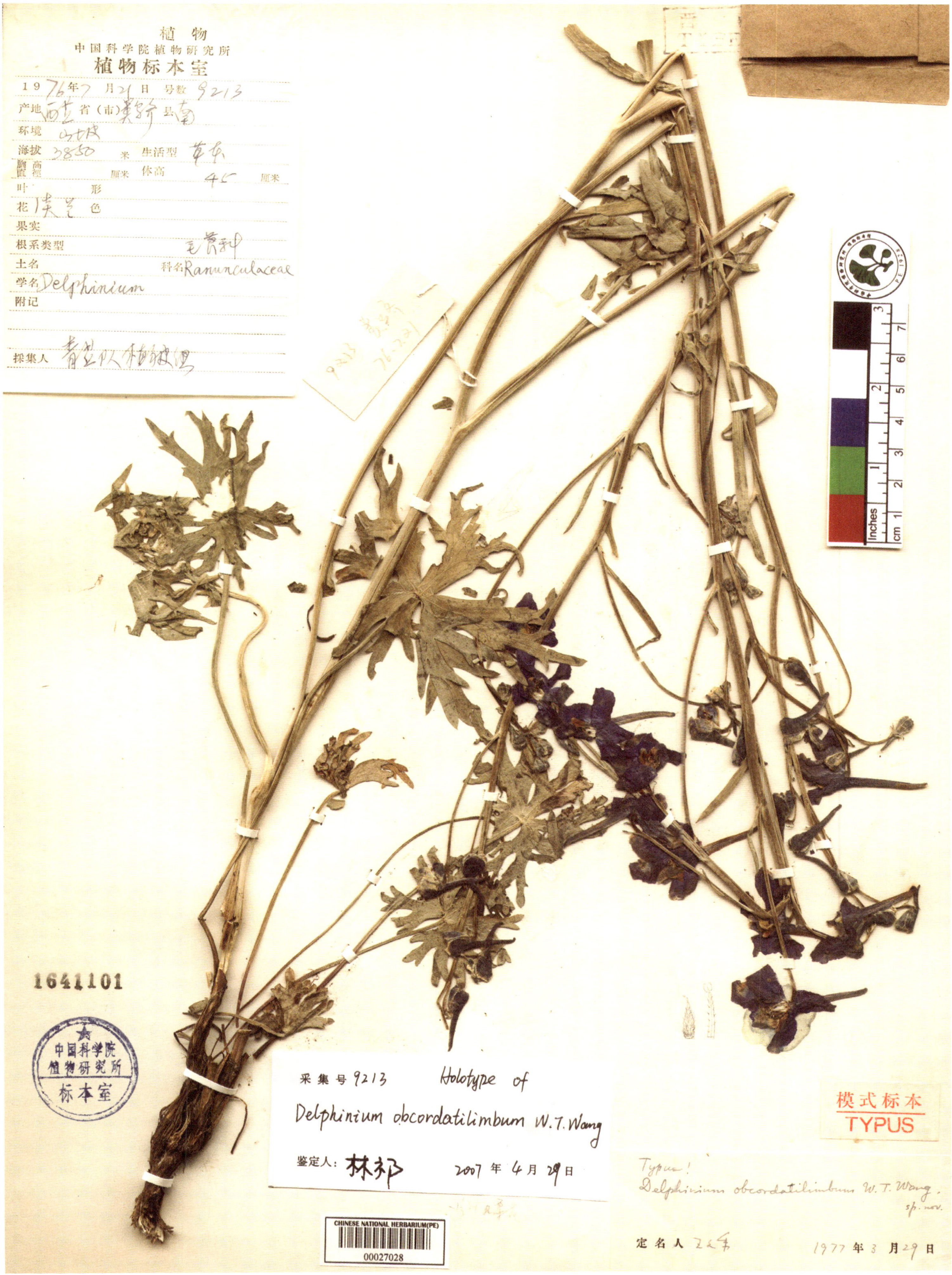

倒心形翠雀花 ***Delphinium obcordatilimbum*** W. T. Wang, Fl. Reip. Pop. Sin. 27: 444, 616, f. 23. 1979. **Holotype:** China. Xizang: Riwoqê, alt. 3 850 m, 1976-07-21, Qinghai-Xizang Exped. 9213.

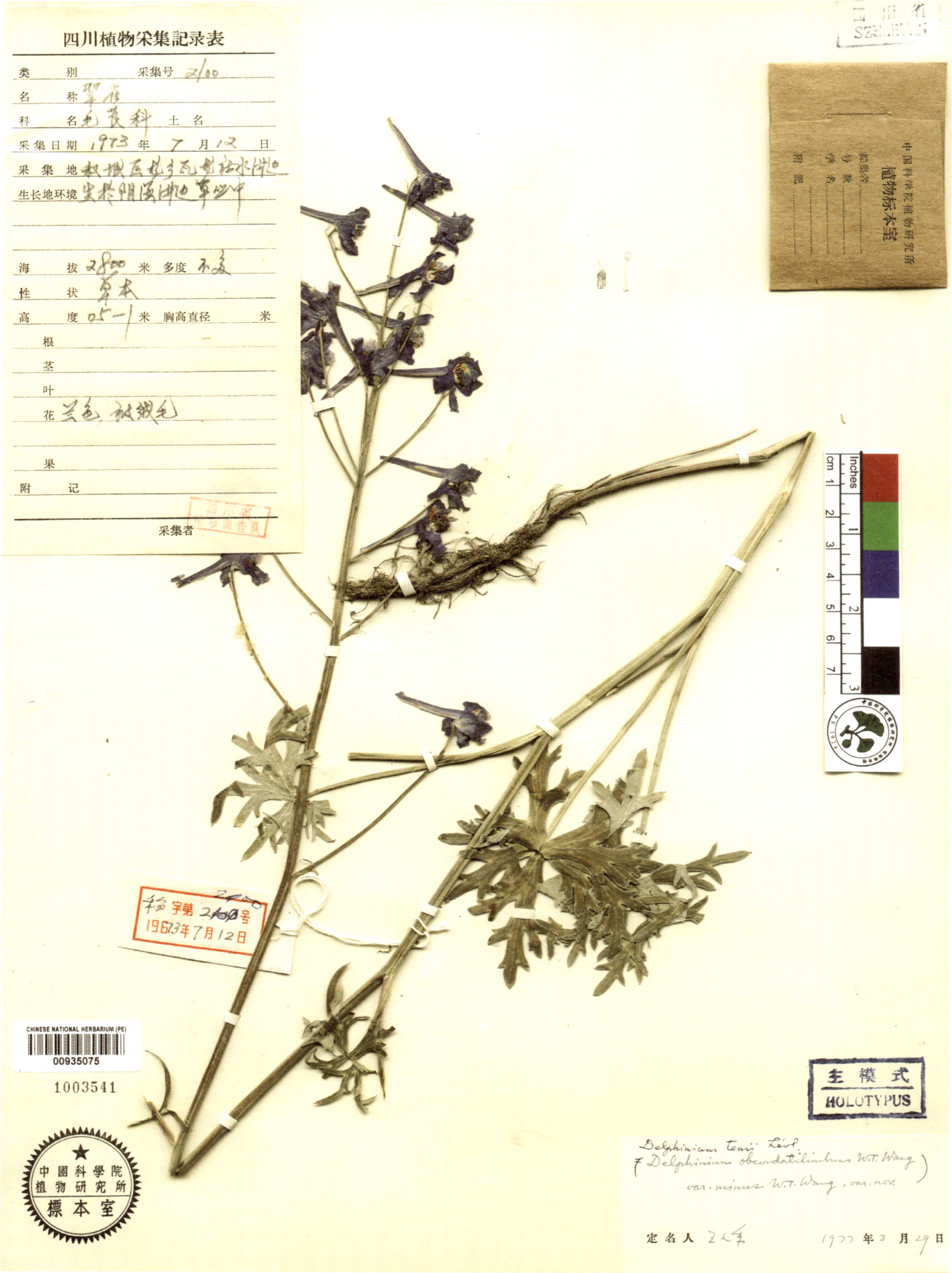

光梗翠雀花 ***Delphinium obcordatilimbum*** W. T. Wang var. ***minus*** W. T. Wang, Fl. Reip. Pop. Sin. 27: 444, 616. 1979.
Holotype: China. Sichuan: Daocheng, alt. 2 800 m, 1973-07-12, Sichuan Exped. 2100.

峨眉翠雀花 ***Delphinium omeiense*** W. T. Wang, Fl. Reip. Pop. Sin. 27: 403, 613, pl. 93: 1-4. 1979. **Holotype:** China. Sichuan: Emei, Emeishan, alt. 3 100 m, 1957-09-30, G. H. Yang 57444.

柔毛峨眉翠雀花 ***Delphinium omeiense*** W. T. Wang var. ***pubescens*** W. T. Wang, Fl. Reip. Pop. Sin. 27: 405, 614. 1979. **Holotype:** China. Sichuan: Muli, alt. 2 600 m, 1937-08-19, T. T. Yu 14022.

拟直距翠雀花 ***Delphinium orthocentroides*** W. T. Wang in Guihaia 30(2): 145, f. 1. 2010. **Holotype:** China. Sichuan: Zoigê, alt. 3 975 m, 2007-08-22, D. E. Boufford & al. 40254.

尖距翠雀 ***Delphinium oxycentrum*** W. T. Wang in Acta Bot. Sin. 10: 73. 1962. **Holotype:** China. Sichuan: Gonggeling, alt. 4 000 m, 1937-09-01, T. T. Yu 13129.

拟粗距翠雀花 ***Delphinium pachycentroides*** W. T. Wang in Guihaia 28(5): 569, f. 1 2008. **Holotype:** China. Sichuan: Yajiang, alt. 4 330~4 400 m, 2006-08-07, D. E. Boufford & al. 36002.

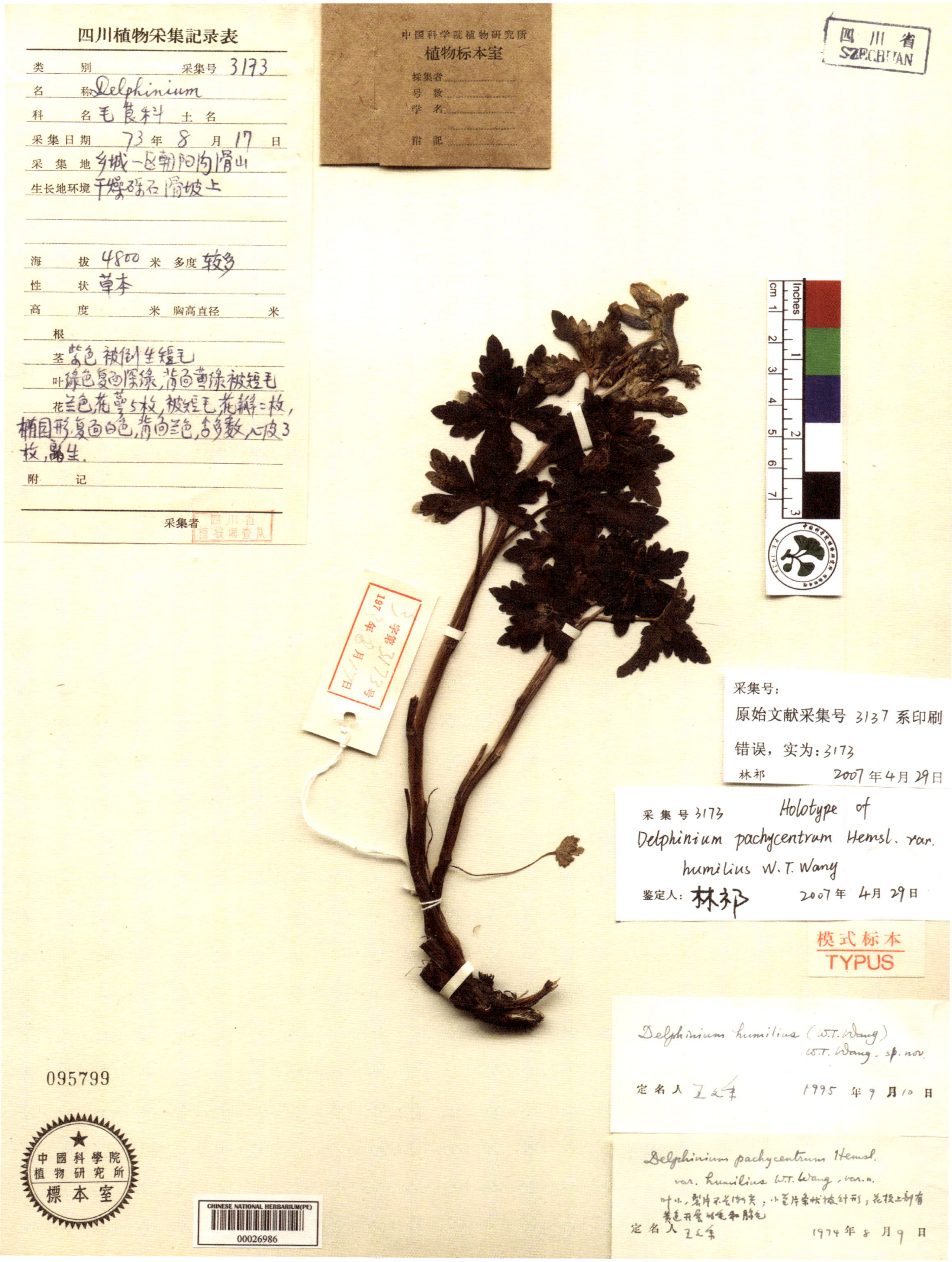

矮粗距翠雀花 ***Delphinium pachycentrum*** Hemsl. var. ***humilius*** W. T. Wang, Fl. Reip. Pop. Sin. 27: 394, 613. 1979.
Holotype: China. Sichuan: Xiangcheng, alt. 4 800 m, 1973-08-17, Sichuan Veg. Exped. 3173.

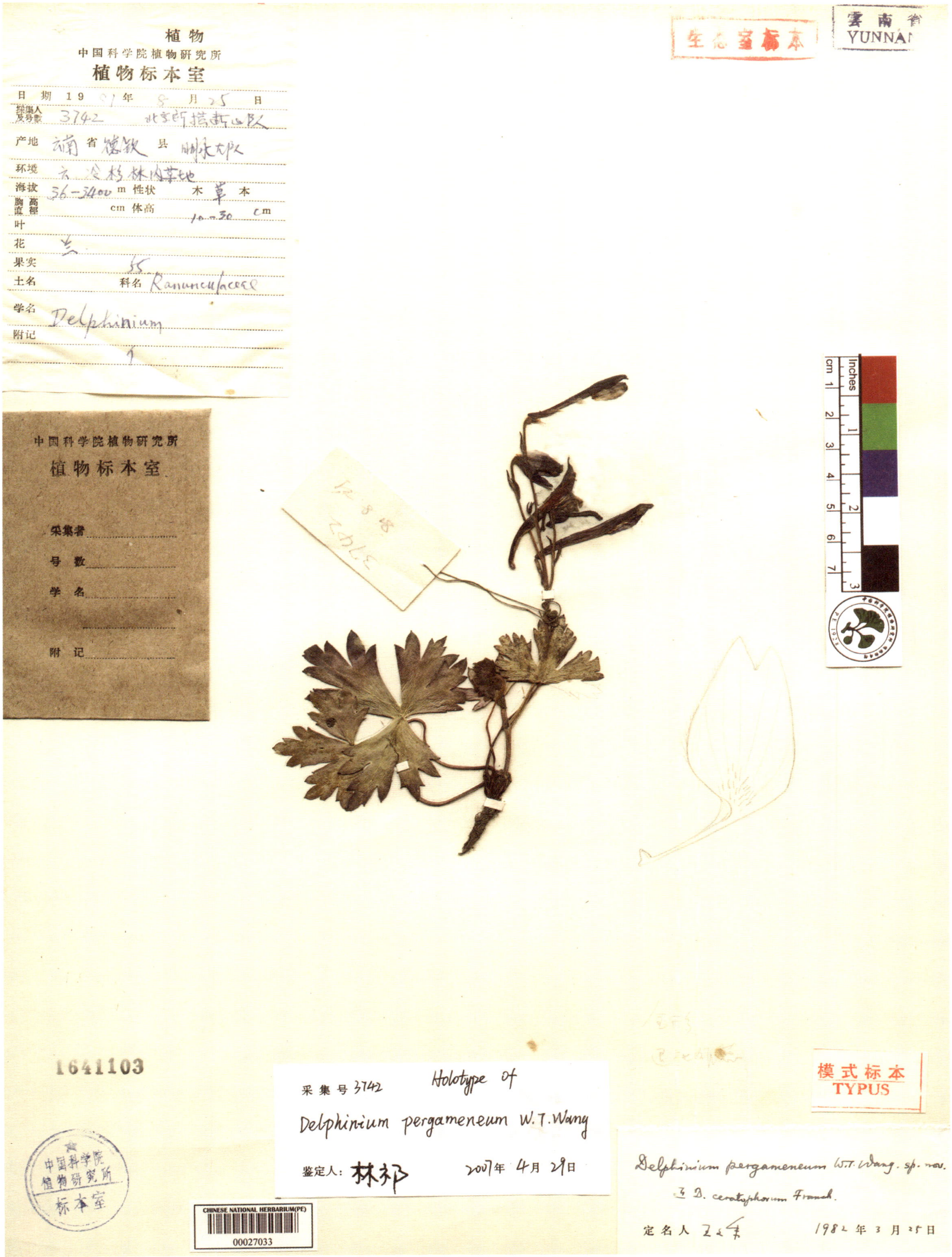

纸叶翠雀花 ***Delphinium pergameneum*** W. T. Wang in Acta Bot. Yunnan. 5(2): 158, f. 2: 3-4. 1983. **Holotype:** China. Yunnan: Dêqên, alt. 3 400~3 600 m, 1981-08-25, Hengduanshan Exped. 3742.

宽爪翠雀花 ***Delphinium platyonychinum*** W. T. Wang in Guihaia 30(2): 147, f. 2. 2010. **Holotype:** China. Sichuan: Barkam, alt. 3 350 m, 2007-08-14, D. E. Boufford & al. 39605.

多花翠雀 ***Delphinium polyanthum*** W. T. Wang in Acta Bot. Sin. 10(2): 145. 1962. **Holotype:** China. Yunnan: Dêqên, alt. 3 500 m, 1935-09-??, C. W. Wang 69805.

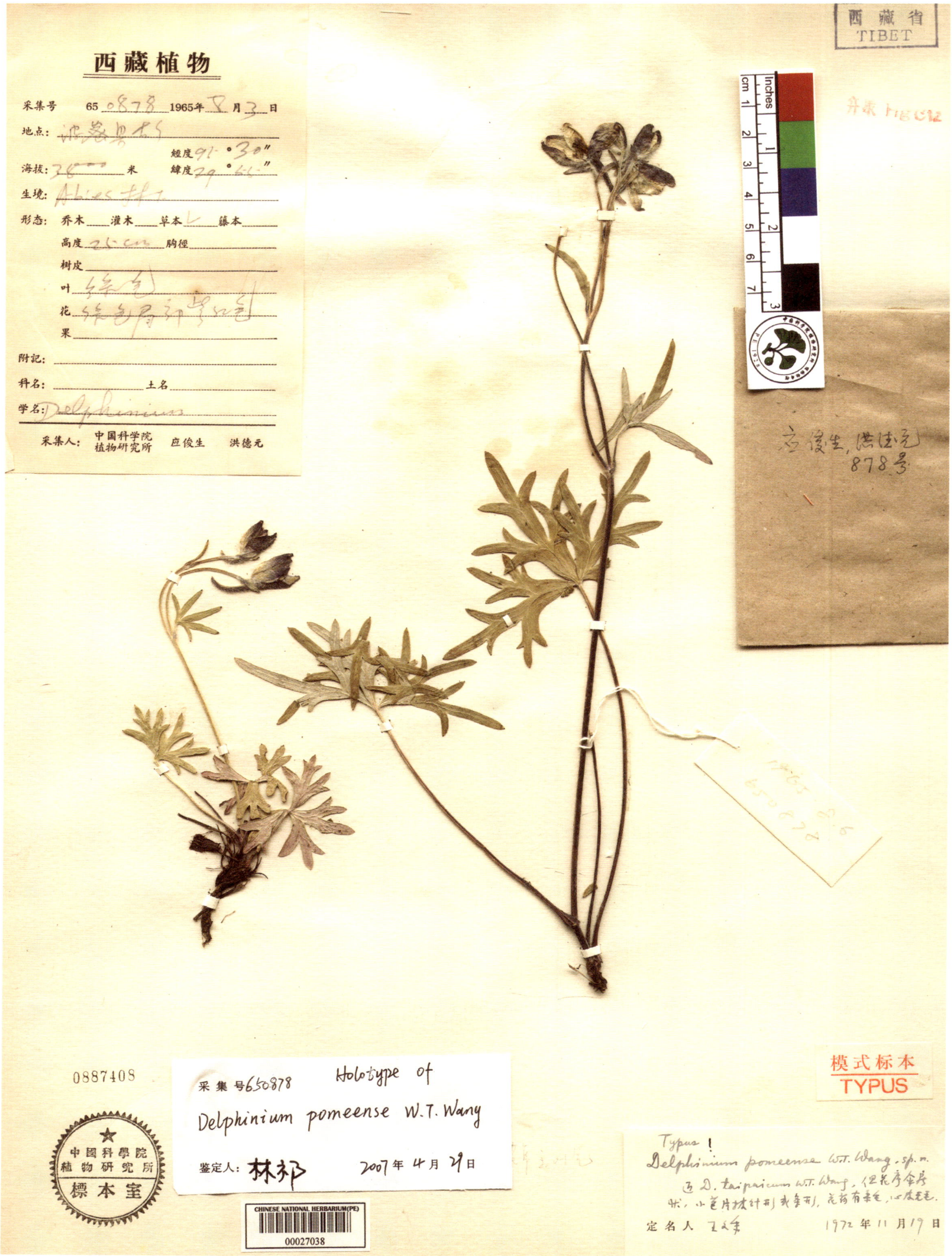

波密翠雀花 ***Delphinium pomeense*** W. T. Wang in Acta Phytotax. Sin. 12(2): 158. 1974. **Holotype:** China. Xizang: Bomi, alt. 3 800 m, 1965-08-03, T. S. Ying & T. Y. Hong 650878.

彭州黑水翠雀 ***Delphinium potaninii*** Huth var. ***jiufengshanense*** W. J. Zhang & G. H. Chen in Acta Phytotax. Sin. 39(1): 88, f. 2. 2001. **Holotype:** China. Sichuan: Pengzhou, 1998-07-24, H. B. Mou & al. 98-7-1b.

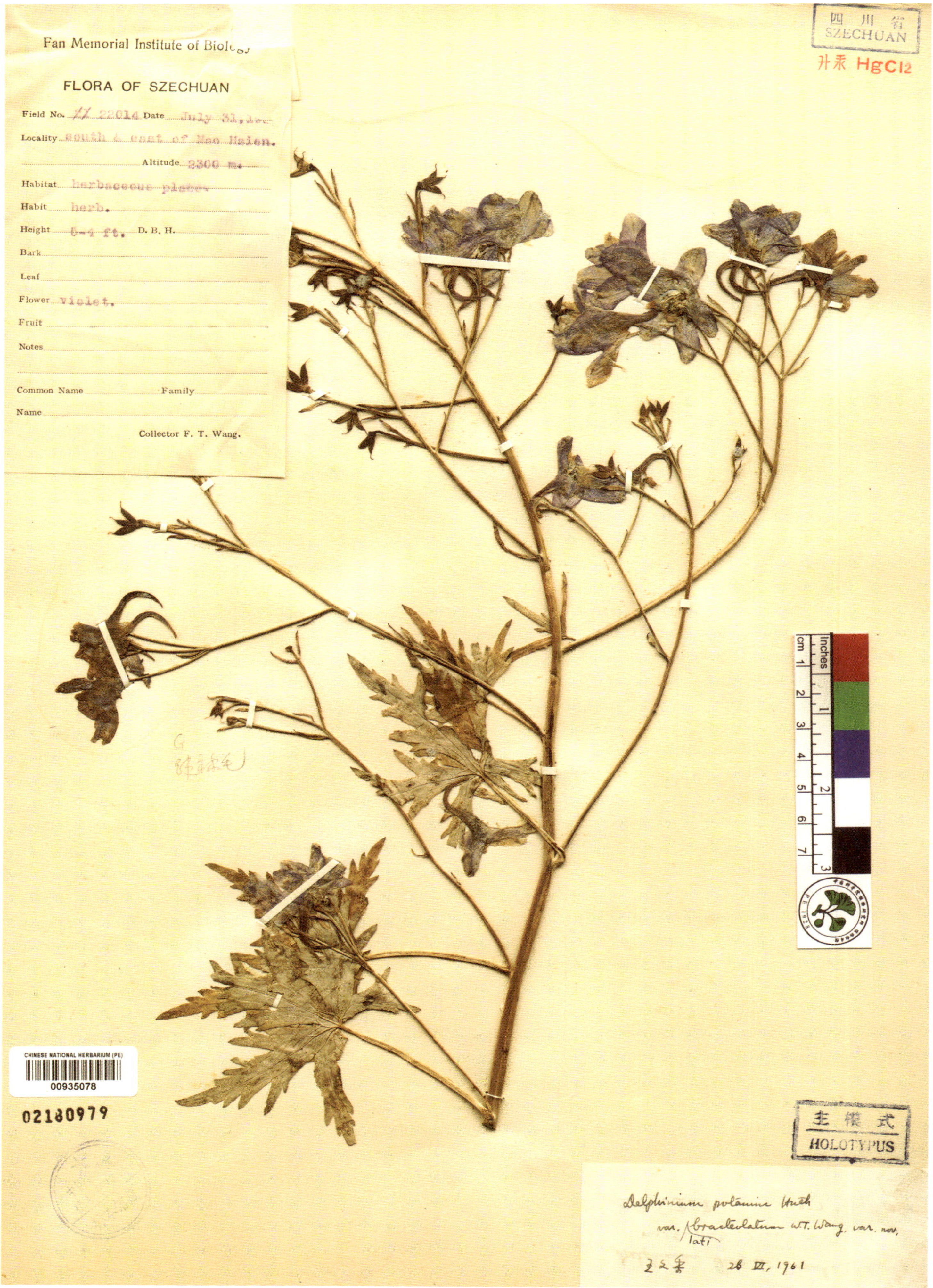

宽苞黑水翠雀 ***Delphinium potaninii*** Huth var. ***latibracteolatum*** W. T. Wang in Acta Bot. Sin. 10(2): 147. 1962. **Holotype:** China. Sichuan: Mao Xian, alt. 2 300 m, 1930-07-31, F. T. Wang 22014.

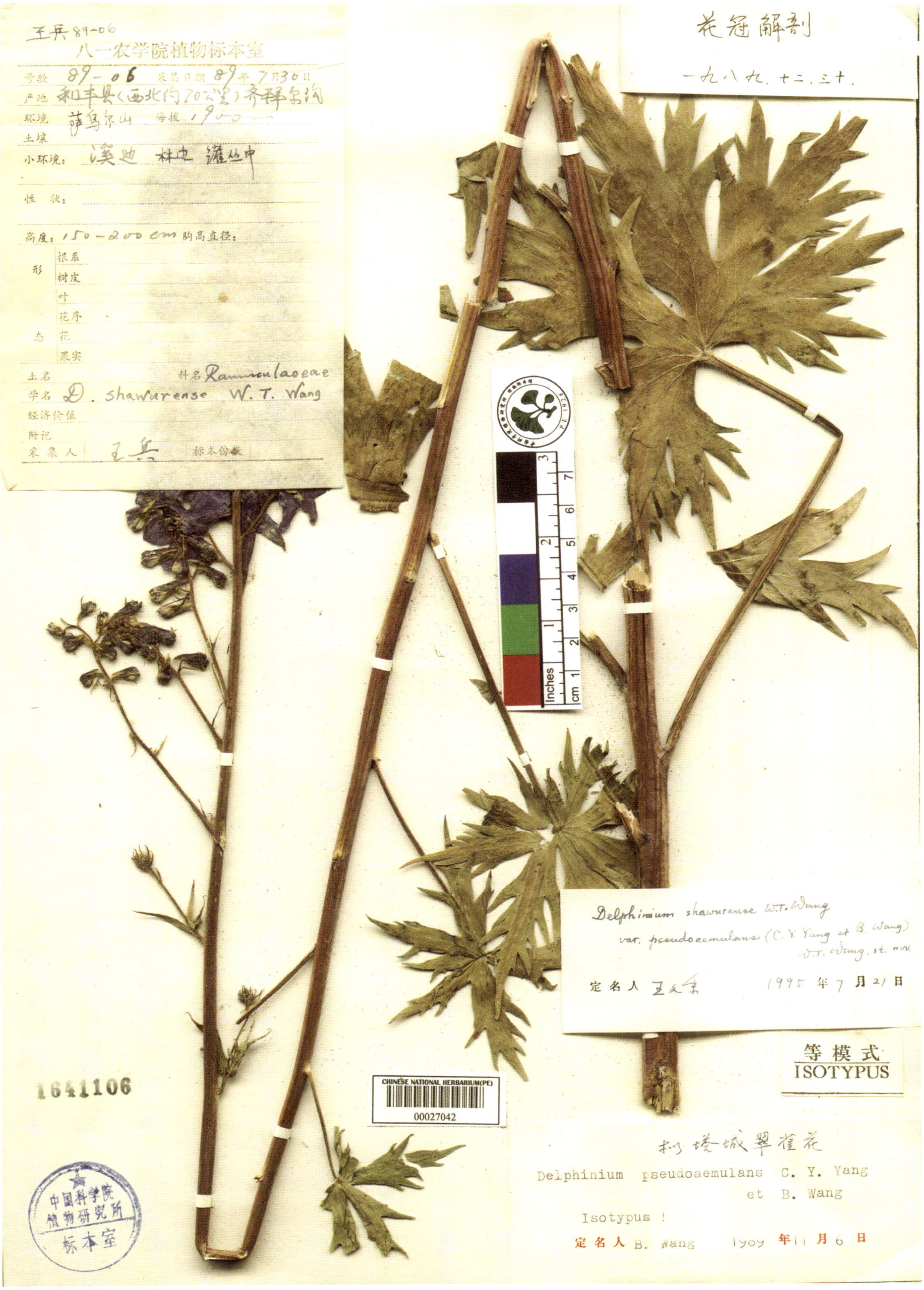

赛塔城翠雀花 ***Delphinium pseudoaemulans*** C. Y. Yang & B. Wang in Acta Phytotax. Sin. 30(1): 86, f. 2: 7-12. 1992.
Isotype: China. Xinjiang: Hoboksar, Saurshan, alt. 1 900 m, 1989-07-30, B. Wang 89-06.

假蓝翠雀 ***Delphinium pseudocaeruleum*** W. T. Wang in Acta Bot. Sin. 10(3): 269. 1962. **Holotype:** China. Gansu: Xigu, alt. 2 500 m, 1951-07-29, T. P. Wang 14658.

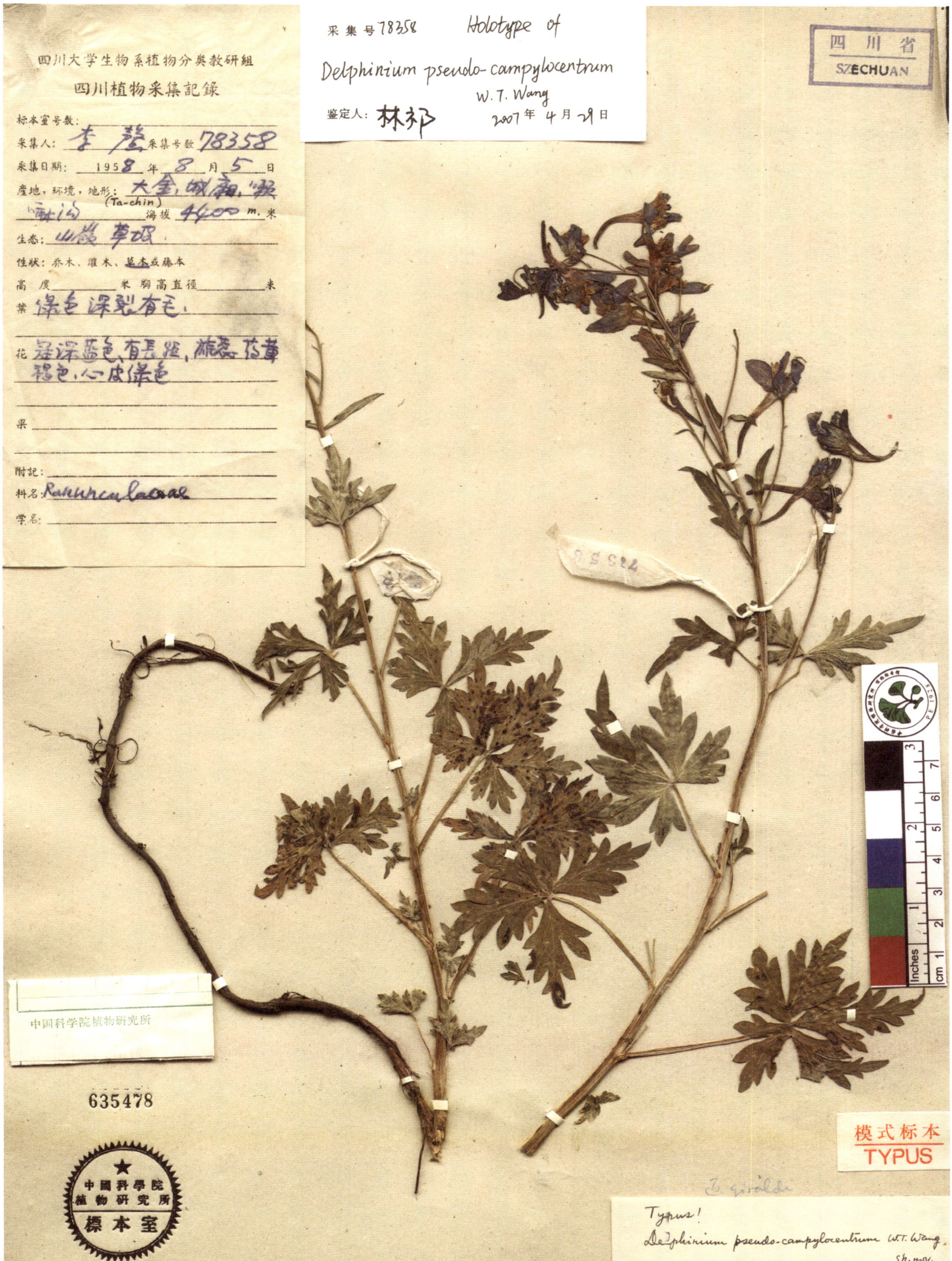

假弯距翠雀 ***Delphinium pseudocampylocentrum*** W. T. Wang in Acta Bot. Sin. 10(2): 150. 1962. **Holotype:** China. Sichuan: Dajin, alt. 4 400 m, 1958-08-05, H. Li 78358.

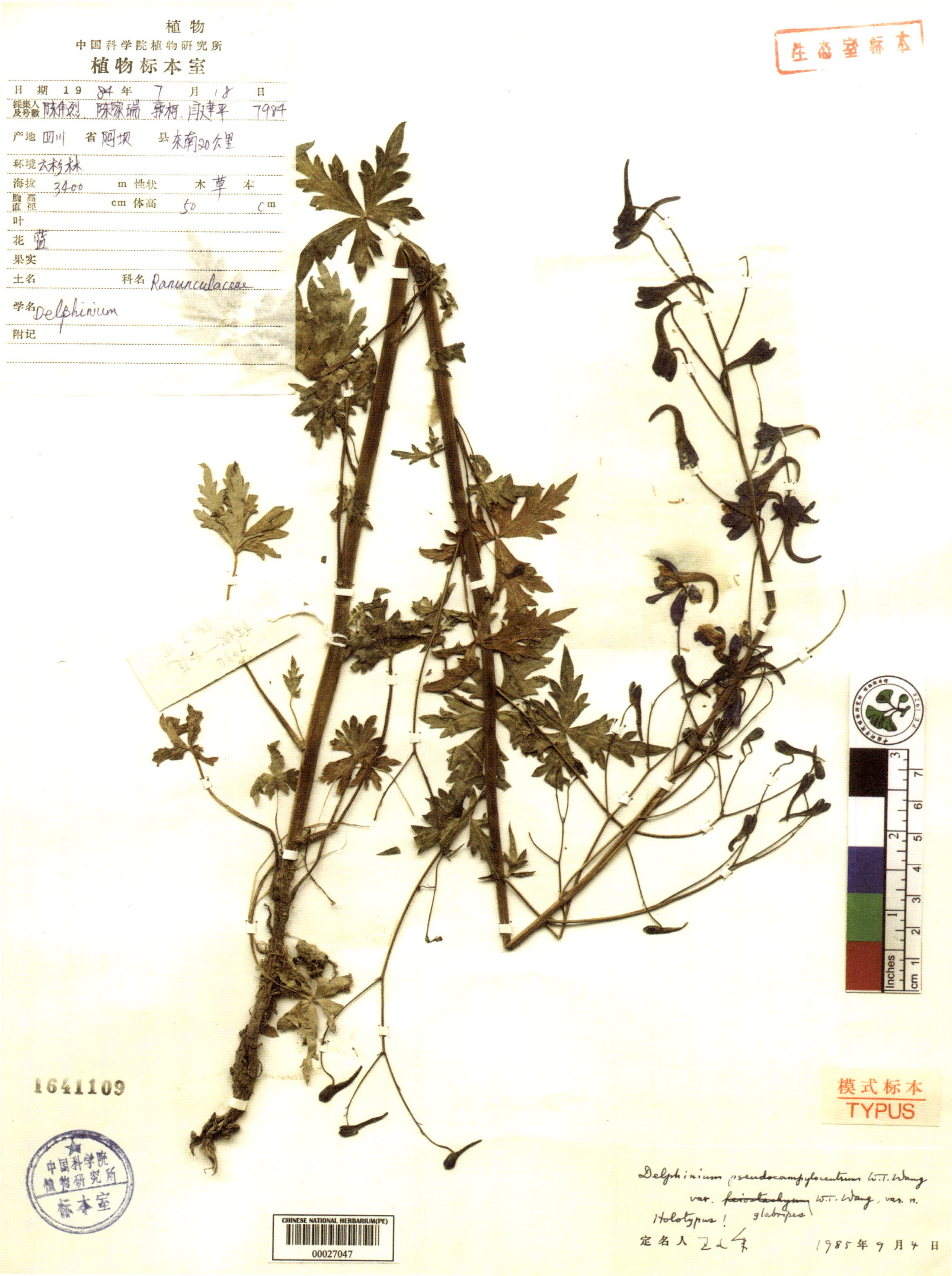

光序拟弯距翠雀 ***Delphinium pseudocampylocentrum*** W. T. Wang var. ***glabripes*** W. T. Wang in Bull. Bot. Res., Harbin 16(2): 158. 1996. **Holotype:** China. Sichuan: Aba, alt. 3 400 m, 1984-07-18, W. L. Chen & al. 7984.

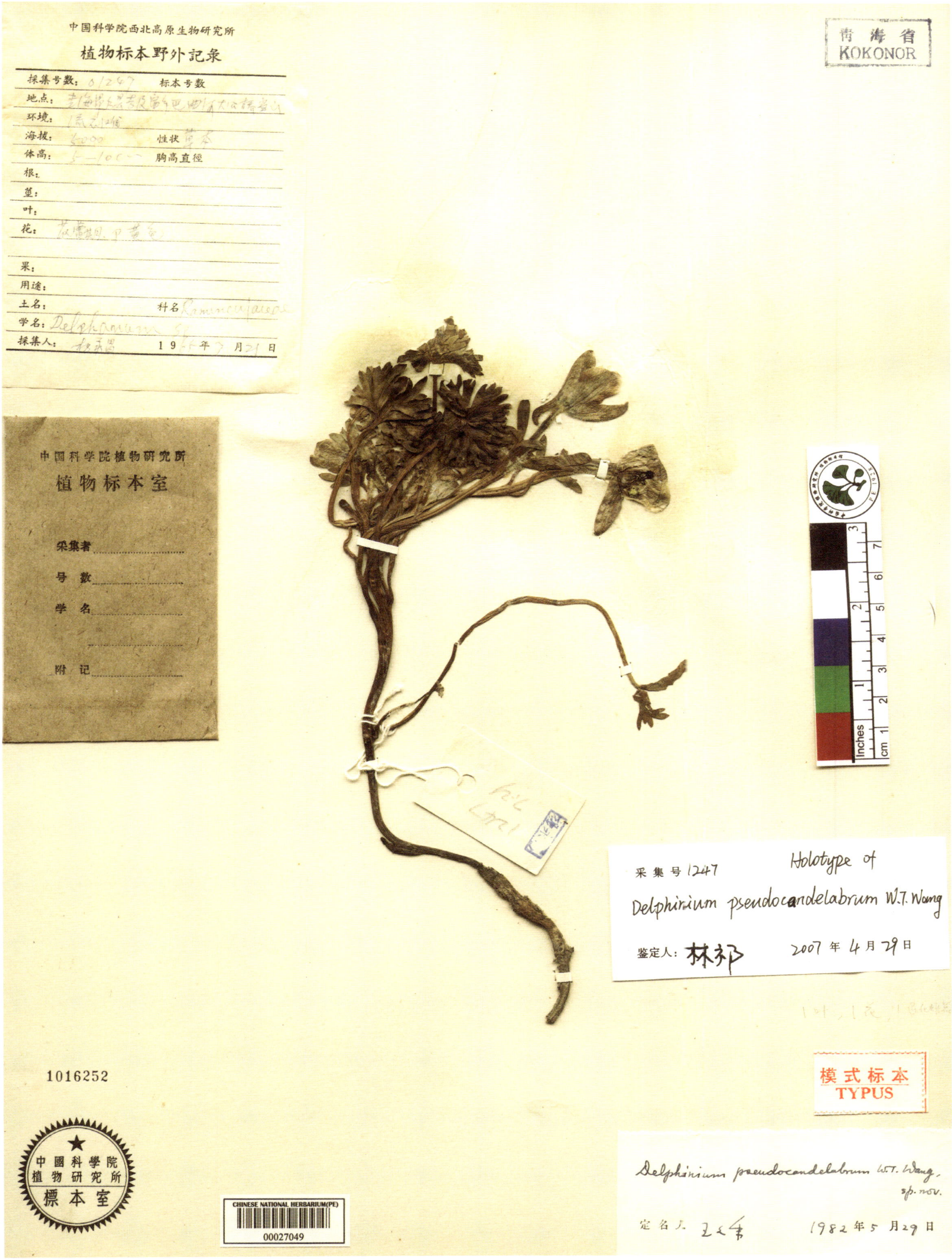

石滩翠雀花 ***Delphinium pseudocandelabrum*** W. T. Wang in Bull. Bot. Res., Harbin 3(1): 28. 1983. **Holotype:** China. Qinghai: Nangqian, alt. 5 000 m, 1965-07-21, Y. C. Yang 1247.

拟冰川翠雀花 ***Delphinium pseudoglaciale*** W. T. Wang in Fl. Reip. Pop. Sin. 27: 368, 612, f. 19. 1979. **Holotype:** China. Xizang: Nanmulin, alt. 4 900~5 000 m, 1975-09-02, Xizang Exped. 6052.

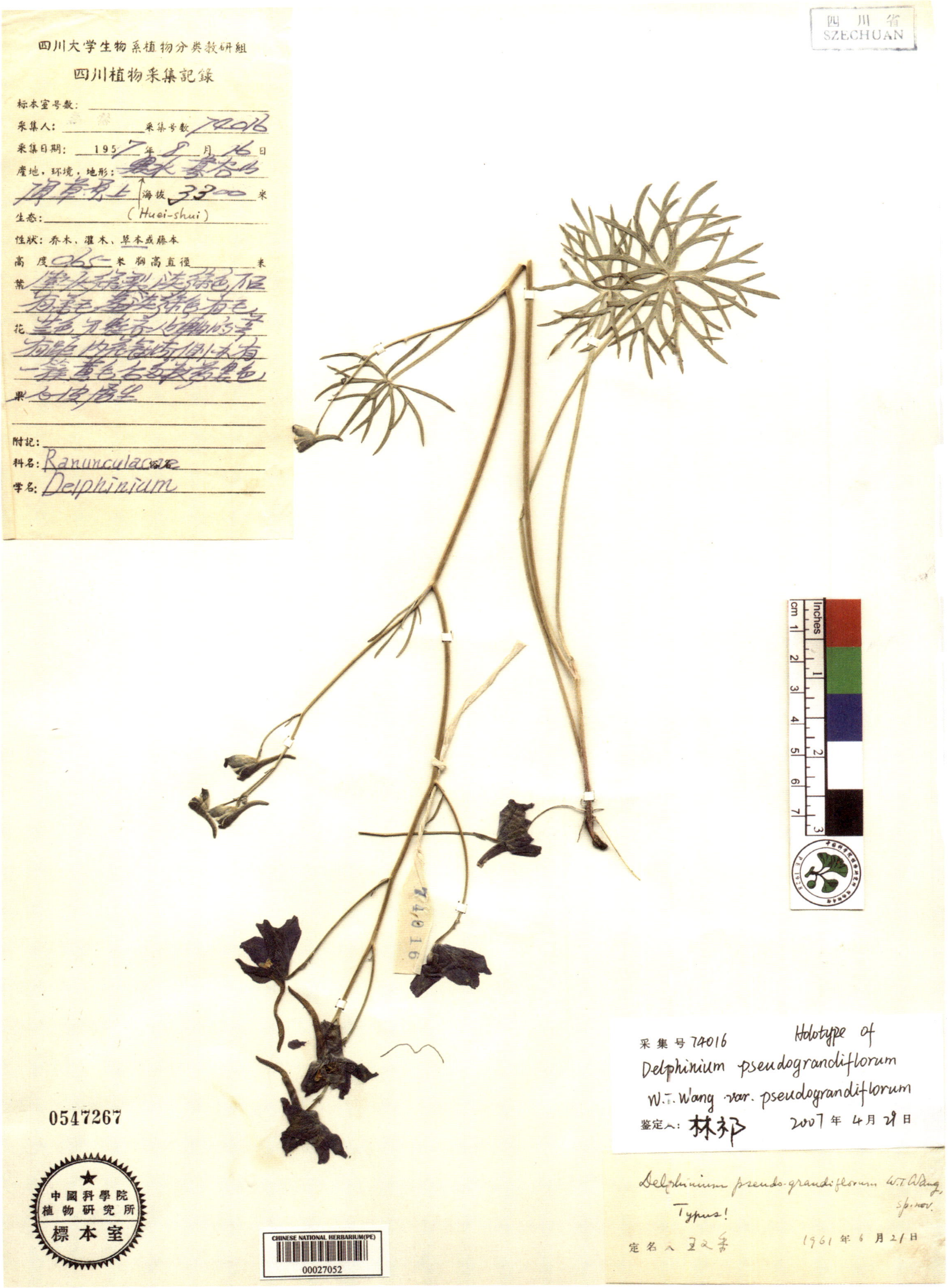

展毛翠雀 ***Delphinium pseudograndiflorum*** W. T. Wang in Acta Bot. Sin. 10(3): 275. 1962. **Holotype:** China. Sichuan: Changdu, alt. 3 300 m, 1957-08-16, H. Li 74016.

宁蒗翠雀花 ***Delphinium pseudohamatum*** W. T. Wang in Acta Bot. Yunnan. 5(2): 161, f. 2: 1-2. 1983. **Holotype:** China. Yunnan: Ninglang, alt. 3 790 m, 1981-09-08, X. W. Tian & al. 97(6).

拟美丽翠雀 ***Delphinium pseudopulcherrimum*** W. T. Wang in Acta Phytotax. Sin., Addit. 1: 100. 1965. **Isotype:** China. Xizang: Lhasa, alt. 4 000 m, 1961-09-01, P. K. Hsiao & K. C. Hsia 1884.

假川西翠雀 ***Delphinium pseudotongolense*** W. T. Wang in Acta Bot. Sin. 10(2): 153. 1962. **Holotype:** China. Sichuan: Baoxing, 1954-??-??, T. P. Soong 38915.

普兰翠雀花 ***Delphinium pulanense*** W. T. Wang in Fl. Reip. Pop. Sin. 27: 360, 611, pl. 81: 1-4. 1979. **Holotype:** China. Xizang: Burang, alt. 5 100 m, 1976-07-24, Qinghai-Xizang Exped. 76-8289.

美丽翠雀花 ***Delphinium pulcherrimum*** W. T. Wang in Acta Phytotax. Sin. 6(4): 370. 1957. **Holotype:** China. Yunnan: Dêqên, alt. 4 240 m, 1937-08-03, T. T. Yu 9330.

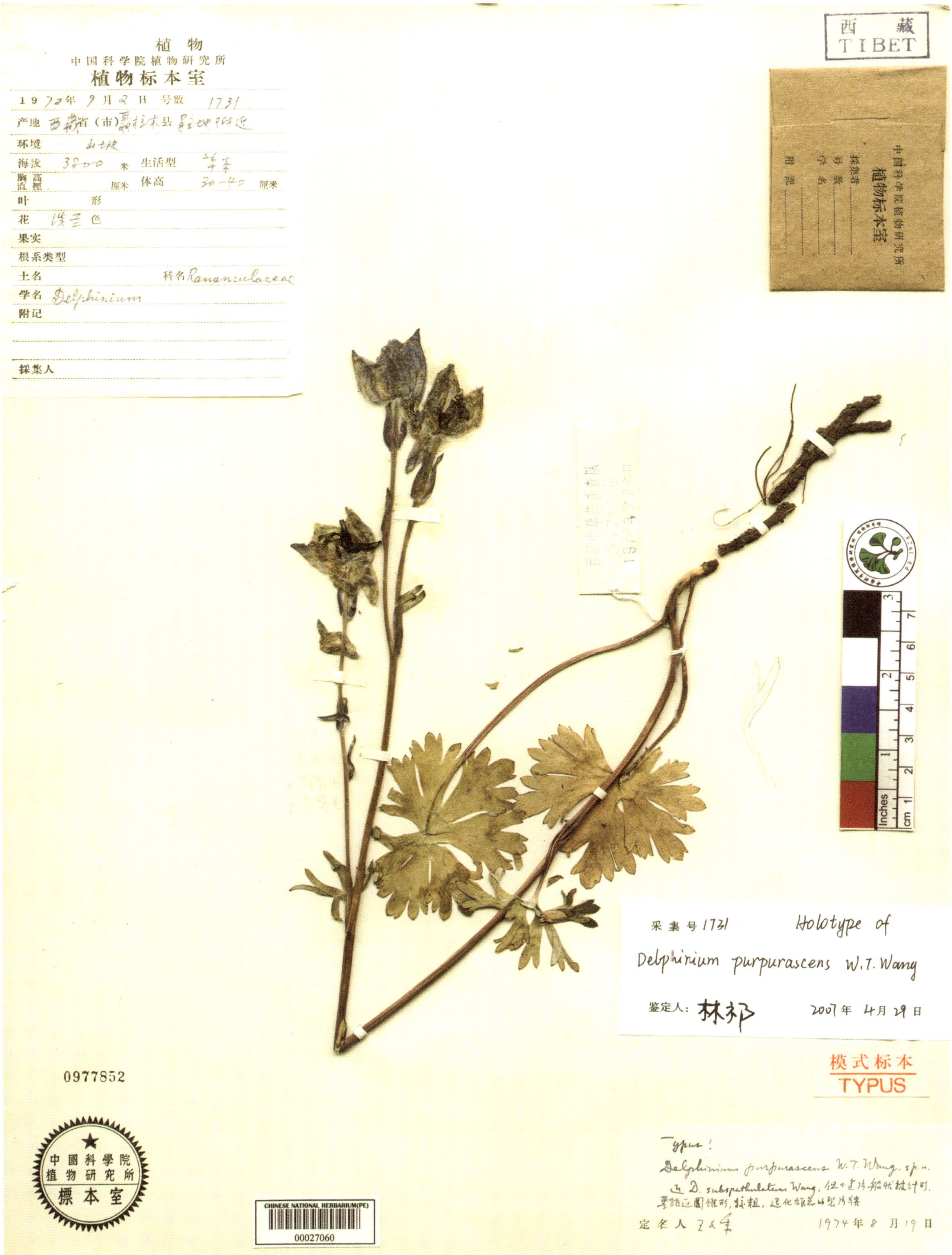

紫苞翠雀花 ***Delphinium purpurascens*** W. T. Wang, Fl. Reip. Pop. Sin. 27: 362, 612, pl. 83: 1-3. 1979. **Holotype:** China. Xizang: Nyalam, alt. 3 800 m, 1972-09-02, Xizang Exped. 1731.

拟密距翠雀 ***Delphinium pycnocentroides*** W. T. Wang in Acta Bot. Sin. 10(2): 163. 1962. **Holotype:** China. Yunnan: Lijiang, alt. 3 600 m, 1942-08-15, K. M. Feng 9033.

大通翠雀花 ***Delphinium pylzowii*** Maxim. in Bull. Acad. Sci. St.-Petersb. 9: 709. 1876. **Isotype:** China. Qinghai: Datong He, 1872-07-(01-13), N. M. Przewalski 211.

三果假白蓝翠雀 ***Delphinium pylzowi*** Maxim. var. ***trigynum*** W. T. Wang in Acta Bot. Sin. 10(1): 78. 1962. **Holotype:** China. Gansu: Xiahe, Minshan, alt. 3 500 m, 1937-08-19, K. T. Fu 1487.

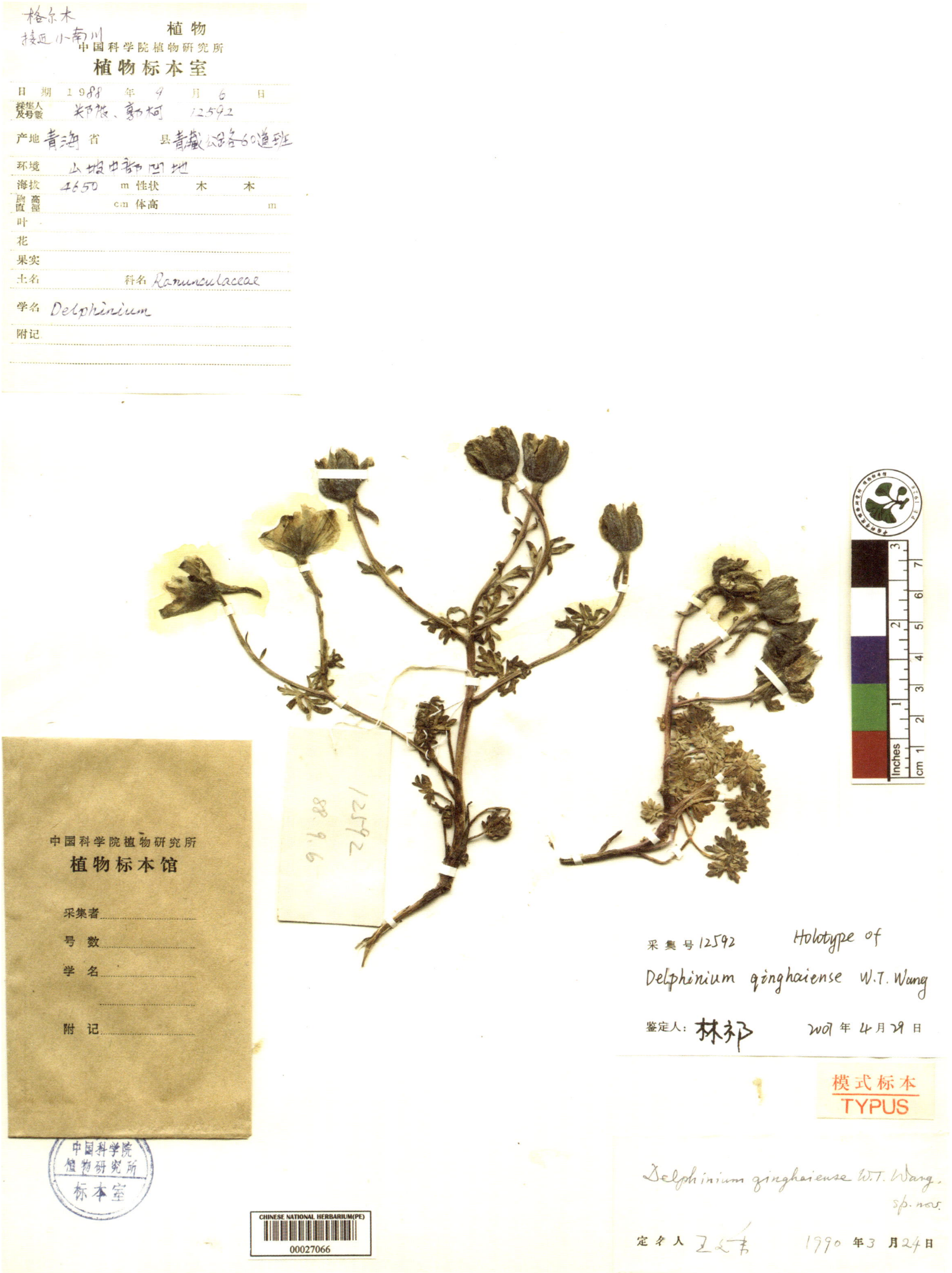

青海翠雀花 ***Delphinium qinghaiense*** W. T. Wang in Acta Phytotax. Sin. 29(5): 458, f. 1. 1991. **Holotype:** China. Qinghai: Geermu, alt. 4 650 m, 1988-09-06, D. Zheng & K. Guo 12592.

五花翠雀花 ***Delphinium quinqueflorum*** W. T. Wang in Bull. Bot. Res., Harbin 34(5): 581, f. 3: A-D. 2014. **Holotype:** China. Yunnan: Shangri-La, alt. 3 750 m, 2010-08-31, Kham Exped. 10-3093.

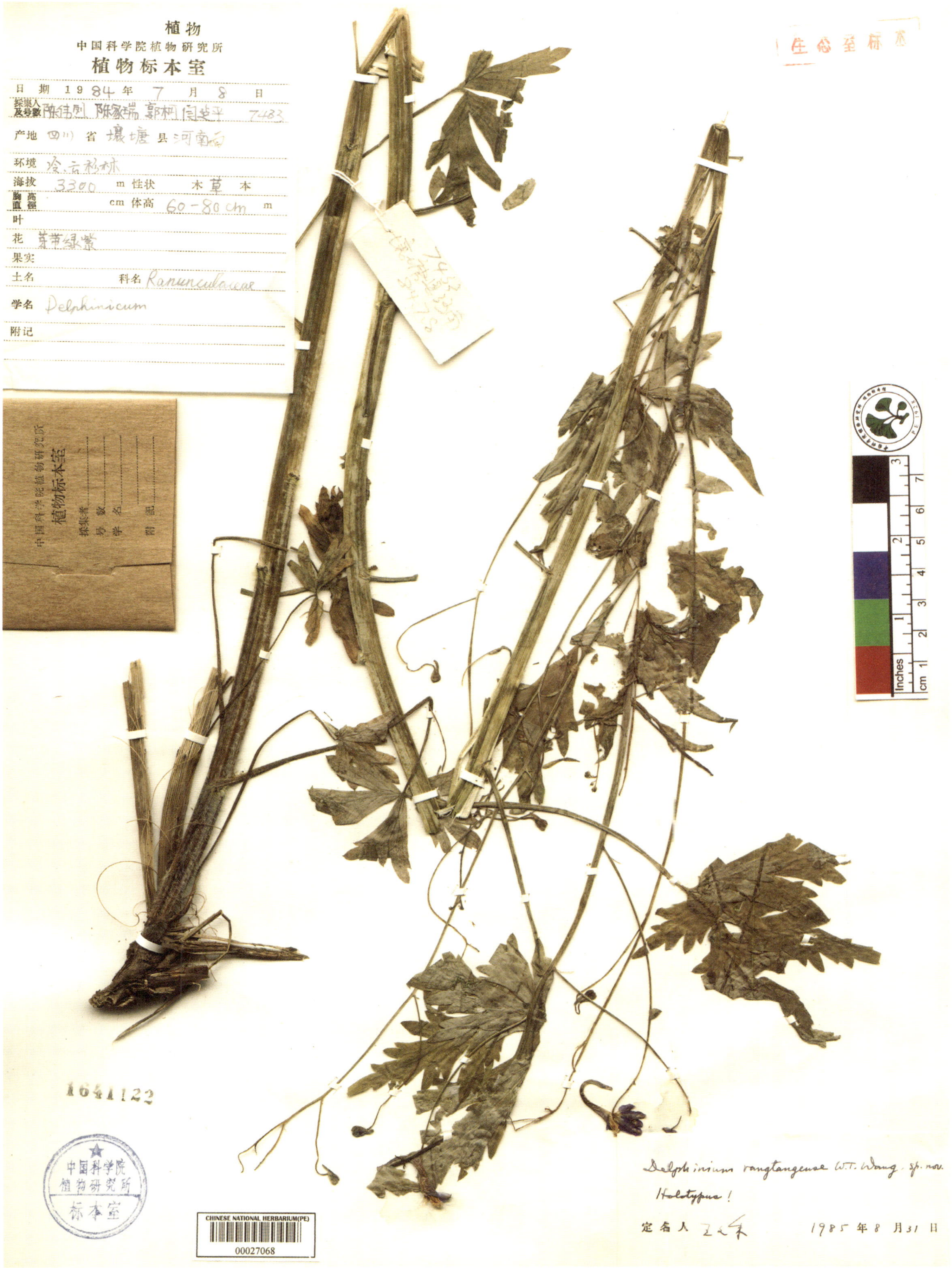

壤塘翠雀花 ***Delphinium rangtangense*** W. T. Wang in Acta Bot. Yunnan. 8(3): 262, f. 1: 1-3. 1986. **Holotype:** China. Sichuan: Rangtang, alt. 3 300 m, 1984-07-08, W. L. Chen & al. 7433.

岩生翠雀花 ***Delphinium saxatile*** W. T. Wang in Acta Phytotax. Sin. 6(4): 367, pl. 58: 3. 1957. **Holotype:** China. Sichuan: Baoxing, alt. 2 100 m, 1933-08-07, T. H. Tu 4366.

白花萨乌尔翠雀花 ***Delphinium shawurense*** W. T. Wang var. ***albiflorum*** C. Y. Yang & B. Wang in Acta Phytotax. Sin. 30(1): 91. 1992. **Isotype:** China. Xinjiang: Hoboksar, alt. 1 900 m, 1989-07-30, B. Wang 89-04.

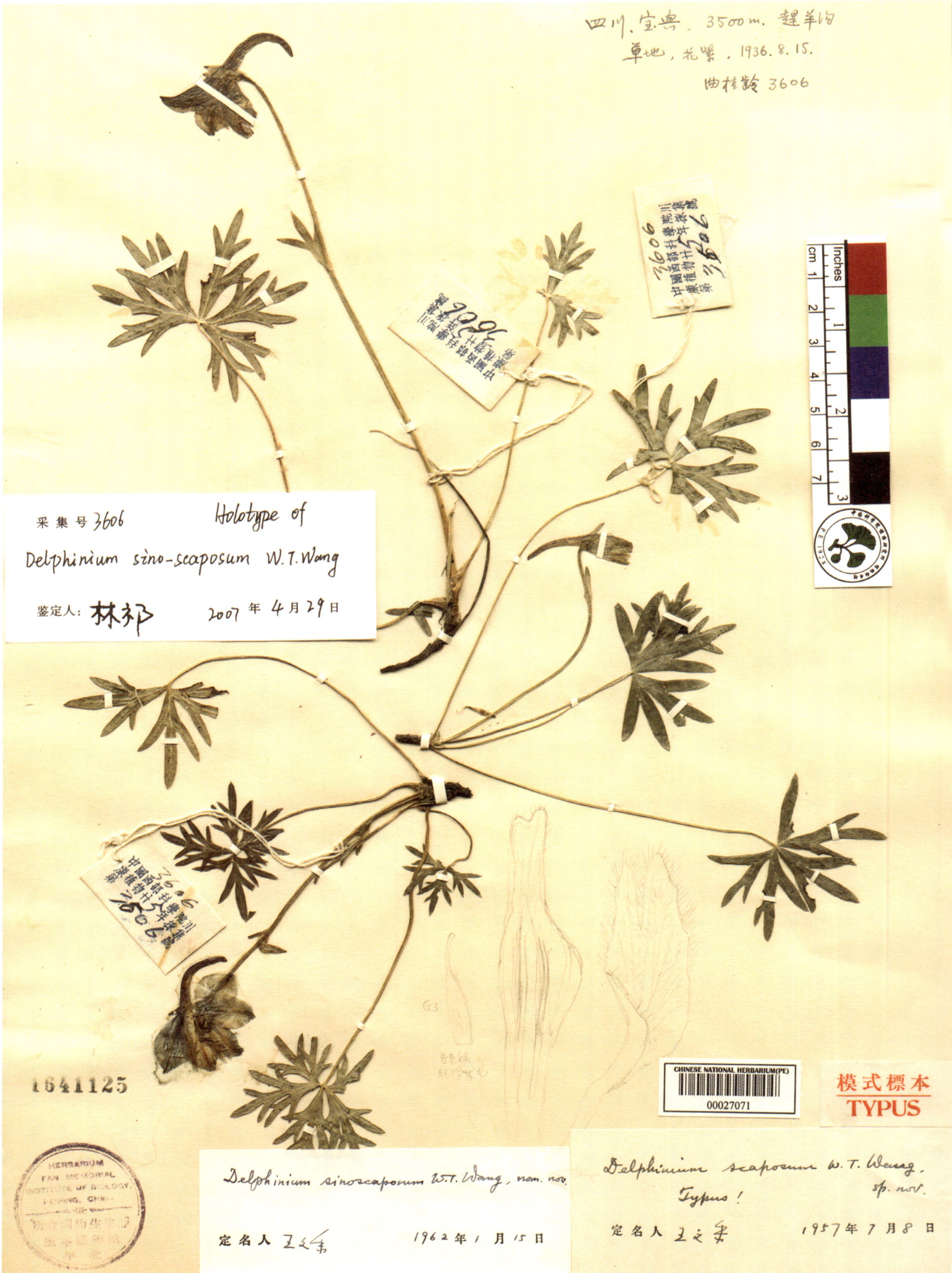

花葶翠雀 ***Delphinium sinoscaposum*** W. T. Wang in Acta Bot. Sin. 10(2): 165. 1962. **Holotype:** China. Sichuan: Baoxing, alt. 3 500 m, 1936-08-15, K. L. Chu 3606.

冀北翠雀花 ***Delphinium siwanense*** Franch. var. ***albopuberulum*** W. T. Wang in Acta Phytotax. Sin. 31(3): 208. 1993.
Holotype: China. Hebei: Longguan, alt. 2 100 m, 1959-09-12, X. L. Huang & G. X. Zhou 7408.

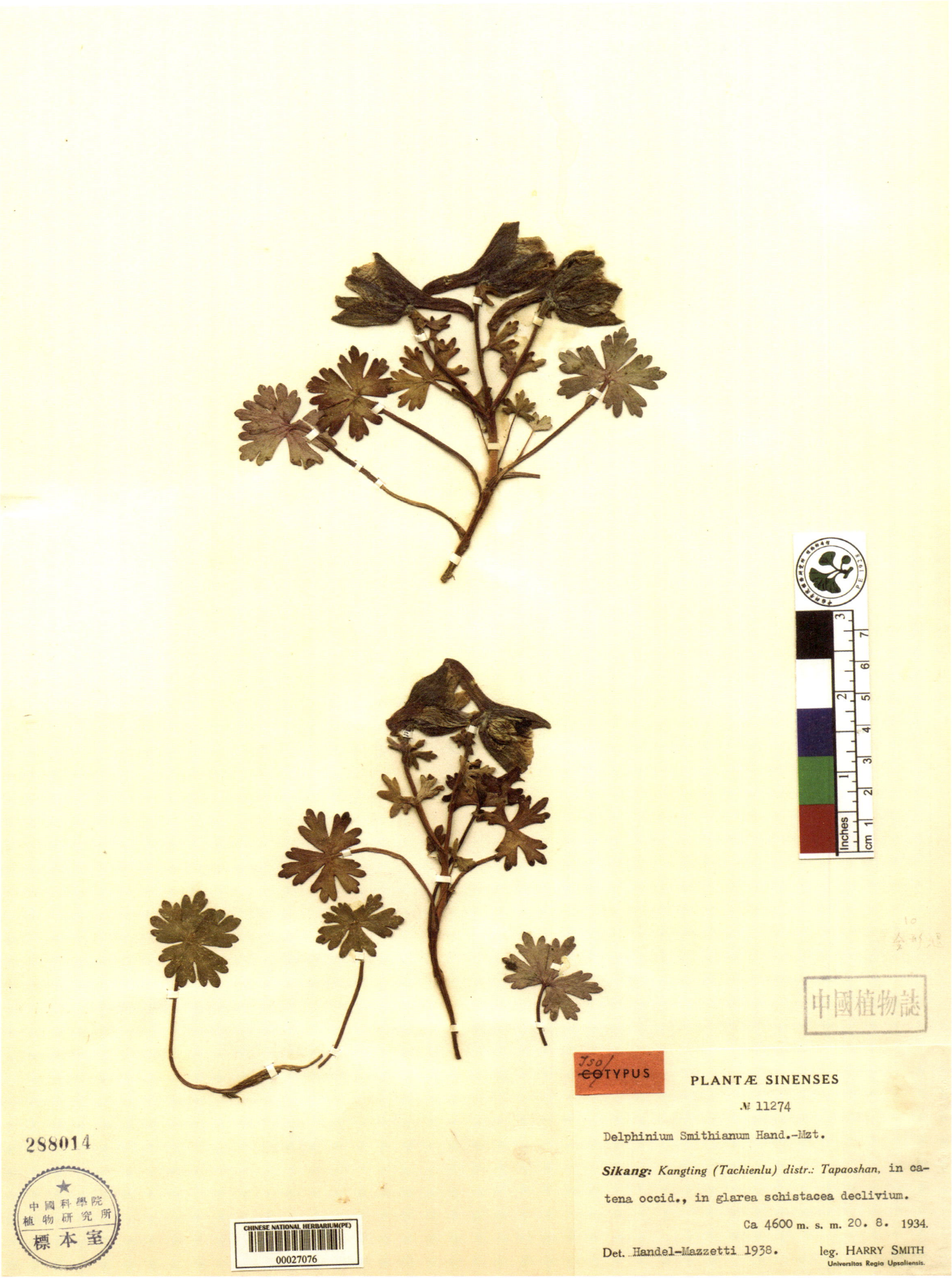

宝兴翠雀花 ***Delphinium smithianum*** Hand.-Mazz. in Acta Horti Gothob 13(4): 49, f. 1b. 1939. **Isotype:** China. Sichuan: Kangding, alt. 4 600 m, 1934-08-20, H. Smith 11274.

嵩明翠雀花 ***Delphinium soonmingense*** Chen in Bull. Fan Mem. Inst. Biol., New Ser. 1: 175. 1948. **Isotype:** China. Yunnan: Luchuan, alt. 2 800 m, 1940-10-29, Y. P. Chang 460.

疏花翠雀花 ***Delphinium sparsiflorum*** Maxim. in Bull. Acad. Imp. Sci. St.-Petersb. 23(2): 307. 1877. **Isotype:** China. Qinghai: Datong He, 1872-06-27, N. M. Przewalski 182.

巨苞螺距翠雀 ***Delphinium spirocentrum*** Hand.-Mazz. var. ***grandibracteolatum*** W. T. Wang in Acta Bot. Sin. 10(2): 153. 1962. **Holotype:** China. Yunnan: Weixi, alt. 4 000 m, 1937-07-15, T. T. Yu 9018.

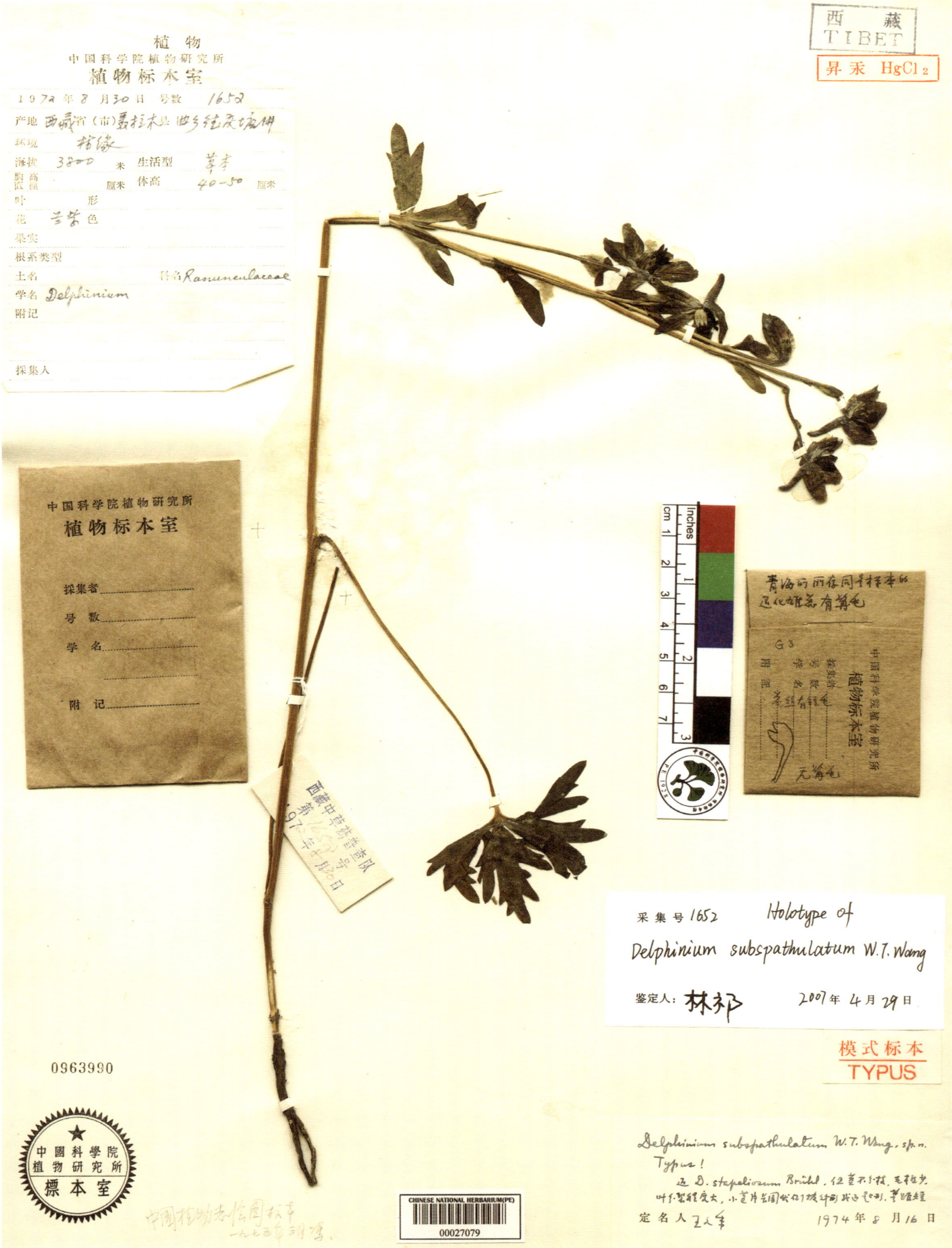

匙形翠雀花 ***Delphinium subspathulatum*** W. T. Wang, Fl. Reip. Pop. Sin. 27: 362, 612, pl. 82: 1-4. 1979. **Holotype:** China. Xizang: Nyalam, alt. 3 800 m, 1972-08-30, Xizang Exped. 1652.

太白翠雀 ***Delphinium taipaicum*** W. T. Wang in Acta Bot. Sin. 10(2): 164. 1962. **Holotype:** China. Shaanxi: Taibai, Taibaishan, alt. 3 900 m, 1937-09-15, T. N. Liou & P. C. Tsoong 986.

无毛大理翠雀 ***Delphinium taliense*** Franch. var. ***glabrum*** W. T. Wang in Acta Bot. Sin. 10(2): 159. 1962. **Holotype:** China. Sichuan: Muli, alt. 2 900 m, 1937-10-11, T. T. Yu 14490.

硬毛大理翠雀 ***Delphinium taliense*** Franch. var. ***hirsutum*** W. T. Wang in Acta Bot. Sin. 10(2): 159. 1962. **Holotype:** China. Sichuan: Huili, 1932-09-17, T. T. Yu 1598.

灰花翠雀花 ***Delphinium tephranthum*** W. T. Wang in Bull. Bot. Res., Harbin 34(5): 580, f. 2: E-I. 2014. **Holotype:** China. Xizang: Qamdo, alt. 4 800 m, 2010-08-08, Kham Exped. 10-1528.

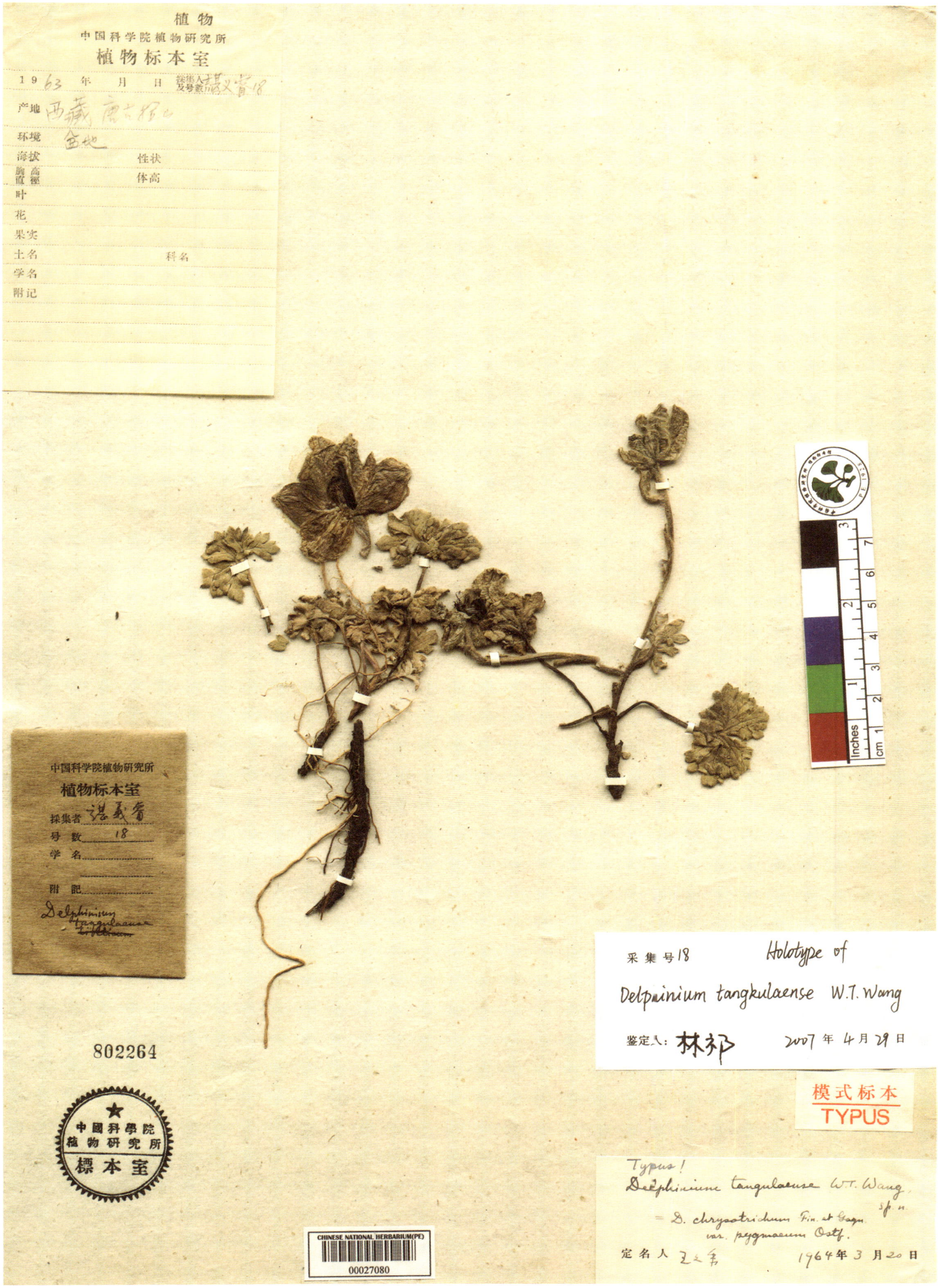

唐古拉翠雀 ***Delphinium tangkulaense*** W. T. Wang in Acta Phytotax. Sin., Addit. 1: 99. 1965. **Holotype:** China. Xizang: Tanggulashan, 1963-??-??, Y. T. Kan 18.

四果翠雀花 ***Delphinium tetragynum*** W. T. Wang in Bull. Bot. Res., Harbin 3(1): 26. 1983. **Holotype:** China. Xinjiang: Taxkorgan, alt. 4 590 m, 1978-07-06, Xinjiang Exped. 1119.

锐裂翠雀花 ***Delphinium thibeticum*** Finet & Gagnep. var. ***laceratilobum*** W. T. Wang, Fl. Reip. Pop. Sin. 27: 437, 615, pl. 100: 10-12. 1979. **Holotype:** China. Xizang: Jomda, alt. 3 700 m, 1976-08-25, Qinghai-Xizang Exped. 9752.

天山翠雀 ***Delphinium tianshanicum*** W. T. Wang in Acta Bot. Sin. 10(1): 35. 1962. **Holotype:** China. Xinjiang: Bokedashan, alt. 1 950 m, 1931-08-24, T. N. Liou 3620.

拟毛翠雀花 ***Delphinium trichophoroides*** W. T. Wang in Bull. Bot. Res., Harbin 34(5): 577, f. 1. 2014. **Holotype:** China. Sichuan: Litang, alt. 4 400 m, 2009-08-22, Y. S. Chen 9546.

毛翠雀宽距变种 ***Delphinium trichophorum*** Franch. var. ***platycentrum*** W. T. Wang in Acta Bot. Sin. 10(1): 75. 1962.
Holotype: China. Sichuan: Muli, 1959-??-??, S. K. Wu 3381.

光果毛翠雀花 ***Delphinium trichophorum*** Franch. var. ***subglaberrimum*** Hand.-Mazz. in Acta Horti Gothob13(4): 48. 1939. **Isotype:** China. Sichuan: Dawu, alt. 4 400 m, 1934-08-31, H. Smith 11689.

全裂翠雀 ***Delphinium trisectum*** W. T. Wang in Acta Bot. Sin. 10(1): 80. 1962. **Holotype:** China. Henan: Shangcheng, alt. 400 m, 1959-04-19, Henan Exped. 149.

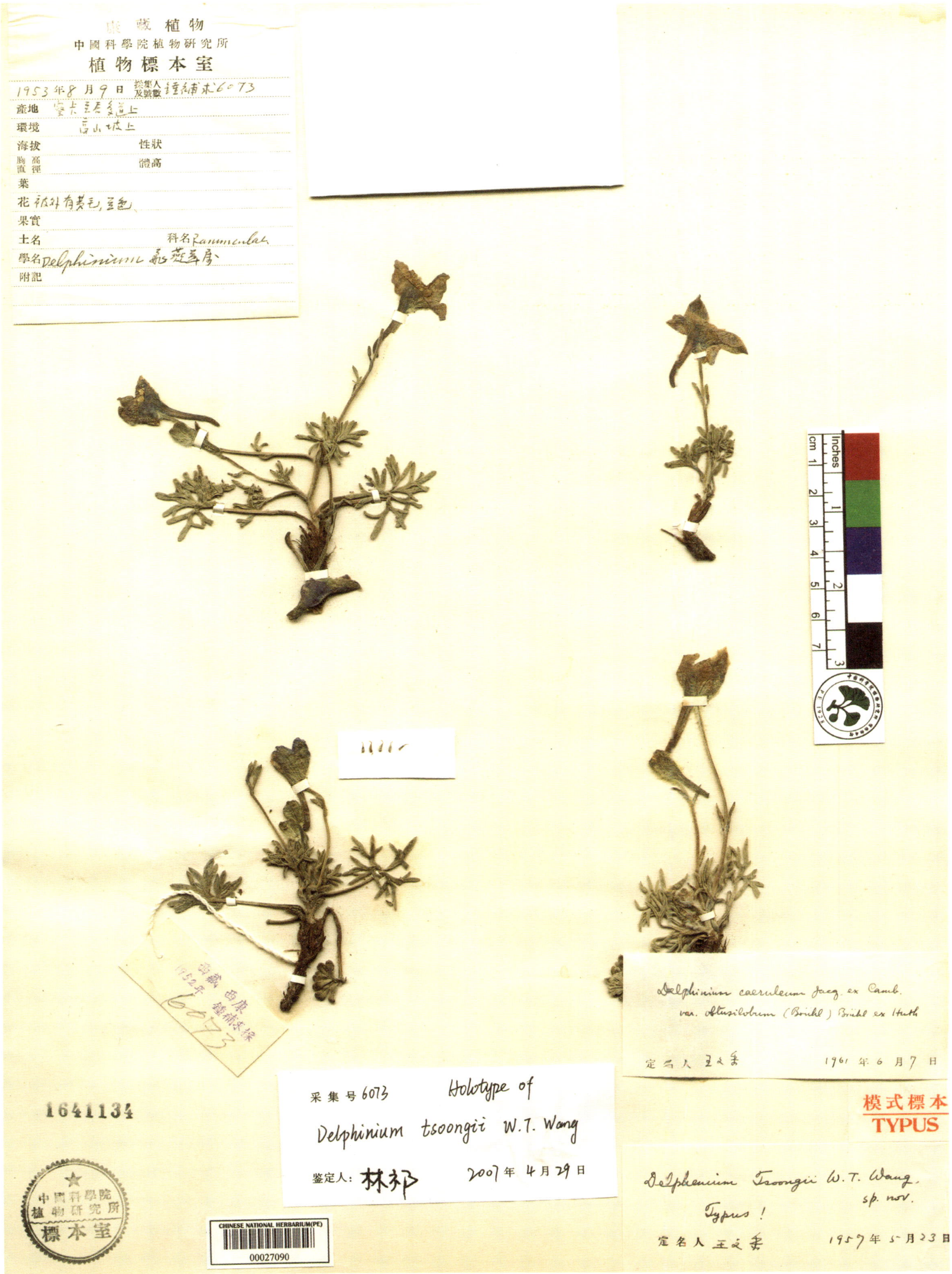

钟氏翠雀花 ***Delphinium tsoongii*** W. T. Wang in Acta Phytotax. Sin. 6(4): 368, pl. 58: 4. 1957. **Holotype:** China. Xizang: Chaka, 1953-08-09, P. C. Tsoong 6073.

展毛阴地翠雀花 ***Delphinium umbrosum*** Hand.-Mazz. var. ***hispidum*** W. T. Wang in Acta Phytotax. Sin., Addit. 1: 102. 1965. **Holotype:** China. Sichuan: Hongxi, alt. 3 400 m, 1959-08-05, C. C. Hu & al. 1607.

光茎短距翠雀花 ***Delphinium viride*** Chen in Bull. Fan Mem. Inst. Biol., New Ser. 1: 165. 1948. **Isotype:** China. Yunnan: Dêqên, alt. 4 100 m, 1937-08-20, T. T. Yu 9670.

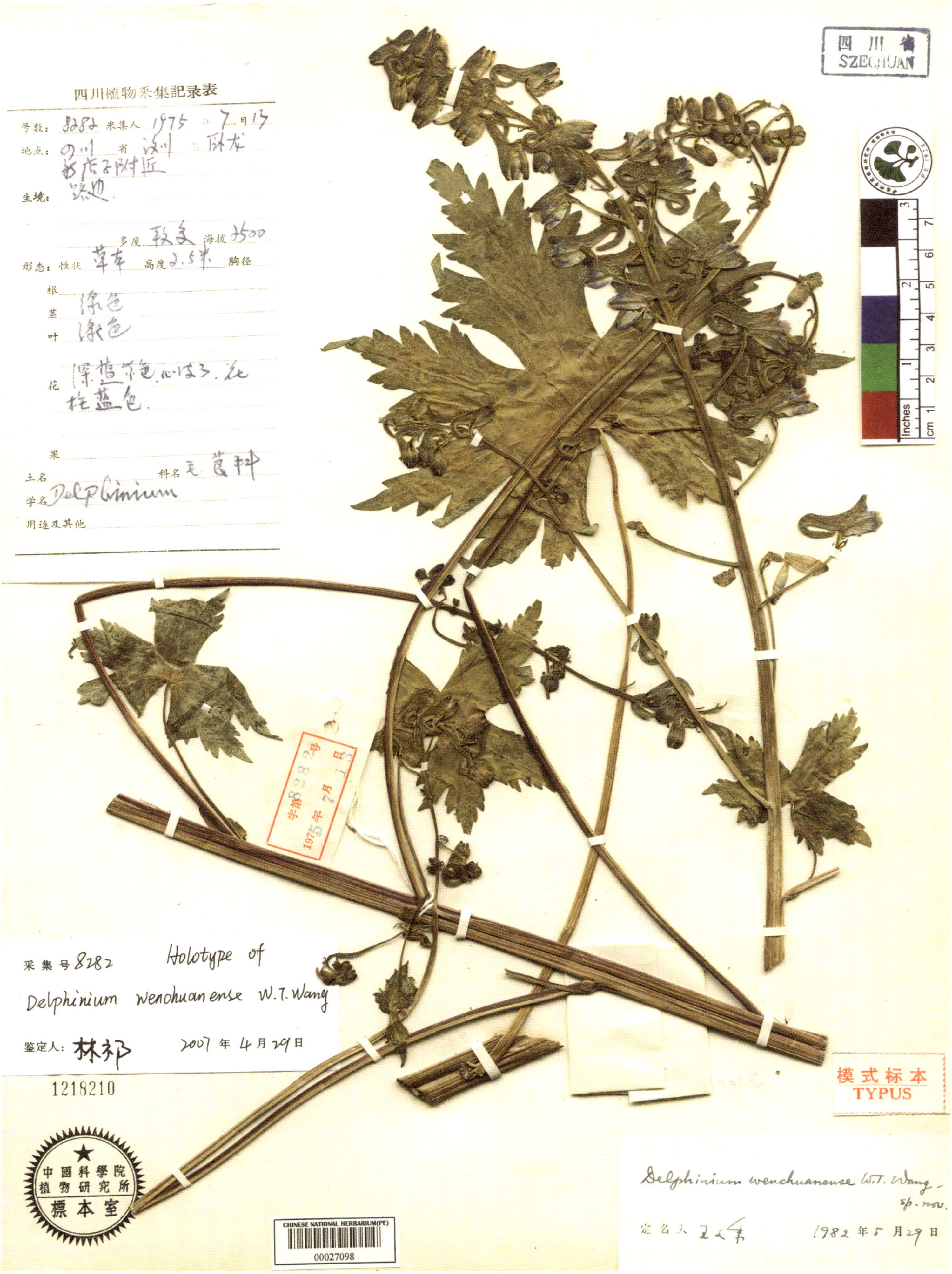

汶川翠雀花 ***Delphinium wenchuanense*** W. T. Wang in Bull. Bot. Res., Harbin 3(1): 34. 1983. **Holotype:** China. Sichuan: Wenchuan, alt. 2 500 m, 1975-07-13, Inst. Biol. Chengdu Exped. 8282.

狭序翠雀花 ***Delphinium wrightii*** Chen in Bull. Fan Mem. Inst. Biol., New Ser. 1: 166. 1948. **Isotype:** China. Sichuan: Muli, alt. 3 400 m, 1937-08-19, T. T. Yu 7797.

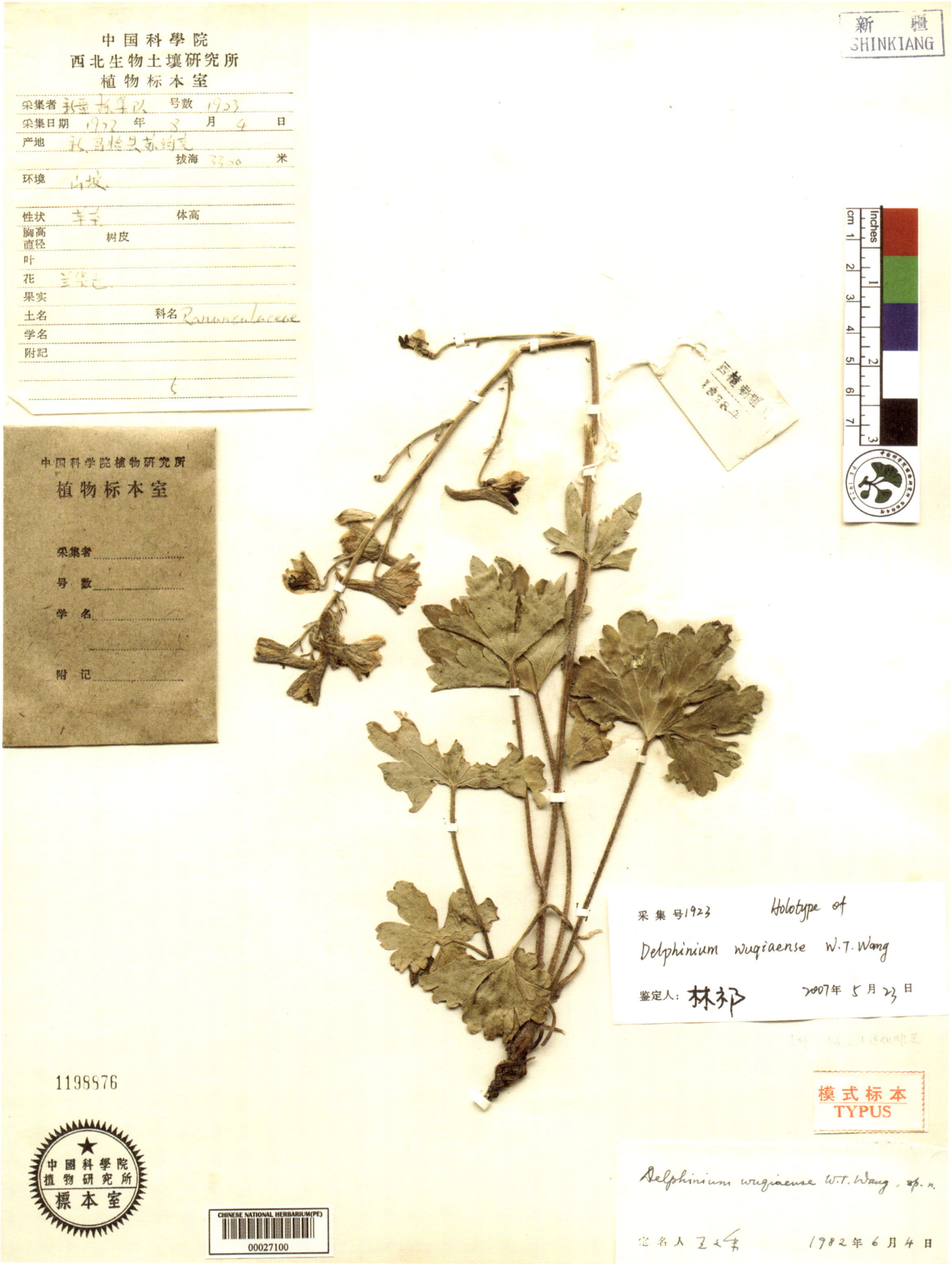

乌恰翠雀花***Delphinium wuqiaense*** W. T. Wang in Bull. Bot. Res., Harbin 3(1): 32. 1983. **Holotype:** China. Xinjiang: Wuqia, alt. 3 300 m, 1978-08-04, Xinjiang Exped. 1923.

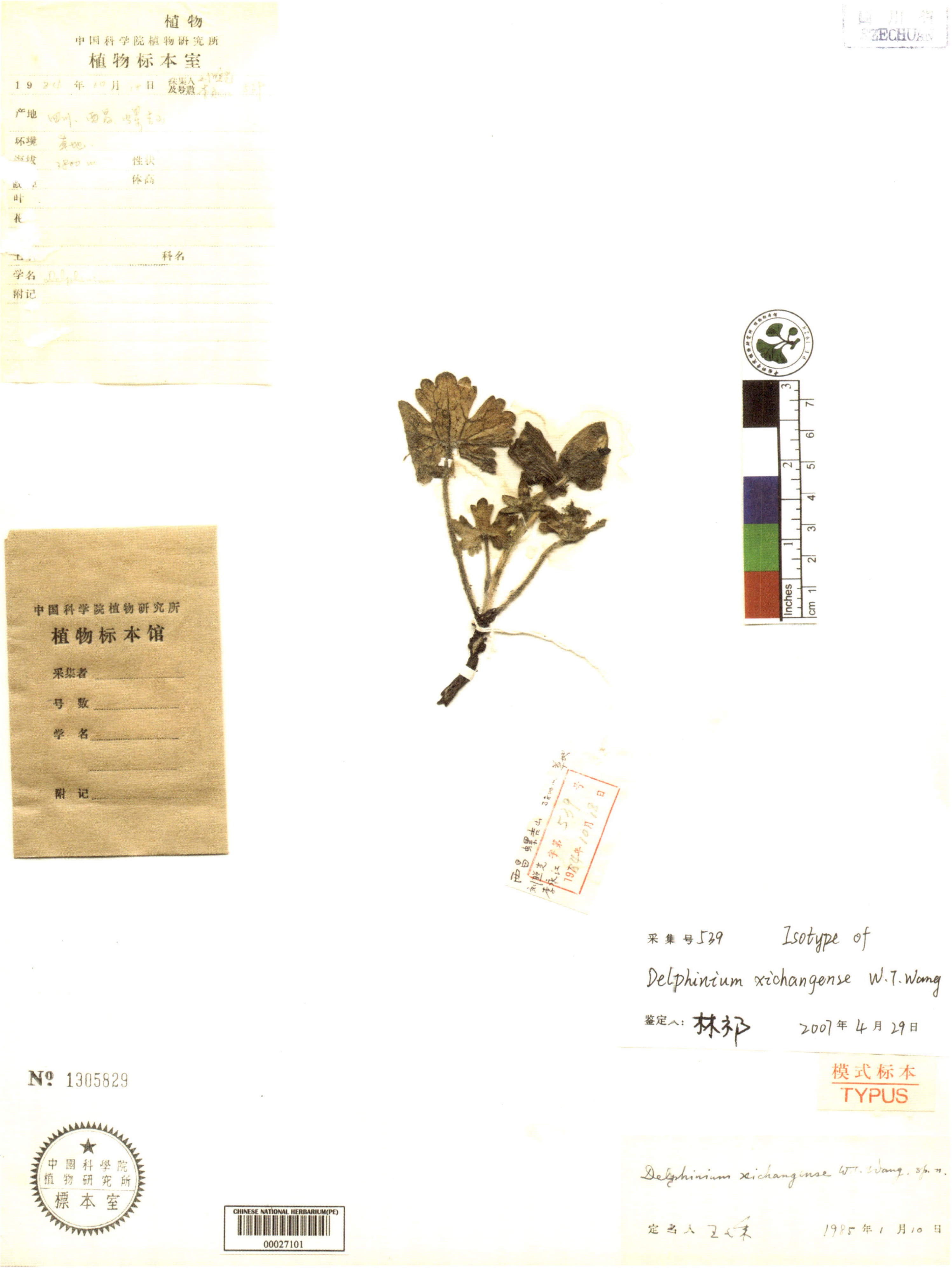

西昌翠雀花 ***Delphinium xichangense*** W. T. Wang in Bull. Bot. Res., Harbin 6(1): 1, pl. 1: 1-2. 1986. **Isotype:** China. Sichuan: Xichang, alt. 3 800 m, 1984-10-18, Z. G. Liou & Y. J. Li 539.

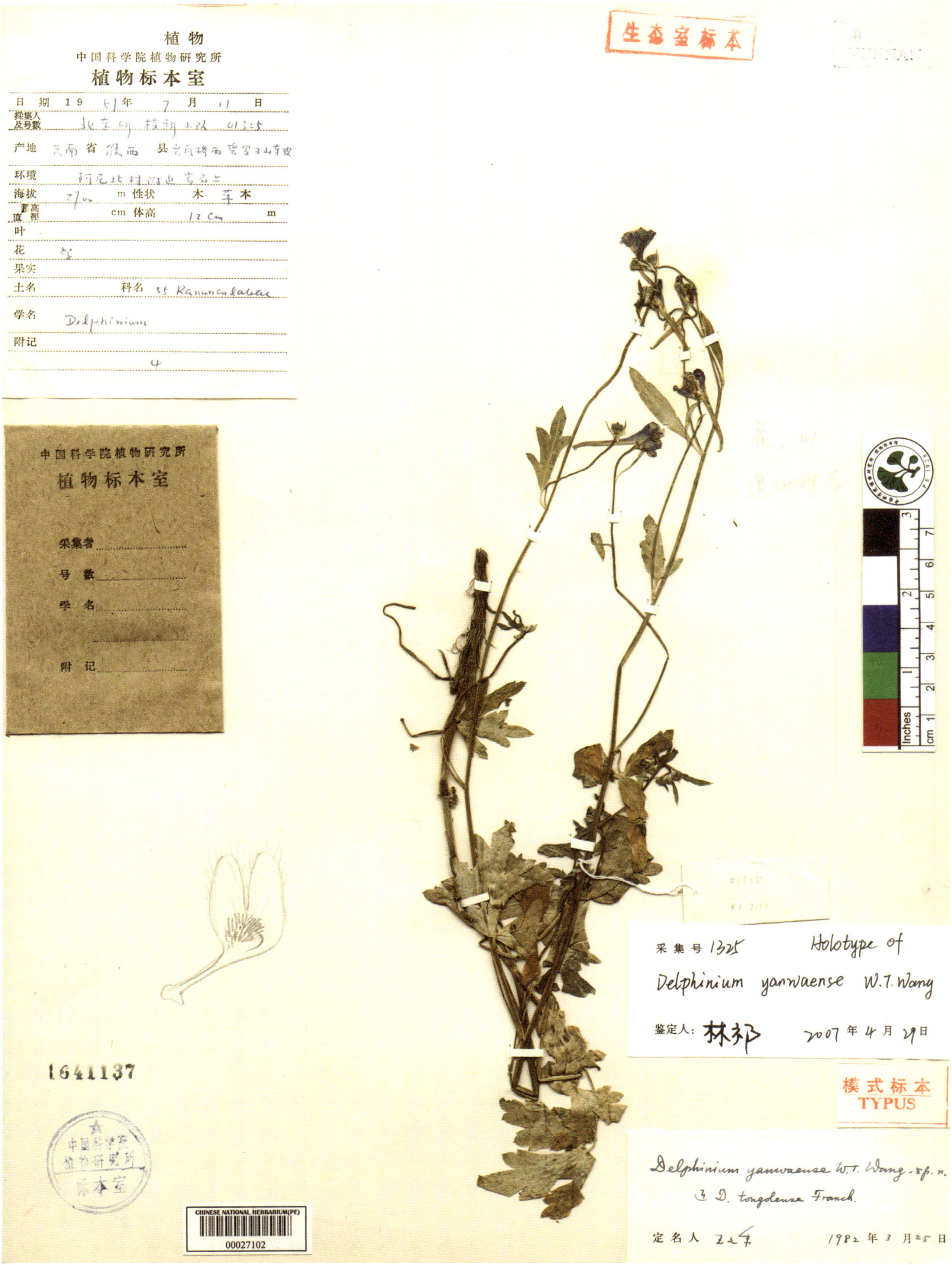

岩瓦翠雀花 ***Delphinium yanwaense*** W. T. Wang in Acta Bot. Yunnan. 5(2): 157, pl. 1, f. 7-9. 1983. **Holotype:** China. Yunnan: Weixi, alt. 2 700 m, 1981-07-11, Hengduanshan Exped. 1325.

中甸翠雀花 ***Delphinium yuanum*** Chen in Bull. Fan Mem. Inst. Biol., New Ser. 1: 176. 1948. **Isotype:** China. Yunnan: Shangri-La, alt. 3 000 m, 1937-07-27, T. T. Yu 12490.

永登翠雀花***Delphinium yongdengense*** W. T. Wang in Bull. Bot. Res., Harbin 36(1): 1, f. 1: A-D. 2016. **Holotype:** China. Gansu: Yongdeng, alt. 2 475 m, 2006-08-01, X. G. Sun & al. 06137.

镱锂翠雀花 ***Delphinium zhangii*** W. T. Wang in Acta Phytotax. Sin. 37(3): 214 f. 1: 1-3. 1999. **Holotype:** China. Xinjiang: Akto, alt. 3 600~3 650 m, 1998-08-16, Y. L. Zhang 800.

左贡翠雀花 ***Delphinium zuogongense*** W. T. Wang in Guihaia 33(5): 581, f. 2: A-F. 2013. **Holotype:** China. Xizang: Zogang, alt. 4 000~4 100 m, 2009-07-18, D. E. Boufford & al. 40721.

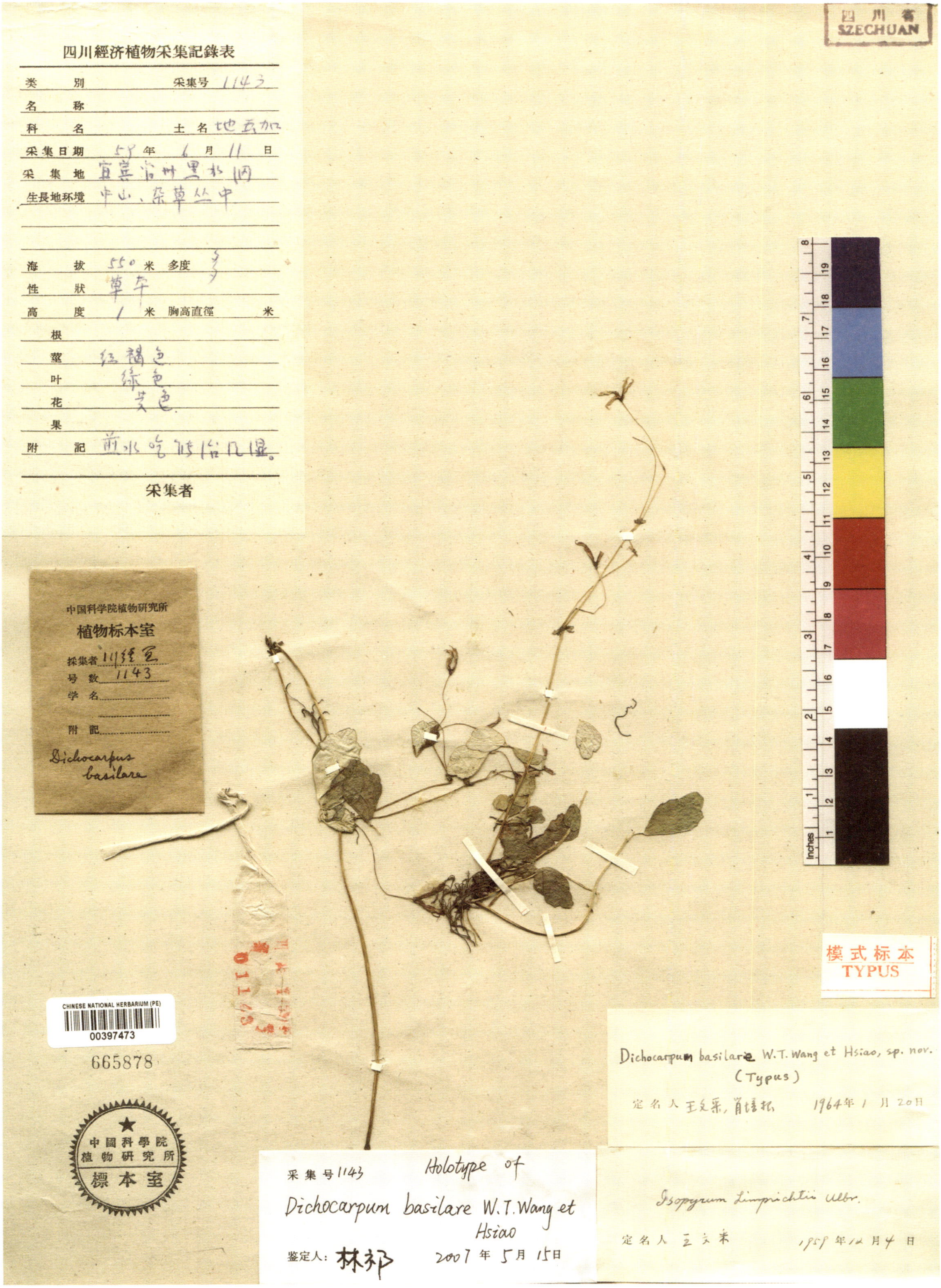

基叶人字果 ***Dichocarpum basilare*** W. T. Wang & P. G. Xiao in Acta Phytotax. Sin. 9(4): 325, pl. 33: 2. 1964. **Holotype:** China. Sichuan: Yibin, alt. 550 m, 1959-06-11, Sichuan Econ. Pl. Exped. 1143.

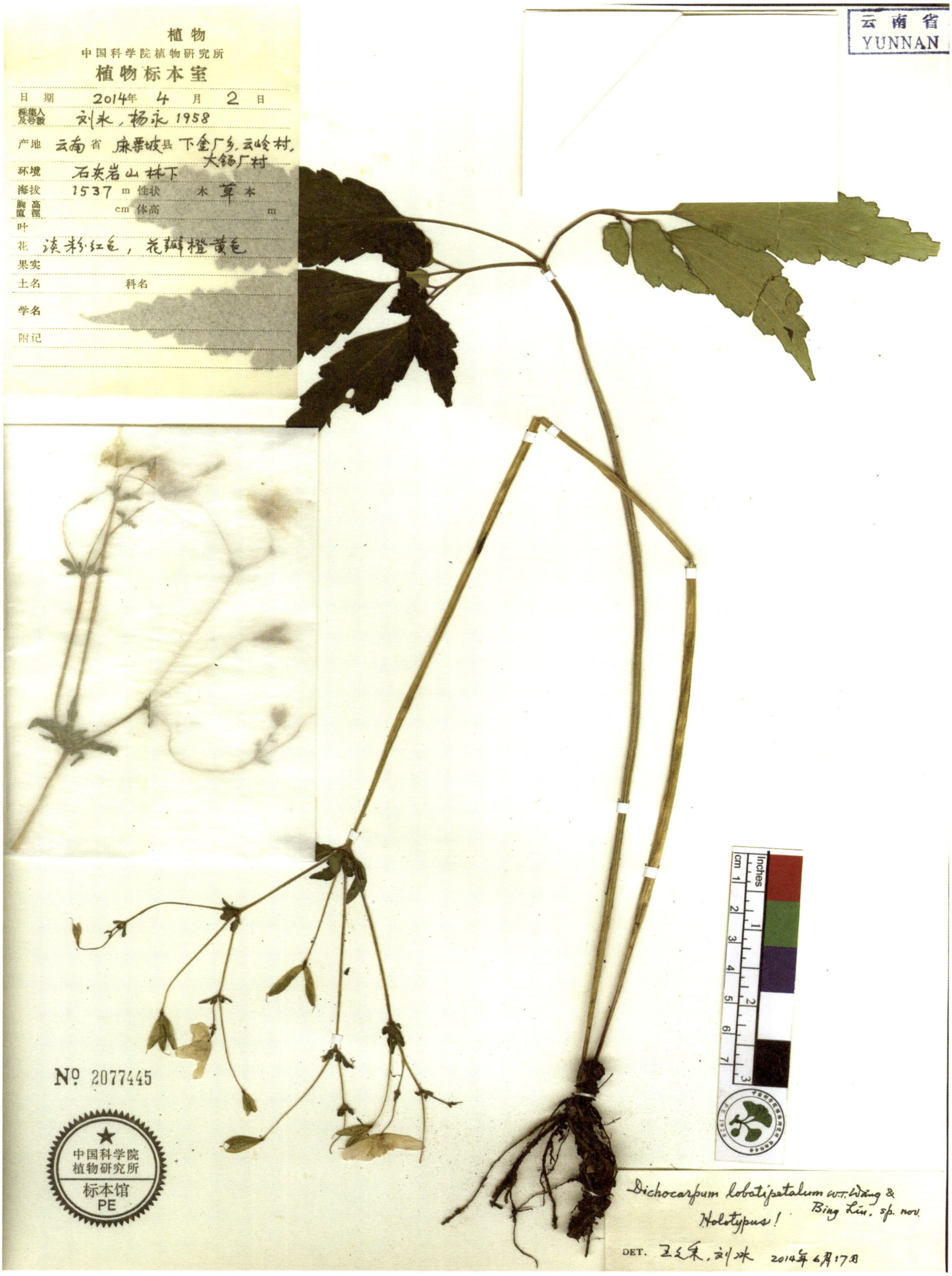

裂瓣人字果 ***Dichocarpum lobatipetalum*** W. T. Wang & Bing Liu in Pl. Divers. Resourc. 37(3): 275, f. 1. 2015. **Holotype:** China. Yunnan: Malipo, alt.1 537 m, 2014-04-02, B. Liu & Y. Yang 1958.

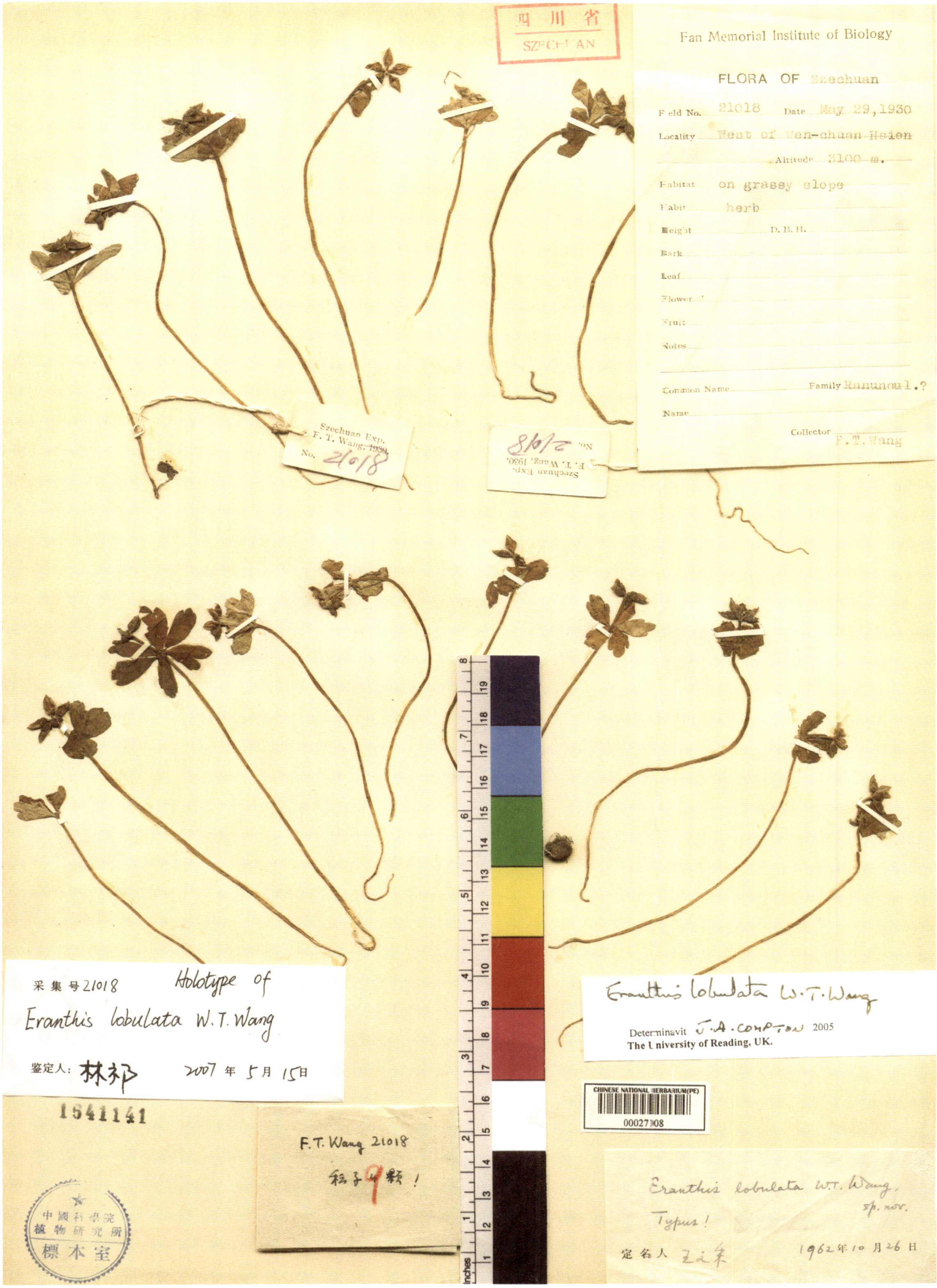

浅裂菟葵 ***Eranthis lobulata*** W. T. Wang in Acta Phytotax. Sin., Addit. 1: 53, pl. 1: 1. 1965. **Holotype:** China. Sichuan: Wenchuan, alt. 3 100 m, 1930-05-29, F. T. Wang 21018.

黄三七 ***Isopyrum vaginatum*** Maxim., Fl. Tangut. 1: 18, t. 30. 1889. **Isotype:** China. Gansu: S Gansu, Precise locality not known, 1885-03-23, G. N. Potanin s. n.

毛茛莲花 ***Metanemone ranunculoides*** W. T. Wang, Fl. Reip. Pop. Sin. 28: 352, pl. 21. 1980. **Holotype:** China. Yunnan: Weixi, alt. 3 500 m, 1935-07-??, C. W. Wang 64644.

中原牡丹 ***Paeonia cathayana*** D. Y. Hong & K. Y. Pan in Acta Phytotax. Sin. 45(3): 286, f. 2. 2007. **Holotype:** China. Henan: Song Xian, alt. 1 000 m, 1997-04-28, D.Y. Hong, Y. Z. Ye & Y. X. Feng H97010.

圆裂四川牡丹 ***Paeonia decomposita*** Hand.-Mazz. subsp. ***rotundiloba*** D. Y. Hong in Kew Bull. 52(4): 961, f. 1: A, map 1. 1997. **Holotype:** China. Sichuan: Li Xian, alt. 2 200 m, 1995-08-18, D. Y. Hong, Y. B. Luo & Y. H. He 95033.

药用牡丹 ***Paeonia ostii*** T. Hong & J. X. Zhang var. ***lishizhenii*** B. A. Shen in Acta Phytotax. Sin. 35(4): 360. 1997.
Isotype: China. Anhui: Nanling, 1984-04-18, B. A. Shen 1018.

卵叶牡丹 ***Paeonia qiui*** Y. L. Pei & D. Y. Hong in Acta Phytotax. Sin. 33(1): 91, f. 1. 1995. **Holotype:** China. Hubei: Shennongjia, alt. 2 000 m, 1988-05-20, J. Z. Qiu PB88034.

林氏牡丹 ***Paeonia suffruticosa*** Andr. var. ***linyanshanii*** J. J. Halda in Acta Mus. Richnov., Sect. Natur. 4: 30. 1997. **Neotype** (designated by X. Y. Zhu & T. Hong in Taxon 54: 807. 2005.)**:** China. Gansu: Wen Xian, alt. 1 200~1 400 m, 1992-05-17, Q. R. Zhang 19920517.

太白山紫斑牡丹 ***Paeonia rockii*** (S. G. Haw & L. A. Lauener) T. Hong & J. J. Li subsp. ***taibaishanica*** D. Y. Hong in Acta Phytotax. Sin. 36(6): 542, f. 2. 1998. **Holotype:** China. Shaanxi: Taibai, Taibaishan, alt. 1 750 m, 1985-05-24, D. Y. Hong & X. Y. Zhu PB85061.

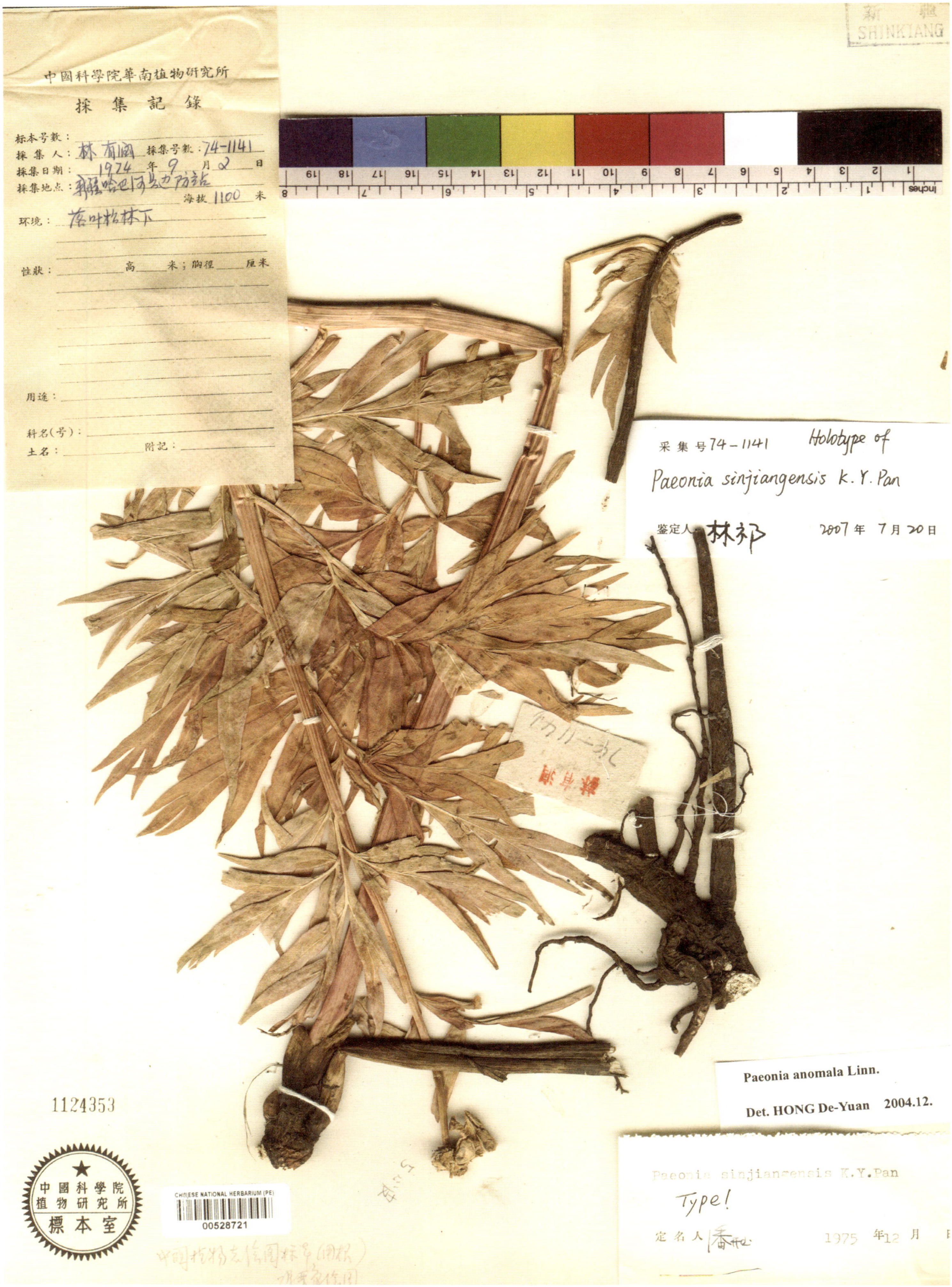

新疆芍药 ***Paeonia sinjiangensis*** K. Y. Pan, Fl. Reip. Pop. Sin. 27: 57, 603, f. 12. 1979. **Holotype:** China. Xinjiang: Habahe, alt. 1 100 m, 1974-09-02, Y. R. Ling 74-1141.

光果芍药 ***Paeonia veitchii*** Lynch var. ***leiocarpa*** W. T. Wang & S. H. Wang, Fl. Reip. Pop. Sin. 27: 56, 603. 1979.
Holotype: China. Sichuan: Jinchuan, alt. 2 700 m, 1958-04-26, H. Li 77248.

单花芍药 ***Paeonia veitchii*** Lynch var. ***uniflora*** K. Y. Pan, Fl. Reip. Pop. Sin. 27: 57, 603. 1979. **Holotype:** China. Sichuan: Garzê, alt. 3 600 m, 1974-06-18, Qinghai-Xizang Veg. Group 034.

季川芍药 ***Paeonia yui*** W. P. Fang in Acta Phytotax. Sin. 7(4): 321, pl. 63: 1. 1958. **Isotype:** China. Yunnan: Weixi, alt. 3 200 m, 1937-05-01, T. T. Yu 8223.

哀牢山毛茛 ***Ranunculus ailaoshanicus*** W. T. Wang in Acta Phytotax. Sin. 45(3): 293, f. 1. 2007. **Holotype:** China. Yunnan: Jingdong, alt. 2 490 m, 2004-03-21, G. P. Yang 386.

巴郎山毛茛 ***Ranunculus balangshanicus*** W. T. Wang in Bull. Bot. Res., Harbin 7(2): 105, pl. 2: 7-9. 1987. **Isotype:** China. Sichuan: Wenchuan, alt. 4 300 m, 1979-07-18, SZ (78) Exped. 79114.

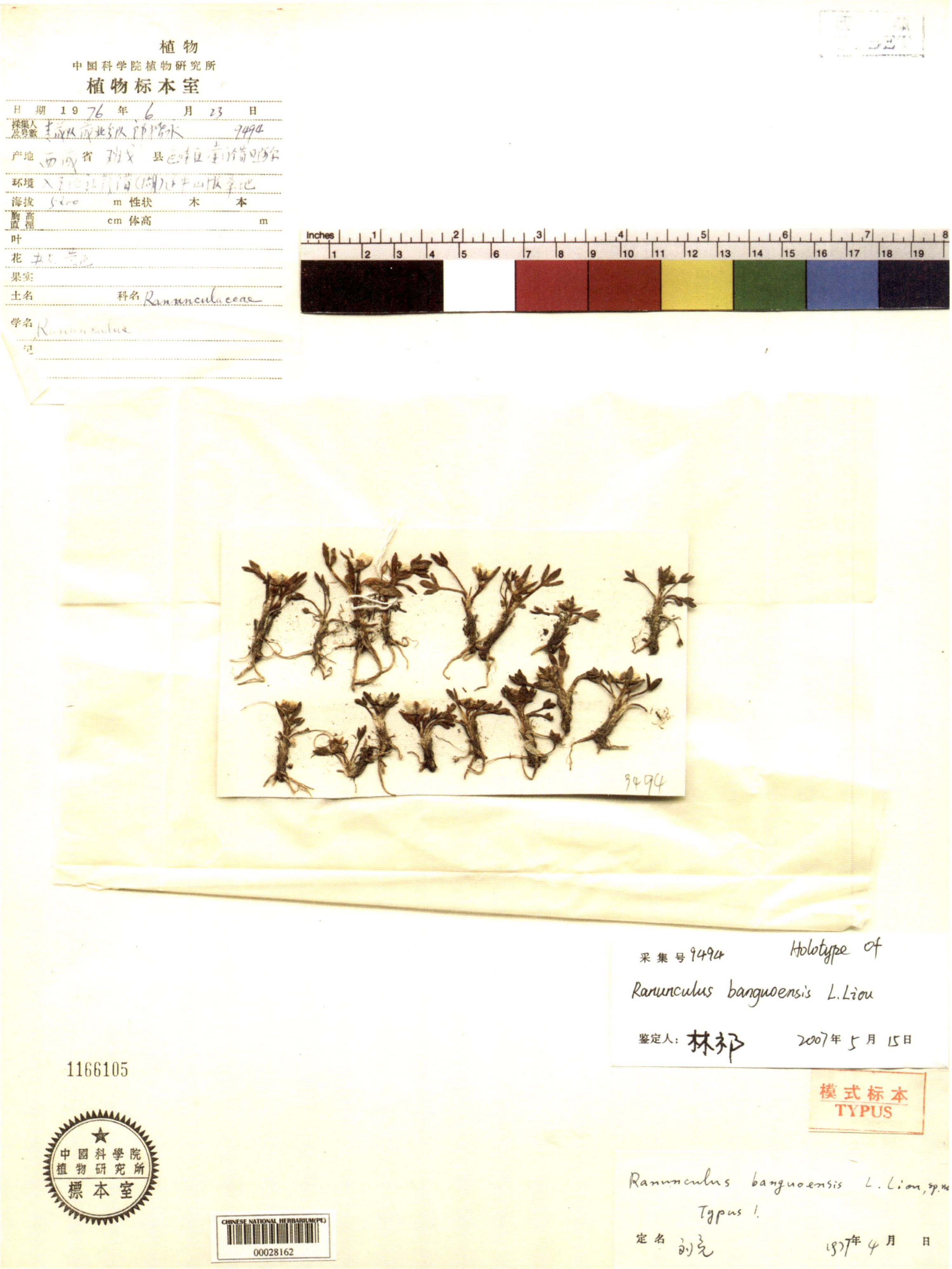

班戈毛茛 ***Ranunculus banguoensis*** L. Liou, Fl. Reip. Pop. Sin. 28: 293, 362, pl. 88: 9-10. 1980. **Holotype:** China. Xizang: Baingoin, alt. 5 200 m, 1976-06-23, K.Y. Lang 9494.

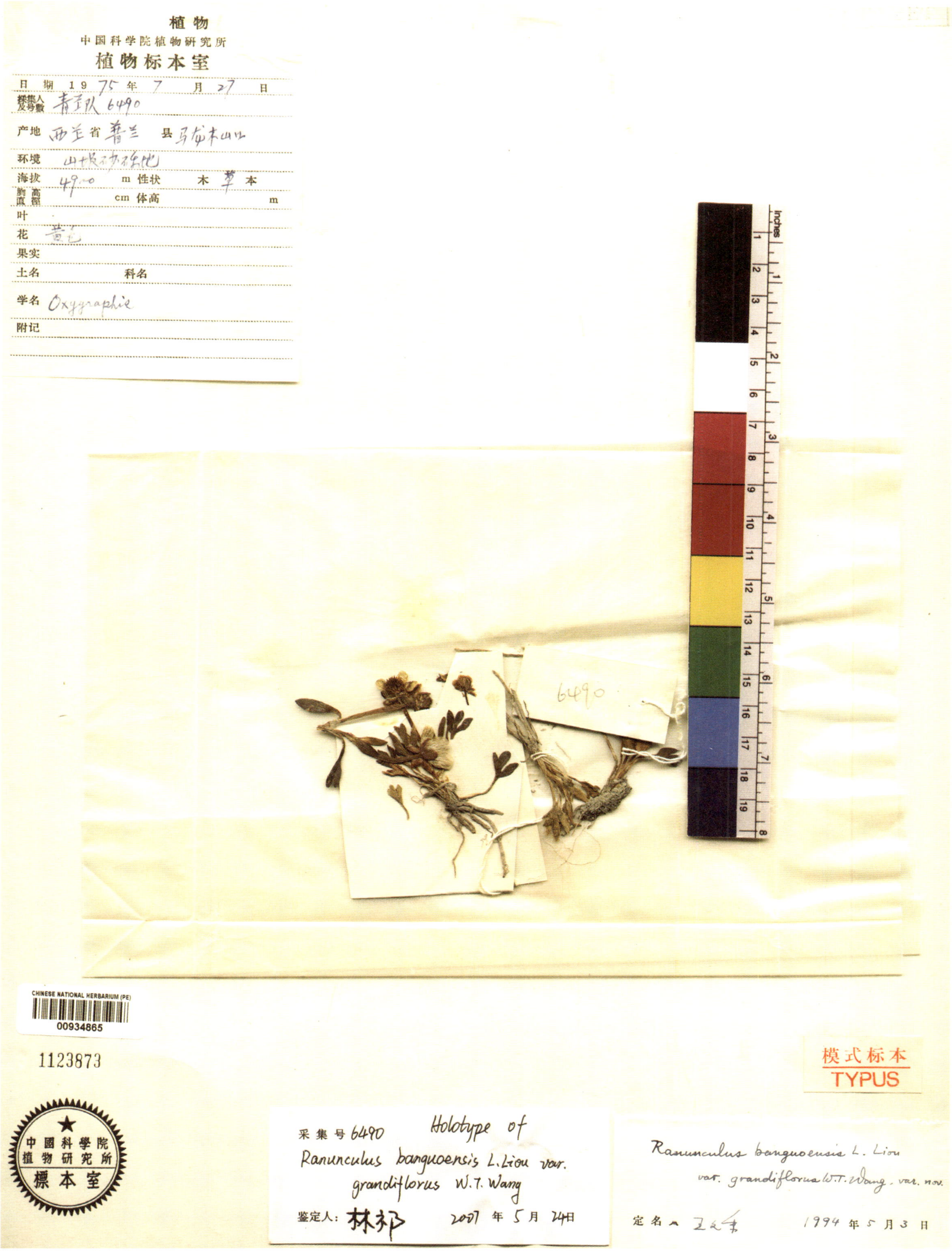

普兰毛茛 ***Ranunculus banguoensis*** L. Liou var. ***grandiflorus*** W. T. Wang in Bull. Bot. Res., Harbin 15(2): 177. 1995.
Holotype: China. Xizang: Burang, alt. 4 900 m, 1975-07-27, Qinghai-Xizang Exped. 6490.

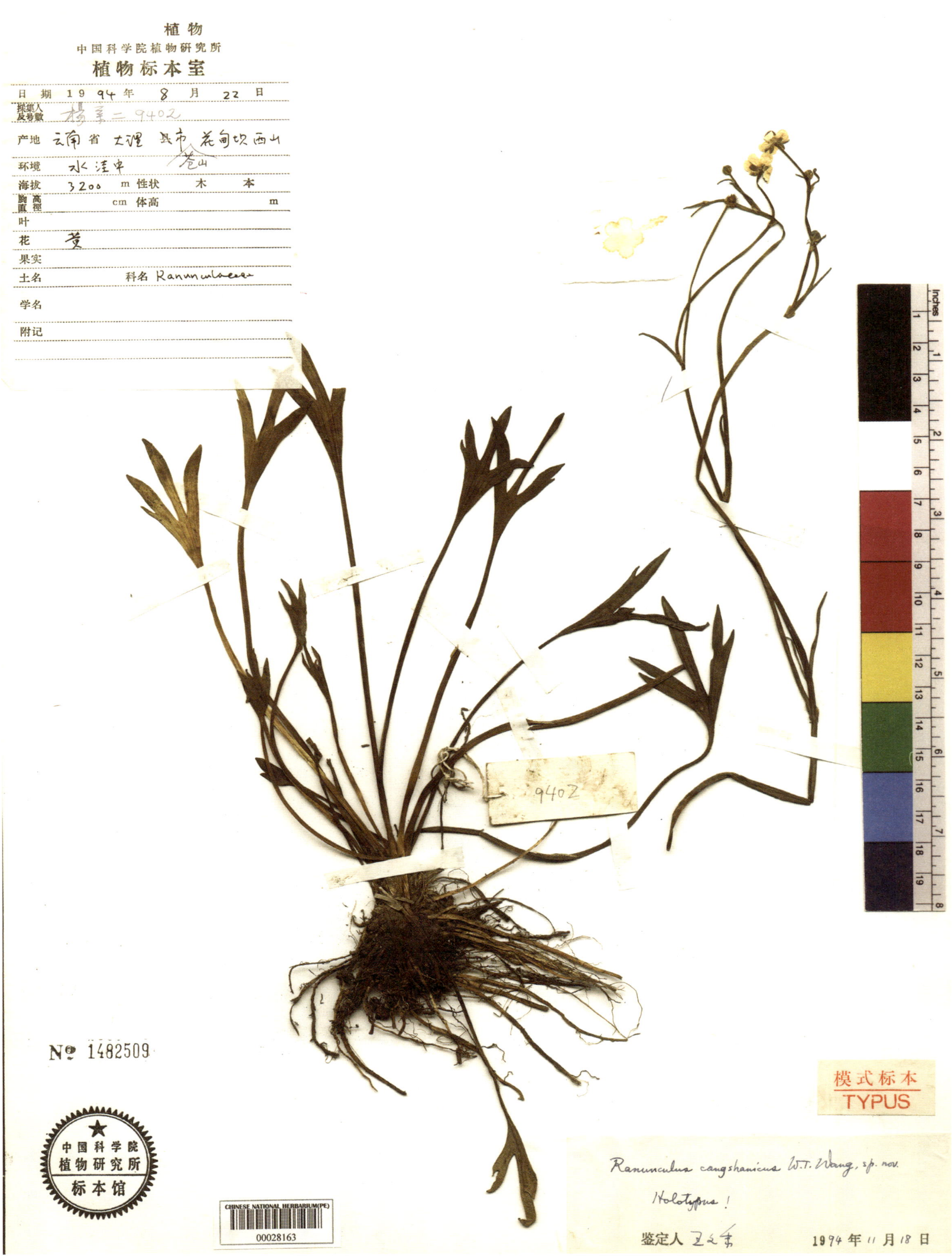

苍山毛茛 ***Ranunculus cangshanicus*** W. T. Wang in Bull. Bot. Res., Harbin 15(3): 321. 1995. **Holotype:** China. Yunnan: Dali, alt. 3 200 m, 1994-08-22, Q. E. Yang 9402.

昌平毛茛 ***Ranunculus changpingensis*** W. T. Wang in Acta Phytotax. Sin. 32(5): 475, f. 4: 1-3. 1994. **Holotype:** China. Beijing: Changping, 1972-07-18, K. C. Kuan, F. R. Zhou & al. 309.

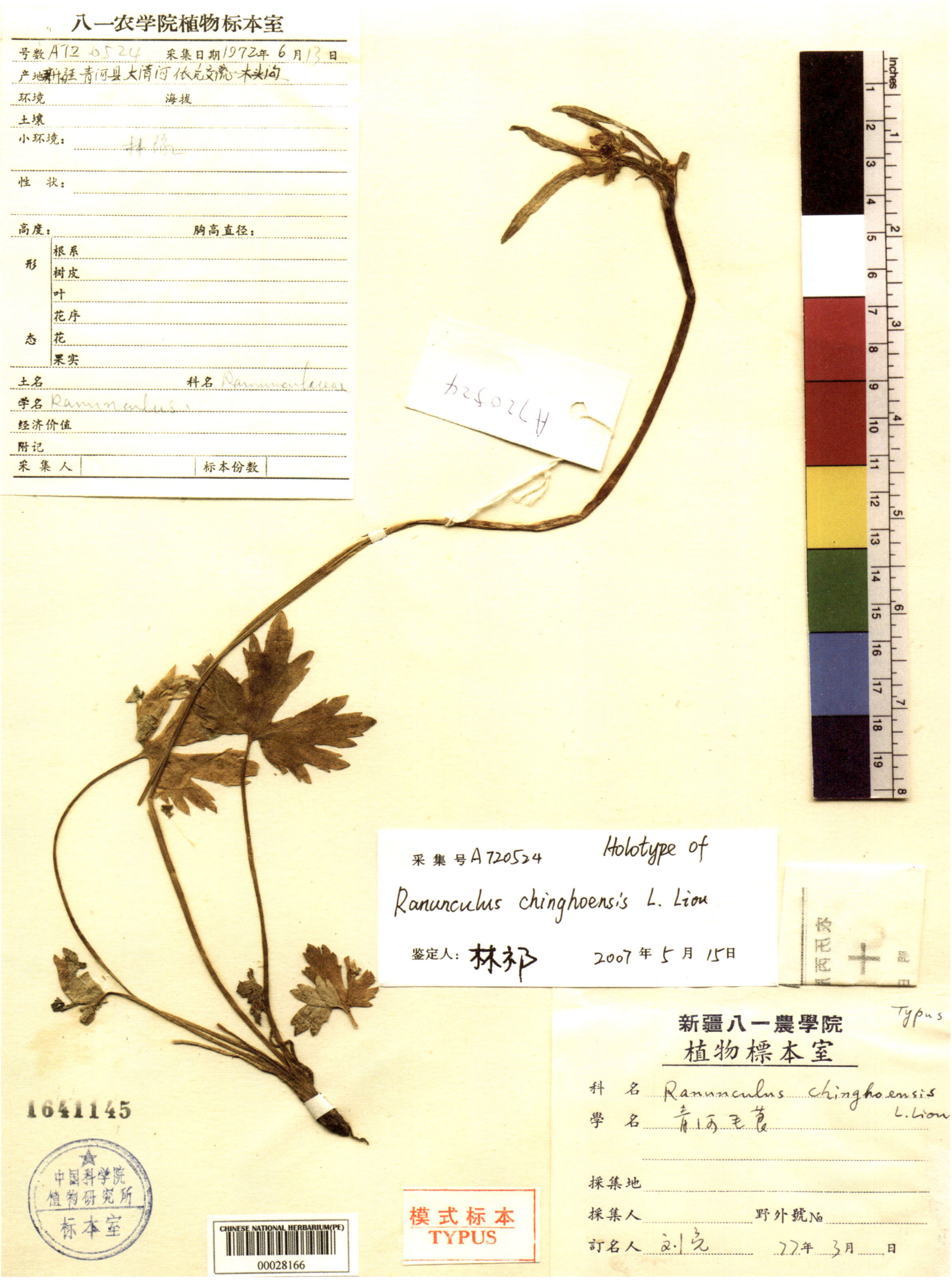

青河毛茛 ***Ranunculus chinghoensis*** L. Liou, Fl. Reip. Pop. Sin. 28: 287, 361. 1980. **Holotype:** China. Xinjiang: Qinghe, 1972-06-13, C. Y. Yang A720524.

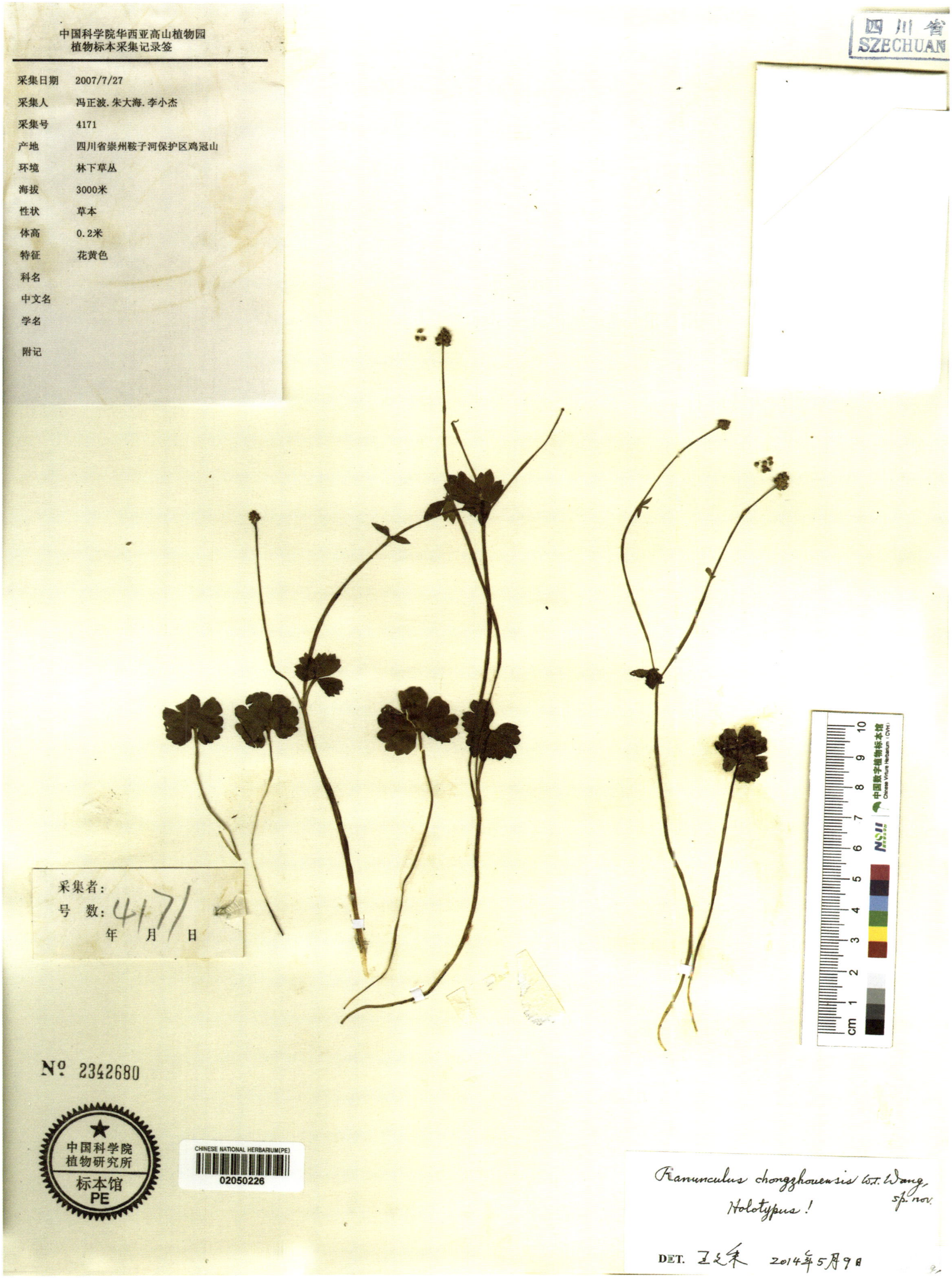

崇州毛茛 ***Ranunculus chongzhouensis*** W. T. Wang in Bull. Bot. Res., Harbin 35(5): 645, f. 2: F-G. 2015. **Holotype:** China. Sichuan: Chongzhou, alt. 3 000 m, 2007-07-27, Z. B. Feng, D. H. Zhu & X. J. Li 4171.

川青毛茛 ***Ranunculus chuanchingensis*** L. Liou, Fl. Reip. Pop. Sin. 28: 293, 361, pl. 91: 5-6. 1980. **Holotype:** China. Sichuan: Queershan, alt. 4 889 m, 1965-06-29, Y. T. Chang & K. Y. Lang 133.

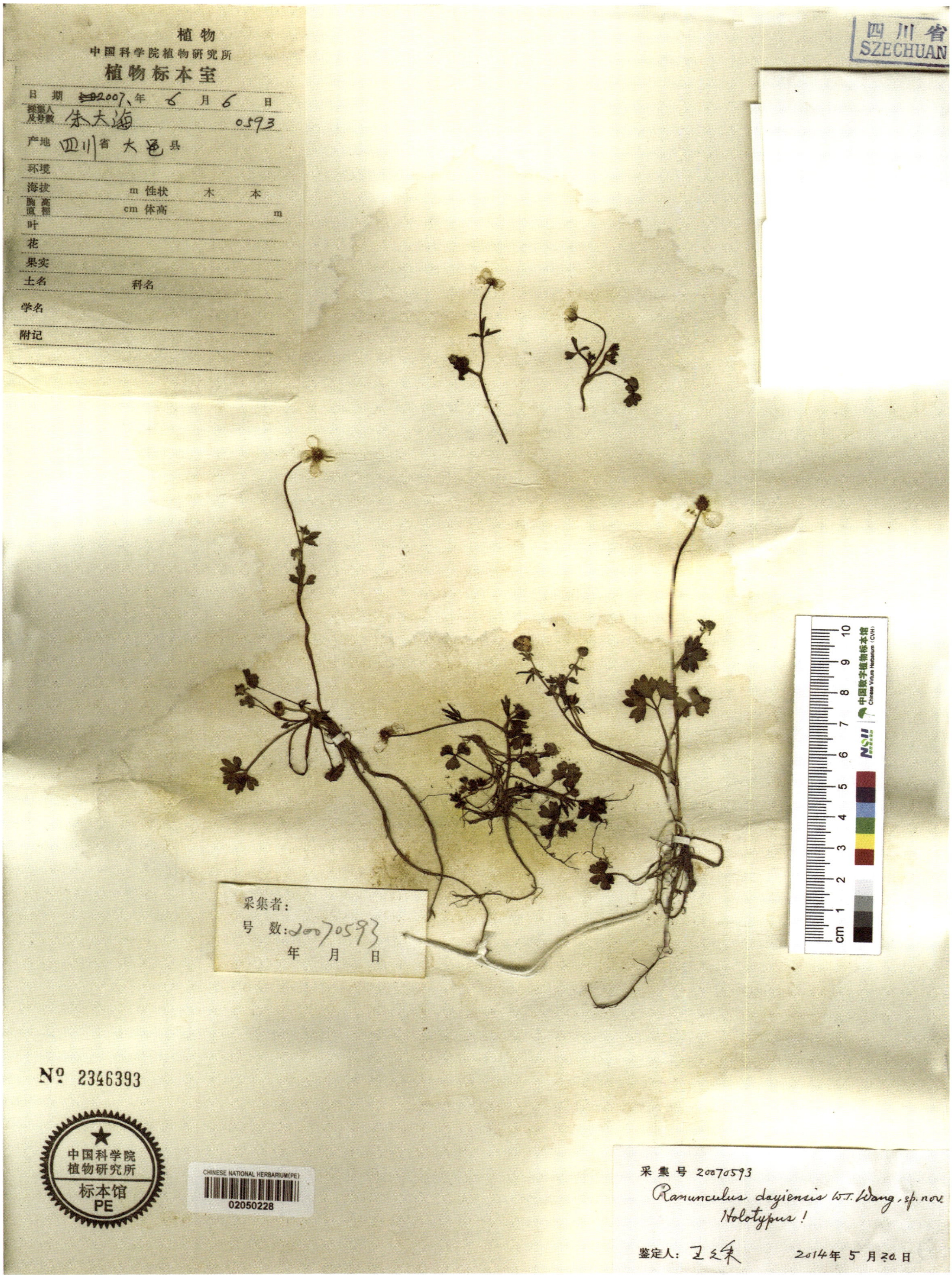

大邑毛茛 ***Ranunculus dayiensis*** W. T. Wang in Bull. Bot. Res, Harbin 35(5): 641, f. 1 A-F. 2015. **Holotype:** China. Sichuan: Dayi, 2007-06-06, D. H. Zhu 0593.

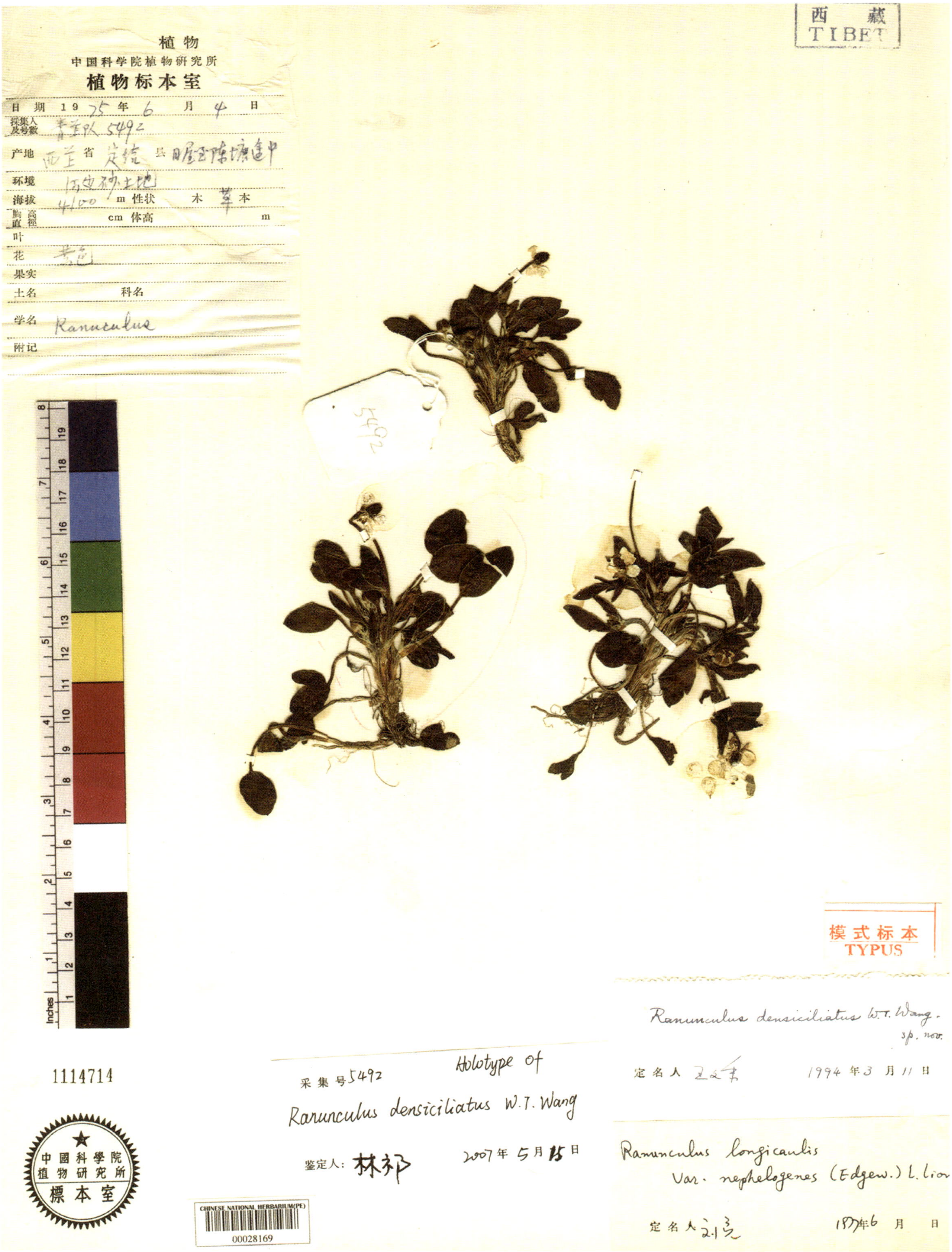

睫毛毛茛 ***Ranunculus densiciliatus*** W. T. Wang in Bull. Bot. Res., Harbin 15(3): 280. 1995. **Holotype:** China. Xizang: Dinggyê, alt. 4 100 m, 1975-06-04, Qinghai-Xizang Exped. 5492.

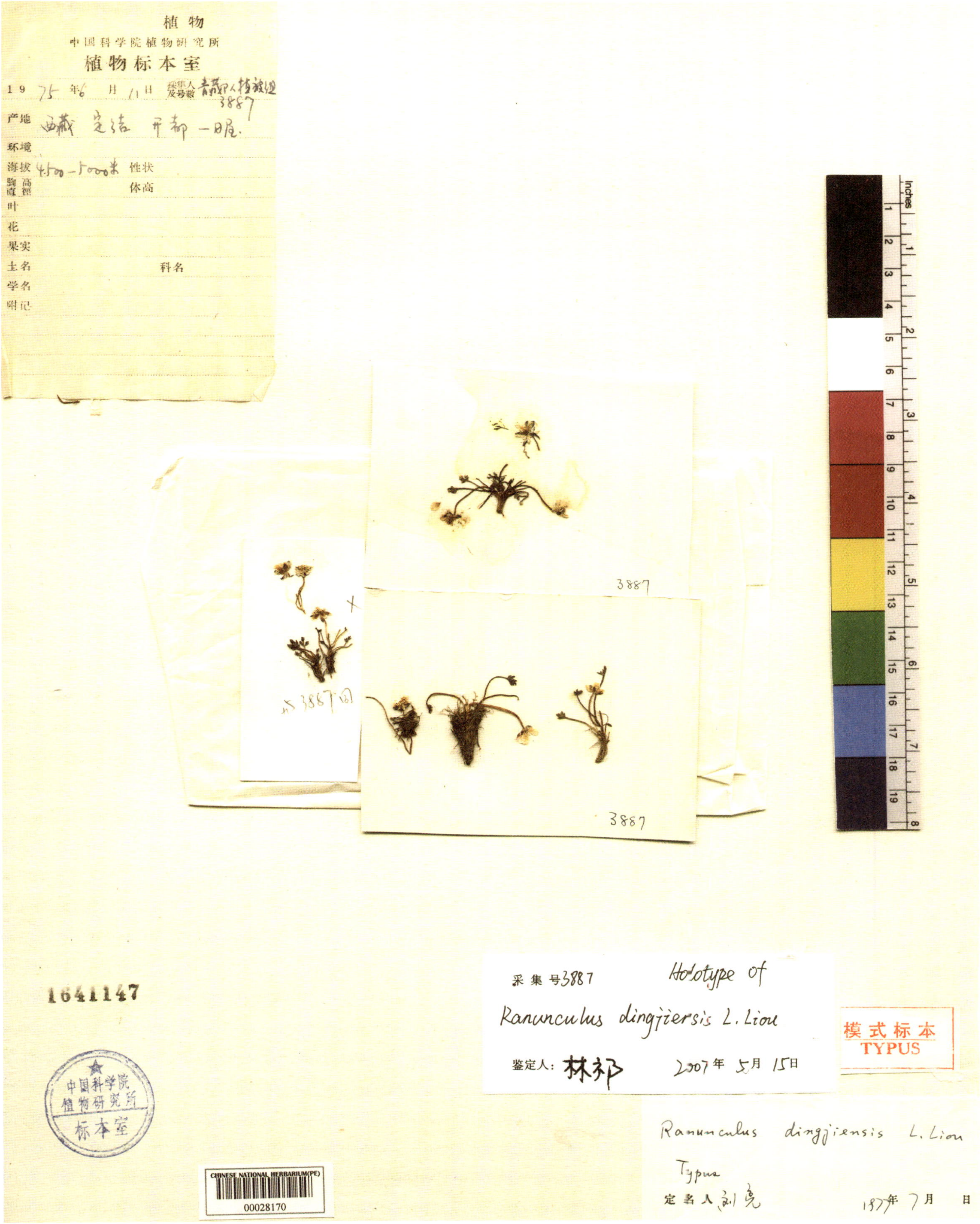

定结毛茛 ***Ranunculus dingjiensis*** L. Liou, Fl. Reip. Pop. Sin. 28: 298, 362. 1980. **Holotype:** China. Xizang: Dinggyê, alt. 4 500~5 000 m, 1975-06-11, Qinghai-Xizang Exped. 3887.

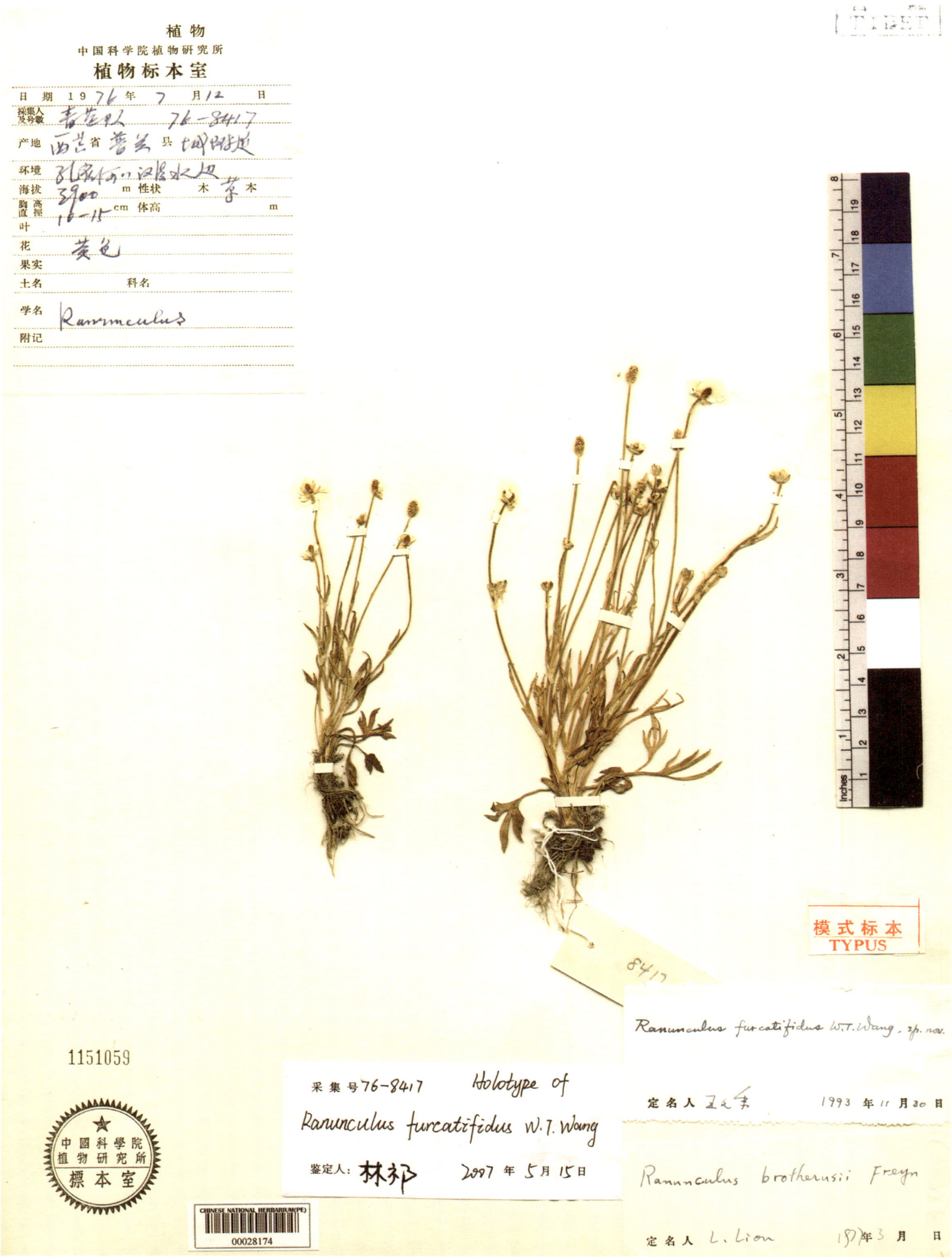

叉裂毛茛 ***Ranunculus furcatifidus*** W. T. Wang in Acta Phytotax. Sin. 32(5): 478, f. 5. 1994. **Holotype:** China. Xizang: Burang, alt. 3 900 m, 1976-07-12, Qinghai-Xizang Exped. 76-8417.

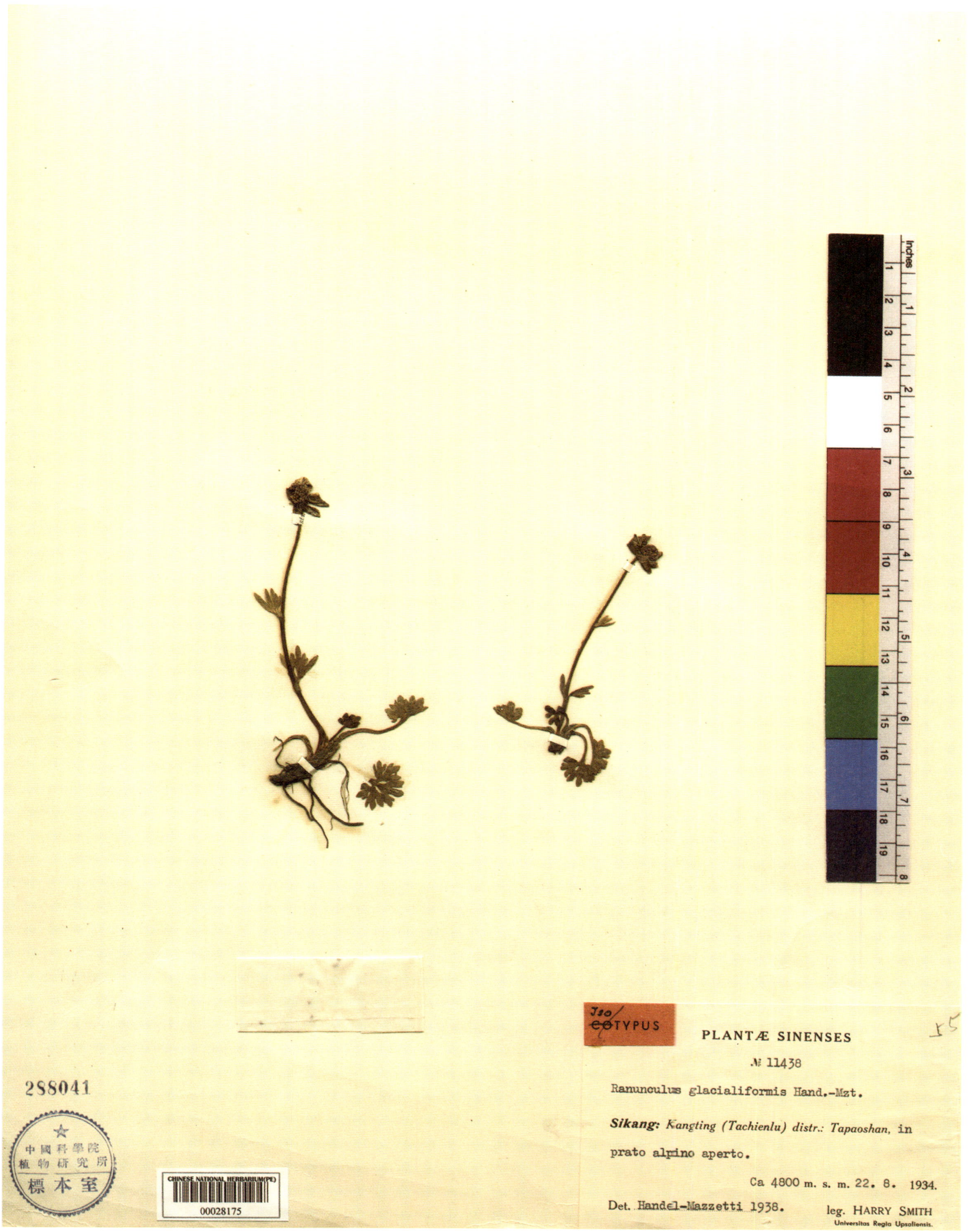

宿萼毛茛 ***Ranunculus glacialiformis*** Hand.-Mazz. in Acta Horti Gothob13(4): 153, t. 1: 12-13. 1939. **Isotype:** China. Sichuan: Kangding, alt. 4 800 m, 1934-08-22, H. Smith 11438.

共和毛茛 ***Ranunculus gongheensis*** W. T. Wang in Bull. Bot. Res, Harbin 35(5): 645, f. 2: H-N. 2015. **Holotype:** China. Qinghai: Gonghe, alt. 3 600 m, 1975-08-10, P. C. Kuo & W. Y. Wang 12031.

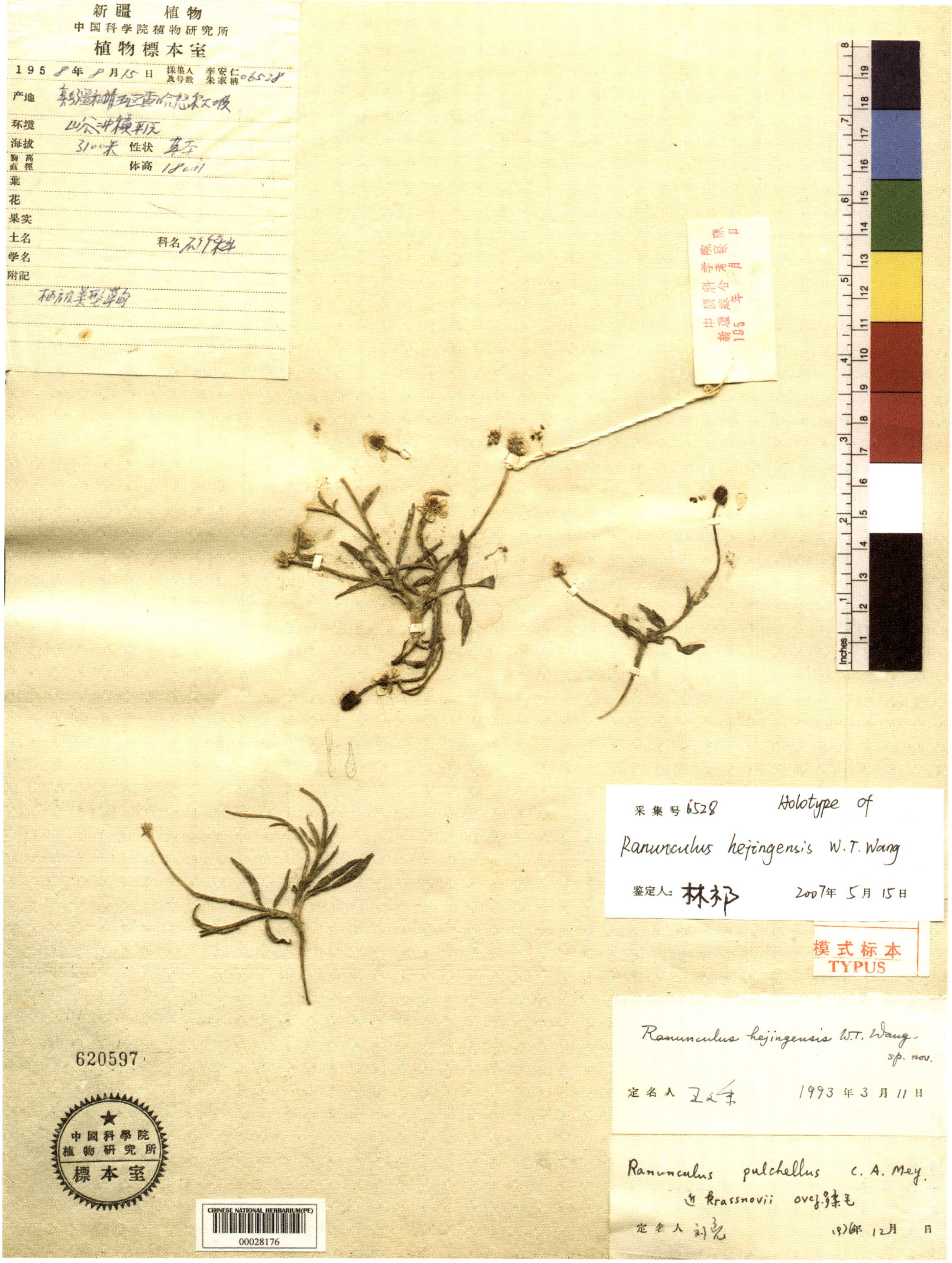

和静毛茛 ***Ranunculus hejingensis*** W. T. Wang in Bull. Bot. Res., Harbin 15(3): 286. 1995. **Holotype:** China. Xinjiang: Hejing, alt. 3 100 m, 1958-08-15, A. J . Li & J. N. Zhu 6528.

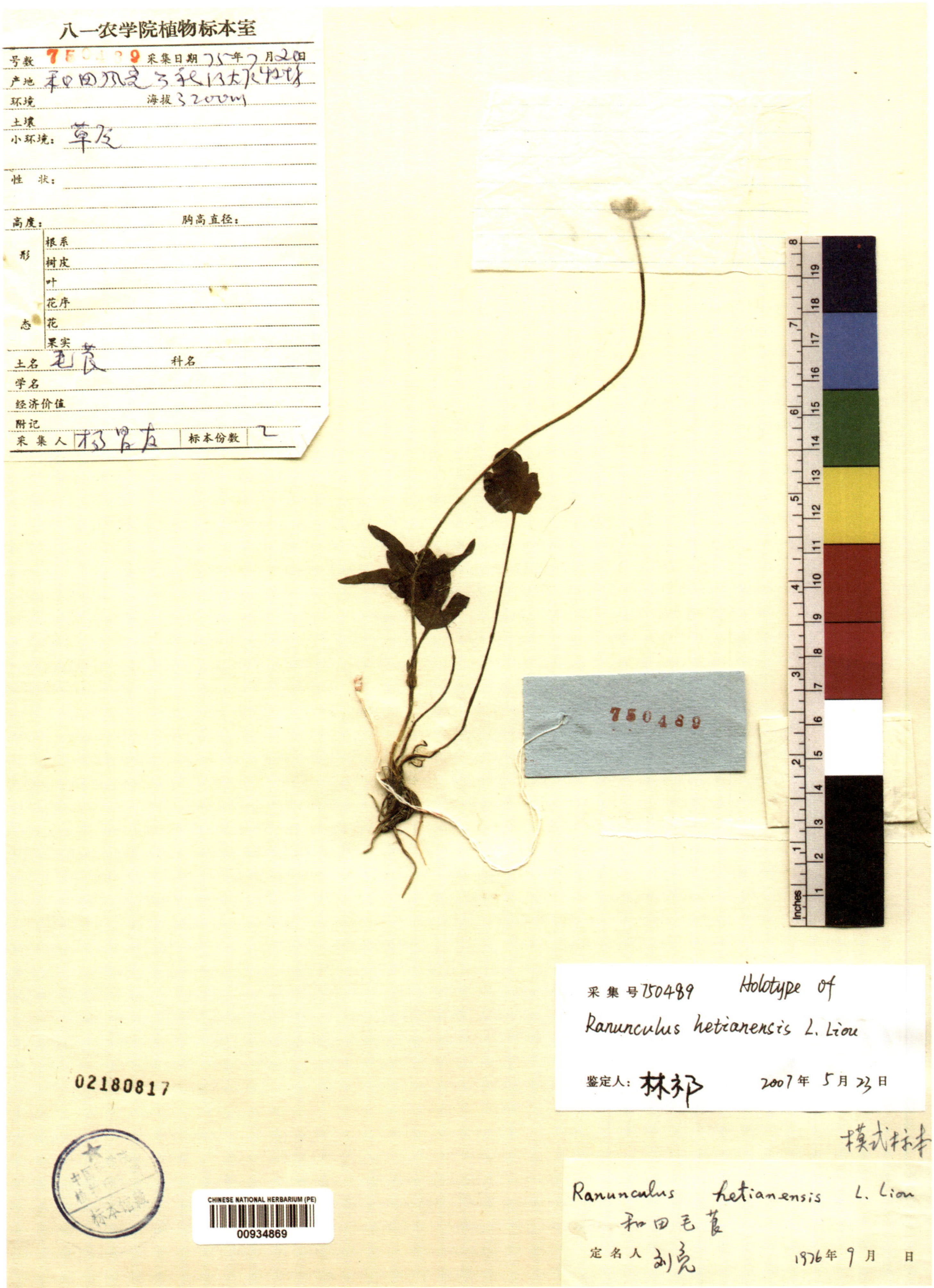

和田毛茛 ***Ranunculus hetianensis*** L. Liou, Fl. Reip. Pop. Sin. 28: 274, 360, pl. 88: 1-2. 1980. **Holotype:** China. Xinjiang: Hetian, alt. 3 200 m, 1975-07-20, C. Y. Yang 750489.

甘藏毛茛 ***Ranunculus hirtellus*** Royle var. ***glabricaulis*** Hand.-Mazz. in Acta Horti Gothob 13(4): 151. 1939. **Isotype:** China. Gansu: Tianzhu, 1918-08-16, Licent 4628.

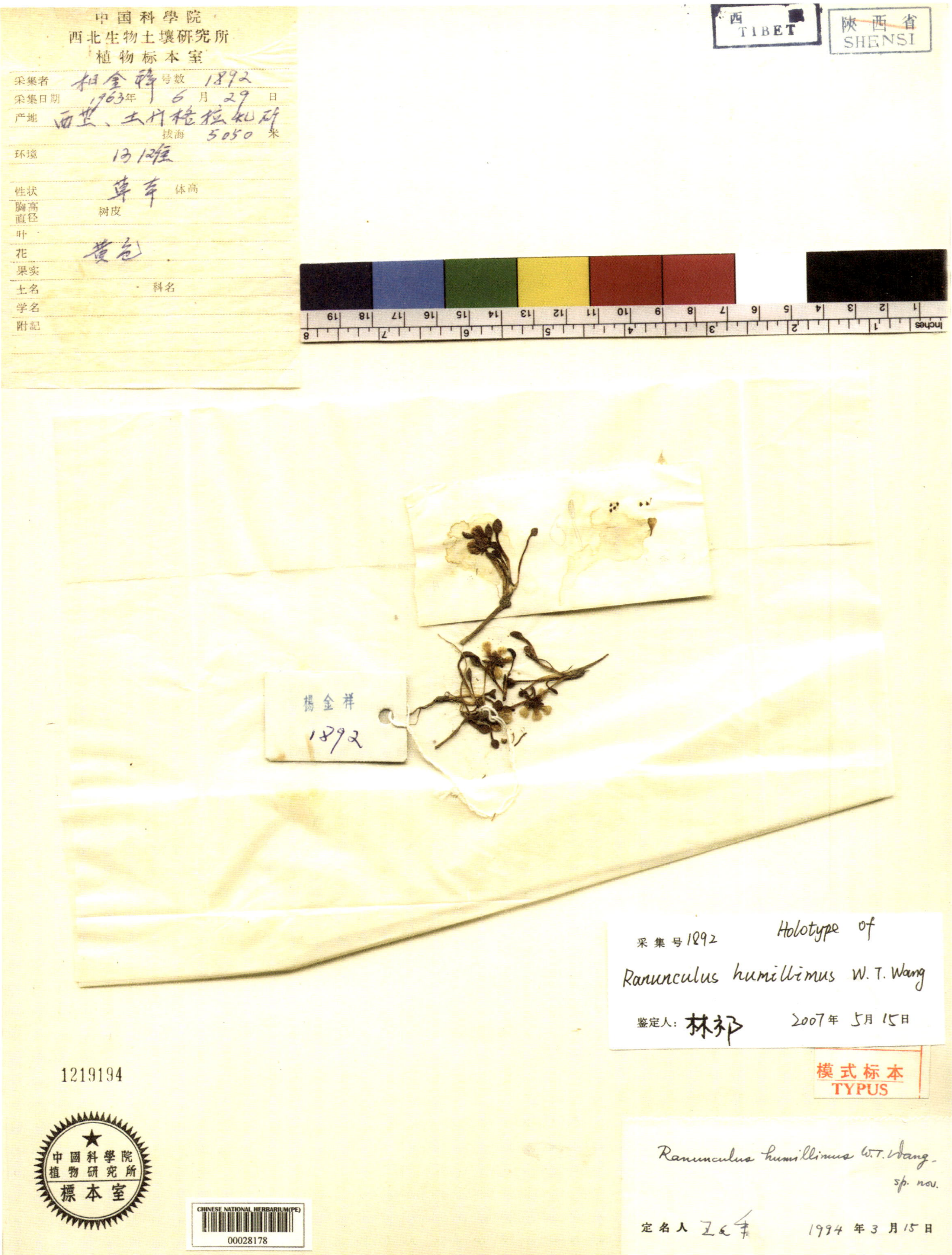

低毛茛 ***Ranunculus humillimus*** W. T. Wang in Bull. Bot. Res., Harbin 15(3): 281, pl. 2: 4-6. 1995. **Holotype:** China. Xizang: Amdo, alt. 5 050 m, 1963-06-29, J. X. Yang 1892.

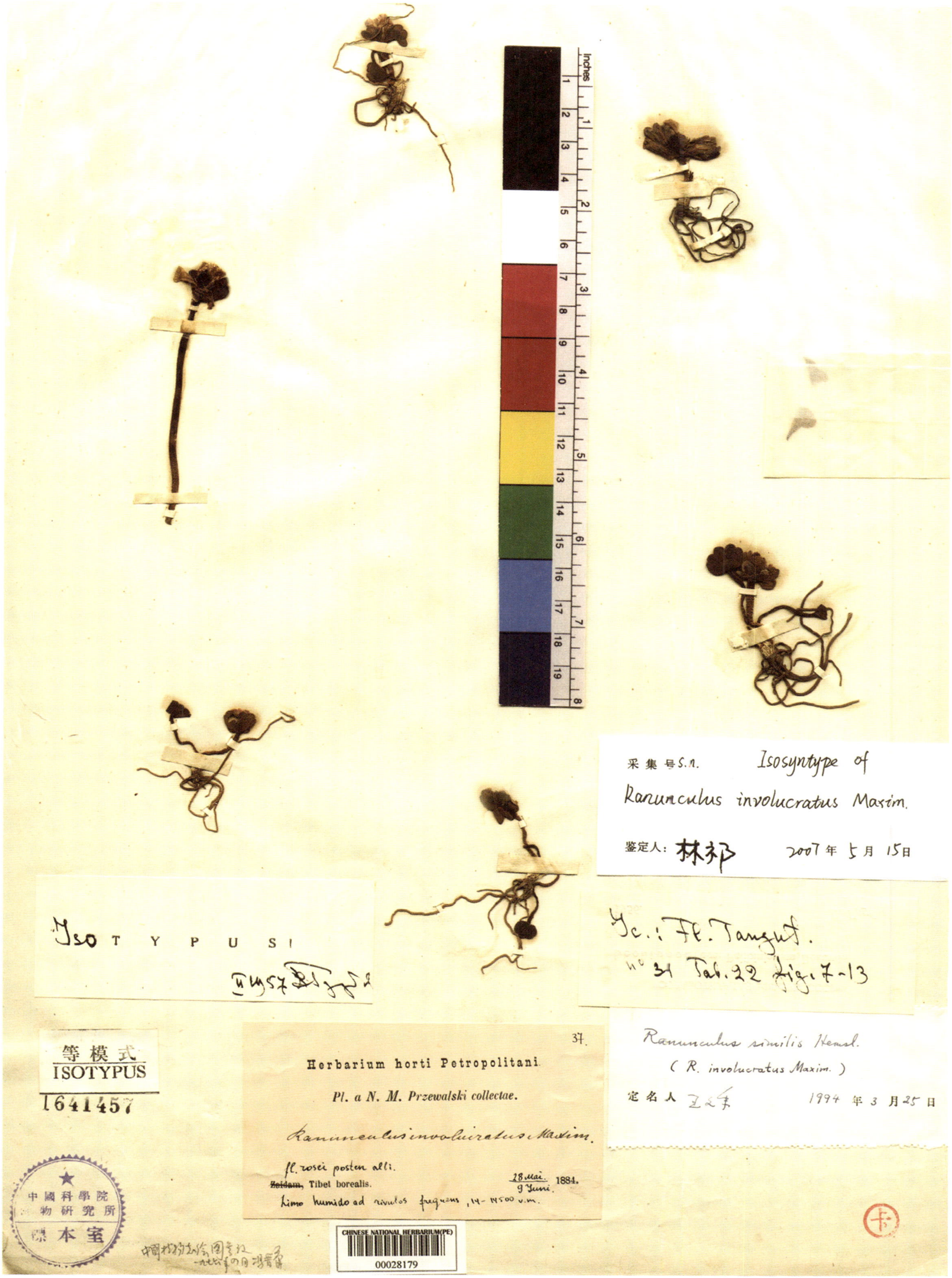

苞毛茛 ***Ranunculus involucratus*** Maxim., Fl. Tangut. 1: 15, t. 22, f. 7-13. 1889. **Lectotype** (designated here)**:** China. Qinghai: Precise locality not known, alt. 4 270~4 423 m, 1884-06-09, N.M. Przewalski 37.

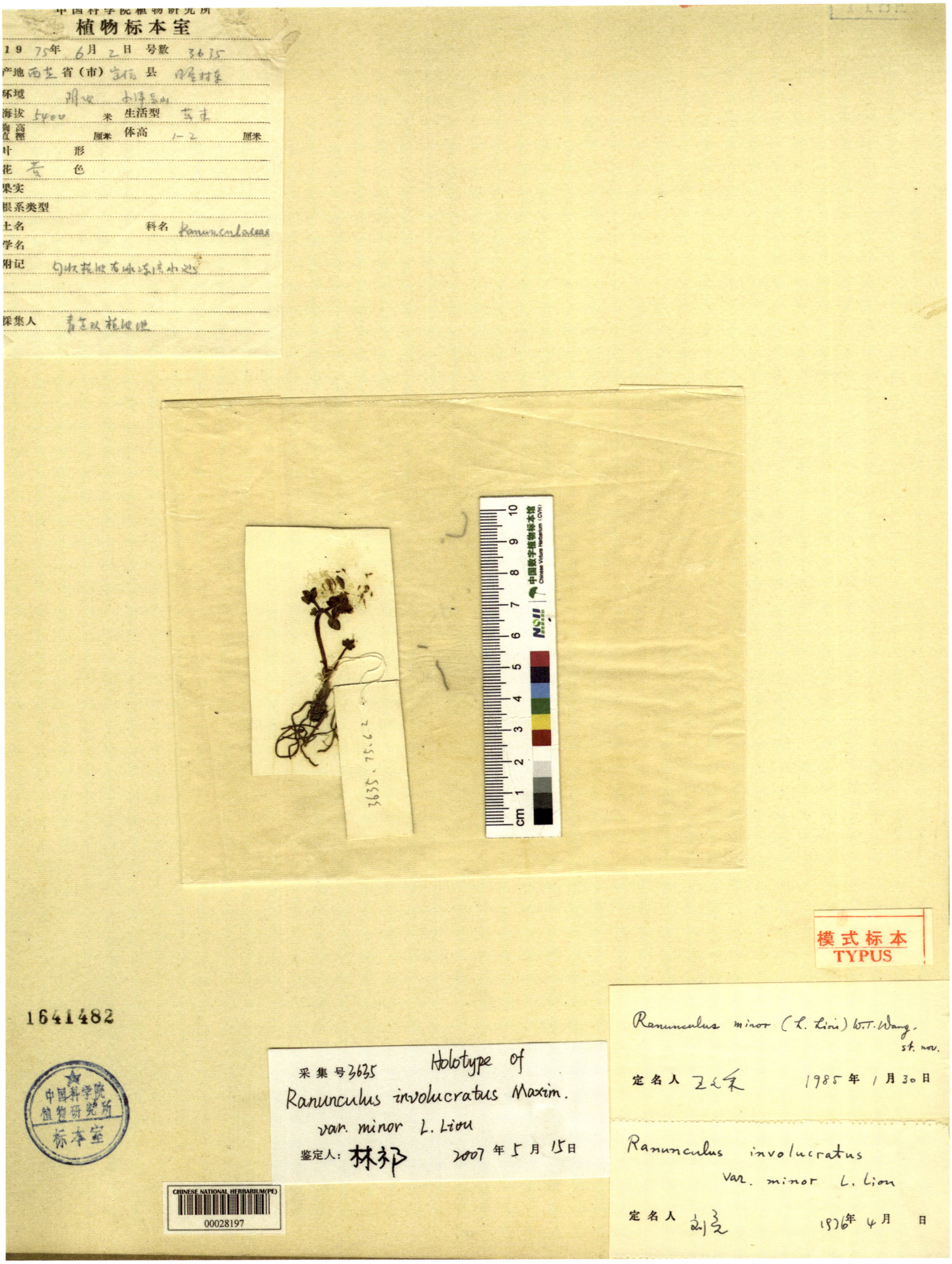

小苞毛茛 ***Ranunculus involucratus*** Maxim. var. ***minor*** L. Liou, Fl. Reip. Pop. Sin. 28: 284, 361. 1980. **Holotype:** China. Xizang: Dinggyê, alt. 5 400 m, 1975-06-02, Qinghai-Xizang Exped. 3635.

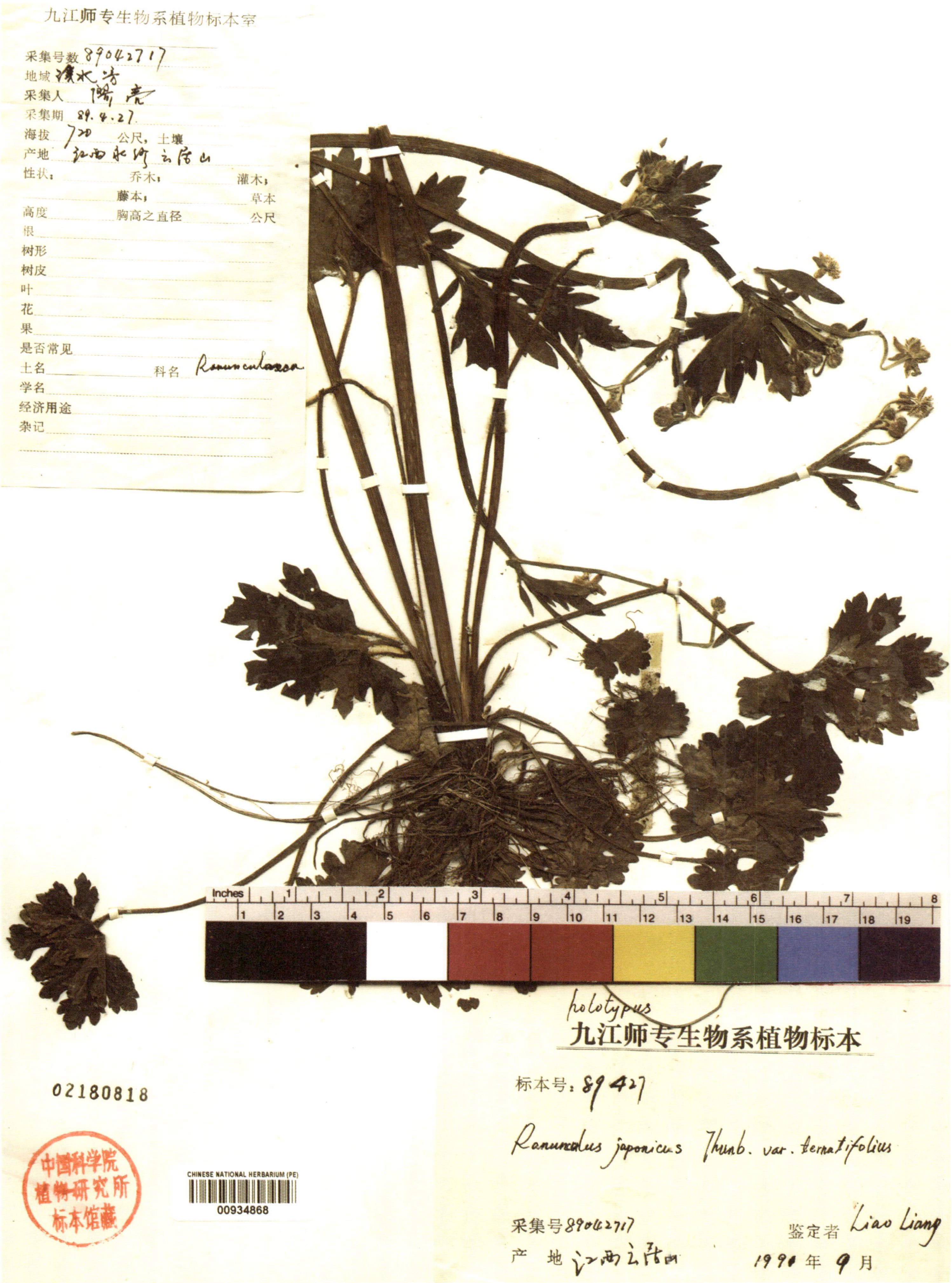

三叶毛茛 ***Ranunculus japonicus*** Thunb. var. ***ternatifolius*** L. Liao in Bull. Bot. Res. Harbin 12(4): 375. 1992. **Holotype:** China. Jiangxi: Yongxiu, alt. 720 m, 1989-04-27, L. Liao 89042717.

靖远毛茛 ***Ranunculus jingyuanensis*** W. T. Wang in Acta Phytotax. Sin. 32(5): 475, f. 3: 3-4. 1994. **Holotype:** China. Gansu: Jingyuan, 1956-07-15, Huanghe Exped. 5350.

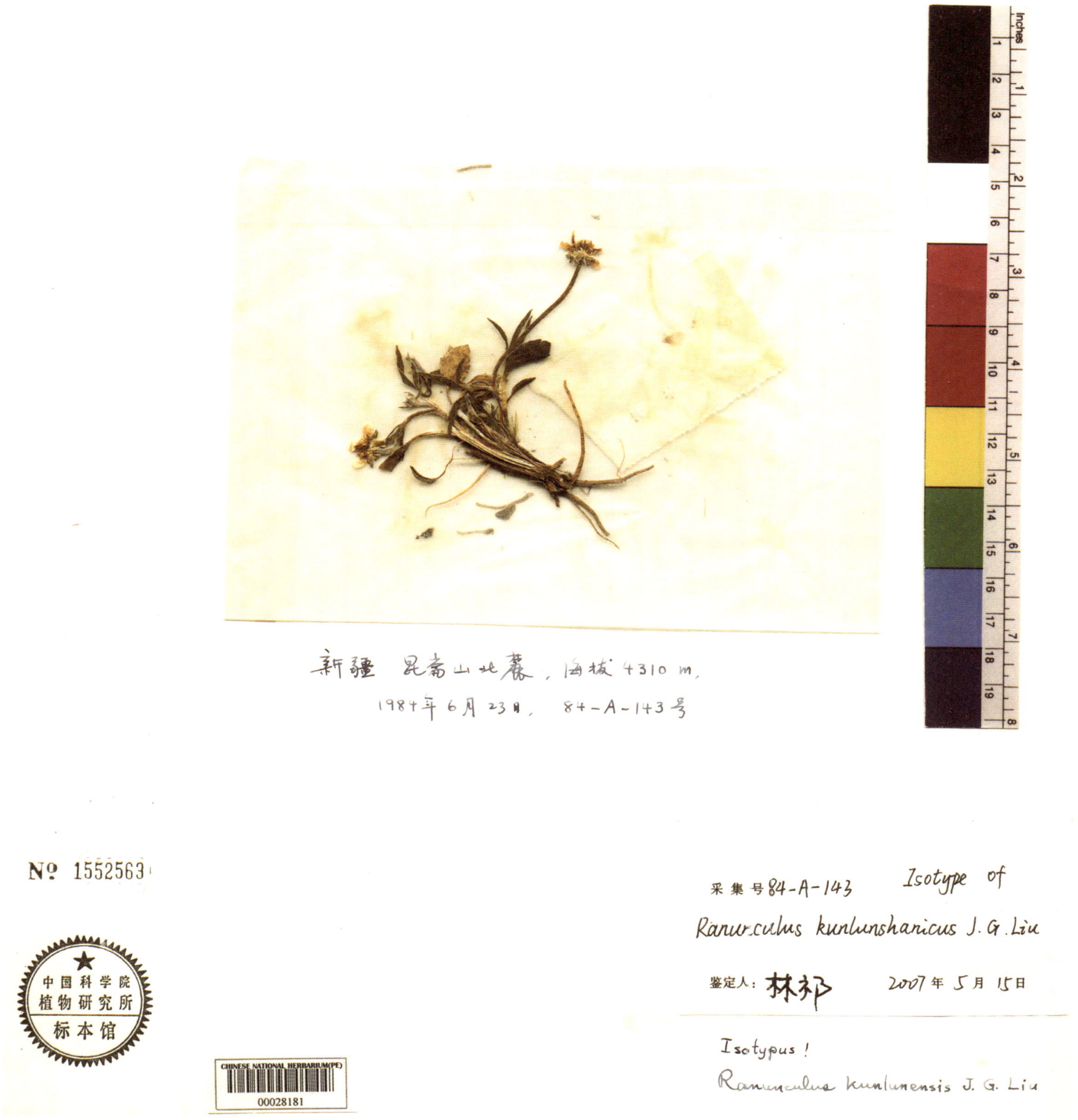

昆仑毛茛 ***Ranunculus kunlunshanicus*** J. G. Liu, Fl. Xinjiang. 2(1): 352, pl. 86: 1-8. 1994. **Isotype:** China. Xinjiang: Ruoqiang, alt. 4 310 m, 1984-06-23, Anonymous 84-A-143.

昆明毛茛 ***Ranunculus kunmingensis*** W. T. Wang in Bull. Bot. Res., Harbin 15(3): 309. 1995. **Holotype:** China. Yunnan: Kunming, 1955-09-21, B. Y. Qiu 50265.

展毛昆明毛茛 ***Ranunculus kunmingensis*** W. T. Wang var. ***hispidus*** W. T. Wang in Bull. Bot. Res., Harbin 15(3): 310. 1995. **Holotype:** China. Yunnan: Eryuan, 1940-07-17, R. C. Ching 23264.

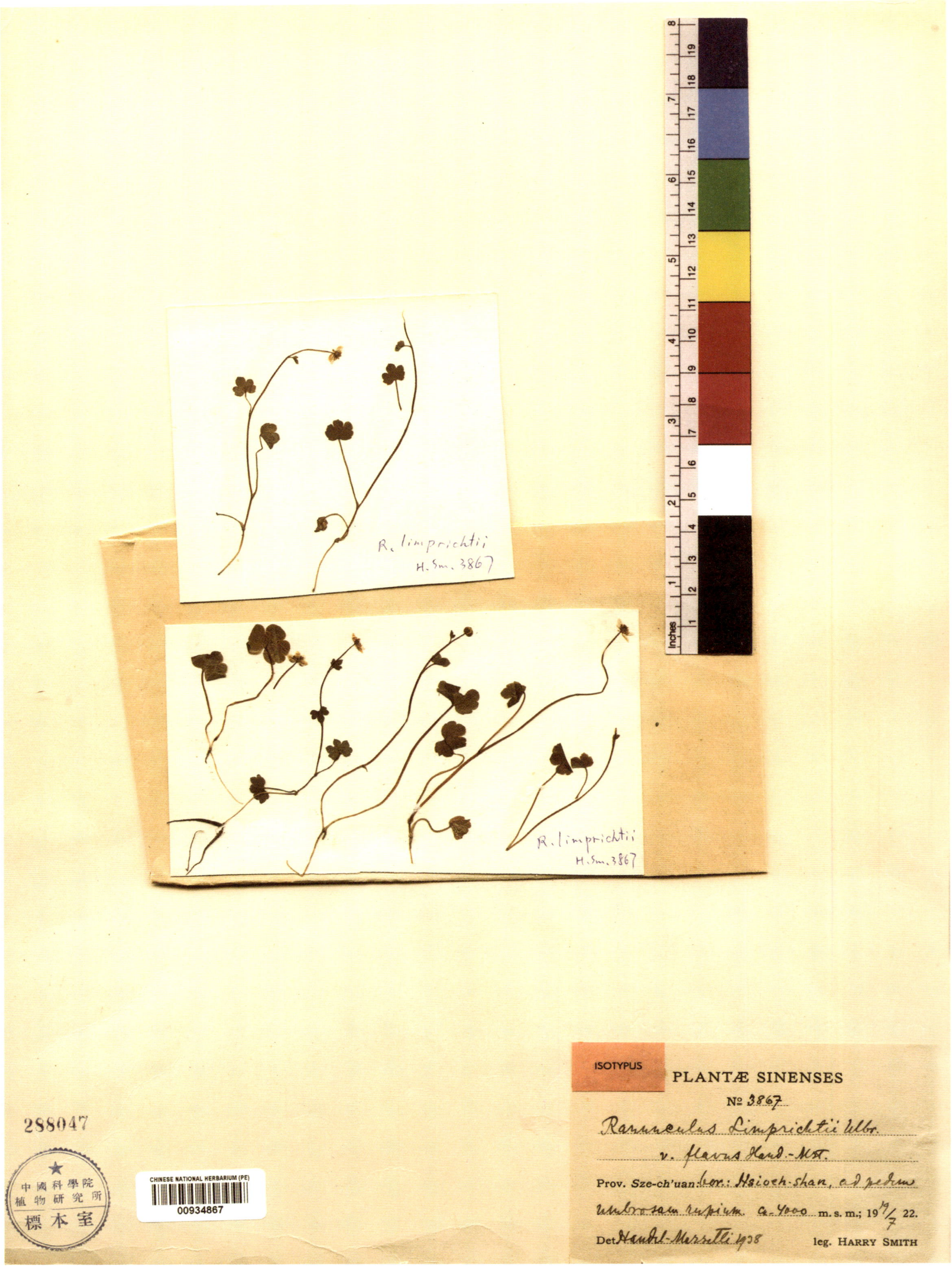

黄纺锤毛茛 ***Ranunculus limprichtii*** Ulbr. var. ***flavus*** Hand.-Mazz in Acta Horti Gothob 13(4): 144. 1939. **Isotype:** China. Sichuan: Songpan, alt. 4 000 m, 1922-07-19, H. Smith 3867.

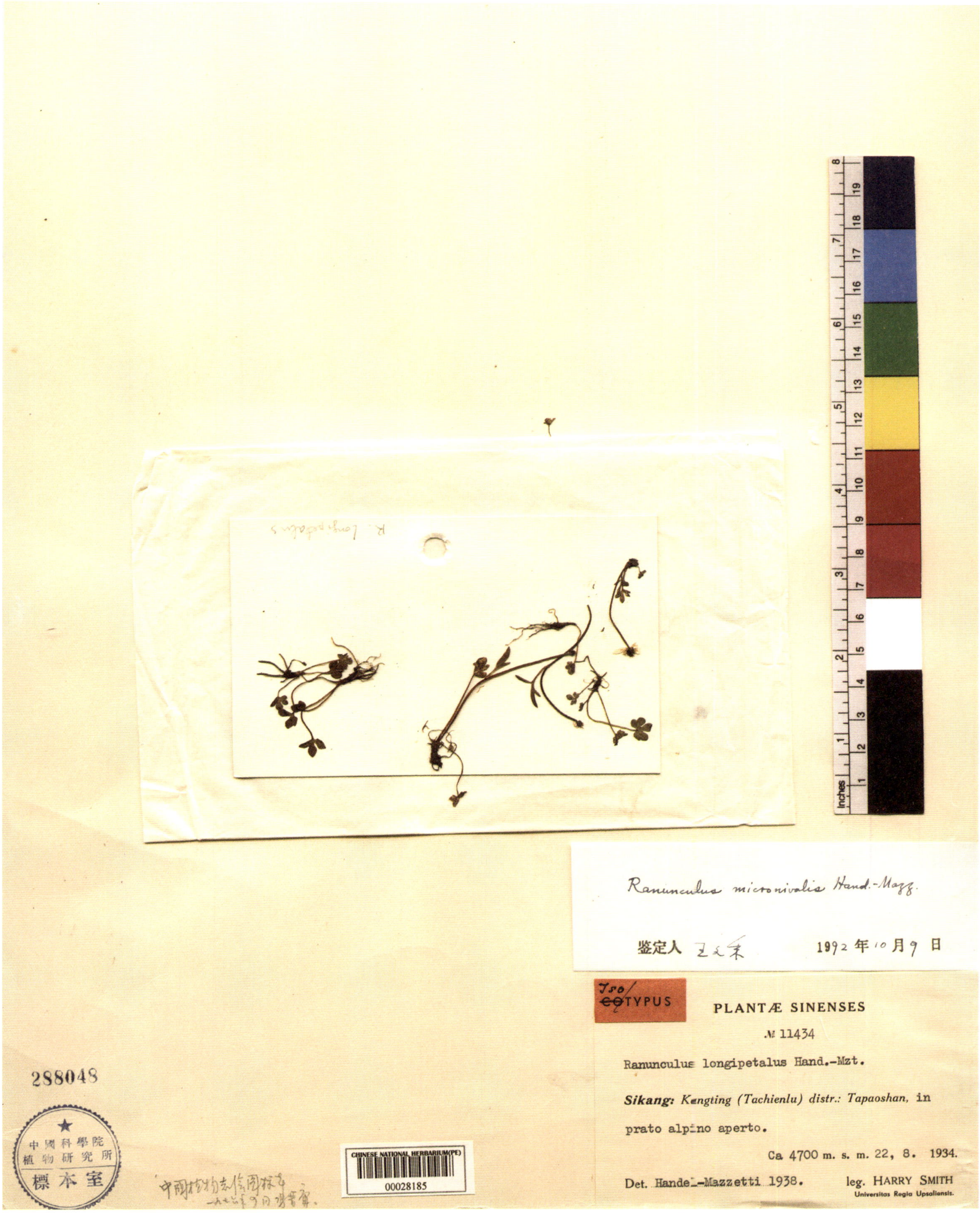

窄瓣毛茛 ***Ranunculus longipetalus*** Hand.-Mazz in Acta Horti Gothob 13(4): 160 t. 1, f. 1-7. 1939. **Isotype:** China. Sichuan: Kangding, alt. 4 700 m, 1934-08-22, H. Smith 11434.

若尔盖毛茛 ***Ranunculus luoergaiensis*** L. Liou, Fl. Reip. Pop. Sin. 28: 289, 361. 1980. **Holotype:** China. Sichuan: Zoigê, alt. 4 300 m, 1960-08-03, Sichuan Med. Pl. Exped. 20234.

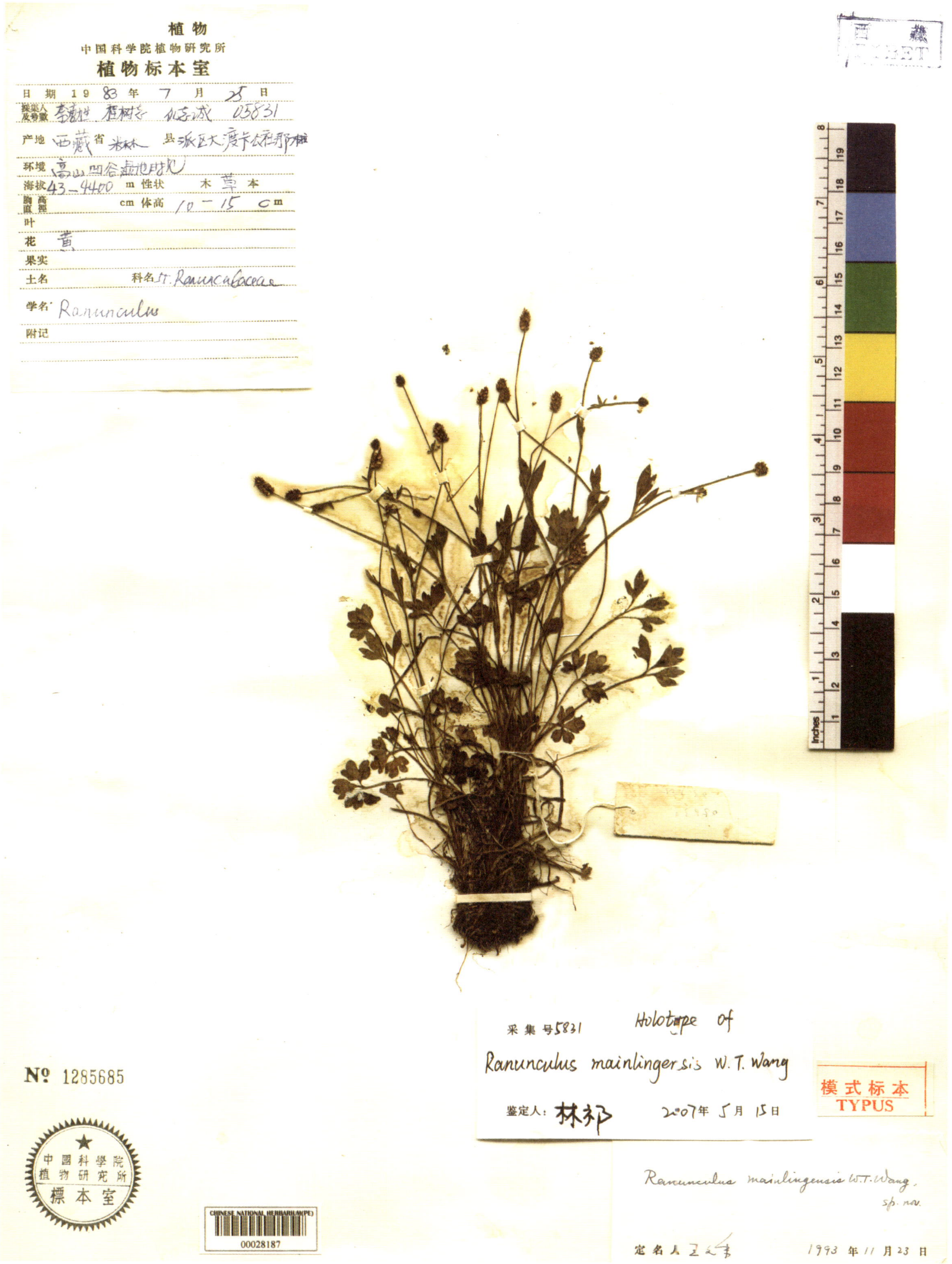

米林毛茛 ***Ranunculus mainlingensis*** W. T. Wang in Acta Phytotax. Sin. 32(5): 473. 1994. **Holotype:** China. Xizang: Mainling, alt. 4 300~4 400 m, 1983-07-25, B. S. Li, S. Z. Cheng & Z. C. Ni 05831.

黑果毛茛 ***Ranunculus melanogynus*** W. T. Wang in Bull. Bot. Res., Harbin 15(3): 301, pl. 1: 5-7. 1995. **Holotype:** China. Xizang: Lhasa, alt. 5 500 m, 1960-07-14, G. X. Fu 299.

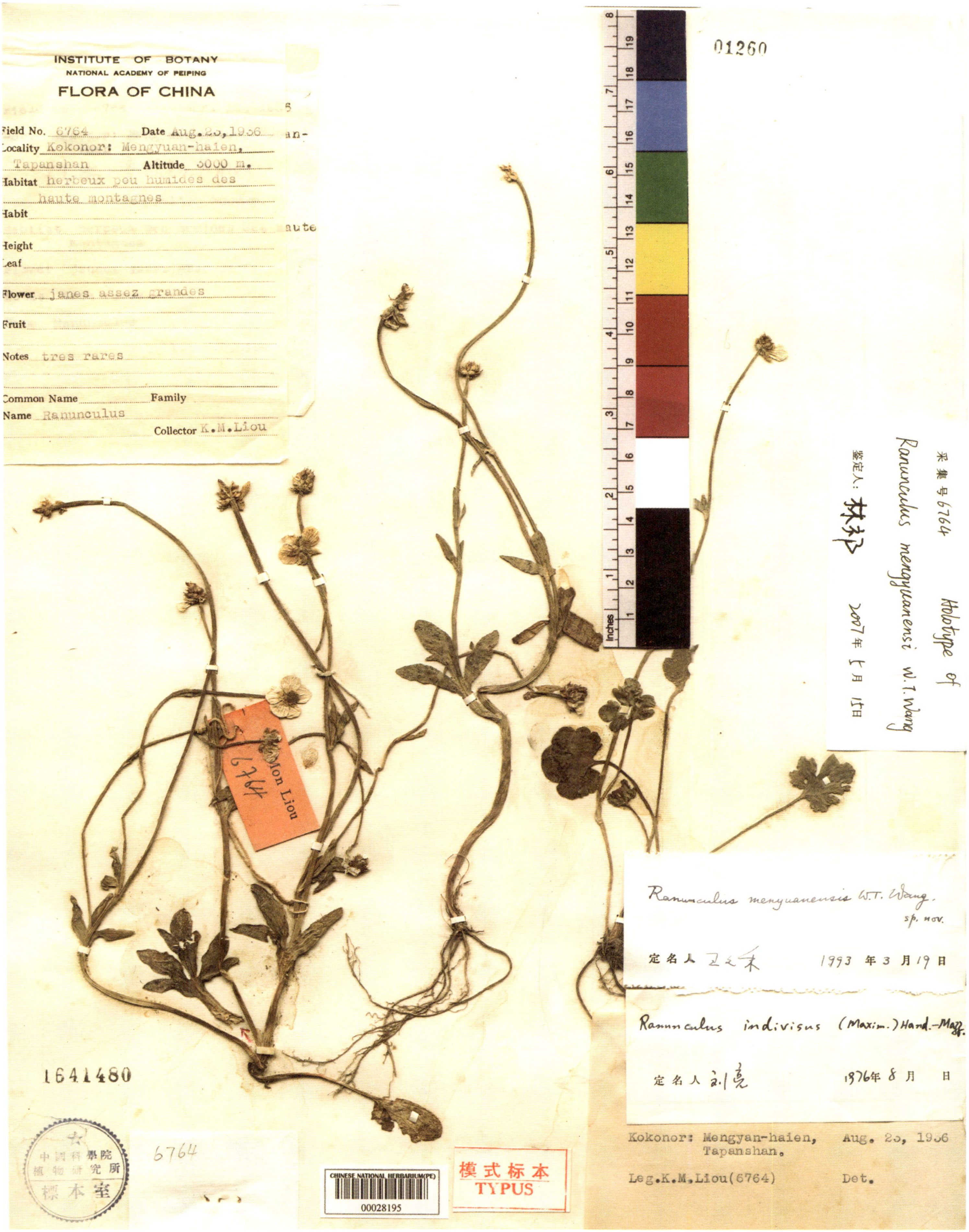

门源毛茛 ***Ranunculus menyuanensis*** W. T. Wang in Bull. Bot. Res., Harbin 15(3): 290. 1995. **Holotype:** China. Qinghai: Menyuan, alt. 3 000 m, 1936-08-25, K. M. Liou 6764.

蘚丛毛茛 ***Ranunculus muscigenus*** W. T. Wang in Bull. Bot. Res., Harbin 6(1): 30, f. 2. 1986. **Holotype:** China. Xizang: Mainling, alt. 3 200~3 600 m, 1983-07-21, B. S. Li & al. 5701.

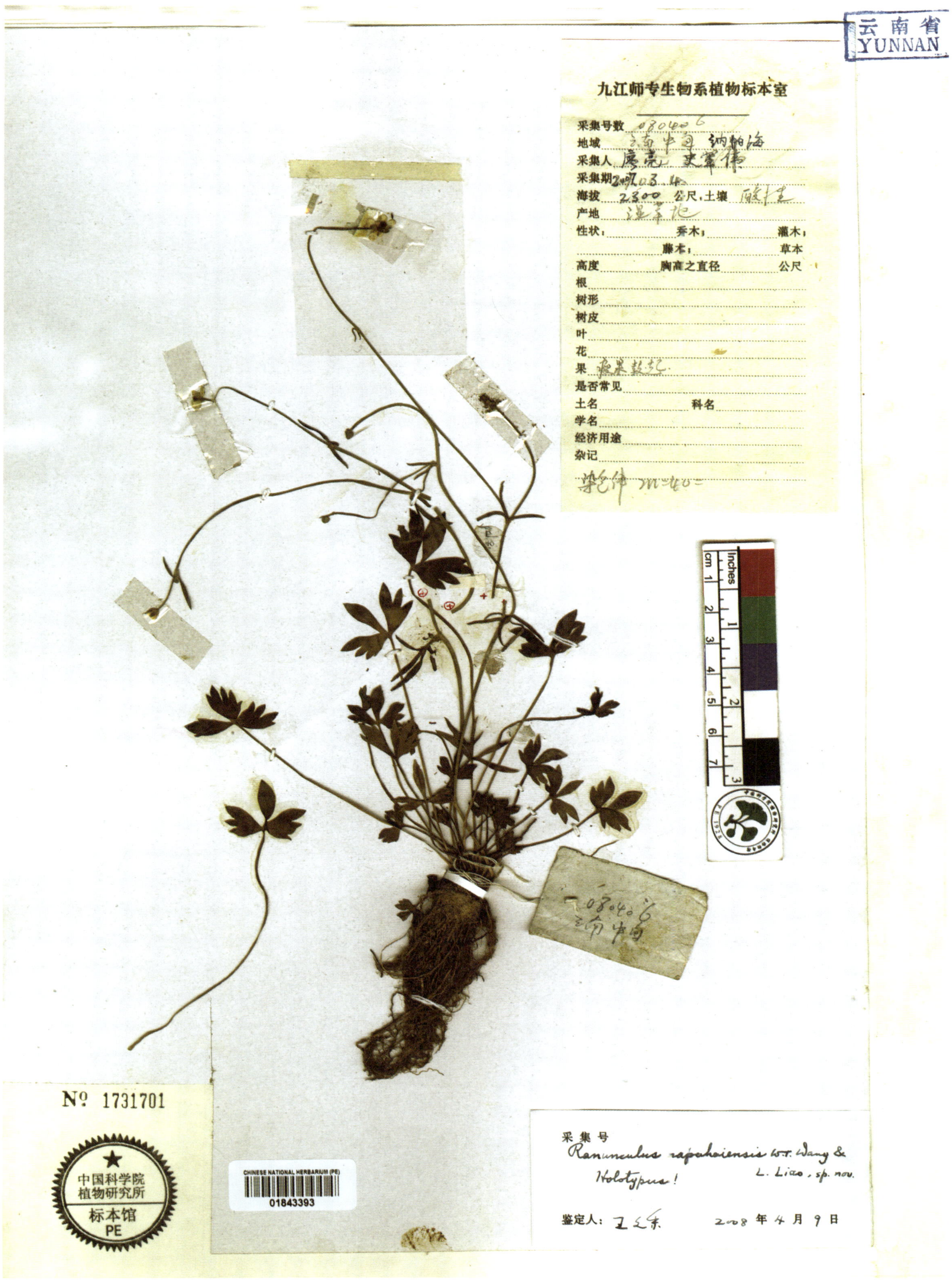

纳帕海毛茛 ***Ranunculus napahaiensis*** W. T. Wang & L. Liao in Guihaia 29(4): 427, f. 1. 2009. **Holotype:** China. Yunnan: Shangri-La, alt. 2 300 m, 2007-03-04, L. Liao & J. W. Shi 080406.

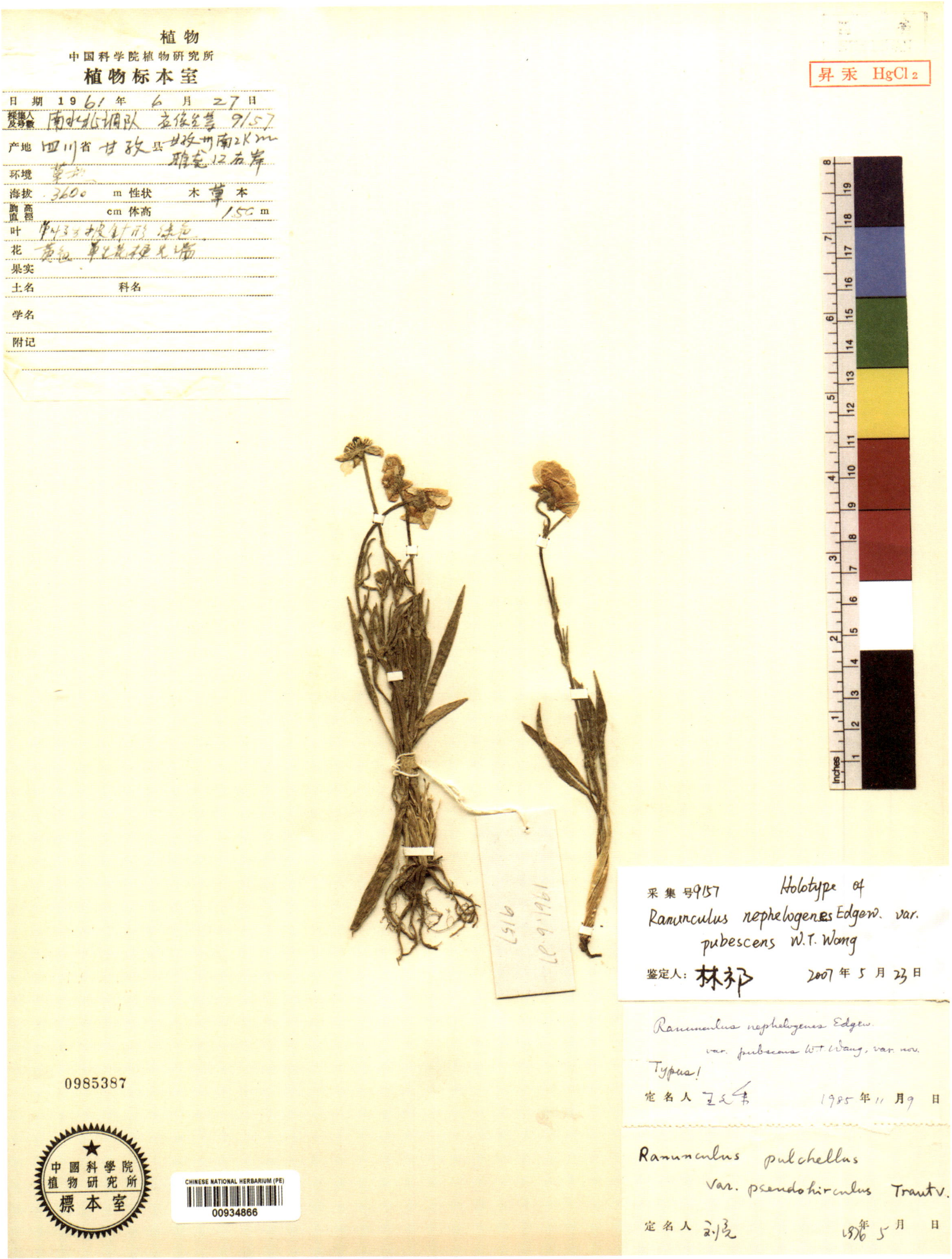

柔毛云生毛茛 ***Ranunculus nephelogenes*** Edgew. var. ***pubescens*** W. T. Wang in Bull. Bot. Res., Harbin 7(2): 110. 1987. **Holotype:** China. Sichuan: Garzê, alt. 3 600 m, 1961-06-27, T. S. Ying 9157.

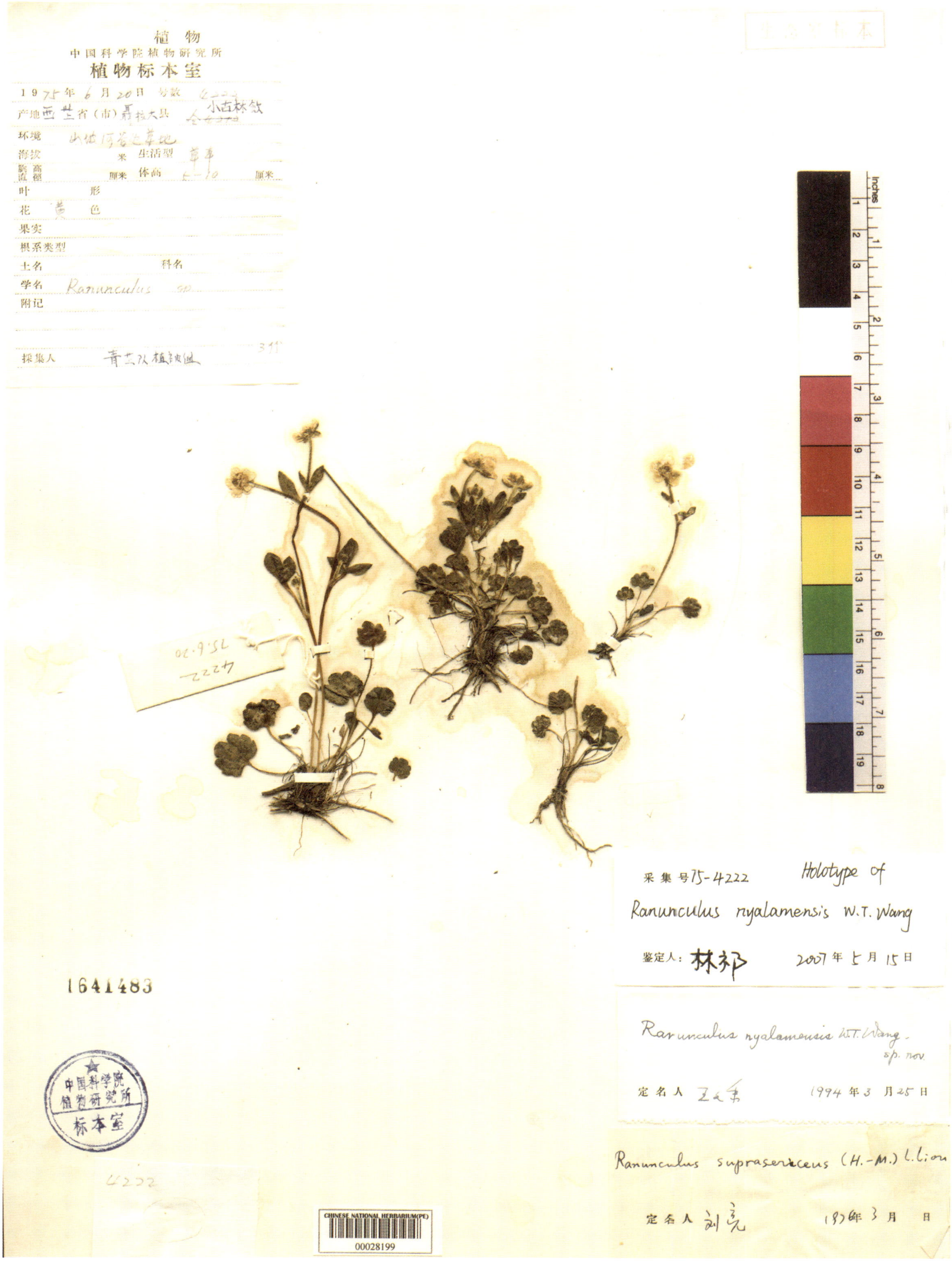

聂拉木毛茛 ***Ranunculus nyalamensis*** W. T. Wang in Bull. Bot. Res., Harbin 15(3): 293. 1995. **Holotype:** China. Xizang: Nyalam, 1975-06-20, Qinghai-Xizang Exped. 75-4222.

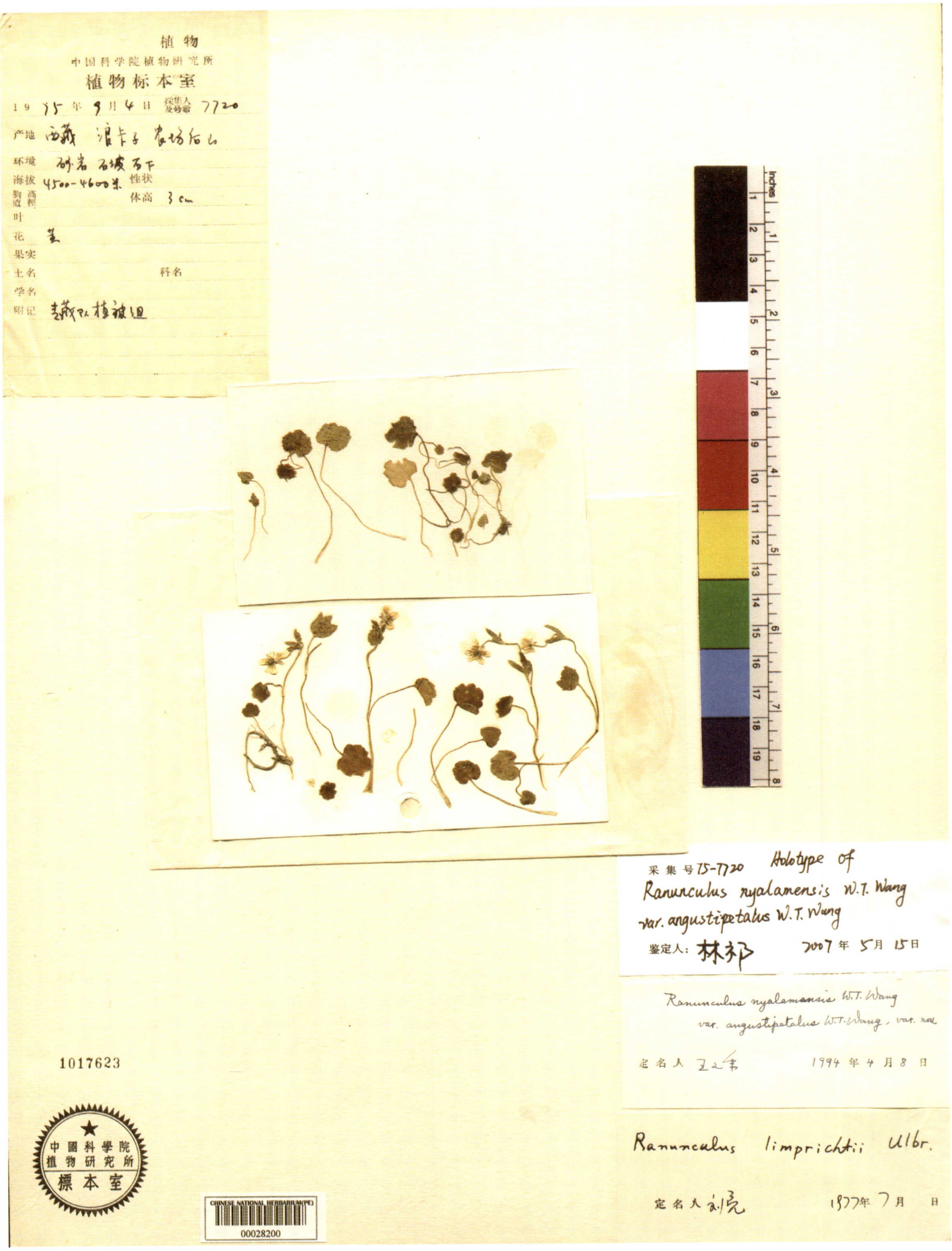

浪卡子毛茛 ***Ranunculus nyalamensis*** W. T. Wang var. ***angustipetalus*** W. T. Wang in Bull. Bot. Res., Harbin 15(3): 294. 1995. **Holotype:** China. Xizang: Langkazi, alt. 4 500~4 600 m, 1975-09-04, Qinghai-Xizang Exped. 75-7720.

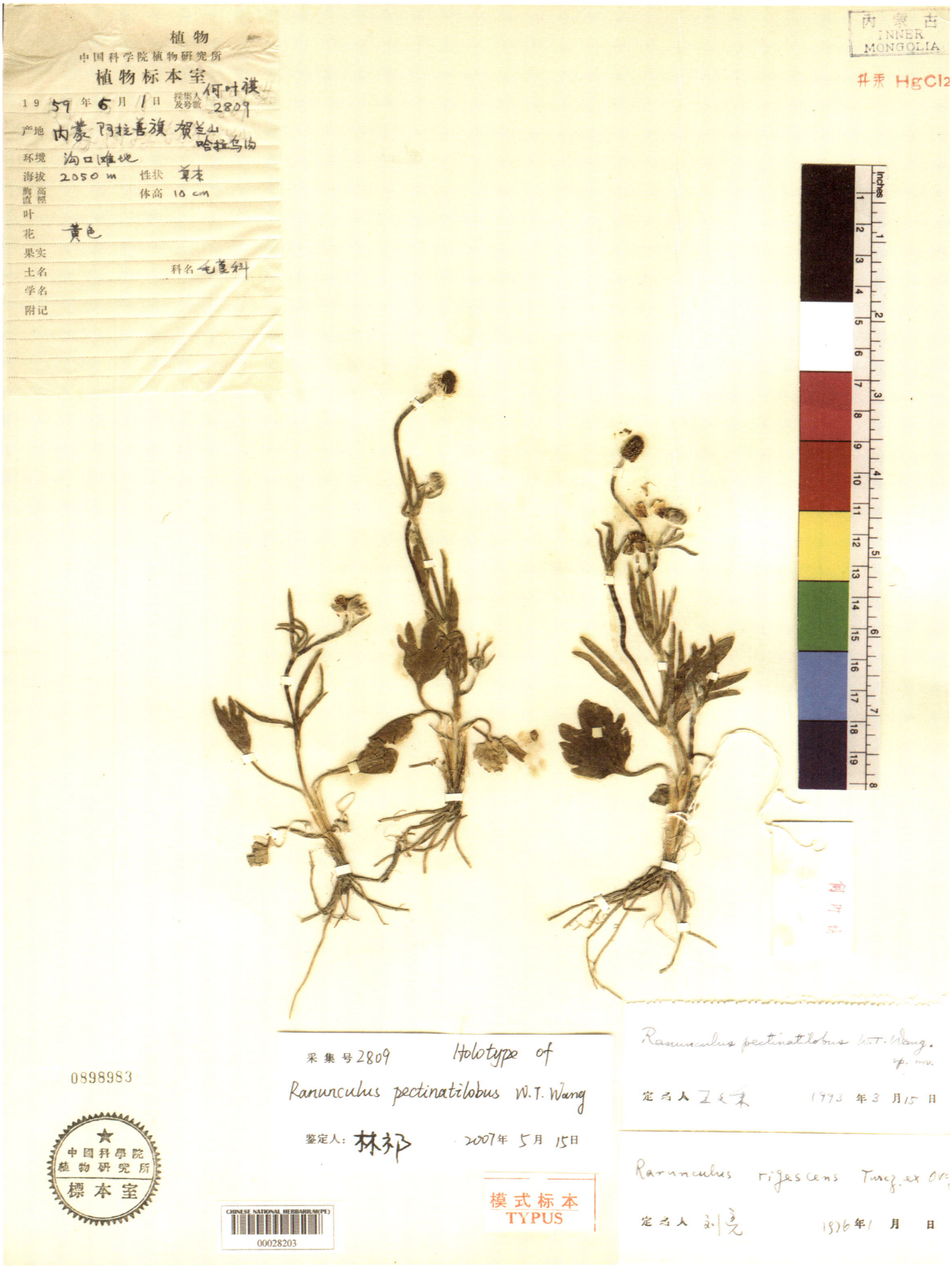

栉齿毛茛 ***Ranunculus pectinatilobus*** W. T. Wang in Bull. Bot. Res., Harbin 15(3): 275. 1995. **Holotype:** China. Nei Mongol: Alxa Meng, alt. 2 050 m, 1959-06-01, Y. C. Hou 2809.

片马毛茛 ***Ranunculus pianmaensis*** W. T. Wang in Acta Bot. Yunnan. 30(5): 522, f. 2. 2008. **Holotype:** China. Yunnan: Lushui, alt. 1 860 m, 2005-05-14, Gaoligong Shan Biodiversity Survey 24183.

硕花大瓣毛茛 ***Ranunculus platypetalus*** (Hand.-Mazz.)Hand.-Mazz. var. ***macranthus*** W. T. Wang in Bull. Bot. Res., Harbin 16(2): 161. 1996. **Holotype:** China. Yunnan: Dêqên, alt. 3 800~4 100 m, 1940-08-01, K. M. Feng 6238.

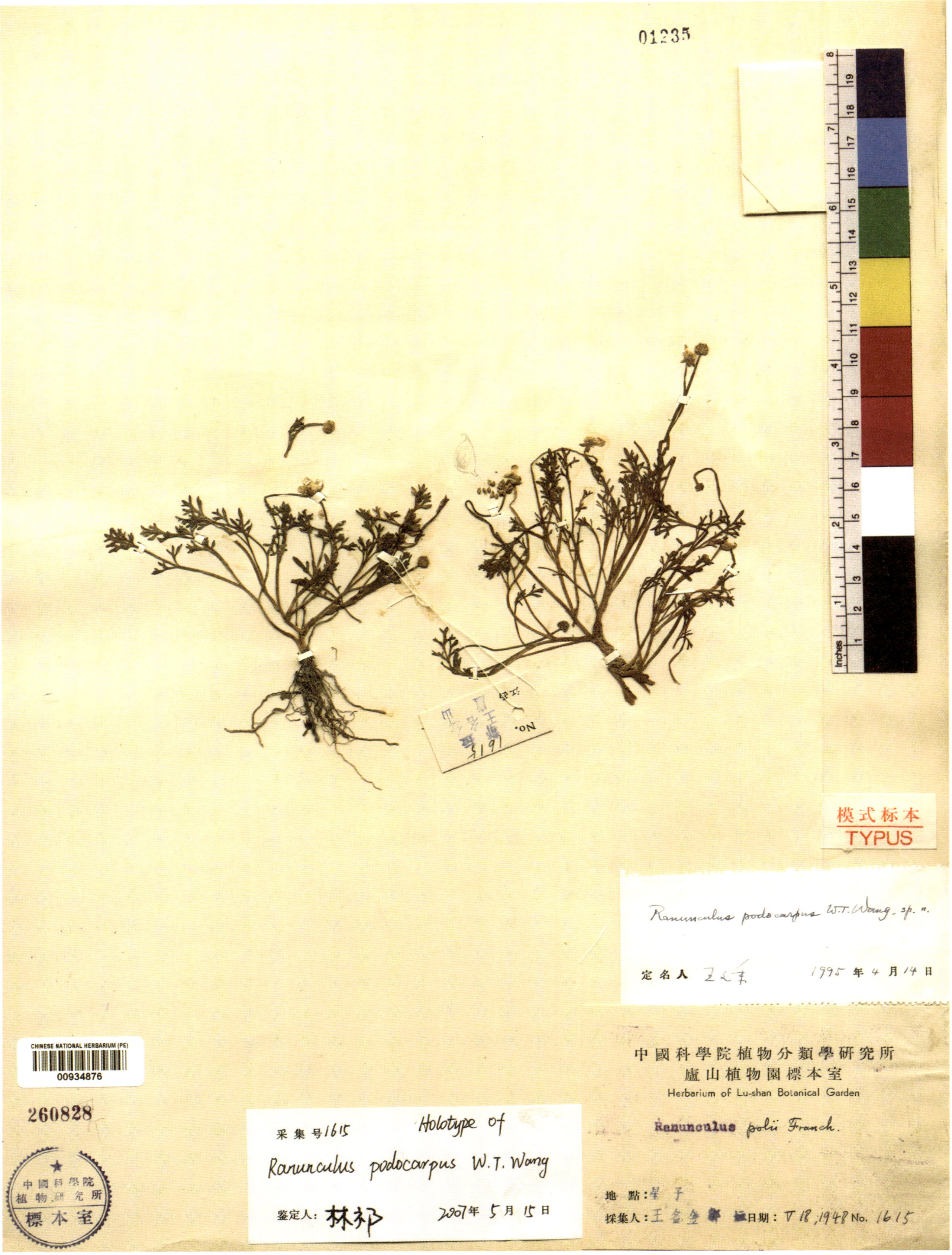

柄果毛茛 ***Ranunculus podocarpus*** W. T. Wang in Bull. Bot. Res., Harbin 16(2): 163. 1996. **Holotype:** China. Jiangxi: Lushan, 1948-05-18, M. J. Wang & Y. Zou 1615.

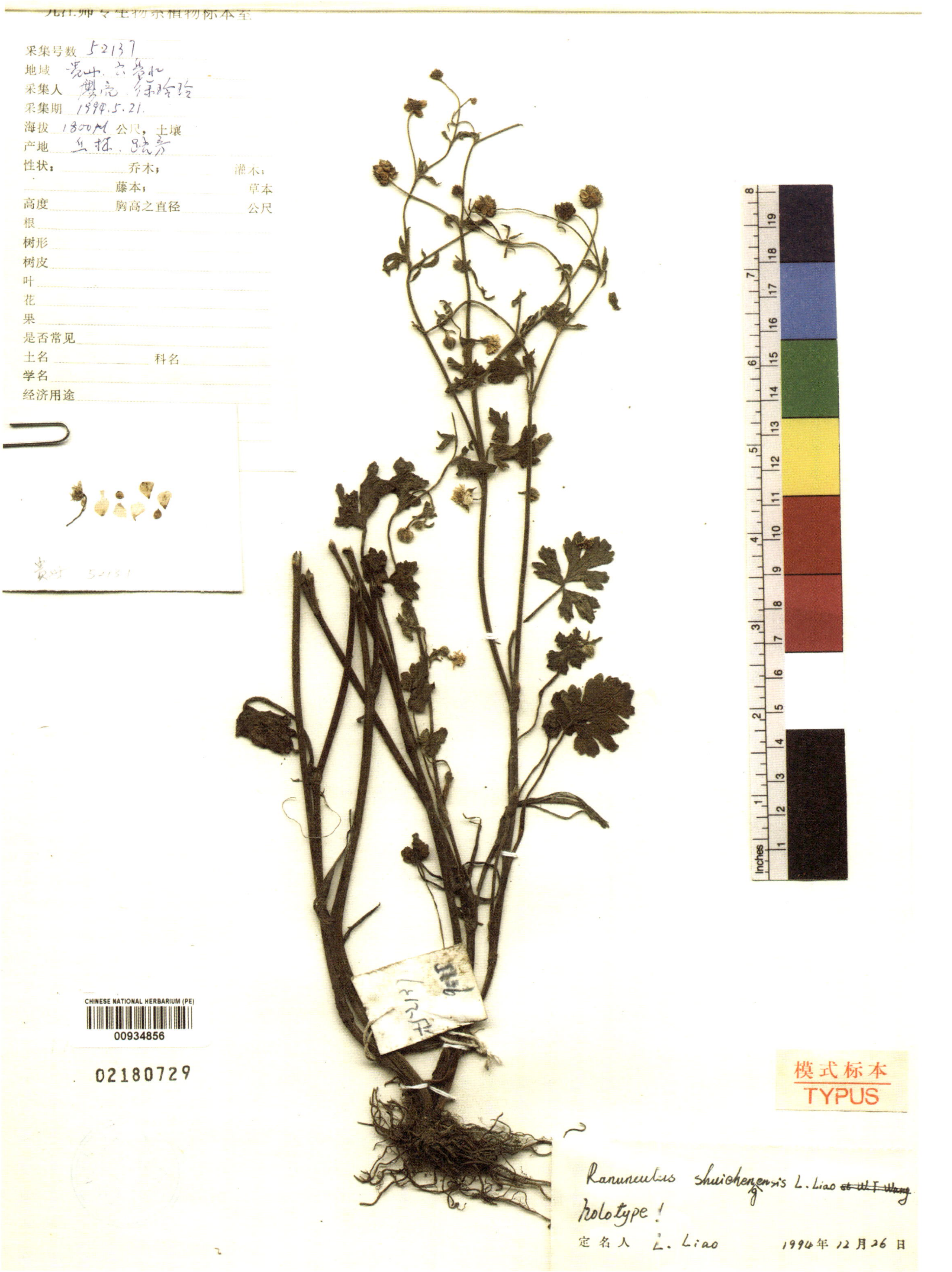

水城毛茛 ***Ranunculus shuichengensis*** L. Liao in Acta Phytotax. Sin. 35(1): 57, f. 1. 1997. **Holotype:** China. Guizhou: Liupanshui, alt. 1 800 m, 1994-05-21, L. Liao & L. L. Xu 52137.

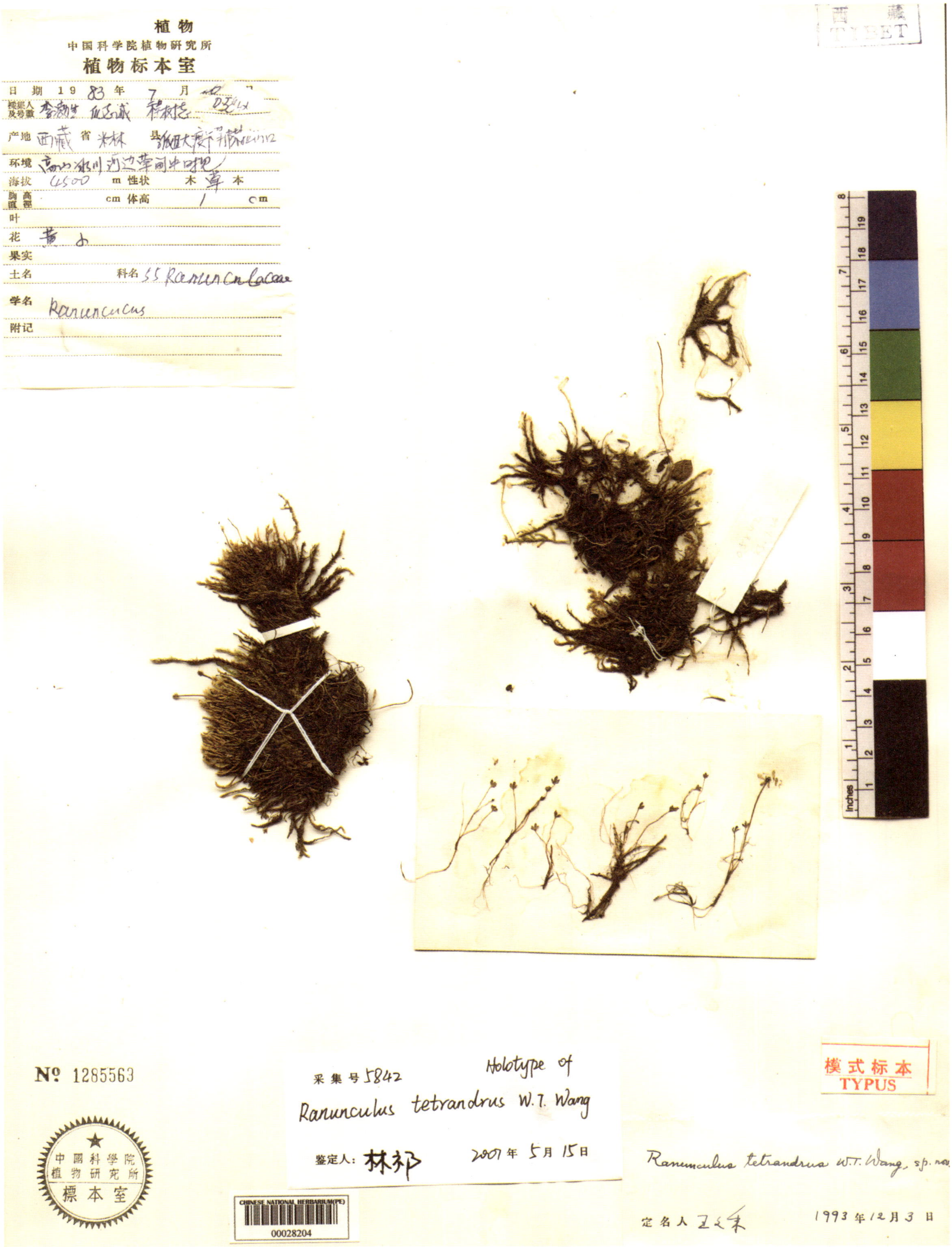

四蕊毛茛 ***Ranunculus tetrandrus*** W. T. Wang in Acta Phytotax. Sin. 32(5): 477, f. 4: 4-8. 1994. **Holotype:** China. Xizang: Mainling, alt. 4 500 m, 1983-07-26, B. S. Li, S. Z. Cheng & Z. C. Ni 5842.

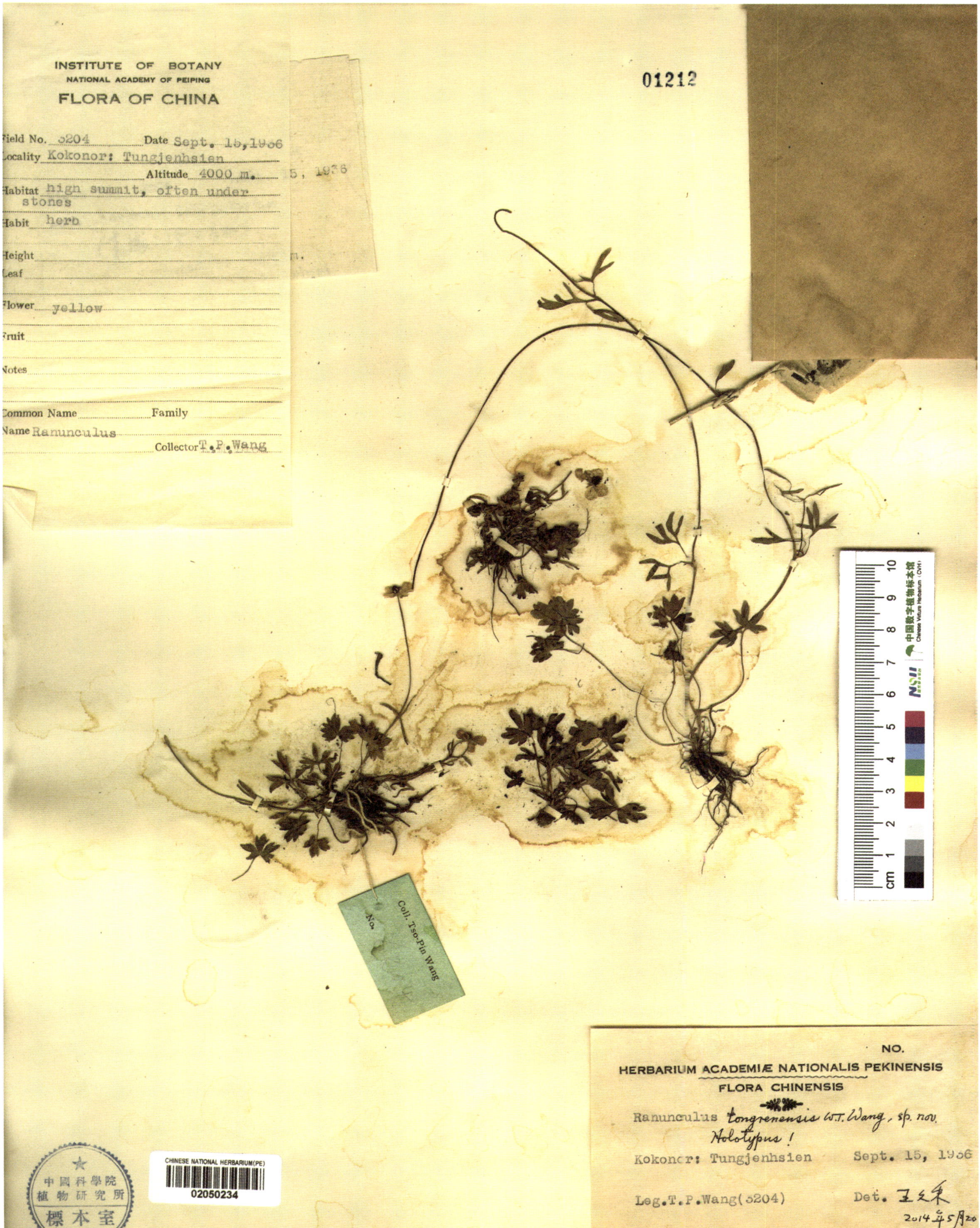

同仁毛茛 ***Ranunculus tongrenensis*** W. T. Wang in Bull. Bot. Res, Harbin 35(5): 643, f. 1: G-L. 2015. **Holotype:** China. Qinghai: Tongren, alt. 4 000 m, 1936-09-15, T. P. Wang 6204.

三角叶毛茛 ***Ranunculus triangularis*** W. T. Wang in Acta Phytotax. Sin. 25(1): 37, pl. 4: 4. 1987. **Isotype:** China. Sichuan: Leibo, alt. 1 250 m, 1983-05-29, Q. S. Zhao & al. 117201.

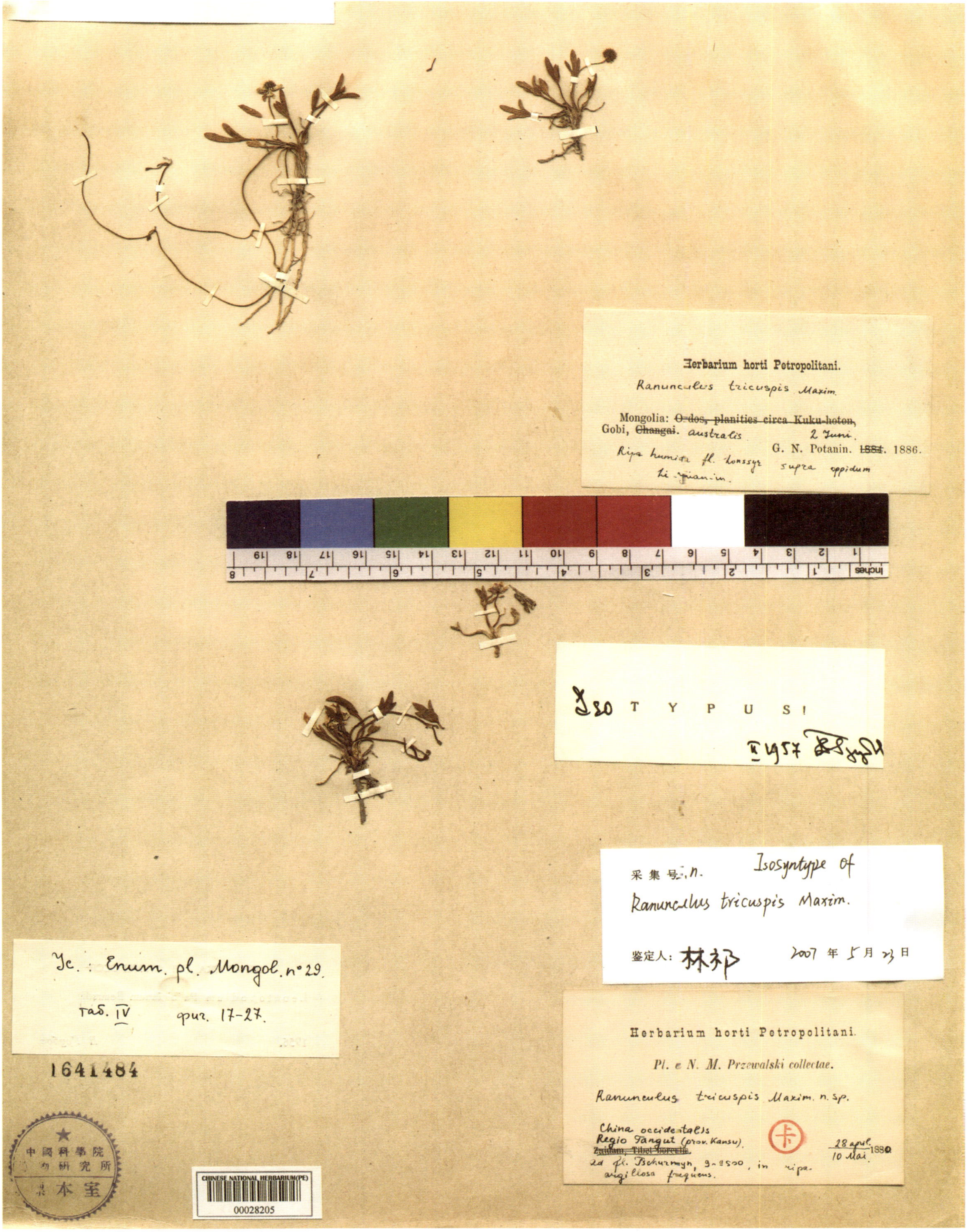

三裂碱毛茛 ***Ranunculus tricuspis*** Maxim., Fl. Tangut. 12. 1889. **Isosyntype:** China: Gansu: Datong He, alt. 2 745~2 898 m, 1880-04-28, N. M. Przewalski s. n.

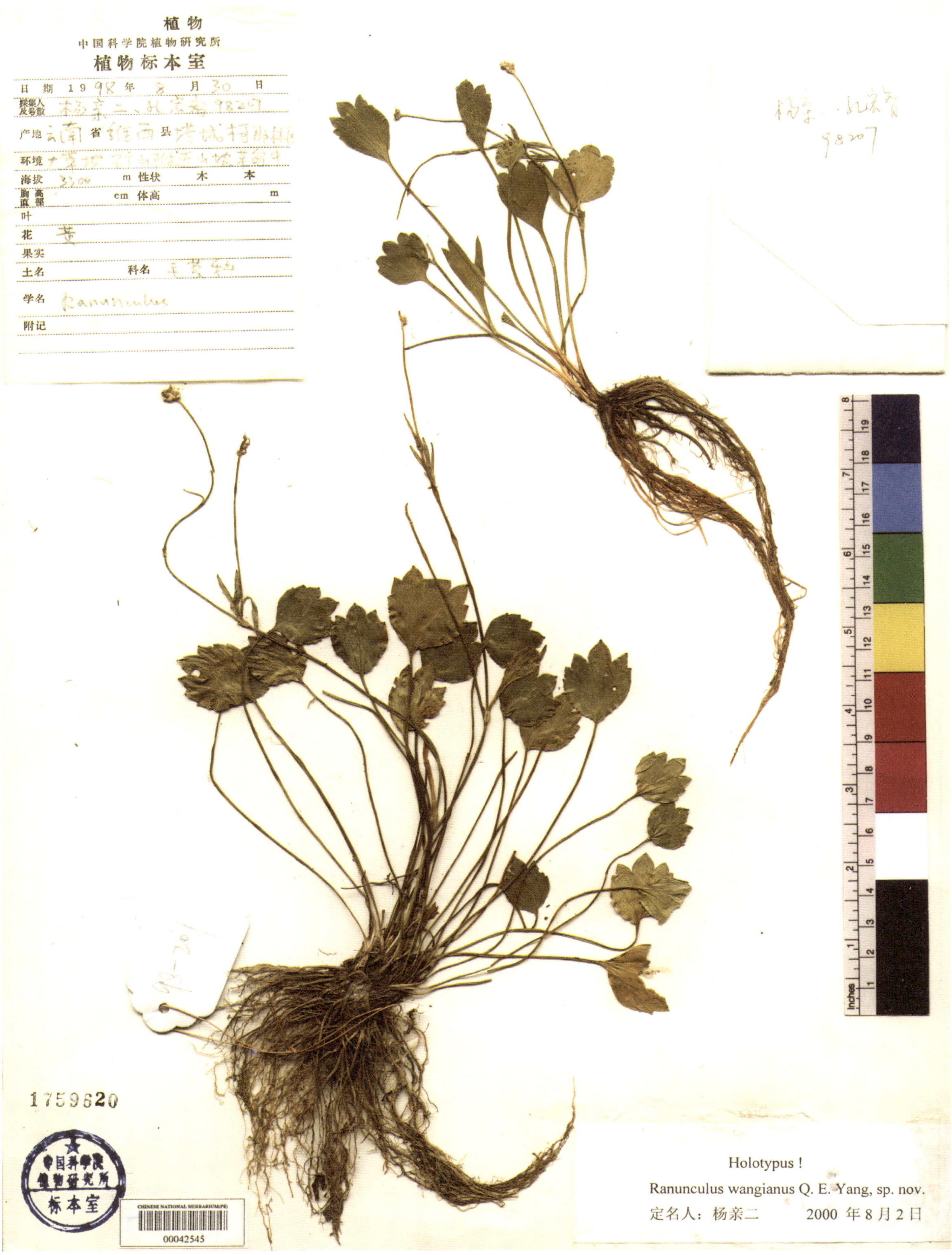

文采毛茛 ***Ranunculus wangianus*** Q. E. Yang in Acta Phytotax. Sin. 38(6): 551, f. 1. 2000. **Holotype:** China. Yunnan: Weixi, alt. 3 300 m, 1998-08-30, Q. E. Yang & H. Z. Kong 98207.

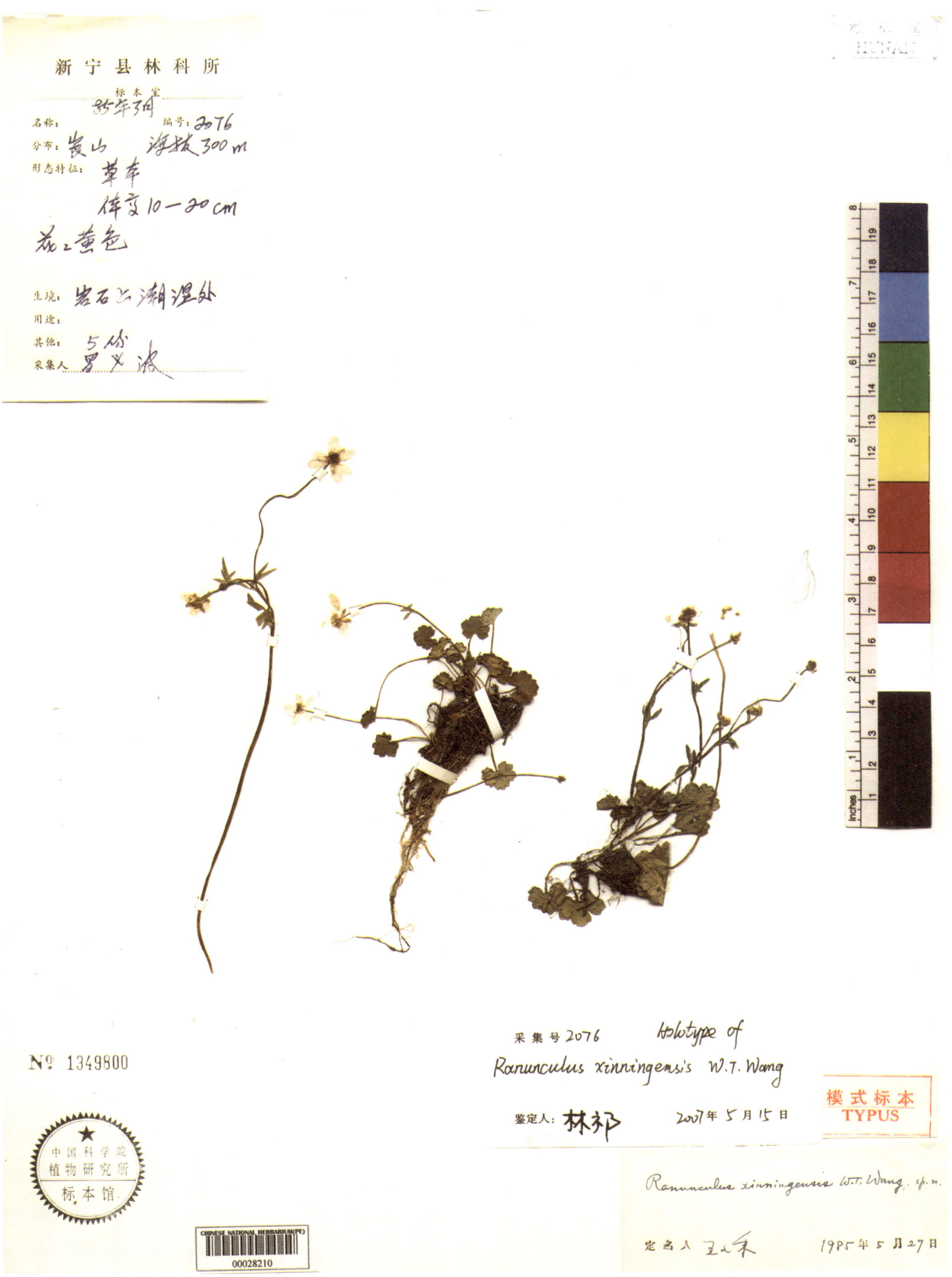

新宁毛茛 ***Ranunculus xinningensis*** W. T. Wang in Bull. Bot. Res., Harbin 9(2): 10, f. 3: 5-7. 1989. **Holotype:** China. Hunan: Xinning, alt. 300 m, 1985-03-??, Y. B. Luo 2076.

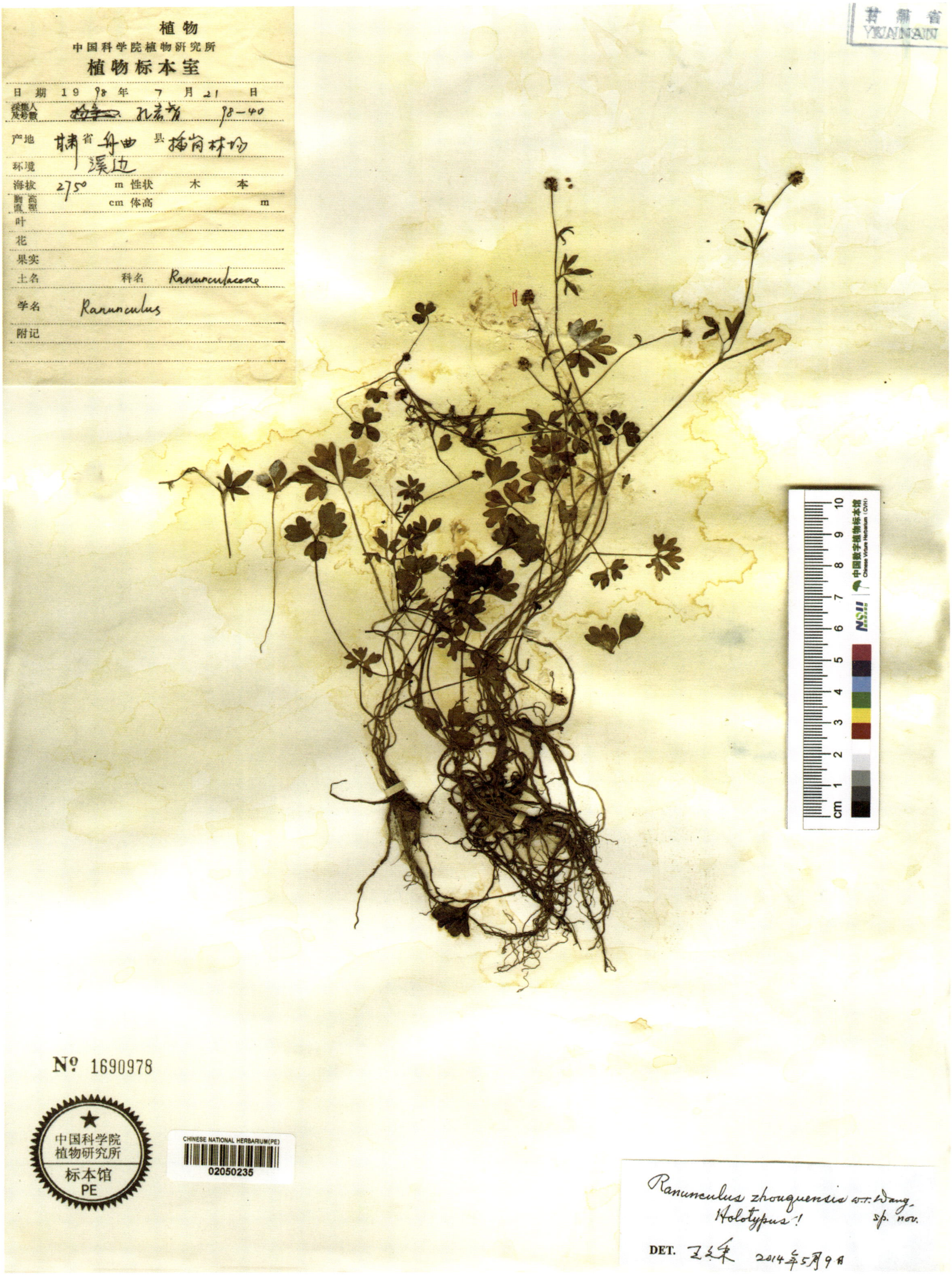

舟曲毛茛 ***Ranunculus zhouquensis*** W. T. Wang in Bull. Bot. Res, Harbin 35(5): 643, f. 2: A-E. 2015. **Holotype:** China. Gansu: Zhouqu, alt. 2 750 m, 1998-07-21, H. Z. Kong 98-40.

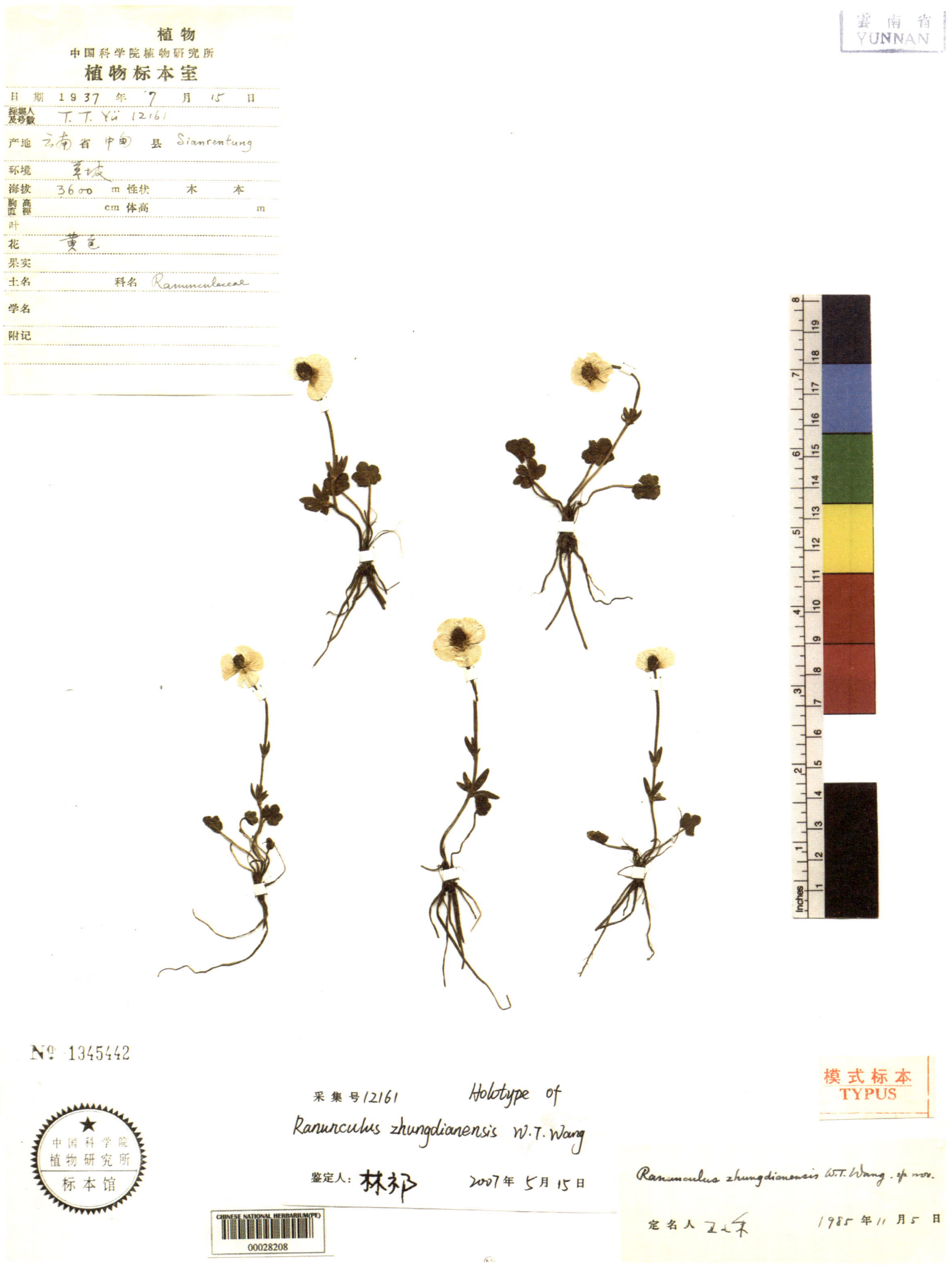

中甸毛茛 ***Ranunculus zhungdianensis*** W. T. Wang in Bull. Bot. Res., Harbin 7(2): 104, pl. 2: 4-6. 1987. **Holotype:** China. Yunnan: Shangri-La, alt. 3 600 m, 1937-09-15, T. T. Yu 12161.

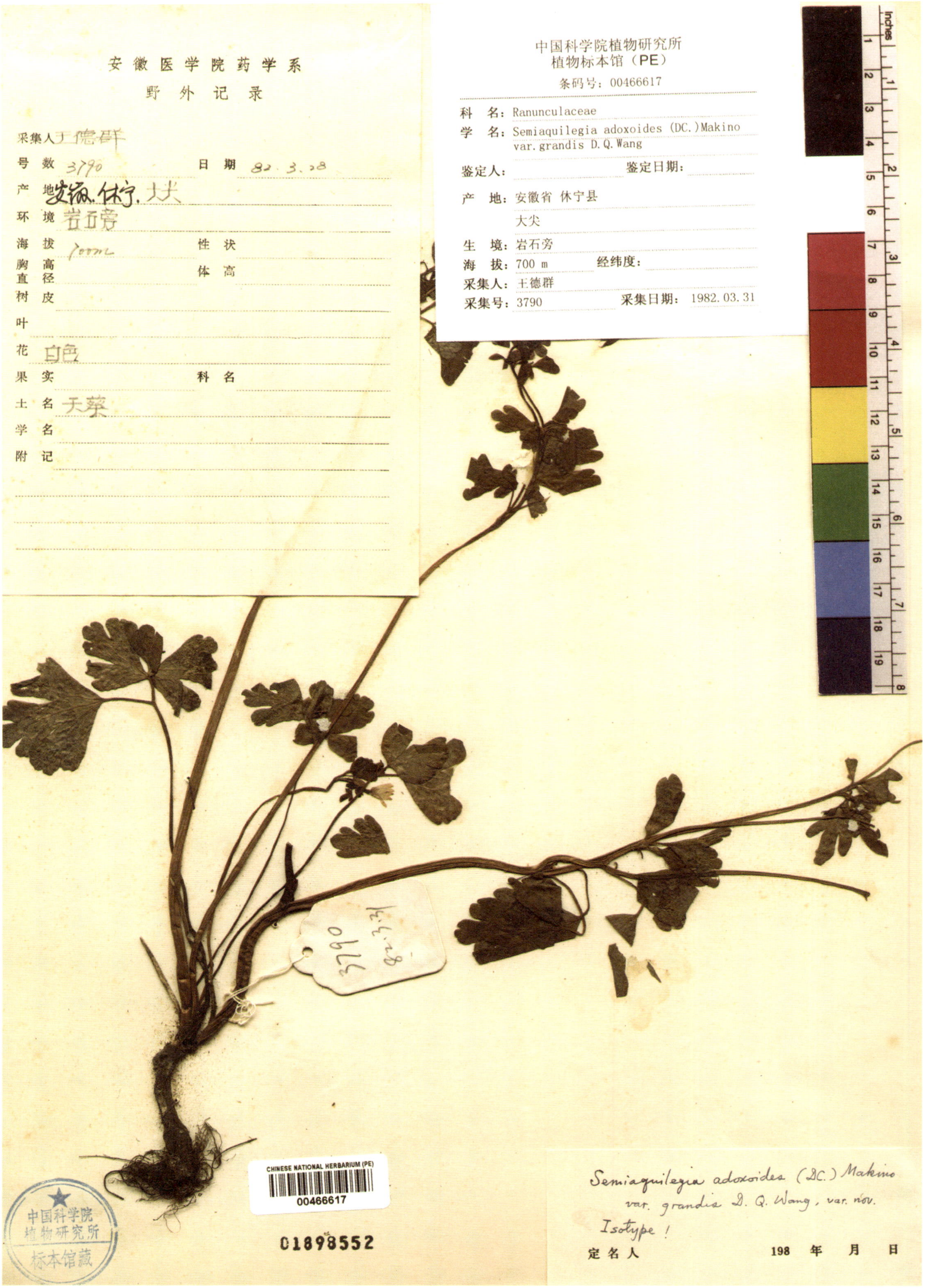

大天葵 ***Semiaquilegia adoxoides*** (DC.) Makino var. ***grandis*** D. Q. Wang in Bull. Bot. Res., Harbin 9(4): 53, photo 2. 1989. **Isotype:** China. Anhui: Xiuning, alt. 700 m, 1982-03-28, D. Q. Wang 3790.

长柱贝加尔唐松草 ***Thalictrum baicalense*** Turcz. var. ***megalostigma*** B. Boivin in Rhodora 46: 363, f. 9. 1944. **Paratype:** China. Sichuan: Fupien, alt. 3 400 m, 1930-07-19, F. T. Wang 21377.

绢毛唐松草 ***Thalictrum brevisericeum*** W. T. Wang & S. H. Wang, Fl. Tsinling. 1(2): 239, 603, f. 204. 1974. **Holotype:** China. Gansu: Tianshui, 1950-09-13, Z. L. Wu 20246.

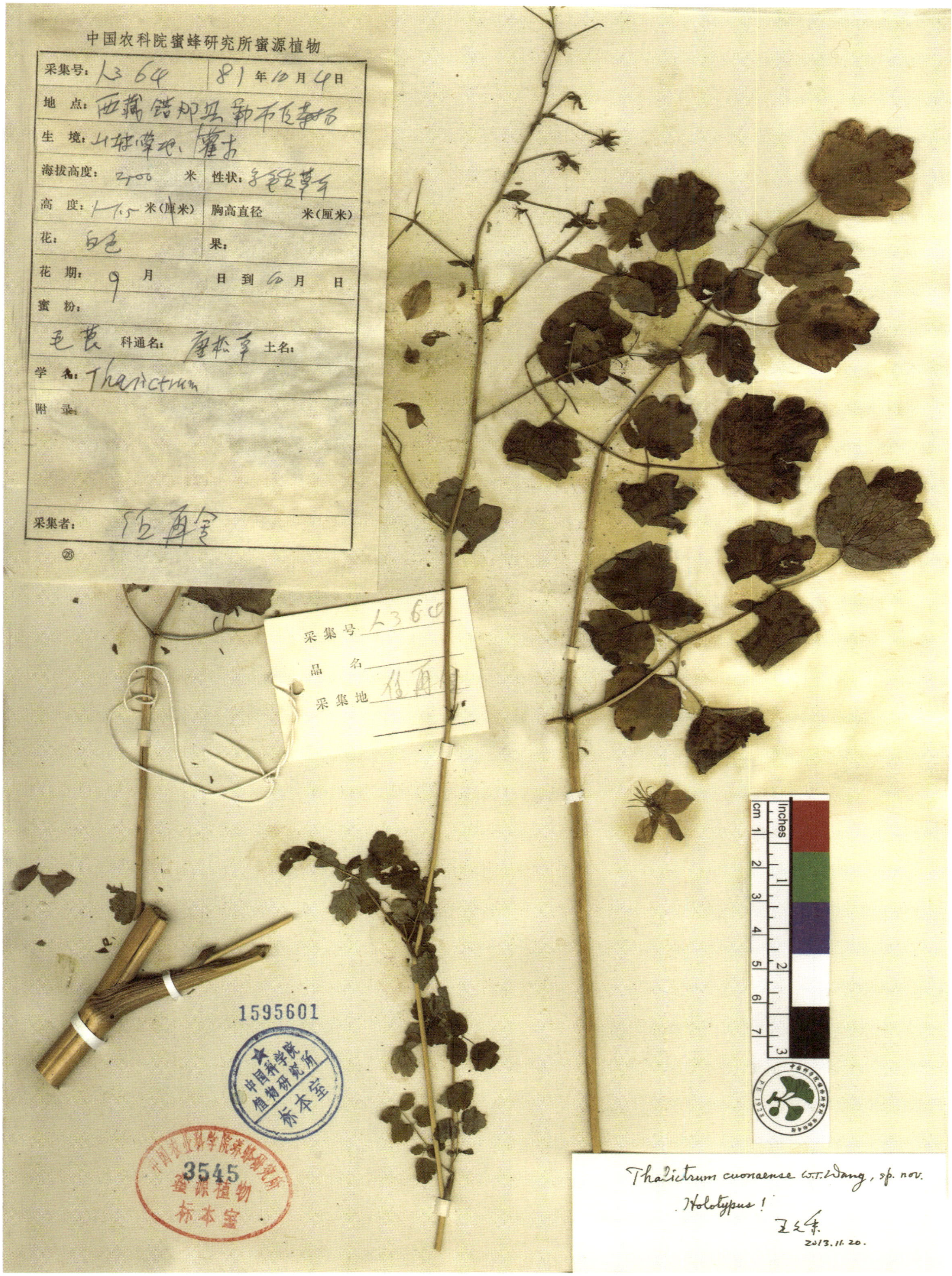

错那唐松草 *Thalictrum cuonaense* W. T. Wang in Pl. Divers. Resourc. 36(6): 791, f. 1. 2014. **Holotype:** China. Xizang: Cona, alt. 2 500 m, 1981-10-04, Z. J. Ren L364.

高原唐松草 ***Thalictrum deciternatum*** Boivin in J. Arnold Arbor. 26(1): 112, pl. 1, f. 4-7. 1945. **Isoparatype:** China. Yunnan: Lijiang, 1939-06-25, X. G. Zhao 30272.

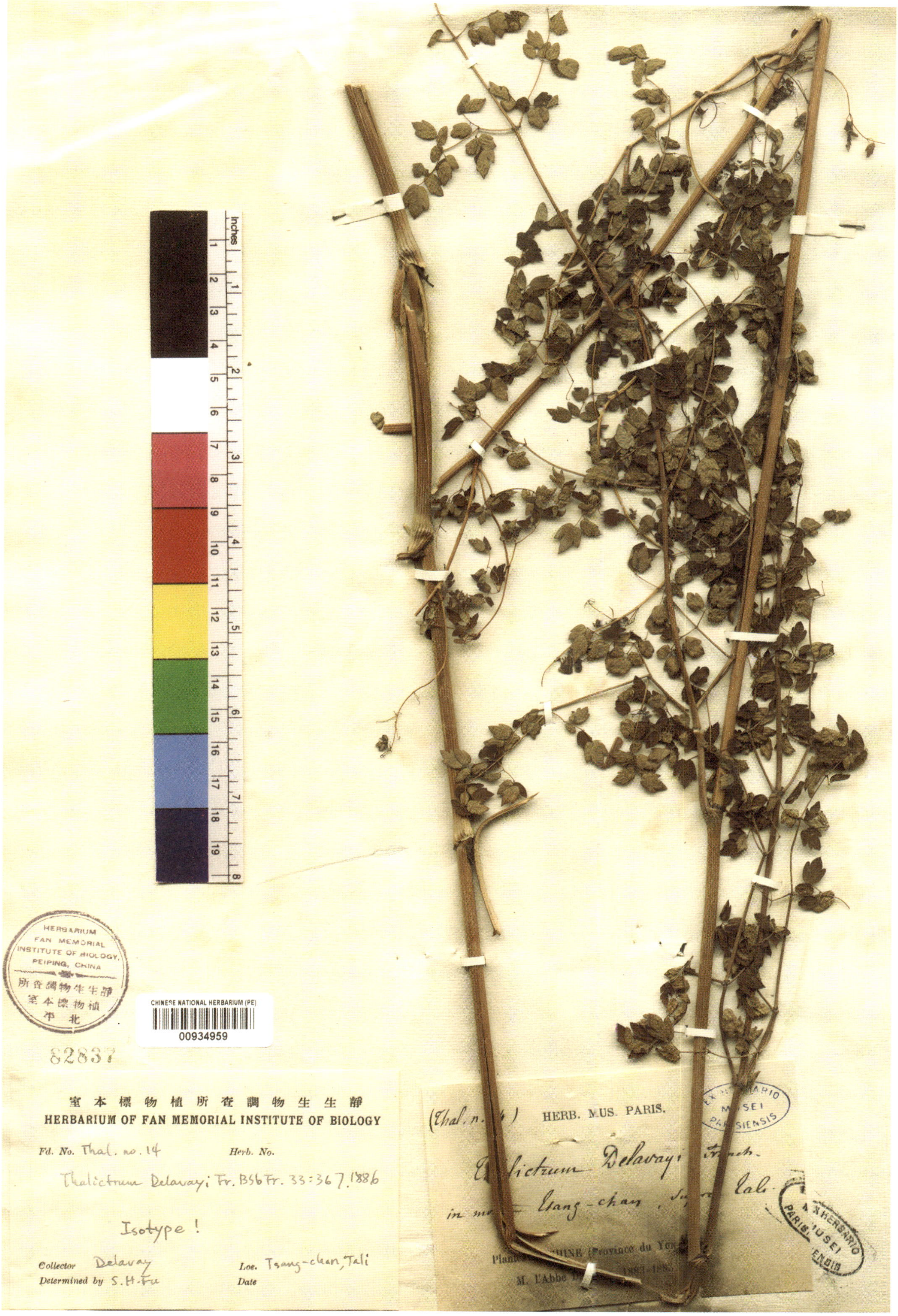

偏翅唐松草 ***Thalictrum delavayi*** Franch. in Bull. Soc. Bot. France 33: 367. 1886. **Isotype:** China. Yunnan: Dali, 1882-06-04, Delavay 14.

滇川唐松草 ***Thalictrum finetii*** Boivin in J. Arnold Arbor. 26(1): 113, pl. 1, f. 1-3. 1945. **Isoparatype:** China. Yunnan: Dali, alt. 3 500 m, 1933-07-30, H. T. Tsai 53943.

金丝马尾连 ***Thalictrum foetidum*** L. var. ***glandulosissmum*** Finet & Gagnep. in Bull. Soc. Bot. France 50: 619. 1903.
Lectotype (designated here)**:** China: Yunnan: Dali, 1888-07-16, Delavay 4813.

珠芽华东唐松草 ***Thalictrum fortunei*** S. Moore var. ***bulbiliferum*** B. Chen & X. J. Tian in Acta Phytotax. Sin. 43(1): 281, f. 1. 2005. **Isotype:** China. Jiangsu: Jurong, 2004-05-23, B. Chen 523001.

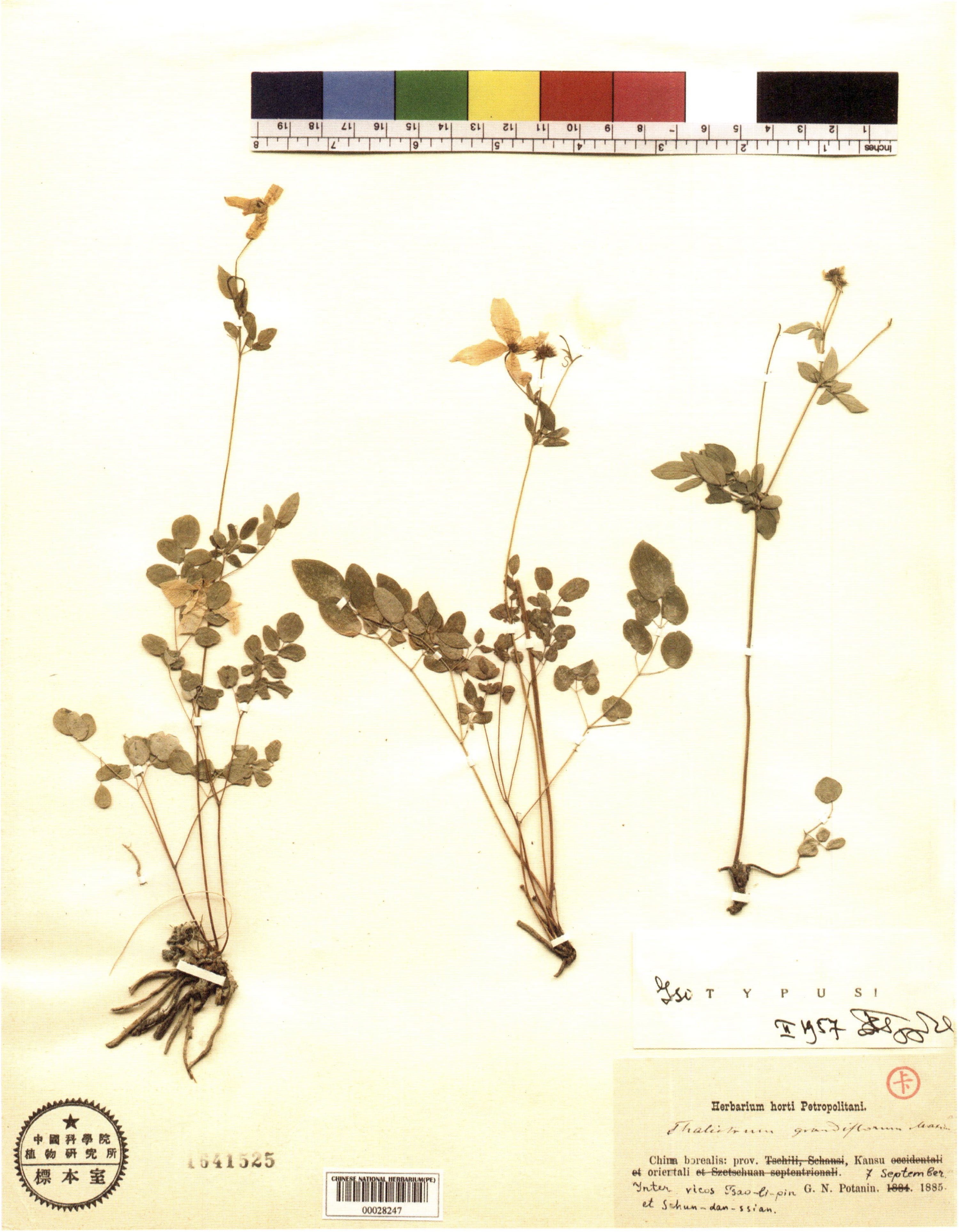

大花唐松草 ***Thalictrum grandiflorum*** Maxim. in Acta Horti Petrop. 11(1): 11. 1889. **Isotype:** China. Gansu: Wen Xian, 1885-09-07, G. N. Potanin s. n.

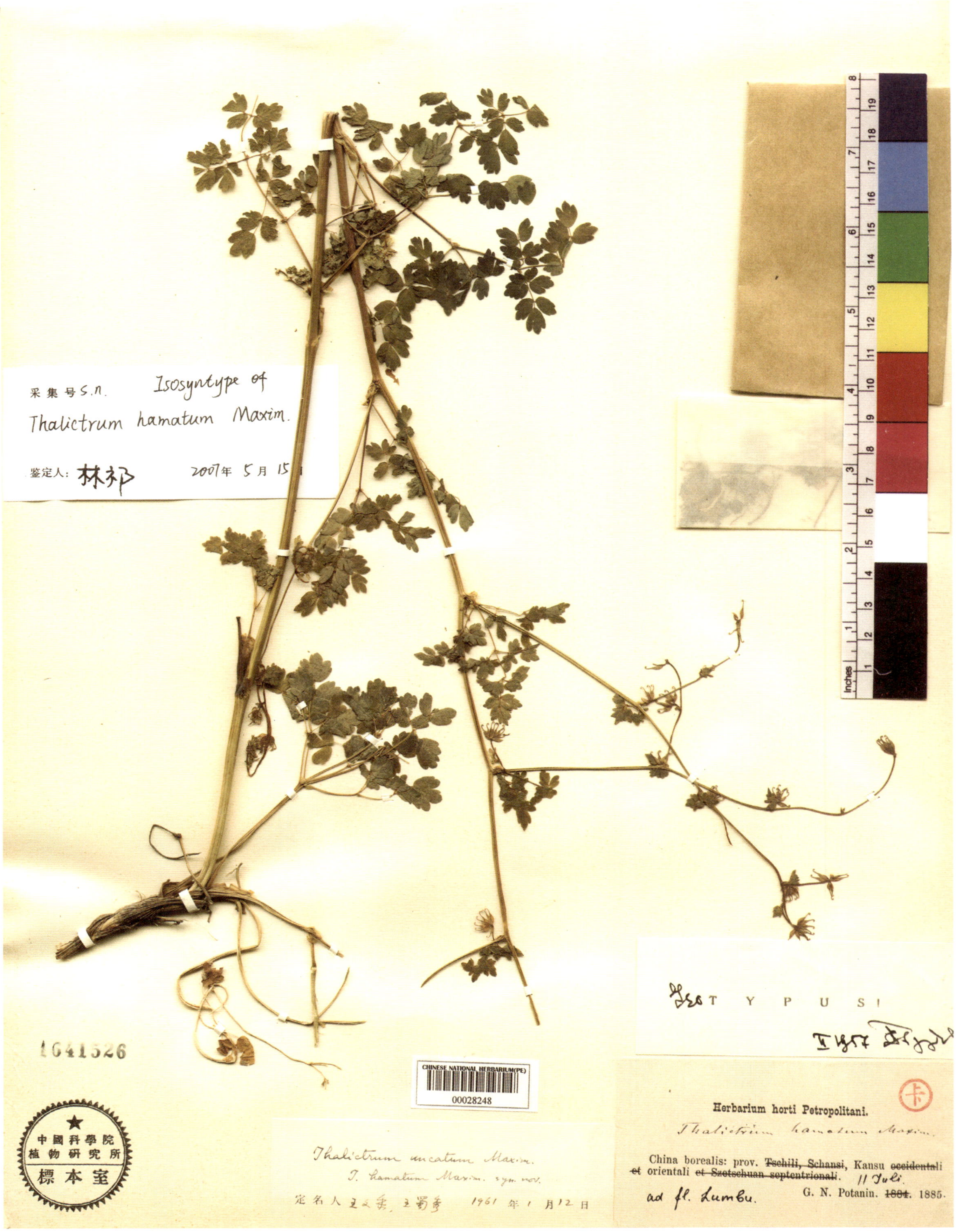

钩柱唐松草 ***Thalictrum hamatum*** Maxim. in Acta Horti Petrop. 11: 16. 1889. **Lectotype** (designated here)**:** China: Gansu: Precise locality not known, 1885-07-11, G. N. Potanin s. n.

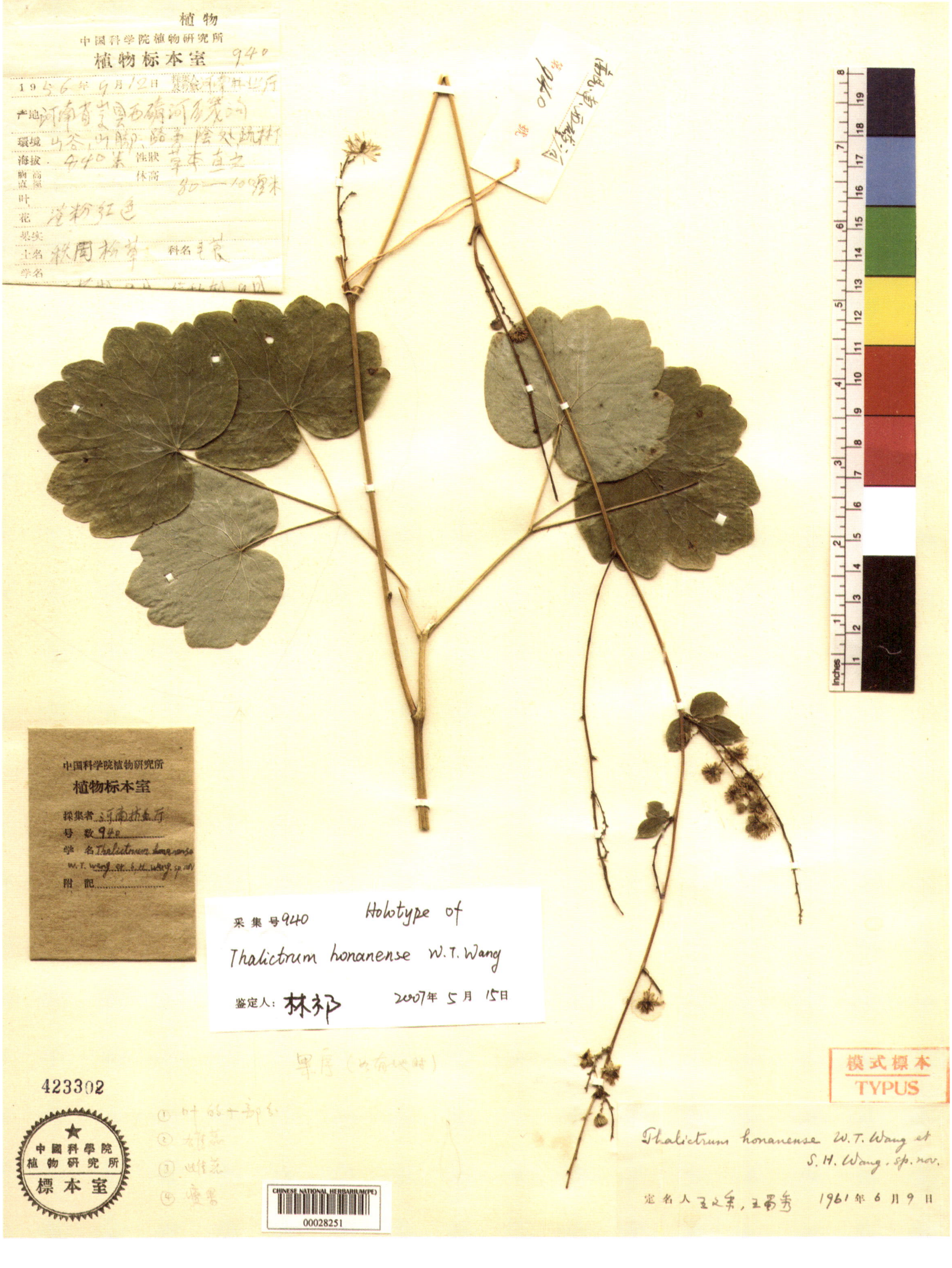

河南唐松草 ***Thalictrum honanense*** W. T. Wang & S. H. Wang, Fl. Reip. Pop. Sin. 27: 576, 620, pl. 146: 3-7. 1979.

Holotype: China. Henan: Song Xian, alt. 840 m, 1956-09-12, Henan Exped. 940.

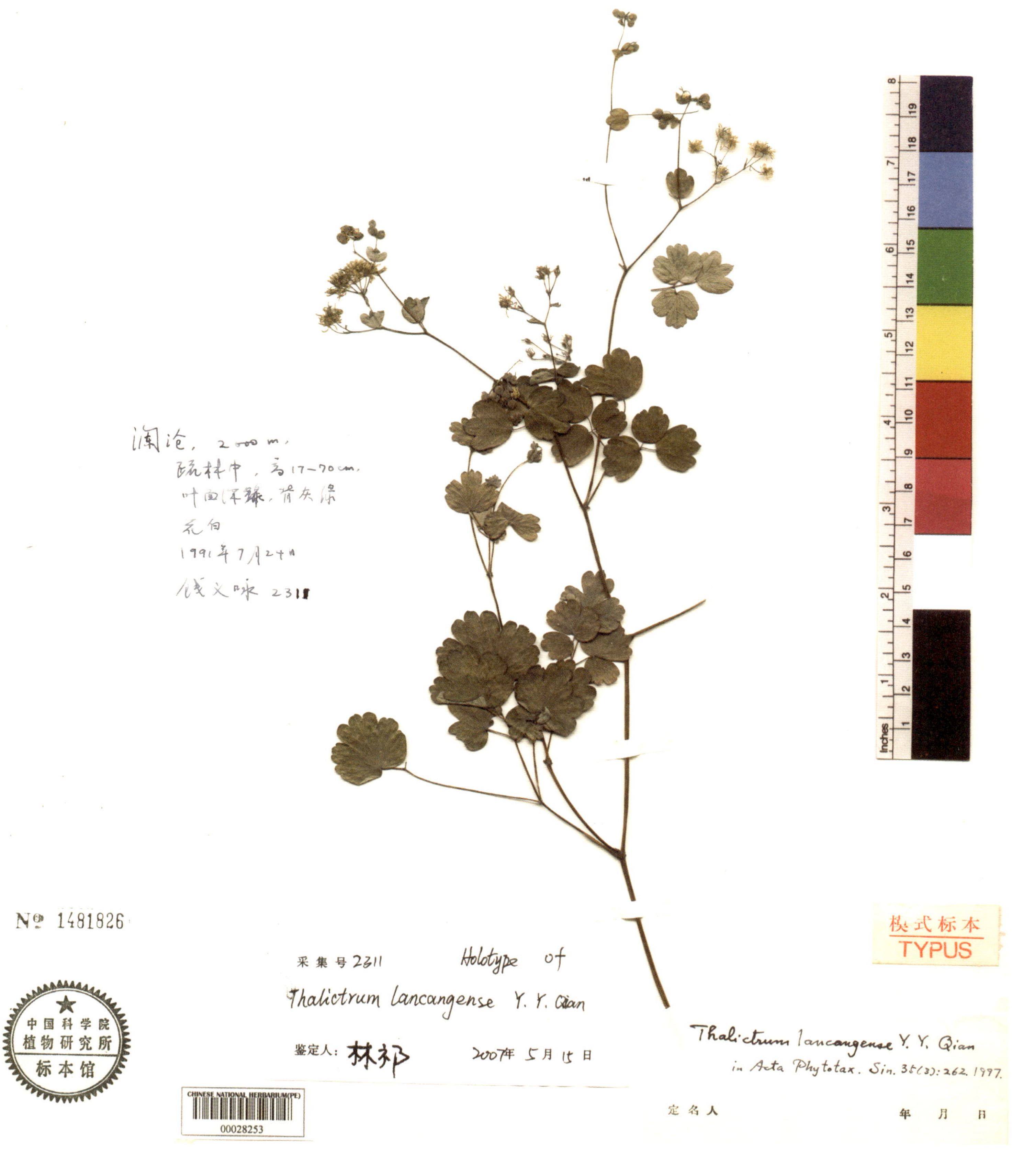

澜沧唐松草 ***Thalictrum lancangense*** Y. Y. Qian in Acta Phytotax. Sin. 35(3): 262, f. 1. 1997. **Holotype:** China. Yunnan: Lancang, alt. 2 000 m, 1991-07-24, Y. Y. Qian 2311.

稀蕊唐松草 ***Thalictrum oligandrum*** Maxim. in Acta Horti Petrop. 11(1): 16. 1890. **Isotype:** China. Sichuan: Heishui, 1885-07-24, G. N. Potanin s. n.

峨眉唐松草 ***Thalictrum omeiense*** W. T. Wang & S. H. Wang, Fl. Reip. Pop. Sin. 27: 524, 617, pl. 126: 1-5. 1979.
Holotype: China. Sichuan: Emei, Emeishan, alt. 2 400 m, 1957-08-09, G. H. Yang 56527.

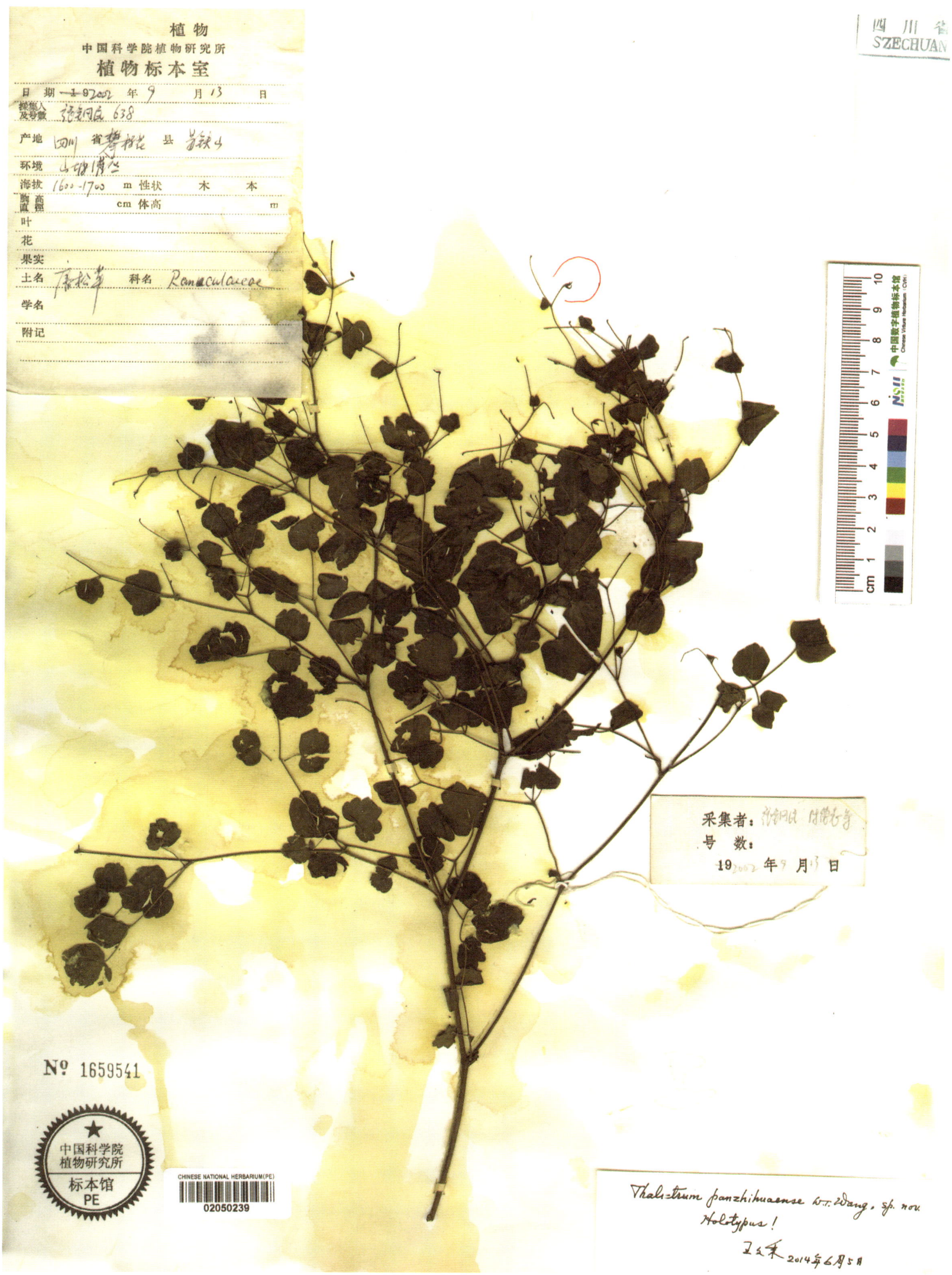

攀枝花唐松草 ***Thalictrum panzhihuaense*** W. T. Wang in Bull. Bot. Res., Harbin 36(1): 3, f. 1: E-F. 2016. **Holotype:** China. Sichuan: Panzhihua, alt. 1 600~1 700 m, 2002-09-13, G. M. Zhang 638.

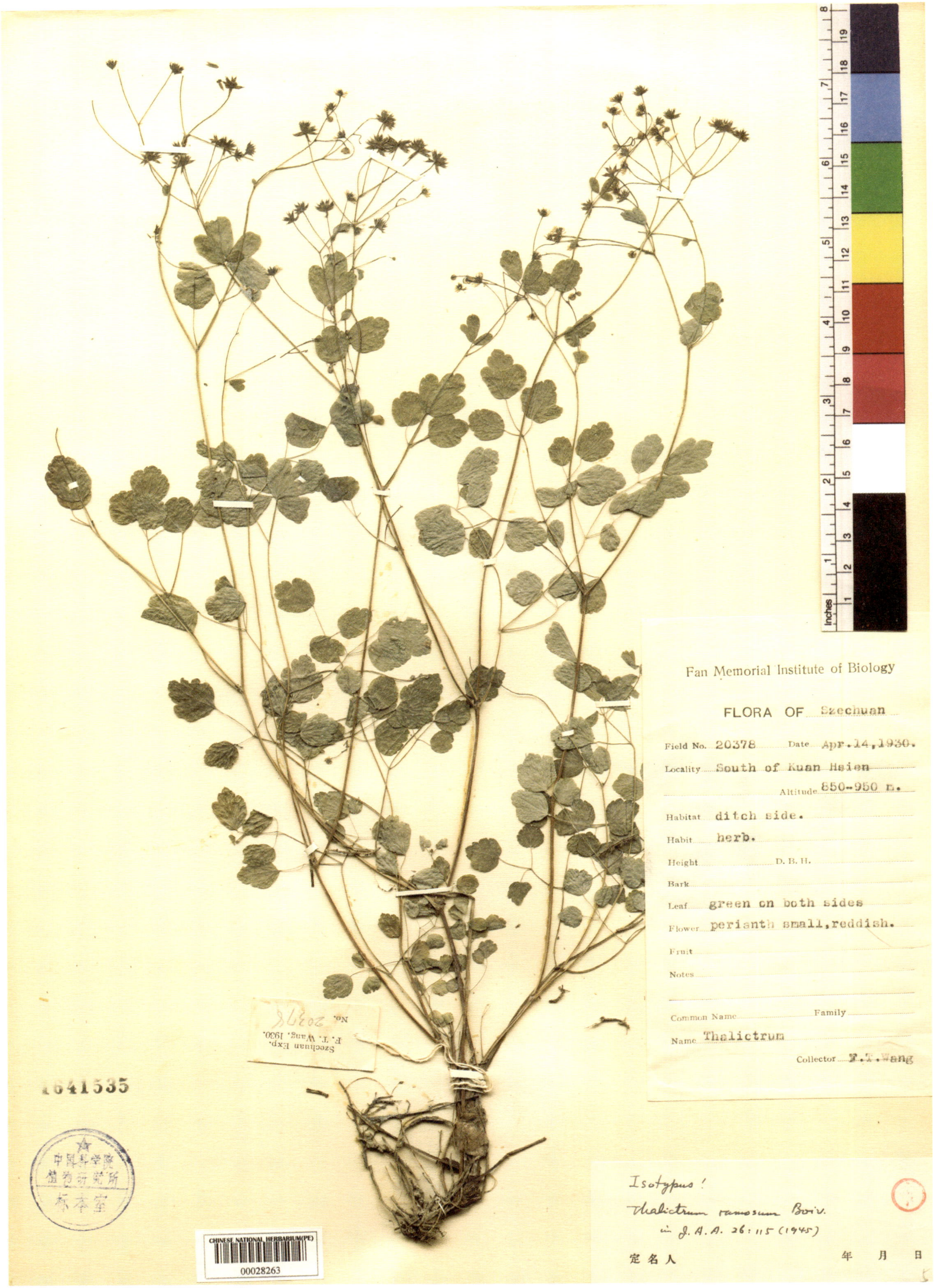

多枝唐松草 ***Thalictrum ramosum*** Boivin in J. Arnold Arbor. 26(1): 115, pl. 1, f. 12-15. 1945. **Isotype:** China. Sichuan: Kuang Xian (=Dujiangyan), alt. 850~950 m, 1930-04-14, F. T. Wang 20378.

毛叶网脉唐松草 ***Thalictrum reticulatum*** Franch. var. ***hirtellum*** W. T. Wang & S. H. Wang, Fl. Reip. Pop. Sin. 27: 541, 618. 1979. **Holotype:** China. Sichuan: Muli, alt. 2 140 m, 1960-06-28, T. S. Ying 4181.

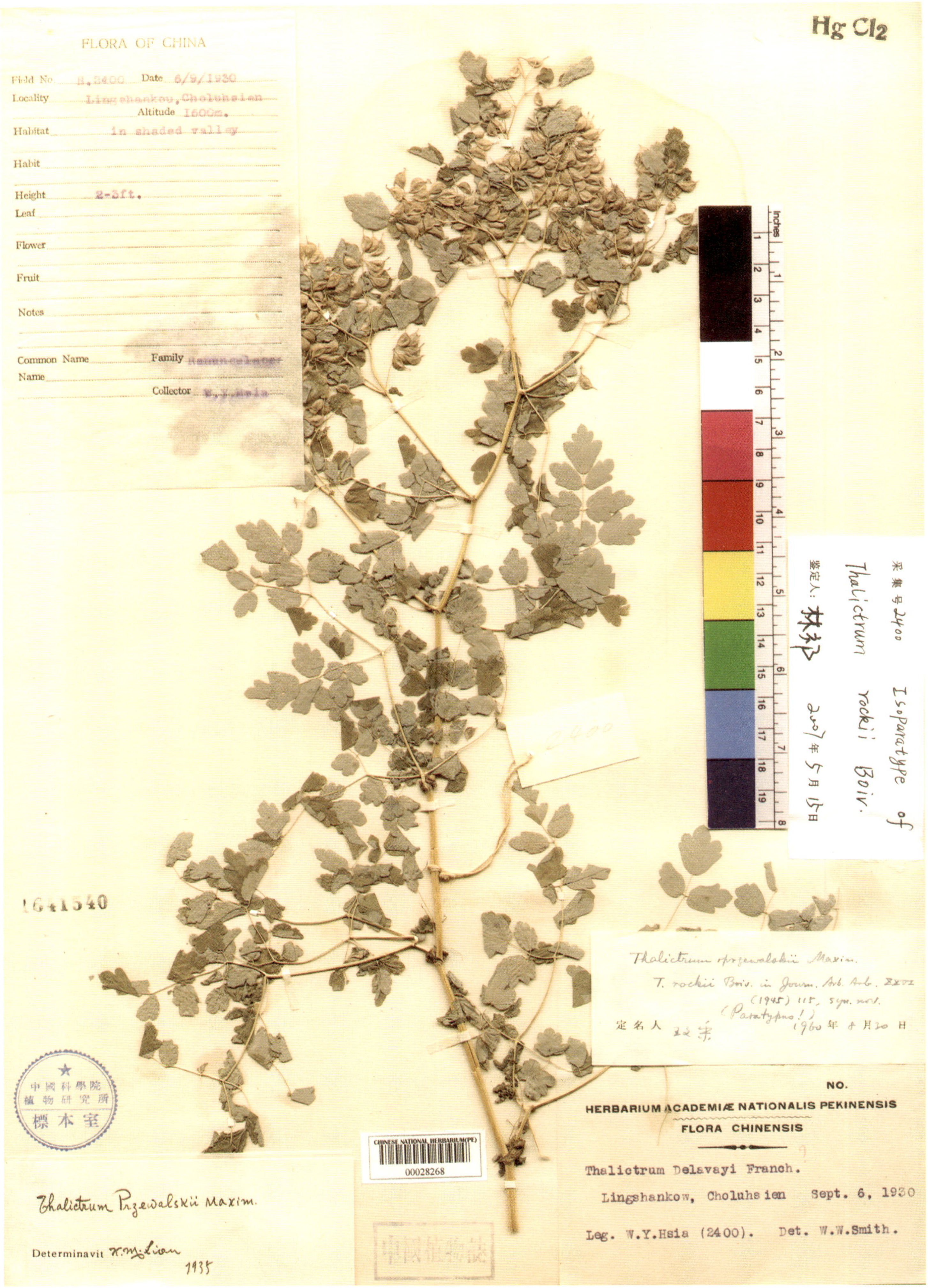

长柄唐松草 ***Thalictrum rockii*** Boivin in J. Arnold Arbor. 26(1): 115, pl. 1, f. 28-30. 1945. **Isoparatype:** China. Hebei: Cholu (=Zhoulu), Lingshan, 1930-09-06, W. Y. Hsia 2400.

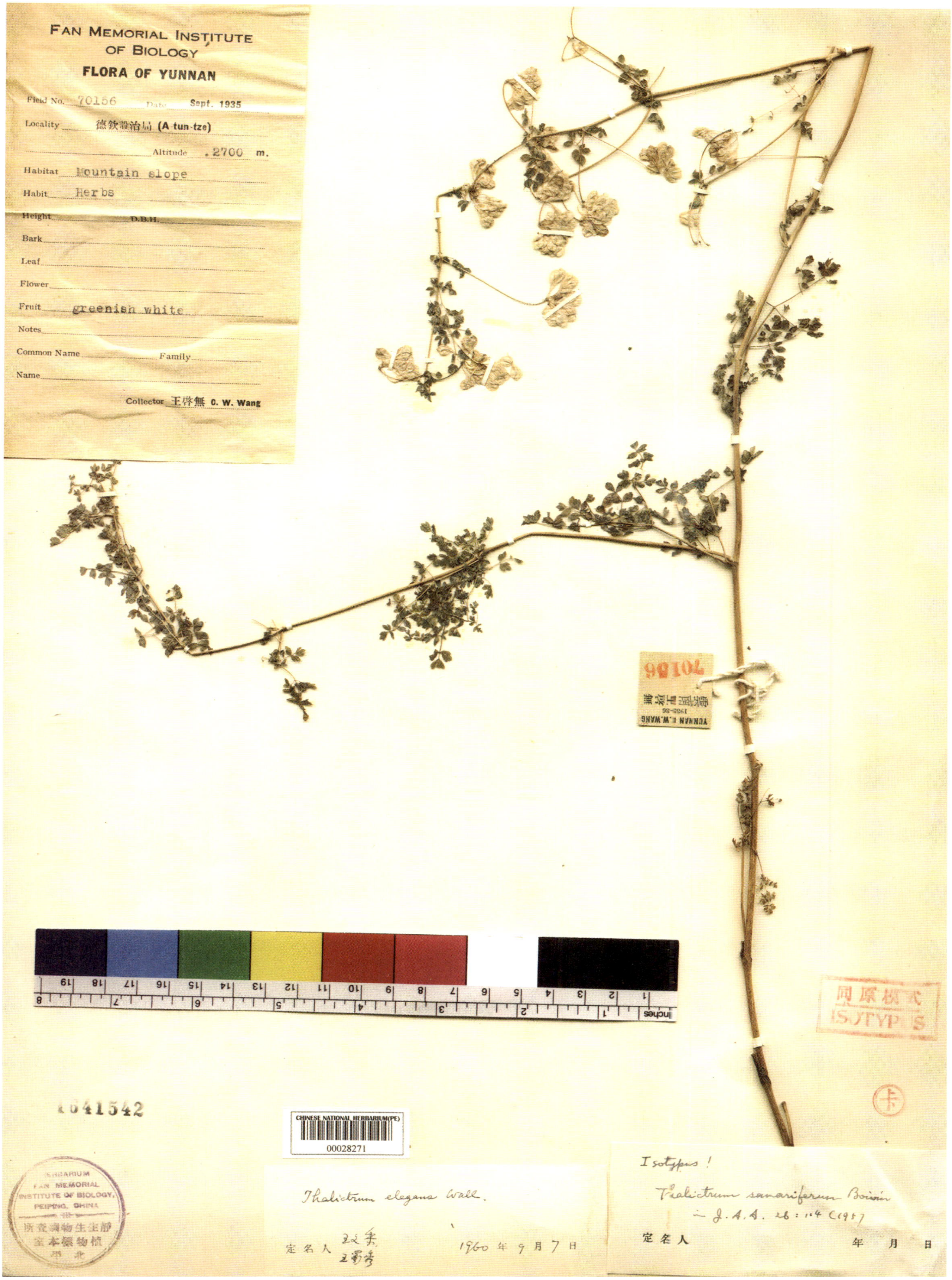

翅果唐松草 ***Thalictrum samariferum*** Boivin in J. Arnold Arb. 26: 114. 1945. **Isotype:** China. Yunnan: Dêqên, alt. 2 700 m, 1935-09-??, C. W. Wang 70156.

糙叶唐松草 ***Thalictrum scabrifolium*** Franch. in Bull. Soc. Bot. France 33: 369. 1886. **Lectotype** (designated here): China. Yunnan: Dali, 1883-09-04, Delavay 222.

鹤庆唐松草 ***Thalictrum scabrifolium*** Franch. var. ***leve*** Franch., Pl. Delav. 17. 1889. **Lectotype** (designated here)**:** China. Yunnan: Heqing, 1887-08-06, Delavay s. n.

鞭柱唐松草 ***Thalictrum smithii*** Boivin in J. Arnold Arbor. 26(1): 114, pl. 1, f. 22. 1945. **Isotype:** China. Yunnan: Muli, alt. 3 000 m, 1937-10-11, T. T. Yu 14487.

韩国唐松草 ***Thalictrum taquetii*** Lévl. in Fedde, Repert. Nov. Sp. Reg. Veg. 7: 339. 1909. **Isotype:** R. O. Korea. Quelpaert, Hallaisan, alt. 2 000 m, 1908-08-13, Taquet 508.

钻柱唐松草 ***Thalictrum tenuisubulatum*** W. T. Wang in Acta Bot. Yunnan. 4(2): 135, pl. 2: 6. 1982. **Isotype:** China. Yunnan: Tengchong, alt. 3 350 m, 1964-06-10, S. K. Wu 7130.

宝兴唐松草 ***Thalictrum thibeticum*** Franch. in Nouv. Arch. Mus. Hist. Nat., Sér. 2, 8: 186. 1885. **Isotype:** China. Sichuan: Moupin (=Baoxing), 1869-08-??, David s. n.

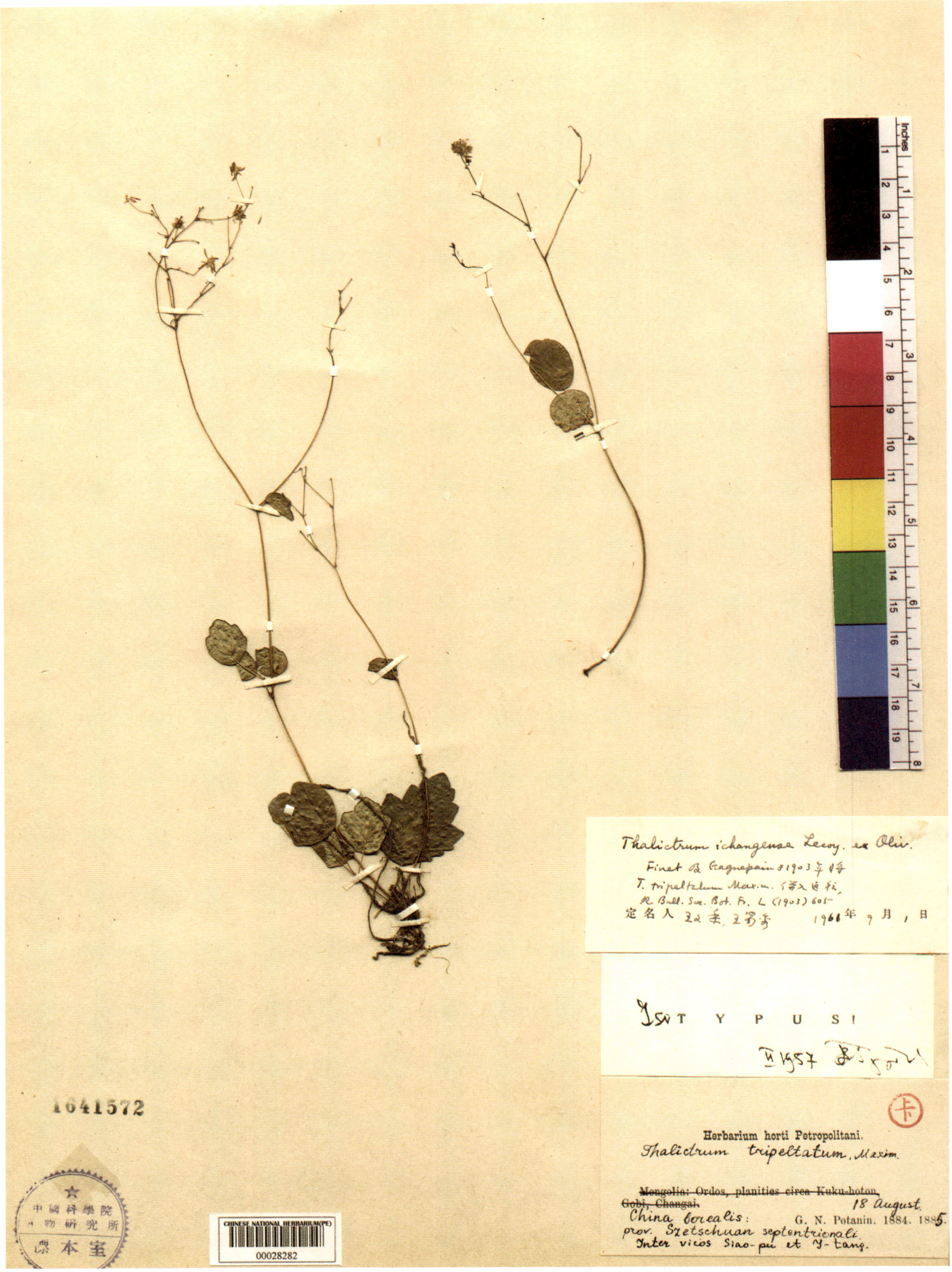

盾叶唐松草 ***Thalictrum tripeltatum*** Maxim. in Acta Horti Petrop. 11(1): 13. 1890. **Isotype:** China. Sichuan: Siao-pu, 1885-08-18, G. N. Potanin s. n.

察瓦龙唐松草 ***Thalictrum tsawarungense*** W. T. Wang & S. H. Wang, Fl. Reip. Pop. Sin. 27: 618. 1979. **Holotype:** China. Xizang: Tsa-wa-rung(=Zayü), alt. 3 000 m, 1935-09-??, C. W. Wang 66523.

启无唐松草 ***Thalictrum wangii*** Boivin in J. Arnold Arb. 26: 116. 1945. **Paratype:** China. Xizang: Tsa-wa-rung(=Zayü), alt. 3 000 m, 1935-09-??, C. W. Wang 66523.

钩柱唐松草 ***Thalictrum uncatum*** Maxim. in Acta Horti Petrop. 11(1): 14. 1890. **Lectotype** (designated here)**:** China: Gansu: Zhouqu, 1885-07-04, G. N. Potanin s. n.

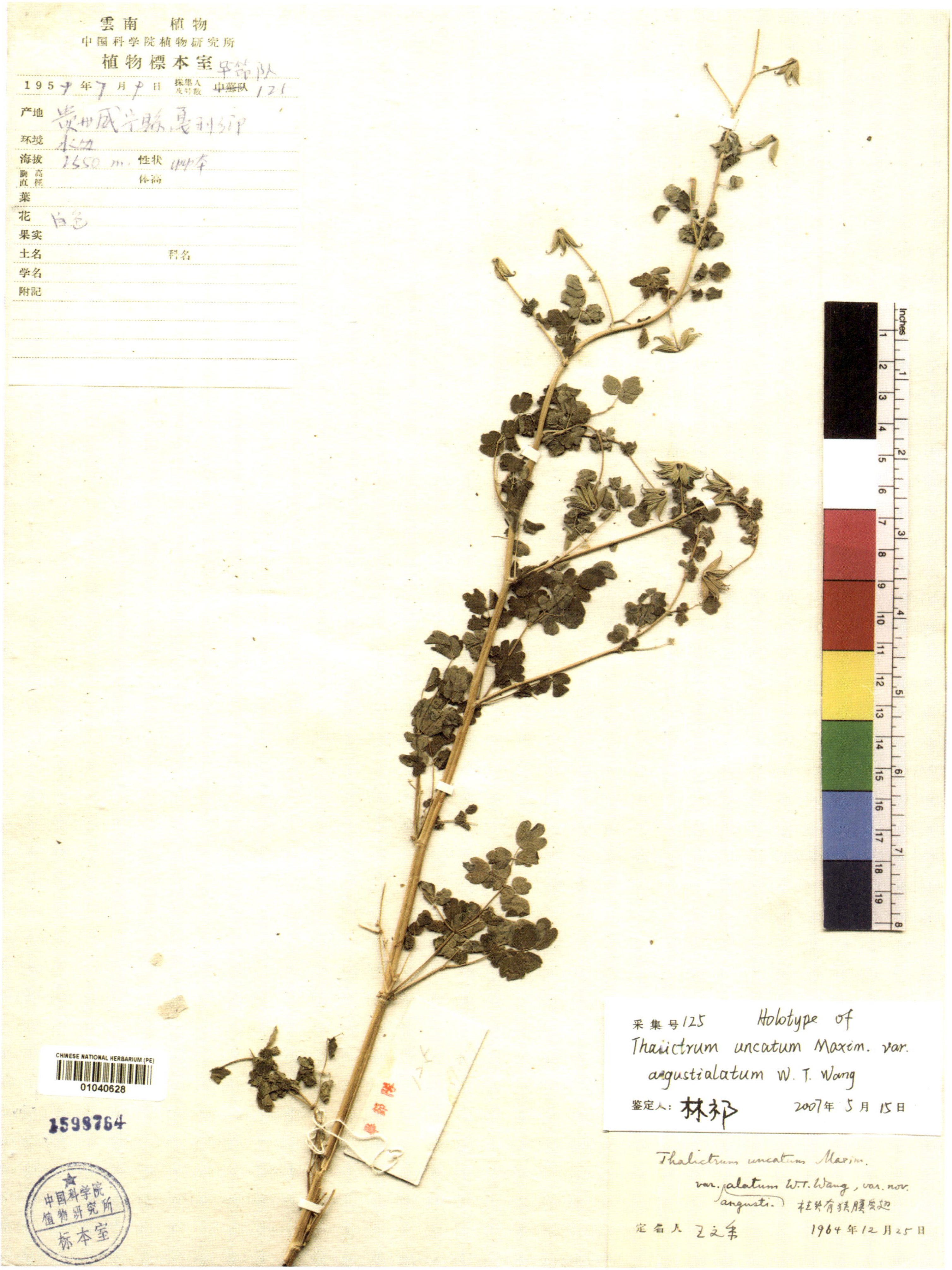

狭翅钩柱唐松草 ***Thalictrum uncatum*** Maxim.var. ***angustialatum*** W. T. Wang, Fl. Reip. Pop. Sin. 27: 536, 618. 1979.
Holotype: China. Guizhou: Weining, alt. 1 550 m, 1959-07-09, Bijie Exped. 125.

粘唐松草 ***Thalictrum viscosum*** W. T. Wang & S. H. Wang, Fl. Reip. Pop. Sin. 27: 567, 619, pl. 145: 1-3. 1979. **Holotype:** China. Yunnan: Jinsha River, alt. 1 810 m, 1962-08-18, Zhongdian Exped. 1238.

丽江唐松草 ***Thalictrum wangii*** Boivin in J. Arnold Arbor. 26(1): 116, pl. 1. f. 8-11. 1945. **Isotype:** China. Yunnan: Lijiang, alt. 2 700 m, 1935-07-??, C. W. Wang 71546.

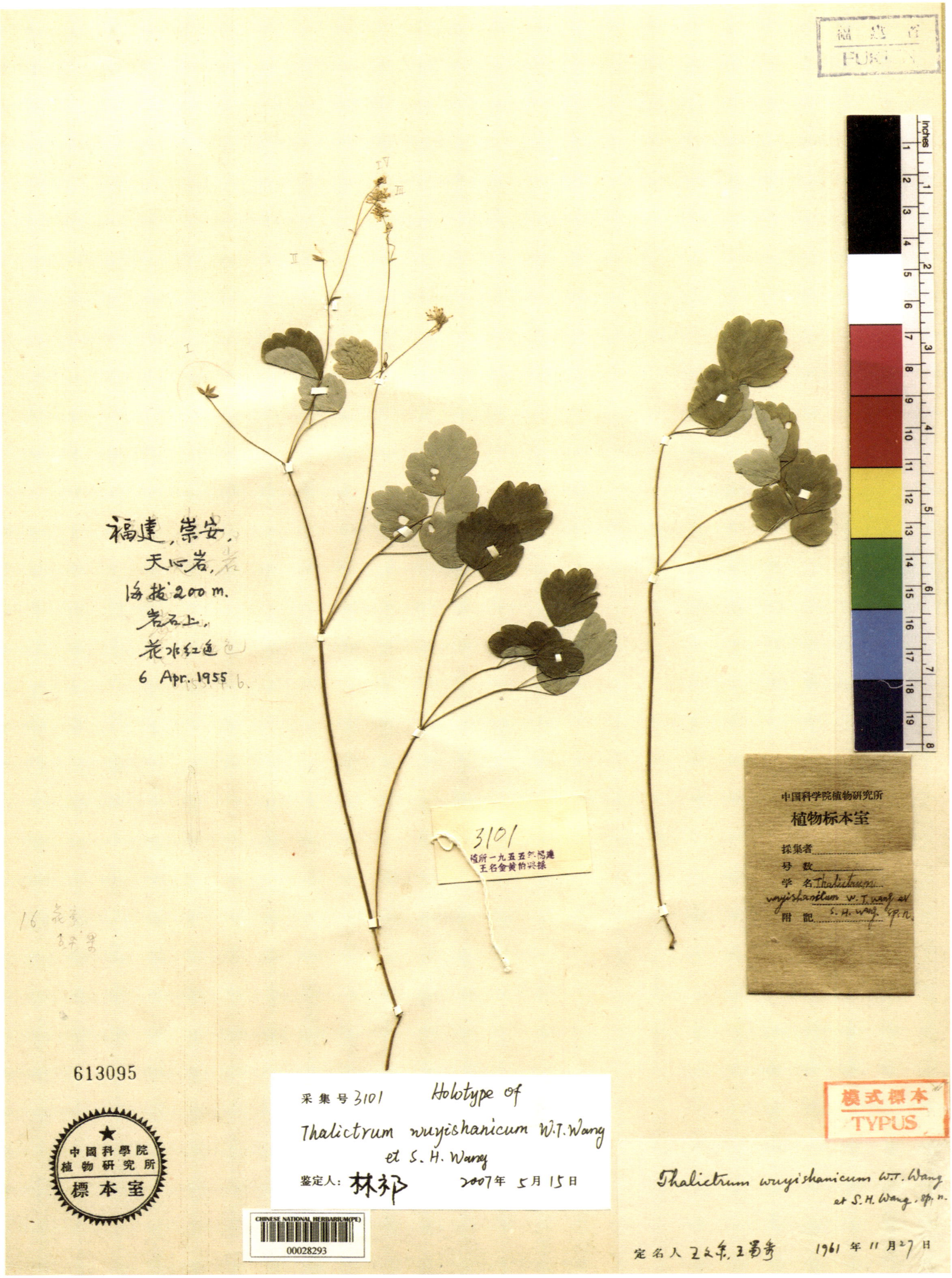

武夷唐松草 ***Thalictrum wuyishanicum*** W. T. Wang & S. H. Wang, Fl. Reip. Pop. Sin. 27: 541, 618, pl.121: 12, 131: 1-6. 1979. **Holotype:** China. Fujian: Wuyishan, alt. 200 m, 1955-04-06, M. J. Wang & B. X. Huang 3101.

兴山唐松草 ***Thalictrum xingshanicum*** G. F. Tao in Acta Phytotax. Sin. 22(5): 423, f. 1. 1984. **Isotype:** China. Hubei: Xingshan, alt. 1 700 m, 1982-05-08, Z. D. Jiang & G. F. Tao 167.

俞氏唐松草 ***Thalictrum yui*** Boivin in J. Arnold Arbor. 26(1): 115, pl. 1: 23-24. 1945. **Isotype:** China. Sichuan: Muli, alt. 3 300 m, 1937-09-14, T. T. Yu 14273.

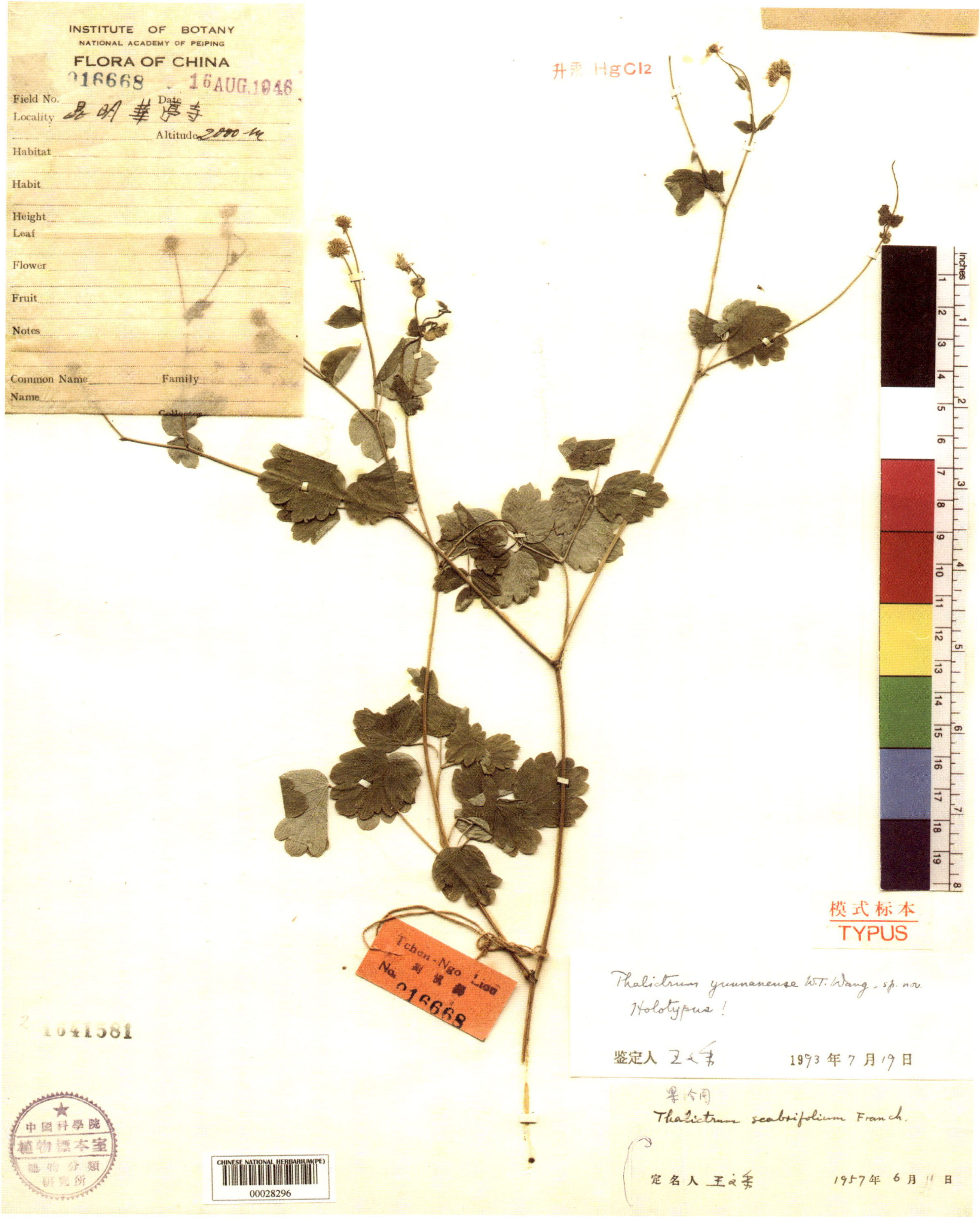

云南唐松草 ***Thalictrum yunnanense*** W. T. Wang in Acta Phytotax. Sin. 32(5): 471. 1994. **Holotype:** China. Yunnan: Kunming, alt. 2 000 m, 1946-08-16, T. N. Liou 16668.

滇南唐松草 ***Thalictrum yunnanense*** W. T. Wang var. ***austroyunnanense*** Y. Y. Qian in Acta Phytotax. Sin. 35(3): 262. 1997. **Isotype:** China. Yunnan: Lancang, alt. 2 000 m, 1993-07-08, Y. Y. Qian 2927.

岳西唐松草 ***Thalictrum yuoxiense*** W. T. Wang in Pl. Sci. J. 32(6): 567, f. 1. 2014. **Holotype:** China. Anhui: Yuexi, alt. 1 670 m, 1997-08-13, X. W. Xie & L. L. Zheng 97021.

大叶拟矮金莲花 ***Trollius farrei*** Stapf var. ***major*** W. T. Wang in Acta Phytotax. Sin., Addit. 1, 52. 1965. **Holotype:** China. Yunnan: Dêqên, alt. 3 500 m, 1935-08-(03-05), C. W. Wang 64979.

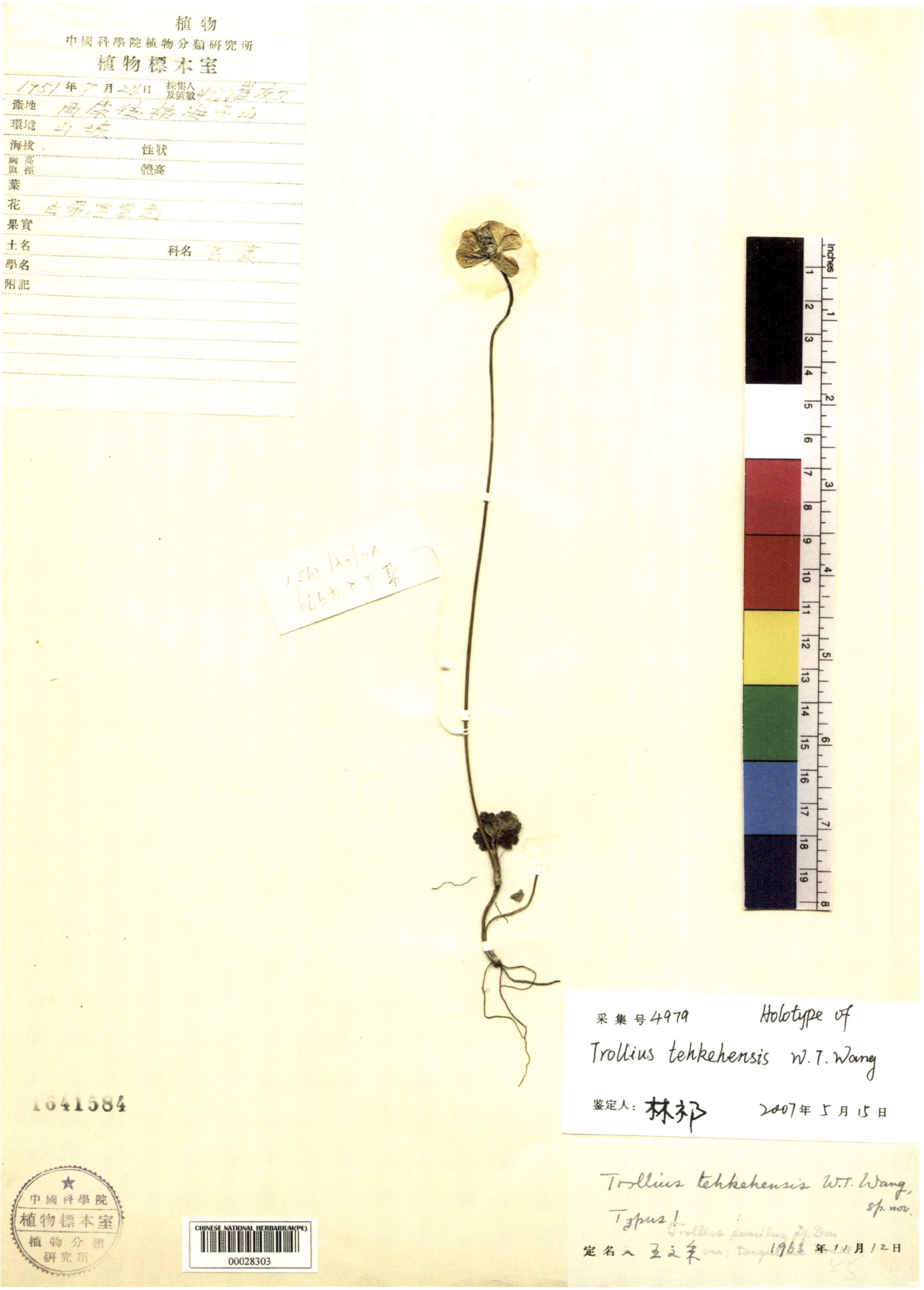

德格金莲花 ***Trollius tehkehensis*** W. T. Wang in Acta Phytotax. Sin., Addit. 1, 52. 1965. **Holotype:** China. Sichuan: Dêgê, 1951-07-24, Y. W. Tsui 4979.

距瓣尾囊草 ***Urophysa rockii*** Ulbr. in Notizbl. Bot. Gart. Berlin-Dahlem 10: 869, f. 14A. 1929. **Isotype:** China. Sichuan: Jiangyou, 1925-03-??, J. F. Rock 12015.

Index to Scientific Names / 拉丁学名索引

Index to Chinese Names / 中名索引

五画

六画

七画

八画

九画

十画

十一画

Authors and Addresses / 作者及工作单位地址

BAN Qin, CHEN Shurong, DU Yufen, FU Lianzhong, LIN Qi, MA Xintang, WANG Zhongtao, YANG Zhirong
China National Herbarium (PE), Institute of Botany, Chinese Academy of Sciences, Xiangshan, Beijing 100093, Beijing.

CHEN Yali, HE Shanshan, JING Xuan, LIN Yun, LIU Wenqun, WANG Mingqiong, WU Huibing, YUN Yingxia
Hunan Medication Vestibule School, Hunan Food and Drug Vocational College, Changsha 410208, Hunan.

班　勤　陈淑荣　杜玉芬　傅连中　林　祁　马欣堂　王忠涛　杨志荣
邮政编码：100093，北京市，香山，中国科学院植物研究所，国家植物标本馆（PE）

陈雅丽　何珊珊　敬　璇　林　云　刘文群　王明琼　吴慧冰　云映霞
邮政编码：410208，湖南省，长沙市，湖南食品药品职业学院，湖南省医药技工学校